JN232891

フリーラジカルと老化予防食品

Freeradical and Food Factors for the Ageing Prevention

監修:吉川敏一

シーエムシー出版

普及版の刊行にあたって

　わが国は現在すでに，高齢化社会に突入したといえます。このため，高齢化に伴う様々な対策と老化の制御，すなわち，アンチエイジング医学が近年急速に注目されています。

　老化の原因については，いままでに多くの説が提唱されてきましたが，近年では，フリーラジカルや活性酸素による酸化ストレスがその原因として有力視されています。実際，老化に伴い，実験動物の脳，肝臓，腎臓，副腎などで，脂質過酸化物の上昇が報告されています。また，抗酸化物質の血中濃度と様々な動物の寿命の長さの間にきれいな相関関係があることが明らかとなりました。さらに，ある種の抗酸化物質は，年齢とともに減少することも報告されています。

　このようなことから，活性酸素・フリーラジカルが寿命と大いに関連していることが明らかになるとともに，抗酸化能を増加させると，寿命をさらに延命させることができるのではないかということが推測されます。

　一方，動脈硬化症や心臓病，癌などの生活習慣病の発生にも活性酸素やフリーラジカルが大いに関係していることが判明してまいりました。抗酸化食品の摂取によって，これらの生活習慣病を予防することが可能であり，その結果引き続き生じる老化の進展をさらに予防することができるものと思われます。日常的に摂取している食品によって，そのアンチエイジングを実践することが最も自然であり，重要なことと思われます。しかし実際にどのような食品を摂ればよいのか，食品のどのような作用で老化が抑制できるのかなど，疑問点も数多く残されています。

　本書は，1999年に『老化予防食品の開発』として発行されました。それぞれの研究分野でご活躍の一流の先生方にお願いして，数々の疑問についてお答えいただき，今後の老化予防食品の開発に役立つよう企画されました。内容は当時のままであり，加筆・訂正などの手は加えておりませんが，本普及版がより多くの読者の参考になり，この分野の発展の一助になればこの上ない喜びと存じます。

2006年9月

京都府立医科大学　教授　吉川敏一

執筆者一覧(執筆順)

吉川　敏一	京都府立医科大学　第一内科学教室　助教授
	(現)京都府立医科大学大学院　医学研究科　生体機能制御学教授
谷川　　徹	京都府立医科大学　第一内科学教室　助手
	(現)同志社大学　工学部　環境システム学科　教授
西野　輔翼	京都府立医科大学　生化学教室　教授
渡邊　　昌	東京農業大学大学院　食品栄養学専攻　主任教授
	(現)国立健康・栄養研究所　理事長
阿部　康二	岡山大学　医学部　神経内科　教授
割田　　仁	岡山大学　医学部　神経内科　助手
	(現)東北大学大学院　医学系研究科　神経内科学　助手
林　　　健	岡山大学　医学部　神経内科　助手
横井　　功	岡山大学　医学部　神経情報学部門　助教授
	(現)大分大学　医学部　脳・神経機能統御講座　教授
太田　好次	藤田保健衛生大学　医学部　化学教室　教授
大和田　滋	聖マリアンナ医科大学　内科学教室　腎臓・高血圧内科　助教授
	(現)あさおクリニック
関谷　秀介	聖マリアンナ医科大学　内科学教室　腎臓・高血圧内科
山川　　宙	聖マリアンナ医科大学　内科学教室　腎臓・高血圧内科
佐藤　武夫	聖マリアンナ医科大学　内科学教室　腎臓・高血圧内科　講師
	(現)川崎市立多摩病院　腎臓・高血圧内科　部長
野口　範子	東京大学　先端科学技術研究センター　助手
	(現)同志社大学　工学部　教授
久保　俊一	京都府立医科大学　整形外科　助教授
	(現)京都府立医科大学　整形外科　教授
佐浦　隆一	神戸大学　医学部　保健学科　助教授
	(現)兵庫県立西播磨総合リハビリテーションセンター　リハビリテーション西播磨病院　リハビリテーション科　副院長
木村　博人	弘前大学　医学部　歯科口腔外科学講座　教授
瀧川　雅浩	浜松医科大学　皮膚科教室　教授

岡 部 栄逸朗	神奈川歯科大学　薬理学教室　教授
	（現）エイペックス歯科医学教育研究所　代表
高 橋 俊 介	神奈川歯科大学　薬理学教室　助手
奥 田 拓 男	岡山大学名誉教授
小 國 伊太郎	静岡県立大学　短期大学部　食物栄養学科　教授
	（現）浜松大学　健康プロデュース学部　健康栄養学科 学科長・教授
鈴 木 喜 隆	国立水産大学校　食品化学科　食品化学研究室　教授
	（現）ITE名古屋科学研究所　所長
加 治 和 彦	静岡県立大学大学院　生活健康科学研究科　教授
佐 野 満 昭	静岡県立大学　薬学部　衛生化学教室　講師
	（現）名古屋女子大学　家政学部　教授
佐 藤 充 克	メルシャン㈱　酒類技術センター　センター長
	（現）日本アルコール産業㈱　研究開発センター　所長
住 吉 博 道	沸永製薬㈱　ヘルスケア開発部　部長代理
中 谷 延 二	大阪市立大学　生活科学部　教授
	（現）放送大学　教養学部　教授
大 澤 俊 彦	名古屋大学大学院　生命農学研究科　教授
三 宅 義 明	㈱ポッカコーポレーション　基礎技術研究所　係長
	（現）東海学園大学　人間健康学部　管理栄養学科　講師
原 　 孝 博	協和発酵工業㈱　筑波研究所　主任研究員
	（現）協和発酵工業㈱　ヘルスケア事業部　マネジャー
林 　 沙 織	広島県立大学　生物資源学部　生物資源開発学科
長 尾 則 男	広島県立大学　生物資源学部　生物資源開発学科　助手
	（現）県立広島大学　生命環境学部　生命科学科　助教授
三 羽 信比古	広島県立大学　生物資源学部　生物資源開発学科　教授
	（現）県立広島大学大学院　生命システム科学専攻 専攻長・教授
阿 部 皓 一	エーザイ㈱　ビタミンE技術室
坂 本 廣 司	甲陽ケミカル㈱　技術開発部長

平松　　　緑	㈶山形県テクノポリス財団　生物ラジカル研究所	
	（現）東北公益文科大学　教授	
寺尾　純二	徳島大学　医学部　栄養学科　食品学講座　教授	
	（現）徳島大学大学院　ヘルスバイオサイエンス研究部　教授	
村越　倫明	ライオン㈱　研究開発本部　主任研究員	
津田　孝範	東海学園女子短期大学　生活学科　講師	
	（現）中部大学　応用生物学部　助教授	
大嶋　俊二	カゴメ㈱　総合研究所　基礎研究部	
稲熊　隆博	カゴメ㈱　総合研究所　基礎研究部　部長	
吉城　由美子	東北大学大学院　農学研究科　文部技官	
大久保　一良	東北大学大学院　農学研究科　教授	
一石　英一郎	京都府立医科大学　第一内科学教室	
	（現）東北大学　先進医工学研究機構　チームリーダー	
吉田　憲正	京都府立医科大学　第一内科学教室　講師	
	（現）京都府立医科大学大学院　消化器病態制御学　講師	
内藤　裕二	京都府立医科大学　第一内科学教室　助手	
	（現）京都府立医科大学　生体機能分析医学講座　助教授	
藤本　大三郎	東京農工大学名誉教授	
矢澤　一良	㈶相模中央化学研究所　主席研究員	
	（現）東京海洋大学大学院　海洋科学技術研究科　教授	
柿野　賢一	㈱東洋新薬　研究開発部	
	（現）㈲健康栄養評価センター　所長	
津崎　慎二	㈱東洋新薬　研究開発部	
髙垣　欣也	㈱東洋新薬　研究開発部	
石川　行弘	鳥取大学　教育地域科学部　教授	
	（現）鳥取大学　地域学部　地域環境学科　教授	
安仁屋　洋子	琉球大学　医学部　保健学科　教授	
	（現）琉球大学大学院　医学研究科　分子機能薬理学分野　教授	

執筆者の所属は，注記以外は1999年当時のものです

目　次

【第1編　フリーラジカル理論と老化予防】

第1章　フリーラジカル傷害の分子メカニズムと老化

吉川敏一，谷川　徹

1 はじめに …………………………… 3
2 老化のフリーラジカル説と関連する諸説 ………………………………… 3
3 細胞分裂における老化とフリーラジカル ………………………………… 4
4 フリーラジカルによる生体分子傷害 …… 5
5 ミトコンドリアと老化 …………… 6
6 分子生物学的に得られた証拠 …… 9
7 カロリー制限による老化抑制 …… 10

第2章　フリーラジカル理論の発展と老化予防食品

西野輔翼

1 はじめに …………………………… 14
2 老化予防食品 ……………………… 14
3 老化予防食品を活用するための食のスタイル ………………………………… 20
4 おわりに …………………………… 21

第3章　老化予防食品の海外の動向

渡邊　昌

1 はじめに …………………………… 22
2 ニュートラスティカルの流れ …… 22
3 フードオリエンテッドガイドライン ………………………………… 31
4 食品の効能表示 …………………… 31
5 機能性食品の開発 ………………… 33
6 有機農業の流れ …………………… 34
7 老化防止食品の開発 ……………… 35
8 おわりに …………………………… 36

【第2編　疾病別老化予防食品開発の基盤的研究動向】

第1章　脳の老化とフリーラジカル

1　痴呆症とフリーラジカル
　　……… 阿部康二，割田 仁，林 健 … 41
　1.1　はじめに ……………………………… 41
　1.2　神経細胞死とフリーラジカル ……… 41
　1.3　アルツハイマー病とフリーラジカル
　　　　………………………………………… 43
　1.4　脳血管性痴呆とフリーラジカル …… 46
2　パーキンソン病とフリーラジカル
　　………………………………横井 功 … 52
　2.1　はじめに ……………………………… 52

2.2　パーキンソン病患者脳でのフリーラ
　　　ジカル生成 …………………………… 52
2.3　パーキンソン病患者脳での神経細胞
　　　障害 …………………………………… 55
2.4　パーキンソン病病態モデル動物脳で
　　　の検討 ………………………………… 55
2.5　ミトコンドリア機能障害を踏まえた
　　　PD発症・進行機序 ………………… 57
2.6　おわりに ……………………………… 59

第2章　眼の老化とフリーラジカル　　太田好次

1　はじめに ………………………………… 62
2　水晶体の抗酸化機能とその加齢変化 … 62
3　加齢白内障と活性酸素・フリーラジカル
　　との関連性 ……………………………… 64

4　網膜の抗酸化機能とその加齢変化 …… 66
5　加齢黄斑変性症と活性酸素・フリーラジ
　　カルとの関連性 ………………………… 68

第3章　高血圧とフリーラジカル　　大和田 滋，関谷秀介，山川 宙，佐藤武夫

1　はじめに ………………………………… 71
2　血圧に関与するフリーラジカル─高血圧
　　モデルでの検討─ ……………………… 72
3　フリーラジカルをターゲットにした高血
　　圧の治療─動物実験での検討─ ……… 73

4　本態性高血圧でのフリーラジカルの関与
　　…………………………………………… 74
5　高血圧治療における抗酸化物質 ……… 75
6　まとめ …………………………………… 77

第4章　血管の老化とフリーラジカル　　野口範子

1　はじめに …………………………… 79
2　動脈硬化と酸化LDL ……………… 79
3　フリーラジカルによるLDLの酸化変性
　　………………………………………… 81
4　生体で起こるLDLの酸化 ………… 82
5　抗酸化物質による酸化の抑制 …… 83
6　抗酸化物のもう一つの作用 ……… 83

第5章　骨，軟骨の老化とフリーラジカル　　久保俊一，佐浦隆一

1　骨・関節の老化とは？ …………… 86
2　骨の老化とフリーラジカル ……… 86
3　軟骨の老化とフリーラジカル …… 91
4　抗酸化物質を用いた骨・軟骨老化の予防
　　の可能性 …………………………… 94
5　おわりに …………………………… 95

第6章　口腔・歯の老化とフリーラジカル　　木村博人

1　歯周組織の老化とフリーラジカル …… 98
2　唾液腺の老化とフリーラジカル …… 100
3　顎骨と顎関節の老化とフリーラジカル
　　……………………………………… 101

第7章　皮膚の老化とフリーラジカル　　瀧川雅浩

1　はじめに ………………………… 106
2　皮膚老化と活性酸素 …………… 106
3　内因性老化の病態生理 ………… 107
4　光老化の病態生理 ……………… 108
5　皮膚老化を引き起こす環境因子 … 109
6　内因性抗酸化剤 ………………… 112
7　カロリー制限 …………………… 114
8　酸素ストレスとアポトーシス … 115
9　予防と治療的側面 ……………… 115

第8章　心臓の老化とフリーラジカル　　岡部栄逸朗, 高橋俊介

1　はじめに ……………………………… 117
2　活性酸素フリーラジカルと老化 ……… 118
3　心血管系の老化と活性酸素フリーラジカ

ル ……………………………………… 119
4　薬理学的抗酸化物質 ………………… 122
5　おわりに ……………………………… 123

【第3編　各種食品・薬物による老化予防と機構】

第1章　和漢薬　　奥田拓男

1　はじめに ……………………………… 129
2　漢薬と漢方薬 ………………………… 129
3　和薬 …………………………………… 136
4　和漢薬に含まれるフリーラジカル消去成

分 ……………………………………… 136
5　おわりに ……………………………… 137

第2章　茶　　小國伊太郎, 鈴木喜隆, 加治和彦, 佐野満昭

1　はじめに ……………………………… 139
2　茶に含まれる抗酸化成分 …………… 139
3　茶カテキン類の一重項酸素に対する抗酸

化性 …………………………………… 140
4　茶カテキン代謝産物の抗酸化活性 …… 144
5　茶カテキンの細胞の生存, 増殖および

アポトーシスに対する影響 …………… 149
6　静岡県における疫学的観察 ………… 152

第3章　ブドウ種子, 果皮　　佐藤充克

1　はじめに ……………………………… 156
2　適量飲酒の効果 ……………………… 156
3　ポリフェノールのブドウにおける分布

………………………………………… 157
4　リスベラトロールについて …………… 158
5　ワインの活性酸素消去能 (SOSA) …… 161
6　ワイン・ポリフェノールの分画と活性酸

素消去活性の所在 …………………… 163
7　アントシアニンとカテキンの相互作用

………………………………………… 164
8　アントシアニン－カテキン 重合体の生理

活性 …………………………………… 165

| 9 | 赤ワインの血流増加作用 …………… 166 | 10 | おわりに ………………………………… 168 |

第4章　ニンニクによる老化予防　　住吉博道

1	はじめに ………………………………… 170	4	培養神経細胞に対する作用 …………… 172
2	寿命に対する影響 ……………………… 170	5	血管の老化抑制 ………………………… 174
3	脳高次機能障害の改善 ………………… 171	6	おわりに ………………………………… 176

第5章　香辛料　　中谷延二

| 1 | はじめに ………………………………… 178 | 3 | ハーブ系香辛料の抗酸化成分 ………… 180 |
| 2 | 香辛料の抗酸化性 ……………………… 178 | 4 | スパイス系香辛料の抗酸化成分 ……… 182 |

第6章　ゴマの持つ新しい機能性　　大澤俊彦

1	はじめに ………………………………… 188	4	多様な「セサミン」の生理機能性 …… 194
2	ゴマの栄養特性 ………………………… 189	5	セサモリンの生理機能 ………………… 194
3	ゴマリグナン類の抽出と抗酸化性について ……………………………………… 191	6	サセミノールの機能性 ………………… 195

第7章　レモン　　三宅義明

| 1 | レモンの生理機能研究 ………………… 200 | 3 | レモンフラボノイドの血圧上昇抑制効果 ……………………………………… 205 |
| 2 | レモンフラボノイドの抗酸化性 ……… 200 | 4 | おわりに ………………………………… 206 |

第8章　ビタミンK_2−4の骨代謝改善作用　　原 孝博

1　はじめに …………………………… 207
2　ビタミンKの種類と構造 ………… 207
3　ビタミンKの骨代謝への関与 …… 208
4　ビタミンK_2—4の骨に対する作用 … 209
5　ビタミンK_2—4の骨吸収抑制作用 … 210
6　ビタミンK_2—4の骨形成促進作用 …… 211
7　ビタミンK_2—4の骨代謝以外の作用 … 213
8　ビタミンK_2—4の安全性，食品中の含有量，並びに所要量 ……………………… 213
9　おわりに …………………………… 215

第9章　ビタミンC前駆体
―細胞内アスコルビン酸の高濃度化を介したフリーラジカル消去と細胞死の防御―

　　　　林 沙織，長尾則男，三羽信比古

1　はじめに …………………………… 217
2　アスコルビン酸の化学構造，および，抗酸化作用と酸化促進作用の両面効果 … 219
3　アスコルビン酸輸送体タンパク（Asc-Tr）を介したビタミンCの細胞内取り込み … 220
4　ビタミンC前駆体によるガン浸潤への防御効果 ………………………………… 221
5　ビタミンC前駆体Asc2P/Asc2P6Plmによるガン転移への抑制効果 ……………… 222
6　ビタミンC前駆体によるガン細胞内の酸化ストレス（OxSt）への影響 ………… 223
7　ビタミンC前駆体による皮膚の紫外線傷害への防御効果 ……………………… 223
8　ビタミンC前駆体による紫外線DNA傷害への防御効果 ……………………… 225
9　血管細胞の加齢に伴うテロメア短縮化への防御効果 …………………………… 227
10　大動脈血管内皮細胞のフリーラジカル傷害への防御効果 …………………… 227
11　ビタミンC前駆体による肝臓の虚血―再灌流障害への防御効果 ………… 229
12　皮膚の細胞外マトリックス構築効果 … 231
13　皮膚のメラニン産生への抑制効果 … 232
14　おわりに …………………………… 232

第10章　ビタミンE　　阿部皓一

1　はじめに …………………………… 235
2　ビタミンEの種類と生物活性 …… 235
3　ビタミンEの分析 ………………… 237
4　ビタミンEの吸収，分布，排泄 …… 238
5　ビタミンE欠乏と生体内障害 …… 240
6　ビタミンEの生理作用 …………… 242

7 病気の予防と治療 …………… 244	10 食品とビタミンE …………… 249
8 皮膚障害とビタミンE ………… 248	11 ビタミンEの安全性 ………… 250
9 過度の運動とビタミンE ……… 249	12 おわりに …………………… 250

第11章　グルコサミンの関節痛改善効果と食品への応用　坂本廣司

1 概要 ………………………… 256	6 グルコサミンの生体吸収と分布 …… 261
2 変形性関節症とは …………… 257	7 グルコサミンの変形性関節症に対する有効性のメカニズム ………………… 262
3 変形性関節症の治療法 ……… 258	
4 グルコサミンとは …………… 259	8 グルコサミンの安全性 ……… 263
5 グルコサミン塩酸塩の変形性膝関節症に対する有効性 …………………… 260	9 今後の課題と展望 …………… 264

第12章　ピクノジェノール　平松 緑

1 ピクノジェノールの背景 …… 266	6 神経細胞死の抑制 …………… 273
2 ピクノジェノールの成分 …… 266	7 免疫の調整 …………………… 274
3 ピクノジェノールのフリーラジカル消去作用 ……………………………… 269	8 毛細血管の抵抗性の増加 …… 274
	9 抗免疫作用 …………………… 275
4 ピクノジェノールの抗酸化作用 … 271	10 心臓血管系の安定化 ………… 275
5 NOへの影響 ………………… 271	11 おわりに …………………… 276

第13章　ウコン（ターメリック）の機能性　大澤俊彦

1 はじめに …………………… 279	5 「テトラヒドロクルクミン」の隠された機能 …………………………………… 284
2 「ウコン」のきた道 ………… 280	
3 肝機能と「クルクミン」 …… 281	6 「ウコン」の効能への期待 …… 287
4 がん予防と「ウコン」 ……… 283	

【第4編 植物由来素材の老化予防機能と開発動向】

第1章 フラボノイド　　寺尾純二

1 はじめに …………………………… 291
2 ケルセチンの構造と抗酸化活性 …… 293
3 ケルセチンの吸収と血漿への蓄積 … 295
4 ケルセチンの代謝変換経路 ………… 297
5 ケルセチン代謝の抗酸化作用 ……… 298
6 まとめ ……………………………… 300

第2章 カロテノイド類：天然カロテノイドによるがん予防
村越倫明，西野輔翼

1 はじめに …………………………… 302
2 β-カロテンの大規模介入試験 ……… 302
3 パームフルーツカロテン …………… 305
4 マウス皮膚2段階発がんの抑制効果 … 307
5 マウス肺2段階発がんの抑制効果 … 308
6 おわりに …………………………… 310

第3章 アントシアニン　　津田孝範

1 はじめに …………………………… 313
2 アントシアニンの化学と植物における存在 ……………………………… 314
3 生体内抗酸化物質としてのアントシアニン ……………………………… 314
4 C3Gの抗酸化性と体内動態 ………… 318
5 まとめと今後の課題－アントシアニンの老化予防因子としての可能性 …… 321

第4章 リコピン　　大嶋俊二，稲熊隆博

1 リコピンとは ……………………… 322
2 リコピンの抗酸化作用 …………… 323
3 リコピン(トマト)の発がん抑制作用 … 326
4 リコピン(トマト)の老化抑制作用 … 328
5 リコピンのヒトでの体内挙動 …… 329
6 おわりに－老化予防食品をめざして … 332

第5章　大豆サポニン　　吉城由美子，大久保一良

1　はじめに …………………… 334
2　グループAサポニン ………… 334
3　グループB，Eサポニン ……… 336
4　DDMPサポニン ……………… 339
5　おわりに …………………… 342

第6章　イチョウ葉エキス　　吉川敏一，一石英一郎，吉田憲正

1　概説 ………………………… 343
2　イチョウの歴史 ……………… 344
3　イチョウ葉の伝統的用法 …… 345
4　現在のイチョウの用法 ……… 346
5　イチョウ葉エキスの副作用 … 350
6　今後のイチョウ葉による健康，疾病予防 ……………………… 350
7　欧米の動向 ………………… 351

【第5編　動物由来素材の老化予防機能と開発動向】

第1章　牡蠣肉エキス　　吉川敏一，内藤裕二

1　はじめに …………………… 357
2　牡蠣肉エキス ……………… 358
3　考察 ………………………… 362

第2章　コラーゲン　　藤本大三郎

1　コラーゲンとは ……………… 365
2　コラーゲンのアミノ酸組成 … 366
3　骨・関節の老人性疾患への効果 …… 366
4　毛髪への効果 ……………… 367
5　皮膚への効果 ……………… 368
6　その他の効果 ……………… 369
7　作用メカニズム …………… 369
8　血液循環改善作用の可能性 … 370

第3章　DHA　　矢澤一良

1　はじめに－「魚食」と健康 …………… 373
2　DHAの薬理活性 ……………………… 374
3　おわりに－「マリンビタミン」の効用 … 382

【第6編　微生物由来素材の老化予防機能と開発動向】

第1章　キャベツ発酵エキス　　柿野賢一, 津崎慎二, 高垣欣也

1　はじめに ………………………………… 387
2　キャベツの機能性 ……………………… 387
3　キャベツ発酵エキスとは ……………… 389
4　キャベツ発酵エキスの薬理作用と効能
　　……………………………………………… 390
5　おわりに ………………………………… 393

第2章　魚類発酵物質　　石川行弘

1　はじめに ………………………………… 395
2　発酵微生物 ……………………………… 395
3　魚介類由来の生理活性物質 …………… 397
4　おわりに ………………………………… 402

第3章　紅麹エキス　　安仁屋洋子

1　はじめに ………………………………… 405
2　コレステロール低下作用 ……………… 406
3　血圧降下作用 …………………………… 406
4　抗酸化作用 ……………………………… 407
5　その他の作用 …………………………… 411
6　紅麹の毒性 ……………………………… 412
7　おわりに ………………………………… 412

第1編　フリーラジカル理論と老化予防

第1章　フリーラジカル傷害の分子メカニズムと老化

吉川敏一[*1], 谷川　徹[*2]

1　はじめに

　老化（senescence）は加齢（aging）に伴って多細胞生物個体に生ずる機能的・形態的に退行的な一連の変化と定義される。より拡大して細胞の老化，細胞分裂においても用いられる。加齢は時間経過によって生じる変化一般を指し，変化の意義については中立的で，生物の発生，成長，成熟過程を含み，非生物でも用いられる。

　老化は基本的には非可逆性を前提としている。しかし細胞レベルでは生殖，各種遺伝子操作によって，若返り現象が観察される。また，すでにある程度老化しているはずの体細胞から繁殖可能なクローン動物をつくることができたことは不可逆性に大きな疑問を投げかけた。

　老化は客観的には加齢により増加する死亡率としてとらえられる。死亡率が加齢と共に指数関数的に上昇する現象をゴンペルツ（Gompartz）現象，その曲線をゴンペルツ曲線といい，式 $M(t) = Ae^{\alpha t}$ で表される。A は初期死亡率で，通常，思春期の最も死亡率の低い時期の死亡率を用いる。α はゴンペルツ指数，その逆数の ln2 倍である死亡率倍加時間 M_2 も老化速度の尺度として用いられる。老化がない場合，個体数の減少は指数関数的で生存曲線は下向きに凸となるが，ゴンペルツ現象があると上に凸となり，潜在的最大寿命（maximum life span potential, MLSP）は種によってほぼ一定となる。

　"老化とは何か"との問いには，なぜ老化が起こるのか（Why）という問題と，どのように（How）という問題があり，前者は進化における合目的論として数理生物学的に，後者はメカニズムを細胞・分子生物学的，また化学的につめていくべき課題である。種々の老化学説も，どちらの問いに答えようとしているか分けて考えなくてはならない。

2　老化のフリーラジカル説と関連する諸説

　1956年，ハルマンは，放射線の生体に与える影響（変異原性，発癌性，細胞障害性などの作用）

[*1]　Toshikazu Yoshikawa　京都府立医科大学　第一内科学教室　助教授
[*2]　Toru Tanigawa　京都府立医科大学　第一内科学教室　助手

と老化現象の共通性より，生体内で生じるヒドロキシルラジカルが老化の原因ではないかという老化のフリーラジカル説を提唱した[1]。

これに先立って20世紀初頭，Pearlにより，老化は速く生きる動物ほど速く起こるという生活速度説（Rate of Living Theory）が提唱されていた。生活の速度を代謝速度とすると，体重（W）と代謝率（E）の間に $E = 4.1W^{0.75}$ の関係があり，体重当たりの代謝率では $4.1W^{0.75}/W = 4.1W^{-0.25}$ となる。すなわち，体重が大きい動物ほど体重あたりの代謝量が少ないということである。代謝量は酸素消費で測定され，酸素1リットルが20.1キロジュールに相当する。

一方，哺乳類では寿命，心拍間隔，血液の循環時間，糖代謝時間，タンパク合成時間などは体重の0.2〜0.25乗に比例するため，これらを掛け合わせると W にかかる乗数がほぼ0となり，一生で単位体重当たりの代謝量（15億ジュール），心拍数（20億回）などが体重にかかわらず一定となる。このことから酸素消費が激しいほど多くの消耗を引き起こしていることが推定され，酸素の還元によりエネルギーを産生するミトコンドリアが老化の原因として注目される理由となっている。

フリーラジカルがDNAダメージを起こして変異原として働くことは知られており，発癌ではフリーラジカルによる突然変異との関係が明らかである。同様に，体細胞のDNAがフリーラジカルにより傷され，喪失や傷害の蓄積による機能の変容が老化の原因とするのが，フリーラジカルによる体細胞変異説（Somatic Mutation Theory）である。

生じている突然変異で老化現象が説明できるのか，またフリーラジカル傷害がその突然変異を起こしているのか，いずれも十分明らかではない。しかし，哺乳動物では発癌リスクの大きさと寿命には逆相関があり，発癌と老化に共通因子が働いている可能性を示している。またDNA修復能と寿命の相関が示されている。

3　細胞分裂における老化とフリーラジカル

以上の説が老化がどのように起こるかを説明しようとする説であるのに対し，老化のなぜに対する説明として多面拮抗発現説（Antagonistic Pleotropy）や体細胞破棄説（Disposable Soma Theory）[2] がある。

多面拮抗発現における多面とは，ひとつの遺伝子が臓器により，また年齢により異なる表現形質を持つことで，拮抗とは，それらが，ある場合には生存に有利に，ある場合には生存に不利に働くことを表している。生殖年齢までに有利に働く遺伝子は，たとえ高齢では不利に働いても，保存されるように選択圧力がかかることになり，老化が起こる理由を一部説明している。

体細胞破棄説は，体細胞に対する生物学的投資は生殖細胞の連続性を維持するのに最も適切な

レベルに維持されるように設定されるため，不経済な過剰投資が抑制され，体細胞は使い捨てられていくという考えである。

テロメア減少による体細胞の複製老化は癌化抑制機構と考えられていて，進化における多面拮抗の一例とされる。すなわち，若い間は癌発生抑制に働いて有用であるが，老いては細胞の機能低下の原因となっているのである[3]。

テロメア減少は体細胞を破棄するメカニズムのひとつでもある。in vitro での細胞分裂老化はテロメアの短縮により説明され，細胞はG1アレストを起こす。これが細胞分裂におけるHayflick 限界のメカニズムの中心である。in vivo でも分裂細胞で障害細胞を分裂で置き換えていくのに限界があり，臓器萎縮などの老化の一原因と考えられる。

フリーラジカルがテロメアの短縮にかかわっている証拠が示されている。通常の90bp/分裂が40％酸素条件では500bp/分裂にまで増加するという。

4　フリーラジカルによる生体分子傷害

各種疾患の発生にフリーラジカル傷害がかかわっているが，これはフリーラジカルによる不飽和脂質過酸化，タンパクの変性，核酸塩基傷害を介している。

4.1　タンパクのフリーラジカル傷害

タンパクの傷害は直接酸素ラジカルにより，また脂質過酸化物よりのアルデヒドなどとの反応で起こり，SH基の酸化，カルボニル化，クロスリンキング，フラグメンテーションが生じる。細胞内タンパクは数分から数十分で回転しており，傷害タンパク定常レベルは生成とプロテアーゼなどによる消去のバランスで決まる。

タンパクの傷害が，酵素活性の低下によるエネルギー産生の低下などを介して細胞機能低下や細胞死に至ることが考えられるが，細胞内の還元を維持するのに重要なG6PDやクエン酸サイクルの酵素であるアコニターゼはフリーラジカルにより不活化される。定常状態のカルボニル化されたタンパク（数％に達する）は加齢により増加することが知られている[4]。

一方，コラーゲンやクリスタリンなどは半減期は年余となり，これらの分子に生じた傷害は蓄積され，皮膚の弾力性低下や白内障などの老化現象に直接かかわっている。

4.2　タンパクの糖化とフリーラジカル傷害

ぶどう糖などの還元糖がタンパク質のアミノ基と反応してシッフ塩基を形成し，さらにアマドリ転位を起こす。さらに架橋形成などを経て，ペントシジンなどのAGE（advanced glycation end product) を形成する。糖化は酸化により促進され，一方，糖化タンパクよりフリーラジカルが発生する。

ペントシジンは老化に伴って増加することが知られている[5]。単球や血管内皮細胞はAGEに対するリセプターを持っている。これはアルツハイマー病の発病因子として重要なアミロイドβペプチドのリセプターと同一である[6]。いずれのアゴニストも，リセプターとの結合を介して細胞内にオキシダントやNFκBの活性化をもたらすという。

4.3 DNAのフリーラジカル障害

DNAが酸化的に損傷され，細胞死や突然変異の原因となっている。最も広く測定されているのは8-ヒドロキシデオキシグアノシン（8OHdG）である。DNA中でグアニンが酸化されて生じるとGC→TAトランスバージョンが，ヌクレオチドプール中の前駆体が酸化されて取り込まれるとAT→CGトランスバージョンが起こる可能性がある。

癌遺伝子である*ras*21が8OHdGで活性化されることも知られている。しかし8OHdG以外にも酸化塩基種は多数存在するので，通常測定されている8OHdGはDNAの酸化的障害のマーカーととらえるべきであろう。

5 ミトコンドリアと老化

5.1 ミトコンドリアの機能

ミトコンドリアにはクエン酸回路や電子伝達系，ATP産生酵素，ヘム合成や脂肪酸酸化，尿素サイクルがあり，エネルギー代謝を中心とする重要な生化学系が多く存在する。また細胞毒であるカルシウムを貯留したり，アポトーシス誘導因子の放出も行う[7]（図1）。

5.2 ミトコンドリア遺伝子の特徴

ミトコンドリアは精子にもあるが，受精に際して何らかの機構で捨てられるため，100％卵子由来であり，母系遺伝する[8]。ヒトミトコンドリアDNAは16,569bpよりなり，全塩基配列が決定されている。

核DNAと異なり環状構造をとり，したがってテロメアはなく，複製に際して短縮されない。ヒストンなどのタンパクを結合していないため直接DNAが傷害されやすく，8-OHdG量は塩基あたり核DNAに比して高い。

一つのミトコンドリアはマトリックスに数コピーのDNA鎖を持っている。通常1個体同一であるが，ミトコンドリア病では異なるDNAをもつミトコンドリアが混在しており，これをヘテ

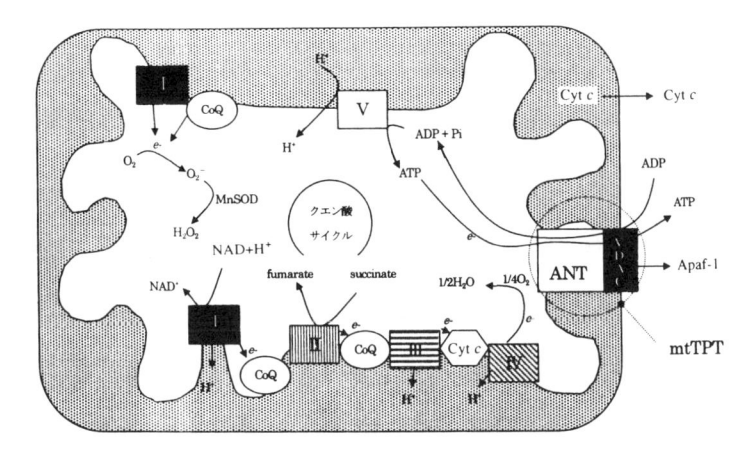

図1 ミトコンドリアのATP産生、活性酸素産生とアポトーシス誘導機構（文献7）より改変）
adenine nucleotide translocator (ANT) と voltage dependent anion channel, さらに図では省略しているが, Bax, Bcl2, cyclophilin D, benzodiazepin receptor などと複合して mitochondrial permeability transition pore (mtPTP) が形成されている。

ロプラスミーという。

5.3 ミトコンドリアの活性酸素産生

ミトコンドリア電子伝達系はNADHからユビキノン（Coenzyme Q）に電子を伝達する複合体Ⅰとコハク酸よりユビキノンに電子をわたす複合体Ⅱ、還元されてできたユビキノールよりシトクロム c に電子をわたす複合体Ⅲ、シトクロム c より酸素に電子をわたして水に還元する複合体Ⅳよりなる。ミトコンドリアの活性酸素生成はこの電子伝達系からで、おもにユビキノン/ユビセミキノンラジカル/ユビキノールより漏れでる電子によると考えられている。

生じたスーパーオキシドはユビキノールやシトクロム c との反応で酸素に戻るほか、マトリックス中のMn-SODにより不均化され、過酸化水素と酸素になる。過酸化水素はグルタチオンペルオキシダーゼにより消去される。

5.4 加齢による活性酸素産生増加

ミトコンドリアの活性酸素産生は電子伝達の障害により起こり、この障害は薬剤、タンパク変性、活性酸素そのものによる傷害によって増加する[9]。

加齢によりミトコンドリアの活性酸素産生が増すことが知られている[10]が、ミトコンドリアの酸化的傷害はさらにミトコンドリアの活性酸素生成を増し、傷害速度が加速される[11]。老化の

老化予防食品の開発

悪循環であり，老化が指数関数的に起こることに対応している。

酸化傷害のターゲットはランダムでなく，たとえばTCAサイクル中のアコニターゼがカルボニル化され，活性を失うことが報告されている[12]。また鉄－イオウセンターを不活化すると同時に鉄を遊離し，フリーラジカル傷害がさらに進みやすくなると考えられている[13]。

5.5 ミトコンドリア病

ミトコンドリア病では異常ミトコンドリアと正常ミトコンドリアが交じり合うヘテロプラスミーを呈していて，その割合は各個体，各臓器により異なる。一定以上を異常ミトコンドリアが占めると，細胞全体のミトコンドリアが機能障害を起こす（閾値効果）。

ミトコンドリア病の発症が遅く，また進行性であるのは，老化によるミトコンドリア傷害が累積して閾値に達するためではないかと考えられる。

5.6 ミトコンドリアの変異と寿命

100歳老人に有意に多い遺伝子型がいくつか存在することが報告されている[14]。このなかでMt5178Aという塩基置換は，日本人では45%に見られるのに世界的には稀な型であるため，わが国が長寿国である理由の一つではと考えられている。

5.7 他種間での比較

ミトコンドリアの電子伝達系で電子の漏れ出す個所はCoQとされているが，CoQのイソプレン側鎖の長さは種により異なる。CoQ10が多いほど活性酸素の生成は少なく，CoQ9が多いと活性酸素生成が増えるという。

動物の寿命とCoQパターンには相関がみられる[15]。鳥類は，哺乳類に比して体重の割に長命であるが，そのミトコンドリアからの活性酸素産生は低い。ハトとラットの比較では半分程度であるらしい[16]。

5.8 ミトコンドリアとアポトーシス

ミトコンドリアはカルシウム取り込み過多，フリーラジカル障害，エネルギー不足などに陥ると，ミトコンドリア透過性変換孔（mtPTP）が開き，シトクロムc，アポトーシス誘導因子（AIF），カスパーゼなどが細胞質に漏出する[17]。シトクロムcはカスパーゼの細胞質破壊を誘導し，AIFはクロマチン崩壊を誘導する。一方，ミトコンドリアの外膜上にはアポトーシス抑制因子のBcl2が存在する。

ミトコンドリアのフリーラジカル傷害が細胞死に至る一つの道筋と考えられる。

5.9 ミトコンドリアにおける体細胞変異

mtDNAの再配列をヒト骨核筋で調べたところ，40歳までは見られず，50歳以上では各種の再配列が見られるという[18]。また，同一人より得られた異なるサンプルで異なる変異が観察され，これらの変異が出生後に生じたことがわかる[19]。

mtDNAのdeletionは虚血心筋やアルツハイマー病，ハンチントン病の大脳皮質で増えている。これは酸化的傷害の増加によると考えられる。

5.10 老化ミトコンドリアの機能低下に対する核の影響

骨格筋や脳などの分裂終了組織細胞で，加齢によるミトコンドリアの酸化的リン酸化酵素の活性低下が知られている[20]。老化細胞のミトコンドリア機能低下は，核を除いた老化サイトプラストとミトコンドリアDNAを欠いているρ°HeLa株細胞を融合して得られるサイブリッドにおいて回復することより，核DNAの変化が原因であることが示されている[21]。

6 分子生物学的に得られた証拠

6.1 トランスジェニック動物

近年のトランスジェニック動物による知見は，老化のフリーラジカル説を強く支持している。ショウジョウバエでは，SOD遺伝子のみの導入ではその効果はわずかであり[22]，カタラーゼ遺伝子の導入では効果が見られなかったが[23]，その両者の導入で30%程度の最大寿命，平均寿命の延長がみられた[24]（図2）。さらにカルボニル化タンパクや8OHdGの増加の増加，G-6-PDの活性低下，ミトコンドリアの活性酸素生成など老化指標の変化が抑制されていた[25]。

残念ながら，マウスでは同様の結果は得られていない。逆にSODを過剰発現させたマウスではダウン症候群に類似する神経傷害がみられ，老化促進状態となる[26]。複数のオキシダントと抗酸化機構は微妙なバランスと代償性を持っており，単一要素の変化が必ずしも予想される表現形を示すとは限らない例と考えられる。

6.2 *C. elegans* 長寿株の知見

*Caenorhabditis elegans*における各種の長寿命変異株が知られている。daf-2遺伝子はインスリンリセプターと相同であり[27]，age-1遺伝子はphosphatidylinositol 3-kinase相同であることがわかった[28]。いずれも転写因子daf-16に至るシグナル伝達をへてエネルギー産生にかかわると考えられ，これらの変異により代謝が抑えられるのではないかと考えられている。

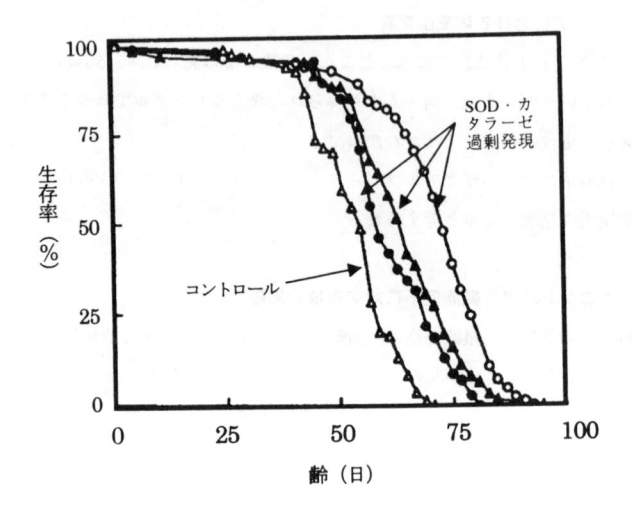

図2 ショウジョウバエのSOD・カタラーゼ過剰発現と寿命[24]

7 カロリー制限による老化抑制

カロリー制限は寿命の延長の最も確立された方法である[29,30]（図3）。脊椎動物から昆虫に至るまで観察される。必要栄養素を確保したうえで自由摂食量の40%程度の制限を行うのが通常の方法で、これ以上の制限では逆効果となる。

カロリー制限の効果はサルでも見られ、ヒトにも当てはめられると考えられる[31]。

第1編　フリーラジカル理論と老化予防

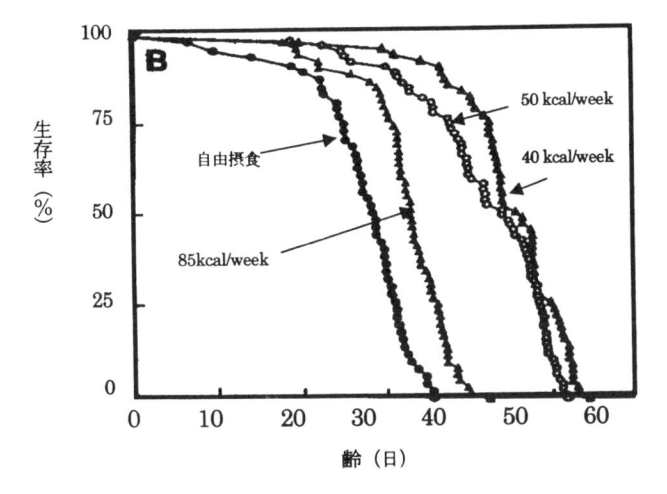

図3　マウスのカロリー制限による寿命の延長[29]

文　　献

1) D, Harman, Aging: A theory based on free radical and radiation chemistry, *J. Gerontol.*, 11: 298-300 (1956)
2) T. B. Kirkwood, Evolution of ageing, *Nature*, 270, 301-304 (1977)
3) J. Campisi, Replicative senescence: an old lives' tale? *Cell*, 84, 497-500 (1996)
4) E. R. Stadman, Protein oxidation and aging. *Science*, 257, 1220-1224 (1992)
5) D. R. Sell, MA, Lane. W. A. Johnson, E. J. Masoro, O. B. Mock, K. M. Reiser, J. F. Fogarty, R. G. Cutler, D. K. Ingram, G. S. Roth, V. M. Monnier, Longevity and the genetic determination of collagen glycoxidation kinetics in mammalian senescence. *Proc. Natl. Acad. Sci. USA*, 93, 485-1490 (1996)
6) O. Hori, J, Brett. T. Slattery, R. Cao, J, Zhang. J. X. Chen, M. Nagashima, E. R. Lundh, S. Vijay, D. Nitecki, *et al.*, The receptor for advanced glycation end products (RAGE) is a cellular binding site for amphoterin. Mediation of neurite outgrowth and co-expression of rage and amphoterin in the developing nervous system, *J. Biol. Chem.*, 270, 25752-25761 (1995)
7) Wallace,DC, Mitodhondrial disases in Man and Mouse. *Science*, 283: 1482 (1999)
8) H. Kaneda, J. Hayashi, S. Takahama, C. Taya, K. F. Lindahl, H. Yonekawa, Elimination of paternal mitochondrial DNA in intraspecific crosses during early mouse embryogenesis, *Proc. Natl. Acad. Sci. USA*, 92, 4542-4546 (1995)
9) R. S. Sohal, B. H. Sohal, Hydrogen peroxide release by mitochondria increases during aging, *Mech. Ageing. Dev.*, 57, 187-202 (1991)
10) S. P. Gabbita, D. A. Butterfield, K. Hensley, W. Shaw, J. M. Carney, Aging and caloric restriction affect mitochondrial respiration and lipid membrane status: an electron paramagnetic resonance investigation,

Free Radic. Biol. Med., 23, 191-201 (1997)

11) R. S. Sohal, A. Dubey, Mitochondrial oxidative damage, hydrogen peroxide release, and aging, *Free. Radic. Biol. Med.*, 16, 621-626 (1994)

12) L. J. Yan, R. L. Levine, R. S. Sohal, Oxidative damage during aging targets mitochondrial aconitase, *Proc. Natl. Acad. Sci. USA*, 94, 11168-11172 (1997)

13) D. H. Flint, J. F. Tuminello, M. H. Emptage, The inactivation of Fe-S cluster containing hydrolyases by superoxide. *J. Biol. Chem.*, 268, 22369-22376 (1993)

14) M. Tanaka, J. S. Gong, J. Zhang, M. Yoneda, K. Yagi, Mitochondrial genotype associated with longevity *Lancet.*, 351 (9097), 185-186 (1998)

15) A. Lass, S. Agarwal, R. S. Sohal, Mitochondrial ubiquinone homologues, superoxide radical generation, and longevity in different mammalian species, *J. Biol. Chem.*, 272, 19199-19204 (1997)

16) R. S. Sohal, A. Dubey, Mitochondrial oxidative damage, hydrogen peroxide release, and aging, *Free Radic. Biol. Med.*, 16, 621-626 (1994)

17) D. R. Green, J. C. Reed, Mitochondria and apoptosis, *Science*, 281 (5381), 1309-1312 (1998)

18) S. Melov, J. M. Shoffner, A, Kaufman. D. C. Wallace, Marked increase in the number and variety of mitochondrial DNA rearrangements in aging human skeletal muscle, *Nucleic Acids Res*, 23, 4122-4126 (1995)

19) J., Muller-Hocker K. Schneiderbanger, F. H. Stefani, B. Kadenbach, Progressive loss of cytochrome c oxidase in the human extraocular muscles in ageing--a cytochemical-immunohistochemical study, *Mutat. Res*, 275, 115-124 (1992)

20) J. Hayashi, S. Ohta, Y. Kagawa, H. Kondo, H. Kaneda, Y. Yonekawa, D. Takai, S. Miyabayashi, Nuclear but not mitochondrial genome involvement in human age-related mitochondrial dysfunction. Functional integrity of mitochondrial DNA from aged subjects, *J. Biol. Chem.*, 269, 6878-6883 (1994)

21) K. Isobe, S. Ito, H. Hosaka, Y. Iwamura, H. Kondo, Y. Kagawa, J. I. Hayashi, Nuclear-recessive mutations of factors involved in mitochondrial translation are responsible for age-related respiration deficiency of human skin fibroblasts, *J. Biol. Chem.*, 273, 4601-4606 (1998)

22) W. C. Orr, R. S. Sohal, Effects of Cu-Zn superoxide dismutase overexpression of life span and resistance to oxidative stress in transgenic *Drosophila melanogaster*, *Arch. Biochem. Biophys.*, 301, 34-40 (1993)

23) W. C. Orr, R. S. Sohal, The effects of catalase gene overexpression on life span and resistance to oxidative stress in transgenic *Drosophila melanogaster*, *Arch. Biochem. Biophys.*, 297, 35-41 (1992)

24) W. C. Orr, R. S. Sohal, Extension of life-span by overexpression of superoxide dismutase and catalase in *Drosophila melanogaster*, *Science*, 263. 1128-1130 (1994)

25) R. S. Sohal, A, Agarwal. S, Agarwal. Orr-WC Simultaneous overexpression of copper- and zinc-containing superoxide dismutase and catalase retards age-related oxidative damage and increases metabolic potential in *Drosophila melanogaster*, *J. Biol. Chem.*, 270, 15671-15674 (1995)

26) E. Gahtan, J. M. Auerbach, Y, Groner. M. Segal, Reversible impairment of long-term potentiation in transgenic Cu/Zn-SOD mice. *Eur. J. Neurosci.*, 10, 538-544 (1998)

27) K. D. Kimura, H. A. Tissenbaum, Y. Liu, G. Ruvkun, daf-2, an insulin receptor-like gene that regulates longevity and diapause in *Caenorhabditis elegans*, *Science*, 277, 942-946 (1997)

28) J. Z. Morris, H. A. Tissenbaum, G, Ruvkun. A phosphatidylinositol-3-OH kinase family member regulating longevity and diapause in *Caenorhabditis elegans*, *Nature*, 382, 536-539 (1996)

29) R. Weindruch, R. L. Walford, S. Fligiel, D. Guthrie, The retardation of aging in mice by dietary restriction: longevity, cancer, immunity and lifetime energy intake. *J. Nutr.*, 116, 641-654 (1986)
30) R. S. Sohal, R. Weindruch, Oxidative stress, caloric restriction, and aging, *Science*, 273, 59-63 (1996)
31) M. A. Lane, D. J. Baer, W. V. Rumpler, R. Weindruch, D. K. Ingram, E. M. Tilmont, R. G. Cutler, G. S. Roth, Calorie restriction lowers body temperature in rhesus monkeys, consistent with a postulated anti-aging mechanism in rodents. *Proc. Natl. Acad. Sci. USA*, 93, 4159-4164 (1996)

〈総説〉

32) K. B. Beckman, B. N. Ames, The free radical theory of aging matures, *Physiol. Rev.*, 78: 547-81 (1998)
33) K. B. Beckman, B. N. Ames, Mitochondrial aging: open questions, *Ann. N.Y. Acad. Sci.*, 854, 118-127 (1998)
34) G. Lenaz, Role of mitochondria in oxidative stress and ageing, *Biochim. Biophys. Acta.*, 1366, 53-67 (1998)
35) B. A. Gilchrest, V. A. Bohr, Aging processes, DNA damage, and repair, *FASEB. J.*, 11, 322-330 (1997)

第2章　フリーラジカル理論の発展と老化予防食品

西野輔翼[*]

1　はじめに

フリーラジカル理論に基づいて老化をとらえた場合，その発展として予防戦略を立てることが可能になる。当然ながら戦略としては，フリーラジカルの産生を抑制すること，フリーラジカルの消去を促進すること，およびフリーラジカルによる障害を修復する活性を高めること，の3つがある。この戦略を達成するには多くの方法が考えられ，総合的な対策をとるのが重要であることはいうまでもない。その中で，食事は最も基本的な要因の一つである。このような視点から，老化予防食品について考察する。

食事について考える時，素材となる食品を対象とした考察に加えて，食品を摂取するスタイルについての考察も重要である。したがって，この点についてもふれることにする。

2　老化予防食品

老化予防に有用と考えられている食品は極めて多彩であり，本書で取りあげられているものを一覧してみても，それが良くわかる。個々の食品あるいは食品成分は，独自の特性を示すことは当然であるが，その一方で共通点が見出されることも多い。特に，食品中に含まれている抗酸化物質の関与は，多くの場合，最も重要な要因となっている。なお，一つの食品成分が多彩な作用を合わせ持っていることが多いことにも注目するべきであろう。

2.1　フリーラジカルの産生抑制

フリーラジカルの発生系のうち，血中や組織中の好中球やマクロファージなどの食細胞は特に重要である。

食細胞は静止状態ではフリーラジカルを放出しない。しかし，細菌などの外敵が侵入してくると，それに対抗するためにフリーラジカルを産生するようになる。したがって，抗菌作用を持つ食品および食品成分はフリーラジカルの産生抑制に役立つことになる。その例としては，多くの

---

[*]　Hoyoku Nishino　京都府立医科大学　生化学教室　教授

第1編　フリーラジカル理論と老化予防

香辛料，緑茶，ラクトフェリンなどがある。

　食細胞は，また，多数の刺激物質や，増強物質（いわゆるプライミング物質）によっても，フリーラジカルを産生するようになる。炎症時には，これらの刺激物質やプライミング物質が増加する。したがって，抗炎症作用を持つ食品群や，刺激物質やプライミング物質の作用を阻止したり，産生を抑制する食品群は，フリーラジカルの産生抑制に寄与することになる。抗炎症作用を持つものとしては，たとえばウコン（ターメリック）やシソ葉などがある。また，刺激物質の一つとして知られる腫瘍壊死因子(TNF)αの産生を抑制する食品成分として，緑茶ポリフェノールが報告されている。

　食細胞から発生するフリーラジカルとしては，まず，NADPHオキシダーゼによって産生されるスーパーオキシド(O_2^-)がある。NADPHオキシダーゼは細胞膜に局在する酵素であり，NADPH結合部位は細胞質側にあり，プロテインキナーゼCによって活性化する。なお，プロテインキナーゼCの活性化は，種々の食細胞刺激物質によって引き起こされることが知られている。したがって，このシステムのいずれかのステップで抑制をかけることのできる食品群は，O_2^-の産生を阻止することができる。

　たとえば，プロテインキナーゼCの活性に必要なジアシルグリセロールの構造類似体が果物や野菜類に広く分布していることが明らかになってきたが，これらのいくつかのものはプロテインキナーゼCの活性を抑制する。したがって，間接的にO_2^-産生を減少させることになる。

　O_2^-からは，さらに多彩なフリーラジカルができてくるが，これらの各ステップの進行を抑制する食品因子も今後見出されるものと予測される。

　また，マクロファージなどにおいては，NO合成酵素によってNOラジカルも産生される。NO合成酵素には3種類あることが知られているが，マクロファージなどの食細胞に存在するのは，誘導型NO合成酵素（iNOS）である。iNOSは定常状態では発現しておらず，種々の食細胞刺激物質やプライミング物質によってすみやかに誘導される。

　最近，このNO産生に対して，牡蠣やホヤに含有されているカロテノイドの一種であるハロシ

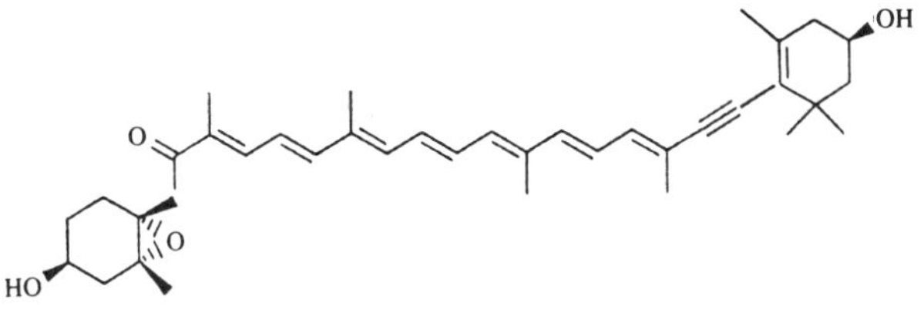

図1　ハロシンチアキサンチンの構造

老化予防食品の開発

ンチアキサンチン（図1）が強力な抑制作用を示すことが明らかとなった。すなわち，マウスマクロファージRAW264.7細胞にエンドトキシン（LPS）およびインターフェロンγを作用させた時に産生するNOラジカルを，ハロシンチアキサンチン（50μM）が88％減少させたのである。その他のカロテノイドについても調べたところ，β-クリプトキサンチンにも強い効力(抑制率70％)があることを見出した（このβ-クリプトキサンチンは温州ミカンに豊富に含まれているカロテノイドである）。

ところで，産生されたNOは，O_2^-と容易に反応して，毒性の強いペルオキシナイトライト（ONOO·）を生じる。このONOO·の産生を抑制するためには，NOラジカルおよびO_2^-の両方を生じさせないようにすることが効果的である。そこで，両方の抑制作用をあわせ持つような食品および食品成分の探索が進められている。また，片方の抑制作用しかないものであっても，それらを組み合わせることによって両方を同時に抑制することも可能である。

食細胞以外の細胞でもフリーラジカルが産生されている。すなわち，種々の細胞内顆粒から生理的にフリーラジカルが産生されているのである。たとえば，ミトコンドリアでは，電子伝達系による正常な電子の流れのときにも，O_2^-が発生し，その主要な発生源は複合体Iと複合体Ⅲと考えられている。また，ミクロソームでは，NADPH依存性シトクロムP-450レダクターゼによってO_2^-が産生され，ペルオキシソームでは種々のオキシターゼ反応でH_2O_2が産生される。

これらの顆粒から産生されるフリーラジカルは，生理的状態では細胞内に含まれている消去系によって制御されており，他へ障害を与えることはない。しかし，病的状況では，フリーラジカルが増加し，漏れ出ることがある。したがって，このような病的な顆粒の障害を防ぐ食品および食品成分の探索も必要であろう。

たとえばミトコンドリアで発生するO_2^-は，電子伝達系がブロックされた時には，正常時の産生量よりも増加することが知られている。実際に，電子伝達系複合体I欠損患者の培養繊維芽細胞で，Mn-SOD活性が誘導されていない場合に，O_2^-の産生が増加していることが確認されている。しかし，O_2^-の増加に伴って，Mn-SOD活性が誘導されてくるため，見かけのO_2^-の産生はむしろ減少するが，それに続いて過剰に産生されるH_2O_2を経由して，障害性の高いヒドロキシラジカル（·OH）が増加するため，結局，強度の細胞障害が生じることになる。

最近，線虫を用いた実験で，ミトコンドリア異常によって酸化ストレスを受けやすくなった変異体では，老化が促進され，寿命が短くなることが報告されている。この報告は，酸化ストレスが老化の原因の一つであることを実験的に証明したものであり，注目すべきであろう。

研究は，酸素に高い感受性を示し，短寿命である変異体が分離されたことから始められた。この変異体では，老化のマーカーとして知られているリポフスチンや酸化タンパク質の蓄積が，野生株よりも高く，酸素濃度を高くしたときには，さらに増強される。したがって，この変異体は

第1編　フリーラジカル理論と老化予防

酸素が原因の早老症であると考えられる。

そこで，原因遺伝子の同定が行われ，1個所に変異のあるシトクロム b-560 遺伝子（cyt-1）であることが証明された[1]。この変異の結果，cyt-1 タンパク質の一個所が，グリシンからグルタミン酸に置換されることになる。シトクロム b-560 は，電子伝達系複合体 II のサブユニットの一つであり，変異体においては，複合体 II としての活性（コハク酸コエンザイム Q 還元酵素活性）が正常値と比較して 10% 以下にまで低下していた。なお，この遺伝子の欠損により，なぜ酸化ストレスを受けやすくなるのかは，まだ明らかにされておらず，今後の課題である。

いずれにしても，ミトコンドリアの機能を正常に保つことが老化予防の一つとして重要と考えられ，そのための食品および食品成分の探索は，意義が大きい。最近，α-リポ酸を老齢ラットに投与することによって，ミトコンドリアの機能が改善されることが報告された[2]。そして，それに伴って，酸化障害も改善された。このような例は今後も色々と見出されるであろう。

また，生理的なシステムではないが，虚血・再灌流によるフリーラジカルの発生も，臨床的には重要である。この場合には，キサンチンオキシダーゼなどがフリーラジカルの産生に関与することが明らかにされている。このような状況においては，食品で対応するのではなく，薬剤が必要である。

また，アラキドン酸カスケードによるフリーラジカルの産生についても注意をはらう必要がある。炎症時などにおいて，このシステムが亢進することが明らかになっており，その対策を考えることは重要である。

たとえば，アラキドン酸がリン脂質から切り出されるのは，ホスホリパーゼ A2 によってであるが，このホスホリパーゼ A2 はリポコルチンによって抑制されている。したがって，リポコルチンを誘導できれば，アラキドン酸カスケードの初めのステップで抑制をかけることができる。また，切り出されたアラキドン酸は，シクロオキシゲナーゼやリポキシゲナーゼで代謝され，その過程でフリーラジカルが産生される。多くの食品中の成分が，シクロオキシゲナーゼやリポキシゲナーゼを阻害することが証明されている。

なおシクロオキシゲナーゼには二つの型があり，炎症などの病的な状況で誘導されるのは 2 型であることが明らかになっている。また，1 型は恒常的に発現されており，それを阻害してしまうと，消化管腫瘍などの副作用が起こる。したがって，2 型のシクロオキシゲナーゼを特異的に阻害する食品成分が見出されれば，有用性は高い。

ところで，リポキシゲナーゼの阻害物質としては，甘草中成分であるイソリクイリチゲニン（図2）が知られている。甘草は，生薬として用いられているが，それとともに甘味料として広く用いられている。甘草中には，イソリクイリチゲニンのみならず，抗炎症作用を持つグリチルリチンも含まれており，有用な素材である。

2.2 フリーラジカルの消去

生体内には，フリーラジカルの消去システムが備わっている。したがって，そのシステムを増強させる食品および食品成分は有用である。

2.2.1 O_2^- の消去

O_2^- は，スーパーオキシドジスムターゼ（SOD）によって H_2O_2 と O_2 に不均化され，生じた H_2O_2 はカタラーゼやグルタチオンペルオキシターゼによって消去される（図3）。

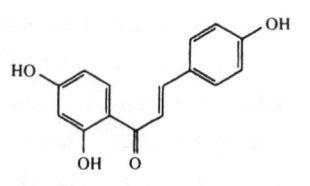

図2 イソリクイリチゲニンの構造

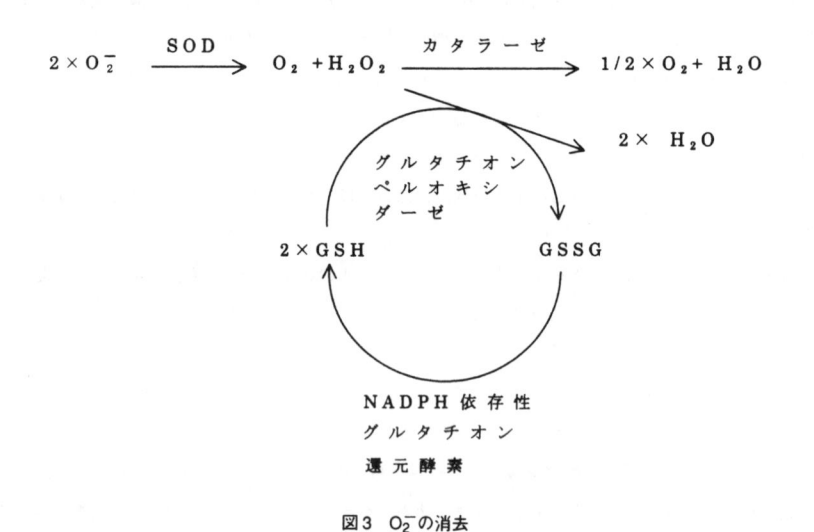

図3 O_2^- の消去

SODは，その活性中心に存在する金属によっていくつかの種類があり，高等動物の細胞内では，Cu, Zn-SODおよびMn-SODが存在している。Cu, Zn-SODは細胞質に存在し，Mn-SODは主としてミトコンドリアに存在する。O_2^- の産生が高まると，それに対応するためにSODが誘導されてくる。

この誘導が，老化に伴って低下することが動物実験で証明されている。また，SOD量が高齢になると減少することも明らかにされている。したがって，SOD量の減少や，誘導能の低下を防止する食品や食品因子の探索は今後の重要な課題の一つである。

また，グルタチオンペルオキシダーゼによる H_2O_2 の代謝には還元型グルタチオン（GSH）が必要である。反応が進行して生じた酸化型グルタチオン（GSSG）は，NADPH依存性グルタチオ

第1編　フリーラジカル理論と老化予防

ン還元酵素によって還元型に戻される。したがって，グルタチオンについて論ずる場合，グルタチオンの全量とともに，還元型/酸化型の比を考慮すべきである。

最近，抗酸化物質の経口投与によって老齢マウスにおける還元型/酸化型の比が増大するとともに，ミトコンドリアDNAの酸化的障害が防御されることが報告された[3]。また，エスクレチンをマウスに経口投与することによって肝臓中のGSH量およびGSH/GSSG比の増加がみられ，同時に脂質過酸化も抑制されることが報告された[4]。食品中には多彩な抗酸化物質が含まれているので，これらの報告と同様の効果を示すものが今後見出される可能性は高いと考えられる。

なお，マグロ眼窩などに含まれているドコサヘキサエン酸（DHA）の経口投与によって，ラット大脳皮質におけるカタラーゼ活性，GSH量，およびグルタチオンペルオキシダーゼ活性が増加することが報告されており[5]，興味深い。

ところで，食品とは直接関係しないが，Bcl-2タンパク質が培養神経系細胞における全グルタチオン量およびGSH/GSSG比を増加させることを証明した報告[6]があり，興味深い。もし，Bcl-2タンパク質を誘導できる食品因子が見出されれば，それを含む食品を摂取することによって，神経細胞のアポトーシスを抑制し，同時に酸化障害も減少させることができるかもしれない。

2.2.2　˙OHの消去

H_2O_2の処理が完全にできなかった場合，金属イオンとの反応によって˙OHが生じる。鉄イオンとH_2O_2とによる˙OHの生成は，フェントン反応としてよく知られている。

また，放射線が細胞の主成分である水に照射された場合にも，˙OHを生じる。

このようにして生じた˙OHはきわめて反応性の高いラジカルであり，生体損傷の多くは，この˙OHによって引き起こされているものと考えられている。

˙OHを特異的に代謝できる酵素は見つかっていない。したがって，˙OHは，アスコルビン酸，グルタチオン，フラボノイドなどによって非特異的に消去されることになる。アスコルビン酸やフラボノイドはヒトの体内では合成できないため，食品からの補給が重要となってくる。

2.2.3　一重項酸素（$^1O_2$）の消去

$^1O_2$はH_2O_2と次亜塩素酸HOClで生じる。また脂質ペルオキシラジカル（LOO˙）の二分子反応でも生じる。その他，光増感反応などでも生じる。

$^1O_2$を特異的に消去する酵素は見つかっていない。したがって，食事由来のビタミンE，アスコルビン酸，フラボノイド，カロテノイドが$^1O_2$の消去に重要な役割を果たすことになる。また，生体内の成分であるビリルビンにも$^1O_2$消去作用がある。

2.2.4　NOラジカル（NO˙）の消去

NOラジカルは大部分が亜硝酸（NO_2^-）や硝酸（NO_3^-）に代謝されて尿中に排泄される。しかし，NOラジカルがO_2^-と反応した場合には，障害性の強いペルオキシナイトライト（ONOO˙）

が産生されるので，この反応系を抑制することが重要である。

しかし，NOラジカルやONOO⁻を直接代謝するヒトの酵素は見出されていないし，直接反応する食品因子もこれから探索していかなければならない。産生の段階で抑制することは，先にも述べたように可能であり，まずその対策を行うことが重要である。

2.2.5 その他のフリーラジカルの消去

脂質ペルオキシラジカル（LOO・）と脂質アルコキシルラジカル（LO・）の消去には，酵素ではなく低分子抗酸化物質が携わっている。たとえば，ビタミンCやグルタチオンによって，ヒドロペルオキシド（LOOH）や，ヒドロオキシド（LOH）に変換される。

2.3 フリーラジカルによる損傷の修復

フリーラジカルは多くの生体成分に損傷をもたらすが，それぞれ修復機構が存在する。したがって，それらの修復系を促進する食品および食品成分の探索が重要である。

たとえば，フリーラジカルによるDNA損傷の修復を促進する食品因子の探索などが考えられる。

なお，神経系における酸化タンパク質の蓄積が N-アセチルシステインの経口投与によって抑制されることが明らかにされており[7]，参考になる。

3 老化予防食品を活用するための食のスタイル

フリーラジカルによる生体損傷に対する防御作用を有する食品および食品因子を活用して，老化予防を実践しようとした場合，その前提として考慮すべきことがある。

なによりも，まずはじめに注意すべき点は，たとえ良いと考えられるものであっても，過剰摂取は避けるべきである，ということである。いずれにしても，老化予防食品の候補は多彩であり，それらを適量ずつ適宜利用するというのが基本である。

それでは，何をもって適量とするのか？という問題が生じてくる。残念ながら，その答えはまだ得られていない。

しかし，総合的に食のスタイルを見た場合，おのずと摂取可能な量の範囲が決まってくるということはある。まず，食事量として，過食にならないようにするために上限がある（過食はミトコンドリアにおける過剰なフリーラジカル産生につながり，老化予防の観点からはどうしても避けなければならない）。そして，その範囲でバランスのとれた糖質，タンパク質，脂質の摂取量を決めていけば，利用しようとしている食材の使用量は極端に多くなりすぎるということはありえない。しかも，利用したい食材は多種にのぼるわけで，それらを積極的に取り入れようとすれ

ば一つ一つの使用量は少なくなる。

　このように少量ずつ多種のものを利用するという食のスタイルが適切であると考えられている。

　また，老化予防食品は，老齢期になって利用し始めるというものではなく，生涯を通じて取り入れるべきものである点も忘れてはならない。

4　おわりに

　以上，フリーラジカル理論の発展として老化予防食品をみてきた。ここで，注意しておくべきことは，老化をとらえる場合，フリーラジカル理論のみではすべてをカバーしきれないという点である。したがって，老化予防食品の広がりも，本章でとりあげた範囲より，はるかに広いものであることに留意する必要がある。

　さらに，食事に加えて，ライフスタイルの多くの要因が老化予防に関与することにも注意を払うべきであることはいうまでもない。

　老化予防をめぐって，総合的な対策がとられた場合，老化のみならず，すべての生活習慣病の予防にもつながる。したがって，積極的に取り組む意義はきわめて大きい。

文　　献

1) N. Ishii et al., Nature, 394, 694 (1998)
2) T. M. Hagen et al., FASEB J., 13, 411 (1999)
3) F. V. Pallardo et al., Free Radic. Res., 29, 617 (1998)
4) S. Martin-Aragon et al., Gerontology, 44, 21 (1998)
5) M. S. Hossain et al., J. Neurochem., 72, 1133 (1999)
6) L. M. Ellerby et al., J. Neurochem., 67, 1259 (1996)
7) M. M. Banaclocha et al., Brain Res., 762, 256 (1997)

第3章　老化予防食品の海外の動向

渡邊　昌*

1　はじめに

　老化予防食品とはどのような概念であろうか？　老化のメカニズムがわかるにつれ，おぼろげに輪郭が見えてきた。細胞障害性フリーラジカルが与える長年の損傷が老化につながるという仮説はかなり確からしくなっている。疾病予防と食品の関係にかんする研究は，赤ワインの消費が多いのに循環器系疾患のリスクが低いというフレンチパラドックスの説明がつき，他の食品中の成分，食品因子の研究が勢いを得た[1]。赤ワイン中のレスベラトールはエストロゲン作用があり，血栓予防や抗凝固作用をもつから心筋梗塞などの予防に働いたのだが，これは赤紫グレープジュースにも含まれることが発見され，機能性飲料へと発展した。一方で遺伝子研究から老化のメカニズムを研究しているグループは何が遺伝子変化を起こすのかという研究に移ってきて，栄養成分の影響を視野にいれるようになってきた[2]。一般的には老化予防食品といえども特別なものではなく，健康維持に役立つ食品や食習慣が効果的である。このような背景から海外の一般的健康食品の動向をお伝えし，最後にとくに老化予防に役立ちそうな食品開発について述べたい。

2　ニュートラスティカルの流れ

　デザイナーフードは米国のNCIでがん予防効果のある食品を選び，その中のどのような化学物質が作用をもつのか，ということを研究する過程で生まれた。がんのみならず，糖尿病，心筋梗塞など，多くの生活習慣病が食事や運動に関連していることが明らかにされ，米国や欧州では健康や病気予防に関連する食品や食事が大きな関心を呼んでいる。ニュートラスティカルという単語も生まれたが，これはメディカルフード，ファンクショナルフード，フードサプリメントなど栄養補給以外に健康維持のみでなく，病気予防や治療の要素も加味された食品，薬品以外の錠剤やドリンク剤などを大きくまとめた概念である[3]。これは栄養のニュートリション（nutrition）と薬学のファーマスーティカル（pharmacentical）の合成語である。
　医療の転換を「東洋医学」にもとめる動きもあり，従来の医療に変わるものとしてオルタネイ

＊　Shaw Watanabe　東京農業大学大学院　食品栄養学専攻　主任教授

第1編　フリーラジカル理論と老化予防

ティブメディシンなる分野も現れてきた。このような多面的動きに呼応して、米国での医薬品の規制をうけないダイエットサプリメントの市場での成長率は毎年10％近い急成長をしめし、今後5年くらいはこの成長率が保たれるであろうとみられている[4,5]。米国化学会のファンクショナルフード部門の演題も増加の一途である。

米国でのサプリメント使用は積極的に勧められている[6,7]（表1）。しかし、疫学的に効果を確認せねばならない、という動きもでてきた[8,9]。米国のnerutraceutical市場はファンクショナルフードとダイエットサプリメントがほぼ折半しているが、日本では3対1程度である[3]。この違いは米国ではいつまでも若さを保つのが良いという文化であり、日本では年相応に老い、健やかな長寿を迎えるのが望ましい、とする文化の差によるものがある。しかし、厚生省の規制緩和とともに後者は今後のびていく可能性がある。

特に食事量の減少がみられる高齢者層においてビタミン、ミネラルなどの微量栄養素の不足が指摘されており、そのような場合にはサプリメント使用が効果的になろう。

現在栄養素にはあげられていないが、フラボンやイソフラボン、ポリフェノールなどについても薬理効果が疫学的に確認されれば、新たなサプリメントとして利用される可能性がある。

表1 米国におけるサプリメント一覧

		NUTRIENT SOURCE			NUTRITIONAL PROFILE			
Product	Manufacturer	Protein Source	Fat Source	Calories/mL	Calories* per serving	Protein (g/serving)	Carbohydrate (g/serving)	Fat (g/serving)
Nutritional Supplements, Ready to Drink								
RESOURCE[R] Fruit Beverage	Novartis Nutrition	Whey protein concentrate	Not applicable	0.76	180	8.8	36	0
RESOURCE[R] Standard	Novartis Nutrition	Sodium and calcium caseinates, soy protein isolate	High-oleic sunflower oil, Soybean oil, corn oil	1.06	250	9	40	6
RESOURCE[R] Plus	Novartis Nutrition	Sodium and calcium caseinates, soy protein isolate	High-oleic sunflower oil, soybean oil, corn oil	1.5	360	13	52	11
RESOURCE[R] Yogurt Flavored Beverage	Novartis Nutrition	Whey protein concentrate, sodium and calcium caseinates, dehydrated lowfat yogurt	Corn oil	1.06	250	8.8	44.4	4.2
Ensure[R]	Ross Laboratories	Sodium and calcium caseinates, soy protein isolate, whey protein concentrate	High-oleic safflower oil, soy oil, canola oil, corn oil	1.06	250	8.8	40	6.1
Ensure Plus[R]	Ross Laboratories	Sodium and calcium caseinates, soy protein isolate	Corn oil	1.5	355	13	47.3	12.6
Ensure Plus[R] HN	Ross Laboratories	Sodium and calcium caseinates, soy protein isolate	Corn oil	1.5	355	14.8	47.3	11.8
Ensure[R] with Fiber	Ross Laboratories	Sodium and calcium caseinates, soy protein isolate	Corn oil	1.1	260	9.4	38.3	8.8
NuBasics[R]	Nestle Nutrition	Calcium-potassium caseinates	Canola oil, corn oil, soy lecithin	1.0	250	8.75	33.1	9.2
NuBasics[R] Plus	Nestle Nutrition	Calcium-potassium caseinates	Canola oil, corn oil, soy lecithin	1.5	375	13.1	44.1	16.2

*Value listed equal 8 oz. (約255g)

(つづく)

第1編　フリーラジカル理論と老化予防

Product	Manufacturer	NUTRIENT SOURCE		Calories/mL	NUTRITIONAL PROFILE			
		Protein Source	Fat Source		Calories* per serving	Protein (g/serving)	Carbohydrate (g/serving)	Fat (g/serving)
NuBasics® Juice Drink	Nestle Nutrition	Whey protein isolate	Not applicable	1.0	163	6.5	34	0.1
Sustacal® Basic™	Mead Johnson	Sodium caseinate, calcium caseinate, soy protein isolate	Canola oil, high oleic sunflower oil, corn oil	1.06	250	9	34	9
Sustacal® Plus	Mead Johnson	Calcium and sodium caseinate	Corn oil	1.52	360	14.4	45	13.6
Suscatal® with Fiber	Mead Johnson	Calcium and sodium caseinate, soy protein isolate	Corn oil	1.06	250	11	33	8

Product	Manufacturer	NUTRIENT SOURCE		Calories	NUTRITIONAL PROFILE			
		Protein Source	Fat Source			Protein (g/L)	Carbohydrate (g/L)	Fat (g/L)
Standard Formulas								
IsoSource® Standard	Novartis Nutrition	Soy protein isolate	Canola oil, MCT	1.2		43	170	39
IsoSource® HN	Novartis Nutrition	Soy protein isolate	Canola oil, MCT	1.2		53	160	39
Comply®	Mead Johnson	Sodium caseinate, calcium caseinate	Canola oil, high oleic sunflower oil, MCT, corn oil	1.5		60	180	61
Isocal®	Mead Johnson	Calcium caseinate, sodium caseinate, soy protein isolate	Soy oil, MCT	1.06		34	135	44
Isocal® HN	Mead Johnson	Calcium caseinate, sodium caseinate, soy protein isolate	Soy oil, MCT	1.06		44	123	45
Nutren® 1.0	Nestle Nutrition	Calcium-potassium caseinate	Canola oil, MCT oil, corn oil, soy lecithin	1.0		40	127	38
Nutren® 1.5	Nestle Nutrition	Calcium-potassium caseinate	MCT, canola oil, corn oil, soy lecithin	1.5		60	169.2	67.6

(つづく)

老化予防食品の開発

Product	Manufacturer	NUTRIENT SOURCE			NUTRITIONAL PROFILE		
		Protein Source	Fat Source	Calories/mL	Protein (g/L)	Carbohydrate (g/L)	Fat (g/L)
Osmolite®	Ross Laboratories	Sodium and calcium caseinates, soy protein isolate	High-oleic safflower oil, canola oil, MCT, lecithin	1.06	37.1	151.1	34.7
Osmolite® HN	Ross Laboratories	Sodium and calcium caseinates, soy protein isolate	High-oleic safflower oil, canola oil, MCT, lecithin	1.06	44.3	143.9	34.7
Osmolite® HN Plus	Ross Laboratories	Sodium and calcium caseinates	High-oleic safflower oil, canola oil, MCT, lecithin	1.2	55.5	157.5	39.3
Standard Fiber Containing Formulas							
FiverSource™	Novartis Nutrition	Soy protein isolate, soy protein concentrate	Canola oil, MCT	1.2	43	170	39
FiverSource™ HN	Novartis Nutrition	Soy protein isolate, soy protein concentrate	Canola oil, MCT	1.2	53	160	39
IsoSource® 1.5 Cal	Novartis Nutrition	Sodium and calcium caseinates	Canola oil, MCT, soybean oil	1.5	68	170	65
Jevity®	Ross Laboratories	Sodium and calcium caseinates	High-oleic safflower oil, canola oil, MCT, lecithin	1.06	44.3	154.4	34.7
Jevity® Plus	Ross Laboratories	Sodium and calcium caseinates	High-oleic safflower oil, canola oil, MCT, lecithin	1.2	55.5	174.6	39.3
Nutren® 1.0 with Fiber	Nestle Nutrition	Calcium-potassium caseinates	Canola oil, MCT oil, corn oil, soy lecithin	1.0	40	127	38
ProBalance™	Nestle Nutrition	Calcium-potassium caseinates	Canola oil, MCT oil, corn oil, soy lecithin	1.2	54	156	40.6
Ultracal®	Mead Johnson	Calcium-potassium caseinates	Canola oil, MCT	1.06	44	123	45
Blenderized Formulas							
COMPLEAT® Modified	Novartis Nutrition	Beef, calcium caseinate	Canola oil, beef	1.07	43	140	37

(つづく)

Product	Manufacturer	NUTRIENT SOURCE		Calories/mL	NUTRITIONAL PROFILE		
		Protein Source	Fat Source		Protein (g/L)	Carbohydrate (g/L)	Fat (g/L)
COMPLEAT® Pediatric	Novartis Nutrition	Sodium and calcium caseinates, beef	High oleic sunflower oil, soybean oil, MCT, beef	1.0	38	130	39
Very High Protein/Wound Healing Formulas							
IsoSource® VHN	Novartis Nutrition	Sodium and calcium caseinates	MCT, canola oil	1.0	62	130	29
Promote®	Ross Laboratories	Sodium and calcium caseinates, soy protein isolate	High-oleic safflower oil, canola oil, MCT, lecithin	1.0	62.5	130	26
Promote® With Fiber	Ross Laboratories	Sodium and calcium caseinates	High-oleic safflower oil, canola oil, MCT, lecithin	1.0	62.5	139.4	28.2
Protein XL®	Mead Johnson	Sodium and calcium caseinate	Canola oil, high oleic sunflower oil, MCT oil, corn oil	1.0	57	129	30
TraumaCal®	Mead Johnson	Sodium caseinate, calcium caseinate	Soybean oil, MCT	1.5	82	142	68
Replete®	Nestle Nutrition	Calcium-potassium caseinate	Canola oil, MCT oil, soy lecithin	1.0	62.5	113	34
Replete® with Fiber	Nestle Nutrition	Calcium-potassium caseinate	Canola oil, MCT oil, soy lecithin	1.0	62.5	113	34
Elemental and Semi-elemental Formulas							
SandoSource® Peptide	Novartis Nutrition	Casein hydrolysate, free amino acids, sodium caseinate (26% free amino acids, 34% peptide chain length 2-4 amino acids, 40% peptide chain length > 4 amino acids)	MCT, soybean oil, hydroxylated lecithin	1.0	50	160	17
TOLEREX®	Novartis Nutrition	Free amino acids (16.8% BCAA, 17.1% glutamine, 8.9% arginine)	Safflower oil	1.0	21	230	1.5
VIVONEX® PLUS	Novartis Nutrition	Free amino acids (30% BCAA, 22% glutamine, 11% arginine)	Soybean oil	1.0	45	190	6.7

(つづく)

老化予防食品の開発

Product	Manufacturer	NUTRIENT SOURCE			NUTRITIONAL PROFILE		
		Protein Source	Fat Source	Calories/mL	Protein (g/L)	Carbohydrate (g/L)	Fat (g/L)
VIVONEX[R] T.E.N.	Novartis Nutrition	Free amino acids (33.2% BCAA, 12.9% glutamine, 7.6% arginine)	Safflower oil	1.0	38	210	2.8
Criticare HN[R]	Mead Johnson	Hydrolyzed casein, amino acids	Safflower oil, emulsifiers	1.06	38	220	5.3
Crucial™	Nestle Nutrition	Enzymatically hydrolyzed casein, L-arginine	MCT oil, fish oil, soybean oil, soy lecithin	1.5	94	135	68
Peptamen[R]	Nestle Nutrition	Enzymatically hydrolyzed whey protein	MCT, sunflower oil, soy lecithin	1.0	40	127	39
Peptamen VHP™	Nestle Nutrition	Enzymatically hydrolyzed whey protein	MCT, soy oil, soy lecithin	1.0	62.5	104.5	39
Reabilan[R] HN	Nestle Nutrition	Casein peptides, whey peptides	MCT, soy oil, canola oil, soy lecithin	1.33	58.2	158	54
Perative[R]	Ross Laboratories	Partially hydrolyzed sodium caseinate, lactalbumin hydrolysate, L-arginine	Canola oil, MCT, corn oil, lecithin	1.3	66.6	177.2	37.4
Vital[R] High Nitrogen	Ross Laboratories	Partially hydrolyzed whey, meat and soy, free amino acids	Safflower oil, MCT	1.0	41.7	185	10.8
Renal Formulas							
NovaSource™ Renal	Novartis Nutrition	Sodium and calcium caseinates, L-arginine	High-oleic sunflower oil, corn oil, MCT	2	74	200	100
Nepro[R]	Ross Laboratories	Calcium, magnesium and sodium caseinates, milk protein isolate	High-oleic safflower oil, canola oil, soy lecithin	2	70	222.3	95.6
Magnacal[R] Renal	Mead Johnson	Calcium and sodium caseinates	Canola oil, high-oleic sunflower oil, MCT oil, corn oil	2	75	200	101
Glucose Intolerance Formulas							
DiabetiSource[R]	Novartis Nutrition	Calcium caseinate, beef	High-oleic sunflower oil, canola oil, beef fat, emulsifiers	1.0	50	90	49

(つづく)

Product	Manufacturer	Protein Source	Fat Source	Calories/mL	Protein (g/L)	Carbohydrate (g/L)	Fat (g/L)
RESOURCE® Diabetic	Novartis Nutrition	Sodium and calcium caseinates, soy protein isolate	High-oleic sunflower oil, soybean oil, soy lecithin	1.06	63	99	47
Choice dm™	Mead Johnson	Milk protein concentrate, soy fiber	Canola, high oleic sunflower, corn and MCT oil	1.0	45	106	51
Glytrol™	Nestle Nutrition	Calcium-potassium caseinate	Canola oil, high oleic safflower oil, MCT oil, soy lecithin	1.0	45	100	47.5
Glucerna®	Ross Laboratories	Sodium and calcium caseinates	High-oleic solfflower oil, canola oil, soy lecithin	1.0	41.8	95.8	54.4
Immune Enhancing Formulas							
IMPACT®	Novartis Nutrition	Sodium and calcium caseinates, L-arginine	Structured lipid from palm kernal and sunflower oil, menhaden fish oil	1.0	56	130	28
IMPACT® 1.5	Novartis Nutrition	Sodium and calcium caseinates, L-arginine	MCT, structured lipid from palm kernal and sunflower oil, menhaden fish oil	1.5	80	140	69
IMPACT® with Fiber	Novartis Nutrition	Sodium and calcium caseinates, L-arginine	Structured lipid from palm kernal and sunflower oil, menhaden fish oil	1.0	56	140	28
Immun-Aid®	McGaw	Lactalbumin, L-arginine, L-glutamine, BCAA	Canola oil, MCT	1.0	80	120	22
Pediatric Formulas							
COMPLEAT® Pediatric	Novartis Nutrition	Sodium and calcium caseinates, beef	High oleic sunflower oil, soybean oil, MCT, beef	1.0	38	130	39
RESOURCE® Just for Kids	Novartis Nutrition	Sodium and calcium caseinates, whey protein concentrate	High oleic sunflower oil, soybean oil, MCT	1.0	30	110	50

(つづく)

老化予防食品の開発

Product	Manufacturer	NUTRIENT SOURCE		NUTRITIONAL PROFILE			
		Protein Source	Fat Source	Calories/mL	Protein (g/L)	Carbohydrate (g/L)	Fat (g/L)
VIVONEX® PEDIATRIC	Novartis Nutrition	Free amino acids (12.9% glutamine, 6.2% arginine, 21.6% BCAA)	MCT, soybean oil	0.8	24	130	24
Kindercal®	Mead Johnson	Calcium caseinate, sodium caseinate, milk protein concentrate	Canola oil, MCT, corn oil, high oleic sunflower oil	1.06	34	135	44
Neocate One +	SHS North America	Free amino acids	Fractionated coconut oil, canola oil, safflower oil	1.0	25	146	35
PediaSure®	Ross Laboratories	Sodium caseinate, whey protein concentrate	High oleic sofflower oil, soy oil, MCT, lecithin	1.0	30	109.7	49.7
PediaSure® With Fiber	Ross Laboratories	Sodium caseinate, whey protein concentrate	High oleic sofflower oil, soy oil, MCT, lecithin	1.0	30	113.5	49.7
Peptamen Junior™	Nestle Nutrition	Enzymatically hydrolyzed whey protein	MCT oil, soy oil, canola oil, soy lecithin	1.0	30	137.5	38.5

Permission to reproduce the source chart listing Novartis nutritional products was granted by Novartis. All brands listed within those materials are registered trademarks of Novartis, except where noted. No portion of this source chart may be reproduced, modified, or revised without the express written permission of Novartis.

3 フードオリエンテッド ガイドライン

WHOは1960年に地中海地方のその地域で栽培された穀物と新鮮な野菜やくだもの，オリーブ油などを常食とする食生活習慣が健康増進に効果的として作成したフードピラミッドは世界的規模で食事による健康を考えさせるきっかけとなった。ギリシャの健康な老人は1日に500g近い野菜，果物を食べるといわれる。著者98年も9月に2週間ほどイタリアの国際学会に出席してきたが，豊富な食物繊維，フィトエストロゲンとしてのリグナンを含むパスタ，コメ，クスクス，たたきつぶして炒った小麦のグルガー，大麦，とうもろこし，栗粉などをまぜたポレンタ粥，など，穀類の豊富なことに驚いた。新鮮な野菜・果物はカロテンやヴィタミンなど抗酸化能に富む。

地中海地方食は移民を通じて米国東部で人気となっている[4,5]。米国の栄養学者や保健衛生の専門家は過去10年，地中海食に習って，植物性の食品に食事の重点をうつすように提唱してきた[10]。米国国民は脂肪やたん白質を摂りすぎで健康をそこなっているため，より穀物を摂取し，炭水化物を中心にした食事に改善するべきである，という指針である。USDAのフードピラミッドによるガイドラインは皿数で現していて実用的である。例えば1日あたり2～4皿の果物，3～5皿の野菜，6～11皿のシリアルや穀物を摂取すると，1日に必要な25～30gの食物繊維をとることができる。WHOの提唱したフードピラミッドは米国のUSDAのガイドラインと似通った点が多く，シリアル類の穀物を基本としている。カナダで出されたガイドラインもカロリー増加にならない穀物摂取を勧めている[11]（図1）。穀類を多めに，野菜，豆類，魚を摂取し，牛・ブタ・羊肉，バター，クリームを控えて，オリーブ油かキャノーラ油をつかおうというものである。

食物繊維を急に多量にとると腹痛，ガス，腹部膨満感，下痢や便秘などをおこす。この予防に1日2リットル以上の水もとること，乾燥豆の調理に消化を助けるベアノやセイ・イエス・トウ・ビーンズといった酵素補助剤を使用するとよいというようなことまで記載されている。

4 食品の効能表示

米国でのシリアルなどの食品ラベルには1食分あたりの繊維含有量が表示されている。2000キロカロリーの食事を基準にした場合の繊維の比率を示す1日摂取量比 percent daily value（Dv）が表示されている。1日摂取量の10％以上，すなわち1食分2.5g以上の食物繊維を含む食品は「高食物繊維摂取源」とラベル表示できる。さらに1日摂取量の20％以上（1食分あたり5g以上）含む食品は「高食物繊維源」「食物繊維摂取に最適」「食物繊維が豊富」などと表示できる。このような表示は購買者に食物繊維摂取への関心をよび起こすものである。

パスタ類の機能食品化ムードは大変なもので，パプリカ入りの赤いパスタ，ホウレン草入りの

老化予防食品の開発

図1　カナダのヘルシーフードガイド
シリアル等の穀類が多い。

　緑色のパスタ，全粒粉使用の褐色のパスタ，オート麦入りパスタ，ニンジン，アンティチョーク，たまねぎ，ピーマン，パンプキン，トマトなどの野菜を練り込んだパスタ，レモン，ガーリック，ローズマリー，ハラペーニョなどのハーブ入りパスタなど，いずれもヘルシーパスタとして人気を得ている。これらフレバーリングパスタが好評なのは，ミートソースなどがなくても少量のオリーブ油とスパイスであえておいしく食べられるからと思われる。

　ヨーロッパでは低脂肪・低糖食品が1994年以来発売され，1108種以上の食品が開発・発売された[12,13]。チルドと軽く加工した食品は469種，機能性食品と強化食品は344種にのぼる。チルド食品は食品添加物の少ない食品としてベルギー，ドイツなどで大きく伸びている。フィンランドではオート麦やライ麦を使用した黒パンが見直されているし，カナダは大々的にシリアルや健

第1編　フリーラジカル理論と老化予防

康パンとしてフラックスシードの宣伝をしている。これなども健康を目指す消費者に対応した動きといえる。

　日本でも肥満は将来の大きな問題とされ,「健康日本21」では肥満予防に1章がさかれている。肥満は動脈硬化や糖尿病のおおきな要因となるからである。40～65歳の女性65173名を6年間追跡調査したハーバード大学の成績では,食物繊維の摂取が少なく砂糖の摂取の多かったグループはそうでないグループに比し,インスリン非依存性糖尿病の発症リスクが2.5倍であった[14]。食物繊維も果物・野菜由来のものでは効果がなく,シリアルのような穀物由来のものが28％もリスクを下げたといわれる。日本人の食物繊維摂取量は15g程度に低下している。動物性脂肪,動物性タンパク摂取の増加は肥満傾向を助長させ,健康な長寿社会への障害となっている。食生活習慣の米国化が本土より先に実現した沖縄では昭和生まれ世代の健康への悪影響が現れ始めている[15]。

5　機能性食品の開発

　華々しい遺伝子組み換え食品の開発の陰で,機能性食品素材の開発が続けられている。トマトの健康への作用は当初ベータカロテンが有力視されたが,ベータカロテンのリコペンもカロテンと同じくヒトへの投与実験が成功しなかったことから,リコペンがかわって重要視されるようになった。食品由来のものが体内の肝,副腎,精巣・卵巣などに高濃度に蓄積していて,リコペンの抗酸化作用,がん予防作用が認知された。疫学的にも血清中のリコペン濃度の低いものは膵臓がん,膀胱がん,子宮頸がんのリスクが大きいことが発見された。

　パプリカは唐辛子と同じナス科のカプシカムに属するが,辛みの基となるカプサイシンは30ppm以下でほとんど辛みがない。唐辛子の600～1300ppmと比べると数10分の1といえる。パプリカの色素はカロテノイド系色素であり,カプサイシンとカロテノイドは20種以上の化合物を含む。なかでもベータカロテンやクリプトキサンチンが多い。これら物質の抗酸化作用により,循環器系疾患予防やがん予防に効果が期待されている。ビタミンA補給のための栄養補助食品としてベータカロテンを投与することは過剰投与の毒性が問題になってから強調されなくなっている。カロテノイド高含有パプリカ,ローズマリー,マリアアザミ（*milk thistle*）抽出物の,シリマリンエキス,マリーゴールド抽出物のルテイン,リコペン高含有トマトなどが市場にあらわれている。ローズマリー（*Rosmarinus officinalis* L）の葉茎はピクロソルビンやローズマリシンのようなポリフェノールを含み,ハーブとして古くから使われてきた。それは炎症をおさえ,がん予防にも効果があり,肝臓の解毒作用,健胃作用,発汗作用など種々の薬理作用が知られている。肉類に強い抗酸化性をしめすのでソーセージなどの畜肉加工品や日持ち向上剤として利用されて

いる。

　ビジョムアフリカン（*Pygeum africanium*）は南アフリカの高原に自生する常緑樹でその樹皮の浸出液は茶に入れて飲用される。成分として含まれるフィトステロールは前立腺肥大や前立腺がんに予防効果をもつ。

　シリマリンエキスはマリアアザミ（*silybinum marianum*）から抽出したものでシリビン，シリジアニンなどのフラボノリグナンを含む。ドイツではシリマリンエキスを含む製品が中毒性肝障害の治療薬，慢性肝炎や肝硬変の補助治療薬として認可されている。肝機能改善薬として栄養補助食品の素材にもなっている。

　マリーゴールドエキスのルテイン（*Lutein*）はカロチノイド系のキサントフィルを主成分とするが，それはゼアキサンチンとともに眼の栄養素として関心を呼んでいる。米国では網膜黄斑変性症の予防効果をもつアイ・ケア栄養補助食品素材として商品化されている。ATBCスタディのベータカロテン，ビタミンEの投与グループではこの疾患の発生の予防はできなかった[16]。

6　有機農業の流れ

　米国は遺伝子組み換え野菜が農業の革命とされているが，ヨーロッパには伝統的に有機農業を重視する流れがある。オーストリアのザルツブルグ，チロル地方では半数以上の農場がダイナミック農場でオーガニック農産物を栽培している[12,13]。EU全体でも同様の傾向があり，遺伝子組み換え野菜に否定的となっている。ドイツのスーパーマーケットにはオーガニックジュース，オーガニック牛乳，ジャガイモ，玉ねぎ，小麦粉などオーガニック農産物が数多く販売されている。1960年代に始まったヨーロッパの健康意識の向上は，自然環境を大切にする人々の意識を高め，ナチュラルフード，ヘルスフード，オーガニックフード，ファンクショナルフードなどヘルシーフードの発展におおきく寄与し，一方で遺伝し組み換え食品に否定的となっている[17]。英国でも土壌協会が土壌管理が十分で無農薬，化学肥料不使用，自然環境に配慮した農場を認定してオーガニック食品の認可を与えている。ジャムやチョコレートなど加工食品にもオーガニックの表示がなされるようになった。英国の大手食品スーパーのアイスランド社，アスダ社などが遺伝子組み換え食品の販売を停止したので，この動きは今後広がるであろう。

　日本も農水省は消費者の声に押されて遺伝子組み換え食品について栄養素などの成分が在来種と異なっている場合に2000年から表示することになった。食品中の組み換え遺伝子産物の検出率は必ずしも高くなく，表示とその根拠となる検出法については今後の問題である。有機農業の流れをうけてJAS法の改正も検討されている。

7 老化防止食品の開発

　老化の要因の一つに活性酸素やフリーラジカルの関与がいわれている[18, 19]。ぼけ防止は高齢者にとって重要である。ぼけは脳循環の障害，仮性うつ病，脳機能障害などさまざまな原因でおきる。うつ病，不眠，不安などストレスに関連した症状を治療するのにアロマテラピーが古くから導入された[20]。とくにドイツではイチョウ，セントジョンスワート（西洋オトギリ草），バレリアン（西洋カノコ草）などを医薬品としても用いている。

　脳機能と関係するドコサヘキサエン酸（DHA），リン脂質，糖脂質などを添加した加工食品の開発も目指されている[21]。大豆のレシチンやサポニンは脂質代謝を良くするため，豆乳，豆腐なども海外で人気を得ている。大豆タンパクはベジタリアンの主菜ともなるもので消費が伸びている。ダイゼイン，ゲニスタインのフィトエストロゲンとしての作用やホルモン関連がんの予防効果など大豆食品機能は世界的に評価されるようになった。

　老化に伴う性的機能低下は必発で米国ではバイアグラブームがおきた。勃起不全は副作用の無いハーブテラピーでも治療可能で，キンコライドやフラボノイドを含むギンコやオトギリ草，ウメガサ草，シベリアジンセンや高麗ニンジンも効果がある。

　長寿地域としてグルジアが有名であるが，そこではヨーグルトや乳製品の摂取が貢献しているといわれてきた。ヨーロッパでは機能性食品としてヨーグルトが見直されている[22]。ヨーグルトはヨーロッパでは副食の位置を占め，1994年の統計では一人当たり年間9.47kgのヨーグルトを消費している。オランダ，フィンランド，フランスなどの消費量は20kg近い。スカンジナビア諸国では中温性乳酸菌を使用したカルチャードミルク，ラクトバチルス アシドフィルスを用いたアシドフィラスミルク，むしとりすみれを用いた粘質発酵乳，アルコールを含むケフィールなど種類が豊富である。有益な培養微生物を1種類以上含み健康増進をうたうヨーグルトはprobioticの表示がなされている。植物油から生成された乳剤「オリブラ」を用いたダイエットヨーグルトも発売されている。

　動物実験で長寿にはエネルギー制限をした方が良いとする報告は多い[23]。老化抑制の動物実験モデルとしてSAMマウス（senescence accelerated mouse）は正常老化を示すSAMRとアミロイド沈着も伴うSAMP系がある。これらマウスの記憶学習障害や老化の抑制に熟成にんにくの効果が示されている。にんにくはセロトニン作動神経系にも作用し，ストレスや神経内分泌系へも効果を有する[24]。これらの研究を背景としてセロトニン前駆体であるトリプトファン含有サプリメントの人気も依然として高い。

8 おわりに

1960年代から自然への回帰運動が始まり,ヘルシーな食事がとりあげられるようになった。とくにヨーロッパでは自然食品が重視されている。米国は加工食品やサプリメントで健康を目指す方向にある。高齢者の必要エネルギーは減少してくるが,そのために栄養不足になりがちである[25,26]。高品質で栄養素の密な食品摂取が老化を防ぐと思われる。老化予防に関して「健やかに老いる」という東洋的考え方と「若さを保つ」という米国的考え方があるように思われる。ヨーロッパは国により中間的と思われる。不老長寿を求めるのは昔からであるが,自分はどう生きたいのかという哲学がないと,いたずらに市場にあふれるサプリメントに振り回されるようになる。毎日何十錠ものサプリメントを飲むアメリカ人の生活がうらやましいとは思わないであろう。厚生省は第6次必要栄養摂取量の改定でビタミン摂取量などに上限値を設定したが,正しい情報により健康な食生活をすれば種々の病気を予防でき,健やかに老いて長寿をまっとうできるはずである[27]。

文　　献

1) 渡邊昌,生活習慣病予防に役立っている食品中の化学物質,"現代の養生訓",学会出版センター,pp27-42 (1998)
2) C.-K. Lee, R. G. Klopp, R. Weindruch, T. A. Prolla, Gene expression profile of aging and its retardation by caloric restriction, *Science*, 285, 1390-1393 (1999)
3) P. Yamaguchi neutraceuticals@usa, *Food Style 21*, 3, 104-106 (1999), *ibid*, 3, 96-99 (1999)
4) 富田勉,世界におけるヘルシーフードマーケット,米国I(シリアル), *Food Style 21*, 3, 113-115 (1999)
5) 富田勉,世界におけるヘルシーフードマーケット,米国II(シリアル), *Food Style 21*, 3, 98-100 (1999)
6) M. Meydani, R. D. Lipman, S. N. Han, A. Beharka, K. R. Martin, R. Bronson, G. Cao, D. Smith, S. N. Meydani, The effect of long-term dietary supplementation with antioxidants, Ann. N. Y. Acad. Sci., 20, 352-360 (1998)
7) B. N. Ames, Micronutrients prevent cancer and delay aging, *Toxicol. Lett.*, 28, 102-103 (1998)
8) J. A. Ward, Should antioxidant vitamins be routinely recommended for older people? *Drugs Aging*, 12, 169-175 (1998)
9) D. K. Houston, M. A. Johnson, T. D. Daniel, L.W. Poon, Health and dietary characteristics of supplement users in an elderly population, *Int. J. Vitam. Nutr. Res.*, 67, 183-191 (1997)

10) G. Block, Dietary guidelines and the results of food consumption surveys, *Am. J. Clin. Nutr.*, 53 (Suppl), 356S-357S (1991)
11) N. J. Peckenpaugh, C. M. Poleman, "Nutrition Essentials and Diet Therapy", WB Saunders Co., Philadelphia, London, Toronto, Montreal, Sydney, Tokyo, 1999
12) 富田勉，世界におけるヘルシーフードマーケット，欧州VIII，*Food Style 21*, 3, 102-106 (1999)
13) 富田勉，世界におけるヘルシーフードマーケット，欧州XII，*Food Style 21*, 3, 114-117 (1999)
14) J. Salmeron *et al.*, Dietary fiber, glycemic load, and risk of non-insulin-dependent diabetes mellitus in women, *JAMA*, 277, 472-477 (1997)
15) 渡邊昌，君羅満，沖縄の長寿と食，*Food Style, 21* 3 (7), 26-29 (1999)
16) J. M. Teikari, L. Laatikainen, J. Virtamo, J. Haukka, M. Rautalahti, K. Liesto, D. Albanes, P. Taylor, O. P. Heinonen, Six-year supplementation with alpha-tocopherol and beta-carotene and age-related maculopathy, *Acta. Ophthalmol. Scand*., 76, 224-229 (1998)
17) 渡邊昌，遺伝子組み換え食品の安全性，ライフサイエンス，1999. (2), 62-64 (1999)
18) B. N. Ames, M. K. Shigenaga, Oxidants are a major contributor to aging, *Ann. N. Y. Acad. Sci*., 663, 85-96 (1992)
19) B. N. Ames, M. K. Shigenaga, T. M. Hagen, Oxidants, antioxidants, and the degenerative diseases of aging, *Proc Natil Acad Sci USA*, 90, 7915-7922 (1993)
20) 佐々木努，木村宣仁，脳と心を癒すメンタルハーブ，*Food Style 21*, 3, 59-62 (1999)
21) C. J. Barnes, W. E. Hardson, G. L. Maze, I. L. Cameron, Age-dependent sensitization to oxidative stress by dietary fatty acids, *Aging (Milano)*, 10, 455-462 (1998)
22) J. Van de Water, C. L. Keen, M. E. Gershwin, The influence of chronic yogurt consumption on immunity, *J. Nutr*., 129 (7 Suppl), 1492S-1495S (1999)
23) R. D. Lipman, D. E. Blumberg, R. T. Bronson, Effects of caloric restriction or augmentation in adult rats: longevity and lesion biomarkers of aging. *Aging (Milano)*, 10, 463-470 (1998)
24) 住吉博道，にんにくが脳機能に及ぼす作用，*Food Style 21*, 3, 36-40 (1999)
25) M. Meydani, Vitamin E requirement in relation to dietary fish oil and oxidative stress in elderly, *EXS*, 62, 411-418 (1992)
26) J. Blunberg Nutritional needs of seniors, *J. Am. Coll. Nutr*., 16, 517-523 (1997)
27) R. Weindruch, R. L. Walford, S. Fligiel, D. Guthrie, The retardation of aging in mice by dietary restriction: longevity, cancer, immunity and lifetime energy intake, *J. Nutr.*, 116, 641-654 (1986)

第2編　疾病別老化予防食品開発の基盤的研究動向

第1章 脳の老化とフリーラジカル

1 痴呆症とフリーラジカル

阿部康二[*1], 割田 仁[*2], 林 健[*3]

1.1 はじめに

痴呆症状の多くは,物忘れや買い物をしておつりの計算ができないなどの症状に始まることが多い。症状が進むと次第に家族の名前や顔も思い出せなくなり,徘徊や不潔行為となり,やがて寝たきりとなって行くことが多い。このような痴呆の原因としては,脳細胞そのものの老化に伴う「アルツハイマー病」と脳血管の老化に伴う「血管性痴呆」とが有名である。

アルツハイマー病患者の10～30%は遺伝性とされているが,最近になり,この遺伝子(プレセニリンなど)が解明されつつあり,アメリカや日本では新しい治療薬が続々開発されてきている。一方,脳血管が老化(動脈硬化)すると,血管が閉塞し脳梗塞になる。

日本社会の高齢化に伴って,このようなアルツハイマー病(アルツハイマー型老年痴呆を含む)や血管性痴呆患者が急激に増加している状況である。本節では脳痴呆症とフリーラジカルに焦点を当てて解説する。

1.2 神経細胞死とフリーラジカル

痴呆は脳細胞の機能不全や脳細胞数の低下によって起こるが,実際には神経細胞死による脳細胞数の低下によって引き起こされることが多い。したがって基本的な神経細胞死のメカニズム理解とそれに関与するフリーラジカルの役割を明らかにすることは重要である。

脳血管性を除いて痴呆を来す神経変性疾患としては,アルツハイマー病やパーキンソン病,ハンチントン舞踏病などが知られている。また痴呆は来さないがフリーラジカルの関与が明らかな病態として筋萎縮性側索硬化症(ALS)が知られている。

培養細胞系を用いた研究ではフリーラジカルによる細胞死は良く知られた事実であり,従来よりフリーラジカルによるDNA損傷が指摘されてきた。しかし近年になり,単純なDNA損傷だけ

[*1] Koji Abe 岡山大学 医学部 神経内科 教授
[*2] Hitoshi Warita 岡山大学 医学部 神経内科 助手
[*3] Takeshi Hayashi 岡山大学 医学部 神経内科 助手

Role of PML/PODs in Cell Death

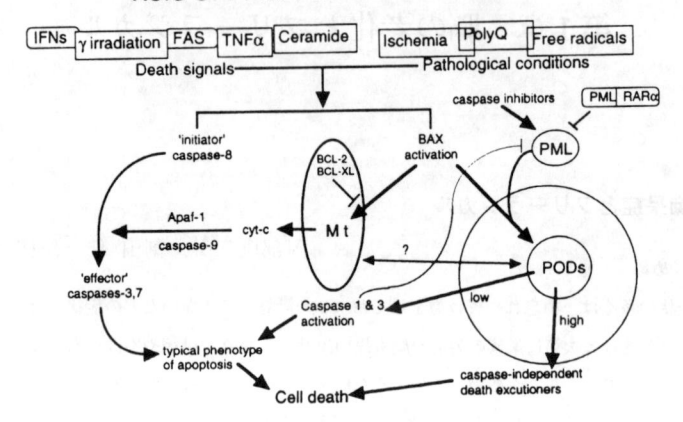

```
[IFNs] [γ irradiation] [FAS] [TNFα] [Ceramide]    [Ischemia] [PolyQ] [Free radicals]
       Death signals                               Pathological conditions
                                                                      [PML][RARα]
                         caspase inhibitors
'initiator'          BAX                    PML
caspase-8      BCL-2  activation
               BCL-XL
       Apaf-1                                    PODs
       caspase-9  cyt-c   Mt
'effector'                         ?       low       high
caspases-3,7           Caspase 1 & 3
                       activation
         typical phenotype                caspase-independent
         of apoptosis                     death excutioners
                       Cell death
```

図1　フリーラジカルによる細胞死のメカニズム
主としてアポトーシスの観点でまとめてある（詳細本文参照）。

ではなく，フリーラジカルによるアポトーシス関連タンパクの活性化を介した細胞死のメカニズムが明らかにされてきている（図1）。通常，神経細胞の生存は生のシグナルと死のシグナルのバランスにより維持されているが，フリーラジカルの存在により，生のシグナルが低下し死のシグナルが活性化される。死のシグナルの一方の主役はcaspase-8であり，もう一方はBaxである。caspase-8の活性化により，さらにcaspase-3や-7を介して，アポトーシス細胞死が惹起される。一方，活性化されたBaxは，ミトコンドリア内で生のシグナルであるBclに打ち勝ってcytochromeCを放出させ，これがApaf-1やcaspase-9を介して同様にcasapase-3や-7を活性化させてゆく。Baxの活性化はさらにPML（promyelocytic leukemia）タンパクのPODs（PML oncogenic domains）を活性化させる。PODsの活性度が低ければ，caspase-1,-3を介したアポトーシスになるが，もしこの活性度が高いとcaspase非依存性の細胞死がもたらされることが明らかにされてきている。実際の痴呆を来す病態でのこれら新規シグナル経路の活性化の有無は現在精力的に検討されているところであり，今後の研究の展開が期待されている。

　アルツハイマー病におけるフリーラジカルの関与は従来より指摘されているところである。アルツハイマー病の老人斑に沈着しているアミロイドβタンパク（Aβ42-43）の神経毒性は抗酸化剤により抑制されることが広く知られている。培養細胞においてAβ42-43を加えると，H_2O_2と脂質過酸化物の産生が亢進し，NF-kBが活性化する。このような変化は反応系へのflavin oxidase阻害薬にて抑制される。従ってAβ42-43の神経毒性におけるフリーラジカルの関与は，今日ではflavin oxidaseなどの活性化を介しているものと考えられている[1]。実際Aβ25-35による大脳

第2編　疾病別老化予防食品開発の基盤的研究動向

皮質シナプトソーム障害が抗酸化剤 VitaminE の添加により抑制される[2]。

　ミトコンドリア毒素であるフリーラジカル MPTP により実験的パーキンソン病ができることは有名である。MPTP はミトコンドリア内に入り MPP$^+$ となってミトコンドリア呼吸酵素である NADH-CoQ reductase（complex I）を障害し，細胞死をもたらす[3]。またパーキンソン病患者では血中ホモシステイン濃度が正常者より上昇しているが，ホモシステインはドパミン神経障害作用があることが知られている。このホモシステインによる神経細胞障害作用は SOD や catalase により抑制される[4]。一方，近年発見された遺伝性パーキンソン病の原因遺伝子である α-synuclein や parkin の生理的および病的役割とフリーラジカルとの関連も検討されはじめている。

　ハンチントン舞踏病は huntingtin 遺伝子の CAGrepeat 増大が原因であるが，フリーラジカル障害との関連は継続して検討されている。ミトコンドリア呼吸鎖の complexII/III の高度障害と complexIV の軽度低下は，ハンチントン舞踏病で最も障害される線状体に限局していることが明らかにされた。さらに glutamate などの興奮性神経伝達によるフリーラジカル NO の産生により aconitase 活性が抑制を受け，続いて complex II/III の障害へと発展して行くことが示されている[5]。

　筋萎縮性側索硬化症（ALS）は基本的には痴呆を来さないが，神経細胞死とフリーラジカルとの関連で注目されている。家族性ALS患者において Cu/ZnSOD 遺伝子に点突然変異が見出されており，病態への関与が検討されている。すなわち剖検大脳の glutathione peroxidase 活性は ALS 脳において 39.2％低下していた。またヒト脊髄標本による検討では，NF-kB 活性が認められず運動ニューロンは活性酸素障害に対する防御機構が脆弱であることが指摘されている。活性酸素障害としては peroxynitrite による障害仮説も重要である[6]。

1.3　アルツハイマー病とフリーラジカル

　アルツハイマー病（Alzheimer's disease; AD）は初老期から老年期に進行性痴呆を呈し，大脳皮質の神経細胞脱落を来す疾患で，病理学的に β アミロイド（β-amyloid, Aβ）沈着を伴う老人斑（senile plaque）の形成と，過剰にリン酸化されたタウを含む神経原線維変化（neurofibrillary tangle, NFT）を主徴とする。AD には孤発性AD（sporadic AD）のほかに常染色体優性遺伝を示す家族性AD（familial AD; FAD）が知られる。近年の分子生物学的アプローチによって，AD 発症の危険因子としてのアポリポタンパク E（ApoE）の遺伝子多型 ε4，α2マクログロブリンおよび LDL 受容体関連タンパク（low density lipoprotein receptor-related protein, LRP）の遺伝子多型，さらに FAD 責任遺伝子としてのアミロイド前駆体タンパク（amyloid precursor protein, APP），プレセニリン1および2（presenilin 1, PS1; presenilin 2, PS2）の遺伝子が同定された（表1）。

　しかしながら神経細胞死のメカニズムについては不明な点も多く，有効な治療法はない。こうした中で，かねてより AD の病態にフリーラジカル，酸化的ストレスの関与が想定されていた。

43

ADにみられる上述の病理学的変化は程度の差はあれ生理的な加齢によっても出現しうるもので，ADの病態生理の解明は脳の生理的老化を知る上でも重要な鍵をにぎるものと推定される。

生体内ではフリーラジカルによる酸化的傷害に対して抗酸化酵素を中心とした防御機構があり，このバランスが損なわれた状態が酸化的ストレスとして細胞障害につながると考えられる。こうした酸化的ストレスの結果，酸化をうける標的物質は脂質，タンパク質，核酸である。

表1 アルツハイマー病の責任遺伝子と関連遺伝子

責任遺伝子
アミロイド前駆体タンパク（APP）
プレセニリン1（PS1）
プレセニリン2（PS2）
関連遺伝子
アポリポ蛋白E（ε4アリール）
α2マクログロブリン
LDL受容体関連タンパク（LRP）

APP = amyloid precursor protein
PS1 = presenilin 1
PS2 = presenilin 2
LRP = low density lipoprotein receptor-related protein

脳は酸素消費率の高い臓器で脂質を多く含むことから，もともとフリーラジカルの増加による酸化的ストレスにさらされやすく，また脆弱であると考えられている。しかも神経細胞は高度に分化した分裂終了後細胞（post-mitotic cell）であることから，傷害の蓄積が起こりやすい。このことから神経細胞の酸化的ストレスによる傷害は，生理的な加齢においても，またADをはじめ

表2 アルツハイマー病における酸化傷害の指標

剖検脳での変化
1）脂質の過酸化
マロンジアルデヒド（MDA）の上昇
チオバルビツール酸反応産物（TBARS）の上昇
4-ヒドロキシノネナール（4-HNE）の上昇
膜リン脂質の減少
2）タンパク質の過酸化
カルボニル基含有量上昇
AGEの上昇
3）核酸の変化
8-OHdGの増加
髄液での変化
フリーの4-HNE上昇
グルタチオントランスフェラーゼの上昇
8-OHdGの上昇

MDA = malondialdehyde
TBARS = thiobarbituric acid reactive substances
4-HNE = 4-hydroxynonenal
AGE = advanced glycation end products
8-OHdG = 8-hydroxy-2'-deoxyguanosine

とする種々の神経変性疾患においても重要な役割を演じていることが推測されており，実際，AD剖検脳でも様々な酸化傷害の増大を示唆する報告が多い（表2）。

脂質過酸化反応の産物であるマロンジアルデヒド（malondialdehyde, MDA）やチオバルビツール酸反応産物（thiobarbituric acid reactive substances, TBARS）はADの前頭葉，側頭葉で上昇しており[7,8]，とくにAD剖検脳の神経細胞に認められた[9]。4-ヒドロキシノネナール（4-hydroxynonenal, 4-HNE）はADの髄液で増加し[10]，神経細胞で免疫組織化学陽性であった[11]。さらに脳において細胞膜リン脂質を構成する多価不飽和脂肪酸（polyunsaturated fatty acids, PUFA）はフリーラジカルによる傷害を受けやすい脂質であるが，AD剖検脳の膜リン脂質の低下が特に早期発症のADで示唆されている[12]。

タンパク質の過酸化を反映するカルボニル基はAD剖検脳でやはり増加しており，AD脳の神経細胞で免疫組織化学でも陽性反応が確認されている[13,14]。タンパクの糖酸化反応（glycooxidation）はフリーラジカルを産生し，加齢やADへの関与が示唆されており，その最終産物 advanced glycation end products（AGE）の免疫組織化学ではAD剖検脳の老人斑，NFTに陽性反応が認められた[15,16]。

核酸の酸化の最もよい指標といわれる8-hydroxy-2'deoxyguanosine（8-OHdG）はAD剖検脳で増加しており，核DNAよりミトコンドリアDNAで顕著という報告がある[17,18]。ミトコンドリアはフリーラジカルの標的として障害されやすい細胞内小器官で，その障害はATP産生の低下とフリーラジカル産生の上昇につながり，結果として神経細胞死を引き起こし得る。AD剖検脳ではミトコンドリア呼吸鎖の複合体Ⅳ（＝チトクローム・オキシダーゼ）の減少や，そのmRNAレベルの減少が報告されている[19-21]。

一酸化窒素（NO）は脳神経系ではシナプスの可塑性などに関わる重要な物質である。しかし，虚血や感染といった病的状態ではNO濃度は上昇してO_2^-を分解するSODと競合し，O_2^-と反応する結果，ペルオキシナイトライト（ONOO$^-$, peroxynitrite）を生じるようになる。ONOO$^-$は強い毒性をもち，酸化的傷害としてタンパク質のチロシン残基をニトロ化することが知られる[22]。AD剖検脳ではNFTがニトロチロシン免疫反応陽性であり，ADにおける酸化傷害にはNOの関与も示唆される[23]。

鉄（Fe）はフリーラジカル産生を触媒する重要な物質のひとつである。AD剖検脳では前頭葉，側頭葉，頭頂葉の皮質，さらに海馬，扁桃体においてFeが増加しており，老人斑にもFe，フェリチンの沈着が示されている[24]。

酸化傷害への防御機構は主に抗酸化酵素による。これにはスーパーオキシドディスムターゼ（Cu/ZnまたはMn superoxide dismutase, Cu/Zn SODまたはMn SOD），グルタチオンペルオキシダーゼ（glutathione peroxidase, GSH-Px），グルタチオンリダクターゼ（glutathione reductase, GSSG-R），

そしてカタラーゼ（catalase, CAT），そしてメチオニンスルフォキシドリダクターゼ（methionine sulfoxide reductase）がある。さらに非特異的な抗酸化作用を示すものとしてビタミンEやビタミンC，ベータカロチン，セレニウム，ユビキノン，フェリチン，セルロプラスミン，尿酸などがある。

AD剖検脳の海馬・扁桃体ではGSH-PxおよびGSSG-R活性が，海馬・側頭葉皮質ではCAT活性が有意に増加していることが報告されている[25]。NFTや老人斑ではCu/Zn SODの免疫組織化学陽性像が確認されているのに対し[26]，むしろ神経細胞ではその染色性が低下しており，AD剖検脳全体ではCu/Zn SOD, Mn SODともに活性の上昇は認められていない。またmRNAレベルについてはGSH-Px, GSSG-R, CATが海馬・下側頭葉で，Cu/Zn SODが下側頭葉でいずれも上昇している[27]。報告によって結果の一致をみていない部分も多いが，これらの報告からは，抗酸化酵素の変化がADに関与しているというよりは，ADにおける酸化的ストレスの増大に対する代償的反応の存在が示唆される。

ADは多くの因子が関わって発症する疾患であるが，これまでの知見はフリーラジカル，酸化的ストレスの関与を支持するものが多い。近年，抗酸化物質であるselegilineやα-tocopherol投与がAD進行を遅延させたとの報告もあり[28]，酸化的ストレスへの防御，抗酸化物質の投与をもってAD治療への応用が期待される。

1.4 脳血管性痴呆とフリーラジカル

以前より，日本においては全痴呆患者に対する脳血管性痴呆患者の比率が欧米諸国に比較して高いことが知られていたが，最近になりアルツハイマー型痴呆患者の占める比率が以前考えられていたより高いという報告が相次ぎ始めた。これには食生活の変化や脳血管障害の予防が心がけられるようになったことが大きな原因となっているものと思われる。しかし一方，それでもなお多くの疫学調査の結果からはアルツハイマー型痴呆患者より脳血管性痴呆患者数の方が多いということが報告されている[29]。全人口に対する痴呆性老人の比率が上昇しつづけていることを考えれば，脳血管性痴呆の病態解明は重要性を減ずることはなく，ますます増しつつあるものと思われる。

脳血管性痴呆の基礎にあるのは，当然，虚血性神経細胞死（あるいは障害）である。脳梗塞と脳血管性痴呆の発症機序は微妙に異なるので，脳梗塞におけるフリーラジカルの役割は脳血管性痴呆におけるそれと全く同じではない。しかし，脳血管性痴呆の動物モデルには，適切と思われるものに乏しい（ラット両側総頚動脈閉塞モデルも，血流変化などの点において，必ずしもヒトの脳血管性痴呆の病態を反映しているとは考えられない）ので，ここでは，脳梗塞におけるフリーラジカルの役割について，過去の報告を基に概説した。さらに，酸化的ストレスの脳虚血／

第2編　疾病別老化予防食品開発の基盤的研究動向

再灌流における役割について，われわれの最近の知見もここで紹介する．脳血管性痴呆におけるフリーラジカルの役割も，これらの知見からかけ離れたものではなく，将来の痴呆機序解明に重要な示唆を与えるものと思われる．

　脳に限らず他臓器においてもであるが，虚血下状況においては活性酸素をはじめとするフリーラジカルが多量に生成される．しかし，脳虚血におけるその重要性は他臓器よりもより顕著であると考えられる．というのも，一つには神経細胞が興奮性アミノ酸を放出する細胞であり，「興奮毒性」という特異な細胞障害を受けるが，これにフリーラジカルが関与していることが考えられるからであり，またもう一つには神経組織が脂質を多く含有しフリーラジカルの攻撃を受けやすいからであり，さらには神経細胞が非分裂細胞であるゆえに障害を受けた DNA の修復能が弱く，容易に細胞死に至ると考えられるからである．

　これが，さらに虚血後の再灌流を伴った一過性脳虚血モデルとなると，フリーラジカルの重要性はさらに増してくる．虚血状態に陥っていた組織に血流が再開されると，キサンチン酸化酵素やフォスフォリパーゼの活性化が生じて，スーパーオキサイドをはじめとする種々のフリーラジカルが多量に産成されるからである．

　これら活性酸素を消去して細胞を保護する酵素として superoxide dismutase (SOD)，glutathione peroxidase，catalase などがある．したがって，これらの酵素活性を増加させれば虚血性神経障害を軽減できるであろうことが想像される．実際，Cu/Zn SOD トランスジェニックマウスにおいては，コントロールに比較して有意に虚血再灌流による神経障害を軽減することが報告されている[30]．今後，抗フリーラジカル療法は脳梗塞治療における重要な方法の一つとなると思われる．

　以前より，NO が神経細胞のグルタミン酸毒性に関与していることは主に in vitro の実験から知られていた．しかし，in vivo で虚血性障害に与える影響を調べようとすると，いくつかの矛盾する結果が得られた．たとえば，NO 合成酵素阻害剤を投与すると，局所脳虚血モデルにおける梗塞巣が縮小せずにむしろ増加したのである[31]．これは，NO が直接的に細胞を障害する因子としてだけではなく，内皮依存性血管弛緩因子としても作用していることによるものと思われる．実際，神経細胞型 NO 合成酵素ノックアウトマウスでは，中大脳動脈閉塞モデルによる梗塞巣は，対照群に比して有意に小さかったのである[32]．概して，血管内皮型 NO 合成酵素から生成される NO は血流改善によって虚血性障害を軽減するが，NO は直接的には神経細胞を障害するよう作用しているものと考えられるようである．

　前記のように血流再開はフリーラジカルの多量生成をもたらし，それが神経細胞障害に関与していると考えられるが，脳梗塞治療においては血流再開が重要な治療であることは疑い得ないことであろう．報告によって多少異なるが，発症早期（3～6時間）における脳梗塞においては血栓溶解療法が有効であることが示されている．それでは，虚血後の再灌流においては，どの領域

の細胞がフリーラジカルによる酸化ストレスに曝露されているのであろうか。

我々はそれを調べるため、酸化的DNA障害のマーカーである8-hydroxy-2'-deoxyguanosine (8-OHdG) の局在をラットを用いた90分中大脳動脈－再灌流モデルにて調べた[33]。その結果をTUNELを用いたDNA breakageとの比較で表したのが写真1である。48時間後、TUNEL陽性細胞と8-OHdG陽性細胞がいずれも虚血領域に出現するが、以下の点が明らかとなった。

① 8-OHdG陽性細胞はTUNEL陽性細胞よりも周辺側まで、つまりよりpenumbra領域にわたるまで出現している。これは、細胞死がこの時点で明らかになっていない細胞でも、DNAが酸化的障害を受けていることを示している。

② 8-OHdGは、虚血周辺部からpenumbra領域にかけて最も多く産成されている。これは、虚血性障害が重度で酸素の供給がまったく途絶えると酸化的ストレスが生じづらくなることを示しており、当然と言えば当然な結果である。

③ この写真からではあまりはっきりしないが、8-OHdG陽性細胞はもっぱら神経細胞である。これには還元型グルタチオンが神経細胞では特に少ないこと、また興奮毒性を神経細胞が受けやすいことと関連しているものと思われる。

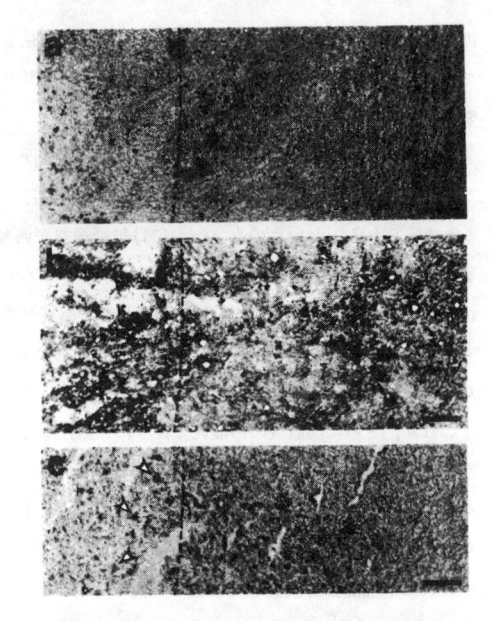

写真1 TUNELおよび8-OHdGによるDNA障害の比較
TUNEL陽性細胞は中大脳動脈灌流域内およびその境界域のみに認められるが(a)、8-OHdG陽性細胞はより周辺域にまで認められる(b)。二重染色で比較すると、TUNEL陽性細胞（白矢頭）は8-OHdG陽性細胞（黒矢頭）より内側に制限されている(c)。

つまり再灌流によって特に虚血周辺部が強い酸化的ストレスに晒されることがはっきりしたのである。むろん、再灌流をせずに永久梗塞にしておけば、より広い領域がpannecrosisを起こしてくるので、血流再開は障害軽減のためにも必要である。

しかし、ここに示された酸化的ストレスを受ける神経細胞に対しては、将来何らかの抗酸化ストレス治療が有効になってくる可能性が大きいと思われる。

上記のように、虚血性神経細胞障害にフリーラジカルが関与していることは明らかである。フ

第2編　疾病別老化予防食品開発の基盤的研究動向

リーラジカルが人間の脳血管性痴呆という病態にどの程度まで関与しているかははっきりしないが，いずれにせよベースに虚血性神経細胞障害があることを考えれば，本病態にも重要な役割を果たしているものと思われる。

　まだ神経細胞障害軽減のための抗酸化剤は臨床の場においてあまり有効性の高いものとはなっていないが，いずれ知見が蓄積し有効な治療となることを望みたい。

文　　献

1) C. Behl, Y. Sagara, Mecahnism of amyloid beta protein induced neuronal cell death: current concepts and future perspectives., *J. Neural Transm.*, **49**, 125-134 (1997)
2) R. Subramaniam, T. Koppal, M. Green, S. Yatin, B. Jordan, J. Drake, D.A. Butterfield, The free radical antioxidant vitamin E protects cortical synaptosomal membranes from amyloid beta-peptide (25-35) toxicity but not from hydroxynonenal toxicity: relevance to the free radical hypothesis of Alzheimer's disease, *Neurochem. Res.*, **23**, 1403-1410 (1998)
3) J.B. Schulz, R.T. Matthews, T.Klockgether, J. Dichgans, M. F. Beal, The role of mitochondrial dysfunction and neuronal nitric oxide in animal models of neurodegenerative diseases, *Mol. Cell. Biochem.*, **174**, 193-197 (1997)
4) W.K.Kim, Y.S. Pae, Involvement of N-methyl-d-aspartate receptor and free radical in homocysteine-mediated toxicity on rat cerebellar granule cells in culture, *Neurosci. Lett.*, **216**, 117-120 (1996)
5) S.J. Tabrizi, M. W. Cleeter, J. Xuereb, J.W. Taanman, J.M. Cooper, A.H. Schapira, Biochemical abnormalities and excitotoxicity in Huntington's disease brain, *Ann. Neurol.*, **45**, 25-32 (1999)
6) K. Abe *et al.*, Induction of nitrotyrosine-like immunorenctivity in the lower motorneuron of ALS, *Neurosci. Lett.*, **199**, 152-154 (1995)
7) A.M. Palmer, M.A. Burns, Selective increase in lipid peroxidation in the inferior temporal cortex in Alzheimer's disease, *Brain Res.*, **645**, 338-342 (1994)
8) K. V. Subbarao, J.S. Richardson, L.C. Ang, Autopsy samples of Alzheimer's cortex show increased peroxidation *in vitro*, *J. Neurochem.*, **55**, 342-345 (1990)
9) S.D. Yan, X. Chen, A.M. Schmidt, J. Brett, G. Godman, Y. S. Zou, C. W. Scott, C. Caputo, T. Frappier, M.A. Smith, G. Perry, S. H. Yen, D. Stern, Glycated tau protein in ALzheimer disease: a mechanism for induction of oxidant stress, *Proc. Natl. Acad. Sci .USA*, **91**, 7787-7791 (1994)
10) M. A. Lovell, W. D. Ehmann, M. P. Mattson, W. R. Markesbery, Elevated 4-hydroxynonenal in ventricular fluid in Alzheimer's disease., *Neurobiol Aging*, **18**, 457-461 (1997)
11) L. M. Sayre, D. A. Zelasko, P. L. Harris, G. Perry, R. G. Salomon, M. A. Smith, 4-Hydroxynonenal-derived advanced lipid peroxidation end products are increased in ALzheimer's disease, *N. Engl. J. Med.*, **336**, 1216-1222 (1997)
12) Svennerholm, Gottfries, Membrane lipids, selectively diminished in Alzheimer brains, suggest synapse

loss as a primary event in early-onset (type I) and demyelination in late-onset form (type II), *J. Neurochem.*, 62, 1039-1047 (1994)

13) C. D. Smith , J. M. Carney, P. E. Starke-Reed, C. N. Oliver, E. R. Stadtman, R. A. Floyd, W. R. Markesbery, Excess brain protein oxidation and enzyme dysfunction in normal aging and in ALzheimer disease, *Proc. Natl. Acad. Sci. USA*, 88, 10540-10543 (1991)

14) M. A. Smith, L. M. Sayre, V. E. Anderson, P. L. R. Harris, M. F. Beal, N. Kowall, G. Perry, Cytochemical demonstration of oxidative damage in Alzheimer-disease by immunochemical enhancement of the carbonyl reaction with 2,4-dinitrophenylhydrazine, *J. Histochem. Cytochem.*, 46, 731-735 (1998)

15) M. A. Smith, S. Taneda, P. L. Richey, S. Miyata, S. D. Yan, D. Stern, L. M. Sayre, V. M. Monnier, G. Perry , Advanced Maillard reaction end products are associated with Alzheimer disease pathology, *Proc. Natl. Acad. Sci. USA*, 91, 5710-5714 (1994)

16) D. W. Dickson, S. Sinicropi, S. H. Yen, L. W. Ko, L. A. Mattiace, R. Bucala, H. Vlassara, Glycation and microglial reaction in lesions of Alzheimer's disease, *Neurobiol. Aging*, 17, 733-743 (1996)

17) P. Mecocci, U. MacGarvey, M. F. Beal, Oxidative damage to mitochondrial DNA is increased in Alzheimer's disease, *Ann. Neurol.*, 36, 747-751 (1994)

18) R. Wade, K. Hirai, G. Perry, M. A. Smith, Accumulation of 8-hydroxyguanosine in neuronal cytoplasm indicates mitochondrial damage and radical production are early features of Alzheimer disease, *J. Neuropathol. Exp. Neurol.*, 57, 511 (1998)

19) K. Chandrasekaran, K. Hatanpaa, S. I. Rapoport, D. R. Brady, Decreased expression of nuclear and mitochondrial DNA-encoded genes of oxidative phosphorylation in association neocortex in Alzheimer disease, *Mol. Brain Res.*, 44, 99-104 (1997)

20) E. M. Mutisya, A. C. Bowling, M. F. Beal, Cortical cytochrome oxidase activity is reduced in Alzheimer's disease., *J. Neurochem.*, 63, 2179-2184 (1994)

21) N.A. Simonian, B. T. Hyman, Functional alterations in Alzheimer's disease: selective loss of mitochondrial-encoded cytochrome oxidase mRNA in the hippocampal formation, *J. Neuropathol. Exp. Neurol.*, 53, 508-512 (1994)

22) J. S. Beckman, M. Carson, C. D. Smith, W. H. Koppenol, ALS, SOD and peroxynitrite, *Nature*, 364, 584, (1993)

23) P. F. Good, P. Werner, A. Hsu, C. W. Olanow, D. P. Perl, Evidence of neuronal oxidative damage in Alzheimer's disease, *Am. J. Pathol.*, 149, 21-28 (1996)

24) C. R. Cornett, W. R. Markesbery, Imbalances of trace elements related to oxidative damage in Alzheimer's disease brain, *Neurotoxicology*, 19, 339-346 (1998)

25) M. A. Lovell, W. D. Ehmann, S. M. Butler, W. R. Markesbery, Elevated thiobarbituric acid-reactive substances and antioxidant enzyme activity in the brain in Alzheimer's disease, *Neurology* ,45, 1594-1601 (1995)

26) M. A.Pappolla, R. A. Omar, K. S. Kim, N. K. Robakis, Immunohistochemical evidence of oxidative stress in Alzheimer's disease, *Am. J. Pathol.*, 140, 621-628 (1992)

27) M. Y. Aksenov, H. M. Tucker, P. Nair, M. V. Aksenova, D. A. Butterfield, S. Estus, W. R. Markesbery, The expression of key oxidative stress-handling genes in different brain regions in Alzheimer's disease, *J. Mol. Neurosci.*, 11, 151-64 (1998)

28) M. Sano, C. Ernesto, R. G. Thomas, M. R. Klauber, K. Schafer, M. Grundman, P. Woodbury, J. Growdon,

C. W. Cotman, E. Pfeiffer, L. S. Schneider, L. J. Thal, A controlled trial of selegiline, alpha-tocopherol, or both as treatment for Alzheimer's disease. The Alzheimer's Disease Cooperative Study, *N. Engl. J. Med.*, 336, 1216-1222 (1997)

29) 大國美智子, 痴呆の疫学—有病率と発生率, カレントテラピー, 15, 24-29 (1997)

30) T. Kondo, A. G. Reaume, T. T. Huang *et al.*, Reduction of CuZn-superoxide dismutase activity exacerbates neuronal cell injury and edema formation after transient focal cerebral ischemia, *J. Neurosci.*, 17, 4180-4189 (1997)

31) E. Morikawa, Z. Huang, M. A. Moskowitz, L-arginine decreases infarct size caused by MCA occlusion in spontaneously hypertensive rat, *Am. J. Physiol.*, 263, H1632-H1635 (1992)

32) Z. Huang, P. L. Huang, N. Panahian *et al.*, Effects of cerebral ischemia in mice deficient in neuronal nitric oxide synthase, *Science*, 265, 1883-1885 (1994)

33) T. Hayashi, T. Sakurai, Y. Itoyama *et al.*, Oxidative damage and DNA breakage in rat brain after transient MCA occlusion, *Brain Res.*, 832. 159-163 (1999)

2 パーキンソン病とフリーラジカル

横井　功*

2.1　はじめに

　パーキンソン病（PD）は1817年にJ. Parkinsonが初めて報告した疾患である。PDは中高年発症（大部分が50歳以後に発症），緩徐進行性の変性疾患で，臨床的には筋固縮，振戦，動作緩慢を3主徴とし，姿勢保持の障害などにより特有の前屈姿勢・小刻み歩行が見られる。40歳以前に発症する若年性パーキンソニズムを除くPDの遺伝性は，一卵性双生児を対象とした研究からも否定的である[1,2]。

　黒質緻密層のドーパミン（DA）含有神経は軸索を線条体に送っているが，PDでは，この神経細胞に変性と脱落が認められ，線条体内のDA含量が正常の約20%以下に減少すると発症すると言われる[3]。また，黒質以外でも青班核のノルアドレナリン含有神経に障害が認められる。

　これらの生化学的変化を基に，L-DOPAによるDA補充療法，あるいはブロモクリプチンなどのDA受容体作動薬を中心とした薬物療法が神経変性疾患の中でも最も進歩している。

　PDの発症・進行機序に関しては，①DA神経毒の6-ヒドロキシドーパミン（6-OHDA）やMPTP（1-methyl-4-phenyl-1,2,3,6-tetrahydropyridine）がミトコンドリアの呼吸酵素活性を低下させてフリーラジカルを生成すること，②フリーラジカルはミトコンドリアの呼吸酵素を障害すること，③フリーラジカルに関係した酵素類や鉄などがPD脳で変化していること，④フリーラジカルは細胞障害性に働くこと，⑤PDモデル動物ではフリーラジカルを消去することによりDA神経毒による神経障害が抑制されること，などの理由からフリーラジカルの関与が注目を浴びている。それではPDの発症や進行にフリーラジカルがどのように関与するのであろうか。

2.2　パーキンソン病患者脳でのフリーラジカル生成

　PD患者から提供された死後脳の黒質や線条体内では，表1に示す変化が報告されている。

　先にも述べたように，PD患者脳の主病変は線条体に軸索を送る黒質緻密層DA含有神経の変性と脱落である。DAは神経終末の小胞内に蓄えられ，神経伝達の際に放出される神経伝達物質であるが，その一部は細胞質にも存在し，小胞内DAとの間に一定の平衡状態を保っている。カテコールアミン生合成の第一律速段階を触媒するチロシン水酸化酵素活性は，20歳までは急速に，その後はゆっくりと低下し続ける[4]。PD患者では，DA含有神経の変性と脱落のために，その活性はさらに低い。DAの含量も低下しているが，DAの代謝回転率は加齢により亢進している[5]。DAはモノアミン酸化酵素（MAO-B）により酸化され不活性化されるが，この際にH_2O_2が発生

---

　*　Isao Yokoi　岡山大学　医学部　分子細胞医学研究施設　神経情報学部門　助教授

第2編　疾病別老化予防食品開発の基盤的研究動向

表1　パーキンソン病（PD）患者やPD病態モデル動物の脳内ドーパミン神経細胞におけるフリーラジカル関連物質の変化

	PD患者脳	モデル動物脳
チロシン水酸化酵素	↓	
ミトコンドリア呼吸系酵素		
複合体I	黒質で↓	↓
複合体II	―	―
複合体III	線条体で↓	―
複合体IV	―	
グルタチオンペルオキシダーゼ	↓	↑
カタラーゼ	↓	↑
SOD	黒質で↑	
一酸化窒素合成酵素(NOS)	グリアで↑	神経細胞で↑
ドーパミン	↓	↓
ドーパミン代謝回転	↑	
$O_2^{\cdot-}$		↑
H_2O_2		↑
$\cdot OH$		↑
$NO^{\cdot}$		↑
還元型グルタチオン(GSH)	?	
ポリ不飽和脂肪酸	↓	
過酸化脂質	↑	↑
DNA障害	↑	↑
ニトロタイロシン	黒質で↑	
Fe^{2+}	↑	
Fe^{3+}	↑	
メラニン	↓	
Fe沈着	↑	

↑は増加するものを，↓は減少するものを，―は変化しないものを，？は成績が一定しないものを示す。

する。また，DA自身強い還元作用を有しているので，一部はDAによっても消去されている。したがってDAのMAO-Bによる酸化によって直接，あるいはDAの自動酸化の際には$O_2^{\cdot-}$発生を経由してH_2O_2が生成される[6]。

　一方，PD患者脳では，ミトコンドリア呼吸酵素群のうち，黒質では複合体Iの活性が，また線条体では複合体IIIの活性が低下している[7-9]。ミトコンドリア呼吸酵素の活性が低下すると多量の$O_2^{\cdot-}$が発生し，スーパーオキシドジスムターゼ（SOD）によりH_2O_2へと代謝されるため，この過程でも大量のH_2O_2が発生する（図1）。

　PD患者脳のSODに関し，Marttilaら[10]は黒質可溶性分画のSOD活性は上昇しているが膜分画の活性に異常はないことを，一方，Sagguら[11]は可溶性分画のSOD活性に異常はないがミトコンドリア内膜に存在するMn-SOD活性は上昇していることを報告している。両者の結果に食い違いはあるが，いずれにしてもPD患者脳黒質ではSOD活性は上昇しているようである。このため，

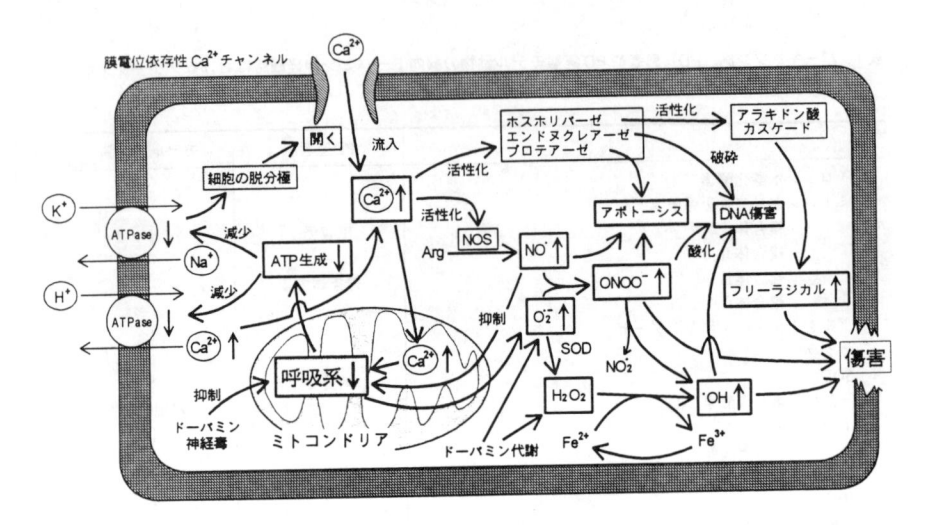

図1　ミトコンドリア機能障害による神経細胞障害
Arg：アルギニン，NOS：一酸化窒素合成酵素，SOD：スーパーオキシドジスムターゼ。
フリーラジカルがどのようにして細胞膜を傷害するのかは図2を参照。

PD患者脳では，ミトコンドリア呼吸酵素の異常により発生した$O_2^{\cdot-}$は速やかにH_2O_2に代謝されていたと考えられている。

H_2O_2は通常ならばグルタチオンペルオキシダーゼやカタラーゼにより処理される。しかし，PD患者脳では両酵素の活性が著しく低下している[12,13]。さらに，ミトコンドリア機能低下によりグルタチオンペルオキシダーゼの酸素受容体である還元型グルタチオン（GSH）の生成は低下し，その分解酵素であるγ-GTP活性の上昇もあるために，GSH量も減少している[14-16]。このため，PD患者脳ではH_2O_2の消去能や脳内抗酸化能は明らかに低下していたと考えられている。

また，PD患者脳黒質には鉄含量が増加しているが，Fe^{2+}とFe^{3+}の比が減少して相対的にFe^{3+}が上昇していることが報告されている[2,17]。これはFe^{2+}がFe^{3+}になるときに電子をH_2O_2に供与して酸素ラジカルの生成が亢進していたことを示唆する。また，PD患者脳黒質内にはメラニンも高濃度に存在するために[2]，いわゆるFenton型反応が活発に起こり，H_2O_2から細胞毒性の強い$\cdot OH$が生成されていたと考えられている。しかし残念なことに検体は死後脳であるため，$O_2^{\cdot-}$，H_2O_2あるいは$\cdot OH$の増加を直接証明することは困難である。

PD患者脳黒質ではNADPH-ジアホラーゼ活性陽性のグリア細胞が増加している[18]。これはグリア細胞内に誘導型一酸化窒素合成酵素（iNOS）が存在して$NO\cdot$を合成していたことを示す。Shergillら[19]も，黒質のミクログリアから$NO\cdot$が放出されていることを示唆する研究結果を報告

している。NO˙はO$_2^-$と反応して神経細胞傷害性の強いONOO$^-$を生成する[20]。ONOO$^-$はタンパク質のチロシン基をニトロ化してしまうが，PD患者脳黒質緻密層のLewy小体と一致する部分にニトロチロシンを検出したとの報告もなされている[21]。

このような研究結果を踏まえ，PD患者の脳脊髄液（CSF）や血液に含まれるNO˙代謝産物（NO$_2^-$やNO$_3^-$）量の変化が調べられた。しかし，CSFでの検討ではNO$_2^-$もNO$_3^-$もともに不変[22]，NO$_3^-$のみ減少[23]，L-DOPA治療中にもかかわらずNO$_2^-$が増加[24]，など報告者により成績が一定していない。また，血漿中のNO$_3^-$は罹患期間，重症度あるいは治療に関わらず不変との報告[25]，末梢血液中の好中球からホルボールエステル刺激により放出されるNO˙はPD患者で増加しているとの報告[26]など，まだ一定の成績は得られていない。

いずれにせよ，以上のような研究結果から，PD患者脳内ではフリーラジカルが過剰に発生していたと考えられている。

2.3 パーキンソン病患者脳での神経細胞障害

興奮性組織である神経細胞は，ATPをエネルギーとして，Na$^+$を細胞外に放出し，K$^+$を細胞内に取り込むことによって細胞膜電位を維持している。このため，ミトコンドリア機能が障害されると，ATP生成が低下するため，細胞機能は障害される。

また，脳は不飽和脂質を多く含むためフリーラジカルによる攻撃を受けやすいことはよく知られている。PD患者脳黒質では，フリーラジカルから攻撃を受けやすいポリ不飽和脂肪酸の含量が減少していること，またチオバルビツール酸陽性物質（TBARS）量が増加していること[17]から，PD脳患者では脂質過酸化の亢進状態が慢性的に続いていたことが示唆された。

なお，TBARS量は脂質過酸化の指標として従来よく使用されたが，現在ではチオバルビツール酸がタンパク質や核酸の酸化物とも反応することが明らかとなったため，TBARS量の増加が即脂質過酸化の増加と考えるのは誤りと言われている。しかし，より直接的な脂質過酸化の指標である4-ヒドロキシノネナールの増加が報告され[27]，確かに脂質過酸化が亢進していることが示されている。

さらに，DNAの酸化的障害の亢進を示す8-ヒドロキシ-2-デオキシグアノシンの増加も報告され[28]，PD患者脳内では酸化ストレスが明らかに亢進していたことを従来の研究結果は示している。

2.4 パーキンソン病病態モデル動物脳での検討

これまでに述べたように，PD患者脳では確かに抗酸化能が低下し，細胞傷害性の強い˙OHやONOO$^-$は増加して，フリーラジカルによる神経細胞の障害が起こっていたことが強く示唆され

ている．しかし，PD患者脳の検体で認められる変化は緩徐に進行した結果の変化である．このため，発症に対するフリーラジカルの関与を調べるためにはモデル動物での検討が必要となる．

PDの発症・進行機序に関しては神経毒説，興奮性アミノ酸説，ミトコンドリア機能障害説，遺伝素因説など諸説があり[29,30]，6-OHDAなどを使用してモデル動物を作成し，活発に研究されていた[31]．1983年，J. W. Langstonら[32]は，MPTP惹起性パーキンソニズムを報告した．MPTP投与によりPDによく似た病態が惹起できることが明らかとなったため，その後，MPTPを使用してPD発症・進行機序に関する研究は驚異的に進歩した．

6-OHDAは，黒質線条体のDA含有神経を傷害する物質として古くからPD研究に使用されてきた[31,33]．今日では6-OHDAの作用発現機序にもフリーラジカルが関与していると考えられている．すなわち，DAの自動酸化の際には$O_2^{\cdot-}$発生を経由してH_2O_2が生成されるが[6]，6-OHDAも自動酸化によりセミキノン体に変換されるとともに$O_2^{\cdot-}$が発生する[34,35]．6-OHDA脳室内投与後の急性期には，過剰に発生した$O_2^{\cdot-}$を消去するために線条体内のSOD活性は著明に上昇している[36]．このために$O_2^{\cdot-}$は速やかにH_2O_2や$\cdot OH$へと代謝され，脂質過酸化やDNA傷害などを引き起こして細胞障害が惹起されるものと考えられている．

実際，6-OHDAを投与すると脂質過酸化が亢進すること，鉄キレート剤であるデフェロキサミンは6-OHDAによる線条体でのDA減少を抑制すること[37]，カタラーゼとSODを過剰発現しているマウスでは6-OHDAによる黒質のDA含有細胞の脱落が阻止されること[38]など，6-OHDAの作用発現機序にもフリーラジカルが関与している証拠が多く集積してきた．

一方，MPTPは脳内MAO-Bにより酸化され，MPP^+（1-methyl-4-phenylpyridinium）となる[39]．MPP^+は線条体内にあるDA神経終末のDAトランスポーターから能動的に取り込まれて濃縮され[40]，さらに一部は黒質にある細胞体にまで運ばれる．細胞体でのMPP^+濃度は低いが，ミトコンドリア内にも能動的に取り込まれるため[41]，MPP^+はミトコンドリア内では濃縮され，ミトコンドリア呼吸酵素の複合体Ⅰ活性を抑制するに充分な濃度となると言われている[42-44]．このために$O_2^{\cdot-}$が過剰に生成され，先の項でも述べたように，H_2O_2をへて$\cdot OH$が生成される．実際，Cu/Zn-SODトランスジェニックマウスではMPTP投与によるDA含有神経障害は阻止される[45]．また，MPTPを投与されたマウスの線条体や中脳ではSOD，カタラーゼ，GSHペルオキシダーゼなどのフリーラジカル消去系で働く酵素の活性が上昇していること[46]，モデル動物脳内では$O_2^{\cdot-}$，H_2O_2や$\cdot OH$などのフリーラジカルが増加していること[47-49]も報告されている．従って，これらのフリーラジカルによる脂質過酸化，タンパク質酸化やDNA傷害により細胞障害が引き起こされると考えられている．

MPTP誘発PDモデルの発症機序にはNO$^\cdot$も関与していることが知られている．つまり，一酸化窒素合成酵素（NOS）の神経型イソ酵素であるnNOSの遺伝子を欠損しているミュータントマ

ウスはMPTPに対して抵抗性があること[50]，nNOSの特異的拮抗剤[51]である7-ニトロインダゾールがMPTPによる黒質線条体のDA神経障害を阻止することが報告されている[50,52]。これはNO$^{\cdot}$が$O_2^{\cdot -}$と反応して神経細胞傷害性の強いONOO$^-$を生成して細胞障害性を発揮することも示唆している[20]。

2.5 ミトコンドリア機能障害を踏まえたPD発症・進行機序

興奮性組織である神経細胞がATPをエネルギーとして細胞膜電位を維持していることは既に述べたが，ミトコンドリアに機能障害が起こると，$O_2^{\cdot -}$の生成が増加するとともにATPの生成は低下し，神経細胞は脱分極を起こす（図1）。この結果，細胞膜電位依存性Ca^{2+}ゲートは開き，細胞内へCa^{2+}が流入するが，PD脳ではCa^{2+}結合タンパクであるカルビンデンは減少しているため[53]細胞内の遊離Ca^{2+}濃度は増加する。このため，ミトコンドリア内のCa^{2+}濃度も上昇してミトコンドリア呼吸系はさらに抑制されて$O_2^{\cdot -}$の生成が増加する[54,55]。

一方，DAの自動酸化によっても$O_2^{\cdot -}$が生成される。$O_2^{\cdot -}$は慢性酸化ストレスに対する代償反応として亢進しているSODによりH_2O_2に代謝される。さらにDAの代謝回転増加によってもH_2O_2は過剰に生成される。しかし，カタラーゼ活性やGSHペルオキシダーゼ活性は低下し，エネルギー不足のためにGSHの生成量も減少して，H_2O_2消去能は低下している。ために，鉄イオンを介した反応により$^{\cdot}$OHが発生する（図2）。

$^{\cdot}$OHは遺伝子[56]，タンパク質やアミノ酸の-SH基などを直接酸化する。また，図2に示すように，$^{\cdot}$OHは細胞膜を構成している不飽和脂質（Lipid-H）の水素原子（H）を引き抜いてアルキルラジカル（Lipid$^{\cdot}$）を生成するが，Lipid$^{\cdot}$は好気的条件下では酸素分子と反応してLipid-OO$^{\cdot}$となる。そして，Lipid-OO$^{\cdot}$は新たに他分子のLipid-HからHを引き抜いてLipid$^{\cdot}$とするとともに，自らは非ラジカルのLipid-OOHとなる。さらに，Lipid-OOHは鉄イオンにより一電子還元されてLipid-O$^{\cdot}$やLipid-OO$^{\cdot}$となり，ここからも新たなラジカル発生の連鎖反応が起こる。細胞膜脂質の過酸化により生じたLipid-OO$^{\cdot}$やLipid-OOHはさらに酸化されて分解し，4-ヒドロキシノネナールなどのアルデヒド類になる。

この過程で神経細胞膜を構成する二重膜脂質が分解されるため，細胞膜は傷つく。さらに，生成したアルデヒド類は細胞毒性の強いものが多く，これらも細胞機能を障害する[57]。以上のような脂質に由来するフリーラジカルのほとんどは非特異的フリーラジカル消去系で無毒化されるが，GSH量が減少しているため，抗酸化能や過酸化脂質処理機能は低下し，神経細胞膜脂質過酸化の過程に拍車がかかる。

一方，細胞内Ca^{2+}濃度の増加は多くの酵素を活性化する。特にCa^{2+}がnNOSを活性化して生成したNO$^{\cdot}$は，ミトコンドリアの呼吸系酵素複合体ⅠおよびⅡを阻害して電子伝達系機能を障害

老化予防食品の開発

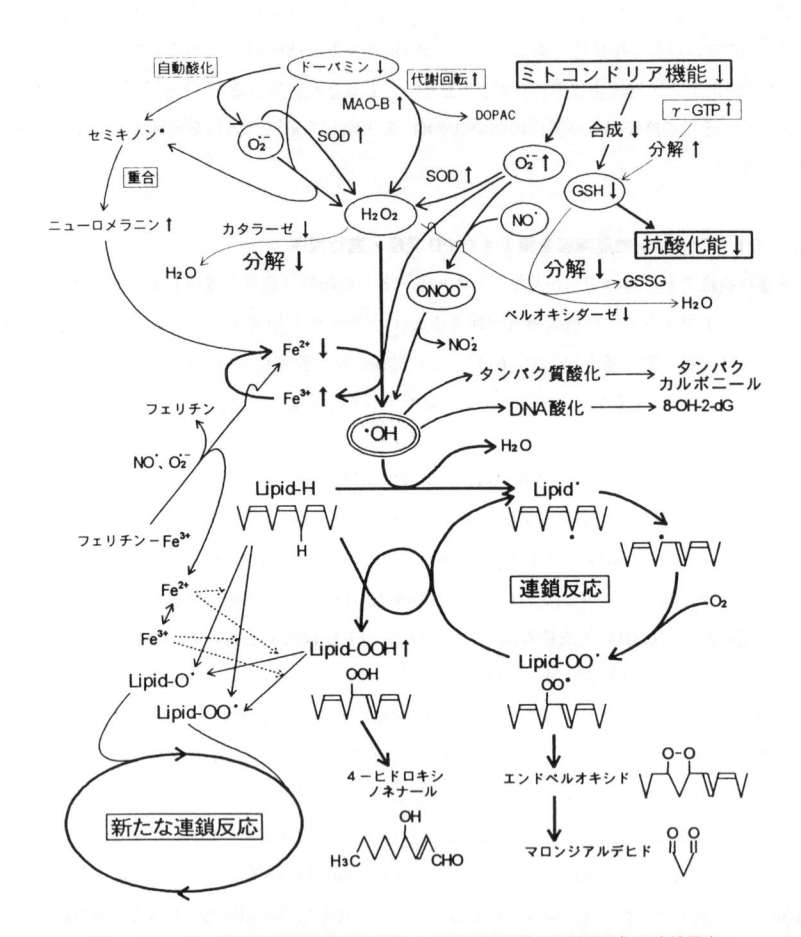

図2 ドーパミン含有神経細胞障害に関与する活性酸素種と脂質過酸化の連鎖反応
DOPAC：ジヒドロキシフェニル酢酸，MAO-B：モノアミン酸化酵素B，SOD：スーパーオキシドジスムターゼ，γ-GTP：γ-グルタミルトランスペプチダーゼ，GSH：還元型グルタチオン，GSSG：酸化型グルタチオン，ONOO$^-$：パーオキシナイトライト，8-OH-2-dG：8-ヒドロキシ-2-デオキシグアノシン，Lipid-H：不飽和脂質，Lipid・：アルキルラジカル，Lipid-OO・：ペルオキシラジカル，Lipid-OOH：脂質ヒドロペルオキシド，Lipid-O・：アルコキシルラジカル

したり[58]，解糖系酵素を阻害してエネルギーの枯渇をさらに悪化させる[59,60]。また，NO・はフェリチンに結合したFe^{2+}を遊離して・OH生成を助けたり[61]，O$_2^-$と反応して反応性の高いONOO$^-$を生成する[20]。さらに，NO・は細胞膜を通過できるため，細胞から湧出して周囲の細胞に入り込み，神経伝達物質の細胞内への取り込みを阻害したり，細胞外への遊離を促進する[62,63]。この他，

Ca^{2+}により活性化されたエンドヌクレアーゼはDNAを破砕し,ホスホリパーゼはアラキドン酸カスケードを介してフリーラジカルの生成を促進し,プロテアーゼはアポトーシスに関連するなど,多くの酵素系を介しても細胞は傷害される[64]。

おそらく上記の過程は若い頃より継続して常にゆっくりと進行しているのであろうが,次第に神経細胞が変性して脱落し,線条体内のDA含量が正常の約20%以下に減少したときにPDの症状が現れる。

2.6 おわりに

フリーラジカル反応は正常な生体反応の一部であり生命現象に欠くべからざるものではあるが,中枢神経系はフリーラジカルの発生しやすい,またそれらにより傷害を受けやすい素地をもっている。

本節においてはPDとフリーラジカルの関連について解説したが,PDとフリーラジカルとの関わりの検討はまだ断片的にすぎず,謎の部分が多い。さらに,DA含有神経細胞は脳の他の部分にもたくさん存在しているにもかかわらず,PDではなぜ黒質線条体系だけが特異的に影響を受けるかの解明はなされていない。

文　献

1) C. D. Ward et al., *Neurology*, 33, 815 (1983)
2) 石川 厚,神経内科,50, 119 (1999)
3) P. Riederer et al., *J. Neurochem.*, 52, 515 (1989)
4) P. L. McGeer et al., *Arch. Neurol.*, 34, 33 (1977)
5) M. B. Spina et al., *Proc. Natl. Acad. Sci. USA*, 86, 1398 (1989)
6) B. Fornstedt et al., *J. Neural Transm.* (*PD sect.*), 1, 279 (1989)
7) L. A. Bindoff et al., *Lancet*, II, 49 (1989)
8) Y. Mizuno et al., *Biochem. Biophys. Res. Commun.*, 163, 1450 (1989)
9) A. H. Schapira et al., *J. Neurochem.*, 54, 823 (1990)
10) R. J. Marttila et al., *J. Neurol. Sci.*, 86, 321 (1988)
11) H. Saggu et al., *J. Neurochem.*, 53, 692 (1989)
12) L. M. Ambani et al., *Arch. Neurol.*, 32, 114 (1975)
13) S. J. Kish et al., *Neurosci. Lett.*, 58, 343 (1985)
14) J. Sian et al., *Ann. Neurol.*, 36, 348 (1994)
15) J. Sian et al., *Ann. Neurol.*, 36, 356 (1994)

16) T. L. Perry and V.W. Yong, *Neurosci. Lett.*, 67, 269 (1986)
17) D. T. Dexter *et al.*, *Mov. Disord.*, 9, 92 (1994)
18) S. Hunot *et al.*, *Neuroscience*, 72, 355 (1966)
19) J. K. Shergill *et al.*, *Biochem. Biophys. Res. Commun.*, 228, 298 (1996)
20) J. S. Beckman *et al.*, *Biochem. Soc. Trans.*, 21, 330 (1993)
21) P. F. Good *et al.*, *J. Neurophatol. Exp. Neurol.*, 57, 338 (1998)
22) M. Ikeda *et al.*, *J. Neural. Transm (General Sect.)*, 100, 263 (1995)
23) M. A. Kuiper *et al.*, *J. Neurol. Sci.*, 121, 46 (1994)
24) G. A. Quershi *et al.*, *Neuroreport*, 6, 1642 (1995)
25) J. A. Molina *et al.*, *J. Neurol. Sci.*, 127, 87 (1994)
26) E. M. Gatto *et al.*, *Mov. Disord.*, 11, 261 (1996)
27) A. Yoritake *et al.*, *Proc. Natl. Acad. Sci. USA*, 93, 2696 (1996)
28) J. R. Sanchez-Ramos *et al.*, *Neurodegeneration*, 3, 197 (1994)
29) T. Niwa *et al.*, *Biochem. Biophys. Res. Commun.*, 144, 1084 (1987)
30) M. Naoi *et al.*, *Neurochem. Int.*, 15, 315 (1989)
31) U. Ungerstedt, *Eur. J. Pharmacol.*, 5, 107 (1968)
32) J. W. Langston *et al.*, *Science*, 219, 979 (1983)
33) G. R. Breese & T.D. Traylor, *J. Pharmacol. Exp. Ther.*, 174, 413 (1970)
34) R. E. Heikkila and G. Cohen, *Science*, 181, 456 (1973)
35) G. Cohen and R.E.Heikkila, *J. Biol. Chem.*, 249, 2447 (1974)
36) N. Ogawa *et al.*, *Brain Res.*, 646, 337 (1994)
37) D. Ben-Shachar *et al.*, *J. Neurochem.*, 56, 1441 (1991)
38) M. Asanuma *et al.*, *Neuroscience*, 85, 907 (1998)
39) K. Chiba *et al.*, *Biochem. Biophys. Res. Commun.*, 120, 574 (1984)
40) K. Chiba *et al.*, *Biochem. Biophys. Res. Commun.*, 128, 1229 (1984)
41) R. R. Ramsay and T. P. Singer, *J. Biol. Chem.*, 261, 7585 (1986)
42) Y. Mizuno *et al.*, *J. Neurochem.*, 48, 1787 (1987)
43) M. W. Cleeter *et al.*, *J. Neurochem.*, 58, 786 (1992)
44) I. Irwin and J.W. Langston, *Life Sci.*, 36, 207 (1985)
45) S. Przedborski *et al.*, *J. Neurosci.*, 12, 1658 (1992)
46) D. S. Cassarino *et al.*, *Biochem. Biophys. Acta*, 1362, 77 (1997)
47) J. N. Chacon *et al.*, *Biochem. Biophys. Res. Commun.*, 144, 957 (1987)
48) B. K. Sinha *et al.*, *Biochem. Biophys. Res. Commun.*, 135, 583 (1986)
49) T. S. Smith and J. J. Bennett, *Brain Res.*, 765, 183 (1997)
50) S. Przedborski *et al.*, *Proc. Natl. Acad. Sci. USA*, 93, 4565 (1996)
51) P. K. Moor *et al.*, *Br. J. Pharmacol.*, 108, 296 (1993)
52) J. B. Schulz *et al.*, *J. Neurochem.*, 64, 936 (1995)
53) A. M. Iacopino *et al.*, *Proc. Natl. Acad. Sci. USA*, 87, 4078 (1990)
54) J. A. Dykens, *J. Neurochem.*, 63, 584 (1994)
55) L. L. Dogan *et al.*, *Soc. Neurosci. Abstr.*, 20, 1532 (1994)
56) P. Mecoci *et al.*, *Ann. Neurol.*, 34, 609 (1993)

57) H. Easterbauer *et al., Prog. Clin. Biol. Res.,* **236A**, 245 (1987)
58) J. C. Drapier *et al., J. Immunol.,* **140**, 2829 (1988)
59) C. Nathan, *FASEB J.,* **6**, 3051 (1992)
60) Y. Tao *et al., Proc. Natl. Acad. Sci. USA,* **89**, 5902 (1993)
61) D. W. Reif *et al., Arch. Biochem. Biophys.,* **283**, 537 (1990)
62) P. R. Montague *et al., Science,* **263**, 973 (1994)
63) D. E. Pellegrini-Giampi *et al., J. Neurochem.,* **51**, 1960 (1988)
64) E. P. Wei *et al., J. Neurosurg.,* **56**, 695 (1982)

第2章 眼の老化とフリーラジカル

太田好次*

1 はじめに

　老化の原因の1つとして，細胞や組織において連続的に生ずる活性酸素をはじめとするフリーラジカルによって惹起される有害な反応の蓄積が老化をもたらしているとするフリーラジカル説が，多くの研究者によって提唱されている[1]。

　眼は生体外から光をはじめとした環境の影響を受け，しかも血液や房水を介して全身状態を反映している。このことから，眼組織の内外で生成する活性酸素・フリーラジカルは眼に影響を与え，種々の眼病変の発症・進展に深く係わっていると考えられる。

　ヒトでは図1に示す眼の各組織において加齢変化がみられる。老化と活性酸素・フリーラジカルとの関連性がこれまでに示唆されているヒト眼組織には，水晶体，網膜などがある。

　そこで，ヒト水晶体と網膜での老化と活性酸素・フリーラジカルとの関連性，並びに老化に伴う眼病変の加齢白内障および加齢黄斑変性症と活性酸素・フリーラジカルとの係わりについて概説する。

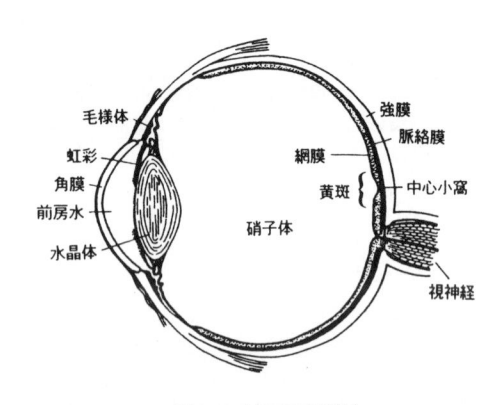

図1　ヒト眼球の断面図

2　水晶体の抗酸化機能とその加齢変化

　水晶体は生涯にわたり成長を続ける特殊な組織であり，その成分は水66％，タンパク質33％，そして1％の微量物質から構成されている。

＊　Yoshiji Ohta　藤田保健衛生大学　医学部　化学教室　教授

第2編　疾病別老化予防食品開発の基盤的研究動向

(1) 抗酸化機能

　水晶体には飽和脂肪酸が多く，二重結合を2個以上もつ不飽和脂肪酸は1％以下である[2]。また，水晶体には水溶性抗酸化物質として還元型グルタチオン（GSH）とアスコルビン酸が高濃度（mMオーダー）で存在している[3]。脂溶性抗酸化物質のビタミンEも水晶体に存在し，その主なものはα-トコフェロールである[4]。また，脂溶性抗酸化物質のカロチノイドも水晶体に存在し，その主なものはルテインとゼアキサンチンである[4]。

　これらの抗酸化物質とともにスーパーオキサイドジスムターゼ（SOD），カタラーゼ，グルタチオンペルオキシダーゼ（GSHpx）などの抗酸化酵素[5-7]，GSHの再生に関与するグルタチオン還元酵素（GSSG-R）[8,9]，アスコルビン酸の再生に関与するアスコルビン酸フリーラジカル還元酵素（AFR-R）[10,11]などが水晶体に存在している。なお，水晶体に存在するSODは，そのほとんどがCu-Znタイプである[6]。

　このように，水晶体は種々の抗酸化物質と抗酸化酵素によって抗酸化機能を発揮している。

(2) 加齢変化

　水晶体の主なタンパク質はα-，β-およびγ-クリスタリンで，これらのクリスタリンは互いに相互作用をして秩序だった構造を保持し，透明性を維持しているが，加齢に伴って凝集し，水不溶性の高分子量のタンパク質（α-クリスタンと微量のβ-とγ-クリスタリンの複合体）が増量する[12]。この加齢に伴う水晶体タンパク質の凝集・不溶化には，タンパク質同志間でのジスルフィド（S-S）結合，タンパク質分子内でのS－S結合，GSHとタンパク質間での混合型S－S結合，糖化タンパク質などの関与が示されている[9,13-15]。最近，70歳台の水晶体から得られた水不溶性タンパク質に紫外線のUVAを照射すると，スーパーオキサイドや一重項酸素が生成することが報告されている[16,17]。

　水晶体ではGSHレベルは加齢に伴って緩やかに低下し，50歳台以降のその量は20歳台の約半分である[9,18,19]。水晶体の酸化型グルタチオン（GSSG）レベルは加齢に伴って上昇するが，その量は40歳台以降はほぼ一定であるとの報告[9]や40歳台以降でも上昇し続けるとの報告[19]がある。また，水晶体中のタンパク質と結合したGSH量は20～30歳台までは増加するが，それ以降に関しては，そのレベルは低下して70歳台以降ではほぼ一定となるとの報告[9]や，20～60歳台はほぼ一定で，それ以降では一定の変動を示さないとする報告[19]がある。水晶体での加齢に伴うGSHレベルの低下には，GSHの酸化ばかりでなく，グルタチオン合成能の低下も関与している[19,20]。

　水晶体のSOD活性は40歳台まではほとんど変動しないが，40歳台以降で若干低下し，その低下は不活性型酵素の増加による[21]。40～70歳台の水晶体ではカタラーゼ活性は加齢に伴って低下し，70歳台のその活性は40歳台の約60％である[7]。水晶体のGSHpx活性は20歳台以降で加

齢に伴う低下を示し，60歳台以降のその活性は20歳台の約1/3である[22]。水晶体のGSSG-R活性は加齢に伴って低下するという報告[9]と，ほとんど変動しないという報告[22]とがある。

水晶体の過酸化脂質レベルは70歳以降で緩やかに上昇する[9,23]。糖化タンパク質の生成過程で活性酸素の生成と利用が行われていることが示されている[24,25]。水晶体の糖化タンパク質量は80歳以降まで加齢に伴って増加するとの報告[26]，60歳台までは加齢に伴って増加し，それ以降では減少するとの報告[16]，加齢変動をほとんど示さないとの報告[27]などがある。

アルドース還元酵素（AR）はこれまでポリオールの生成に関与する酵素として知られていた。最近，ARは脂質過酸化反応生成物の4-ヒドロキシノネナール（HNE）やそのグルタチオン抱合体を代謝できることが，ウシ水晶体の精製ARを用いて示されている[28]。水晶体のARは加齢に伴って緩やかに低下する[29]。

このように，水晶体の抗酸化機能は老化により減弱化しており，老化したその組織は活性酸素・フリーラジカルによる酸化ストレスを強く受けていると考えられる（表1）。

表1 老化によるヒト水晶体の抗酸化物質と抗酸化酵素の変動

抗酸化物質と抗酸化酵素	変化
還元型グルタチオン	↓
アスコルビン酸	?
ビタミンE	?
カロチノイド	?
スーパーオキサイドジスムターゼ	↓
カタラーゼ	↓
グルタチオンペルオキシダーゼ	↓
グルタチオン還元酵素	↓, →
アスコルビン酸フリーラジカル還元酵素	?
アルドース還元酵素	↓

↓，減少；→，不変；?，不明

3 加齢白内障と活性酸素・フリーラジカルとの関連性

老化に伴う水晶体の病変として混濁化，すなわち，白内障が挙げられ，この白内障は加齢白内障と呼ばれる。藤沢ら[30]は40歳以上の特定地域一般住民（男性405例，女性1,010例）を対象にして加齢白内障の疫学調査を行い，白内障有病率が加齢に伴って増加し，70歳台では約80％，80歳台では100％に近いことを報告している。加齢白内障は水晶体の核部，皮質部あるいは両部位に出現し，一定の出現傾向がみられない。

第2編 疾病別老化予防食品開発の基盤的研究動向

　加齢白内障水晶体ではγ-クリスタリンの減少を伴うタンパク質の凝集化が亢進し，高分子量の水不溶性タンパク質が増量している[12]。加齢白内障が最も進展した水晶体の皮質部ではタンパク質の約60%が，核部ではタンパク質の90%以上が不溶化している[31]。

　加齢白内障水晶体ではタンパク質中に存在するシステインやメチオニンの酸化がみられる[32]。加齢白内障水晶体ではリン脂質量の減少がみられ，しかもその脂質中の不飽和脂肪酸量は減少している[2]。加齢白内障水晶体ではGSH量は減少しているが，その減少の程度は白内障のタイプで異なり，嚢下混濁型と成熟混濁型で最も顕著なGSH量の減少がみられる[8]。また，加齢白内障水晶体におけるGSH/GSSG比は低下しているが，その低下の程度は白内障のタイプで異なり，嚢下混濁型と成熟混濁型で最も大きい[8]。加齢白内障水晶体ビタミンEレベルに関する報告はないが，70歳台の白内障水晶体のビタミンE量は50歳台の透明水晶体よりも多い[4]。また，50〜80歳台では白内障水晶体皮質部のビタミンE量は透明水晶体皮質部よりも多いが，核部のその量には両水晶体で差がみられない[33]。

　加齢白内障水晶体SODとGSHpx活性は白内障の進展に伴って皮質部と核部で低下するが，カタラーゼ活性は白内障が進展しても皮質部と核部ではとんど低下しない[34]。50〜80歳台では白内障水晶体のSODとGSHpx活性は透明水晶体の半分以下，またカタラーゼ活性は透明水晶体の1/4以下である[5]。加齢白内障水晶体ではGSSG-R活性はほとんど低下しない[8]。しかし，40〜80歳台では白内障水晶体のGSSG-R活性は透明水晶体の約1/10であることが報告されている[9]。加齢白内障水晶体ではAFR-R活性は低下し，その低下はタンパク質の凝集・不溶化の増加と関連していることが示唆されている[10,11]。加齢白内障水晶体ではARは僅かに低下する[29]。

　加齢白内障水晶体では過酸化脂質レベルは上昇する[23,35]が，その量は皮質混濁型，核混濁型，混合混濁型の間で差はみられない[23]。加齢白内障水晶体では糖化タンパク質量は若干増加する[26]。また，40〜80歳台では白内障水晶体の糖化タンパク質量は透明水晶体の約1.5倍であることが示されている[15]。

　最近，加齢白内障のリスクファクターに関する疫学的調査がいくつかの研究グループで行われている[36]。それらの調査の中に，ビタミンA（β-カロチン），ビタミンC（アスコルビン酸），ビタミンEなどの抗酸化ビタミンを多く摂取すると，加齢白内障のリスクは減少することが示されている[36]。

　このように，活性酸素・フリーラジカルは加齢白内障の発症・進展に密接に関わっていると考えられる。

4 網膜の抗酸化機能とその加齢変化

網膜は厚さ0.5 mmで,鋸状縁を境として視部と盲部に分けられる。網膜視部の細胞には,光を受容する視細胞(錐体細胞は色覚,杆体細胞は明暗),網膜内情報処理を担当する双極細胞,水平細胞,アマクリン細胞,網状層間細胞など,情報を中心に送る神経節細胞,視細胞を機能的・形態的に支持する網膜色素上皮細胞と,網膜のほぼ全層に広がっているMüllar細胞がある。また,血管と視神経が出ている乳頭より2〜2.5 mm側頭側には黄斑(解剖学的には中心窩)がある。黄斑では杆体の数が減少しており,その中心部(解剖学的には中心小窩)には杆体がない。網膜色素上皮細胞の内部には,色素顆粒として光を吸収するメラニン顆粒とリポフスチン顆粒(リソゾームによる消化遺産物で,脂質の過酸化物を含む褐色の色素粒)が存在している。

(1) 抗酸化機能

網膜はミトコンドリアを多く含み,酸素消費の高い組織である。しかも,網膜はアラキドン酸,ドコサヘキサエン酸(DHA)などの不飽和脂肪酸を多く含む組織である[37]。また,網膜では光酸化反応が絶えず起こっている。したがって,網膜は活性酸素や脂質過酸化による酸化ストレスに絶えずさらされている組織である。

一方,網膜にはカロチノイド,ビタミンE,アスコルビン酸,亜鉛,メタロチオネイン(MT)などの抗酸化物質が,またSOD,カタラーゼ,GSHpxなどの抗酸化酵素が存在している。

黄斑にはカロチノイドのルテインとゼアキサンチンが黄斑色素として存在している[38]。ルテインとゼアキサンチンはともに黄斑心部(中心小窩)で最も濃度が高く,中心部をはずれるに従って濃度が低くなるが,中心部ではゼアキサンチンの方がルテインよりも高濃度で存在している[38]。網膜には$α$-と$γ$-トコフェロールの2種類のビタミンEが存在している[39-41]。網膜色素上皮を除いた網膜(神経網膜)と網膜色素上皮では,$γ$-トコフェロールの割合はそれぞれ$α$-トコフェロールの18%と25%である[39]。アスコルビン酸は中心窩を除いた網膜の中心部とその辺縁部では,中心部の方が辺縁部よりも多い[41]。GSHはウシ網膜で調べられており,網膜に高濃度(mMオーダー)で存在している[42]。亜鉛はSH基を酸化から保護したり,ヒドロキシルラジカルの生成に関与する鉄や銅と拮抗して,そのラジカルの生成を抑制したり,抗酸化作用を示すタンパク質のMTを誘導することなどにより抗酸化作用を示すことが知られている。辺縁部と黄斑の網膜色素上皮では,亜鉛とMTは黄斑よりも辺縁部に多く存在している[43]。

網膜にはCu-ZnSODが主に存在しているが,Mnタイプと細胞外Cu-Znタイプも認められる[6]。また,辺縁部と黄斑網膜色素上皮に存在するSODの活性はほぼ等しい[44]。神経網膜と網膜色素上皮に存在するカタラーゼの活性は神経網膜よりも網膜色素上皮で高い[44]。また,辺縁部と黄斑の網膜色素上皮に存在するカタラーゼの活性はほぼ等しい[44]。神経網膜にはSe含有GSHpxが存

第2編　疾病別老化予防食品開発の基盤的研究動向

在している[45]。しかし，黄斑網膜色素上皮ではGSHpxは認められない[46]。また，網膜には脂質過酸化生成物のHNEを代謝できるグルタチオン-S-トランスフェラーゼが存在する[47]。さらに最近，黄斑網膜色素上皮に，酸化ストレスとの関連性が示唆されているヘムオキシゲナーゼ（HO）-1（誘導型）とHO-2（常在型）の存在が明らかにされている[46]。ウシ網膜のARは，脂質過酸化生成物のHNEや4-ヒドロキシヘキセナールを代謝することが報告されている[48]。

このように，活性酸素・フリーラジカルによる酸化ストレスを受けやすい網膜には種々の抗酸化物質と抗酸化酵素が存在し，それらの抗酸化作用によって網膜の生理機能が維持されていると考えられる。

(2) 加齢変化

0～80歳台の網膜において，その組織全体で測定したルテインとゼアキサンチンの濃度は加齢に伴って緩やかに増加し，40歳以降で減少するが，60歳以降で再び増加する[38]。また，同様なルテインとゼアキサンチン濃度の加齢変動が黄斑でもみられる[38]。網膜全体および黄斑とその辺縁部で測定したビタミンE濃度は60歳台付近までは加齢に伴って増加するが，それ以降では減少する[39,40]。網膜色素上皮のビタミンE濃度は加齢に伴って増加する[49]。黄斑網膜色素上皮の亜鉛とMT濃度は加齢に伴って減少する[43,50]。

網膜色素上皮を除いた黄斑のSOD活性は一定の加齢変動を示さないが，網膜色素上皮を除いた黄斑辺縁部のSOD活性は加齢に伴って低下する[51]。黄斑網膜色素上皮のSODの酵素量と活性は，ともに加齢に伴って増加する[46,50]。黄斑網膜色素上皮のカタラーゼの酵素量と活性は，ともに加齢に伴って減少する[44,46]。また，黄斑辺縁部の網膜色素上皮のカタラーゼ活性も加齢に伴って緩やかに減少する[44]。網膜色素上皮を除いた黄斑とその辺縁部のGSHpx活性は加齢に伴って低下する[51]。黄斑網膜色素上皮細胞の細胞質とリソゾームに存在するHO-1とHO-2の酵素量は加齢に伴って減少する[46]。

網膜の過酸化脂質レベルの加齢変動に関する報告は見当たらない。しかし，網膜色素上皮では加齢に伴ってメラニン顆粒が減少し，リポフスチン顆粒が増加する[52]。16～97歳の網膜色素上皮細胞に可視光を照射すると，その細胞中の酸素消費量と過酸化水素生成量は加齢に伴って増加することが示されている[53]。また，網膜色素上皮のメラニン顆粒とリポフスチン顆粒にアルゴンイオンレーザーを照射し，添加したDHAの脂質過酸化を調べると，その脂質はリポフスチン顆粒で過酸化されやすいことが報告されている[54]。しかも，網膜中に遊離のアラキドン酸，DHAなどの不飽和脂肪酸が加齢に伴って蓄積する[55]。また，網膜の脂質過酸化反応に対する感受性の加齢変化が調べらており，その感受性は黄斑を含む網膜では加齢に伴って著しく増加するが，黄斑辺縁部では加齢によって大きな増加を示さないことが報告されている[56]。網膜色素上皮の基底膜から脈絡膜の血管基底膜に至るブルッフ膜では，タンパク質の糖化反応の最終糖化産物（AGE）

表2 老化によるヒト網膜の抗酸化物質と抗酸化酵素の変動

抗酸化物質と抗酸化酵素	神経網膜での変化	網膜色素上皮での変化
還元型グルタチオン	?	?
アスコルビン酸	?	?
ビタミンE	↑↓	↑
カロチノイド	↓↑	↓↑
亜鉛	?	↓
メタロチオネイン	?	↓
スーパーオキサイドジスムターゼ	↓	↑
カタラーゼ	?	↓
グルタチオンペルオキシダーゼ	↓	―
グルタチオン-S-トランスフェラーゼ	?	?
ヘムオキシゲナーゼ-1	?	↓
ヘムオキシゲナーゼ-2	?	↓

↑,増加；↓,減少；↑↓,増加後に減少；↓↑,減少後に増加；?,不明

の一つであるペントシジンが加齢に伴って増量し，70歳台のその量は50歳台の約2倍である[57]。

このように，網膜では老化に伴って抗酸化機能は減弱化し，それと相まって活性酸素・フリーラジカルによる酸化ストレスが亢進しているので，老化した網膜は酸化ストレスを強く受けていることが考えられる（表2）。

5 加齢黄斑変性症と活性酸素・フリーラジカルとの関連性

老化に伴う網膜の病変の一つとして，加齢黄斑変性症がよく知られている。加齢黄斑変性症では失明に至る場合がある。この病変の発症率は40歳台では10%程度であるが，70歳台では30%程度にまで増加し，80歳以上では50%程度となる[58]。また，失明に至る重度の加齢黄斑変性症の発症率は70歳台では2%程度であるが，80歳以上では10%程度にまで増加する[58]。

加齢黄斑変性症における黄斑網膜色素上皮のカロチノイド，ビタミンE，アスコルビン酸，GSHなどの変動に関する報告は見当たらないが，亜鉛量は加齢黄斑変性症患者では正常者に比べて少ない[50]。黄斑とその辺縁部の網膜色素上皮のカタラーゼ活性は，ともに正常者に比べ加齢黄斑変性症患者で低下しているが，両部位のSOD活性には差がみられない[44]。

最近，Frank[46]は，黄斑の網膜色素上皮の細胞質とリソゾームにおいてCu-ZnSODとカタラーゼの酵素量には加齢黄斑変性症患者と正常者の間で差がみられないが，リソゾームのHO-1とHO-2の酵素量に加齢黄斑変性症患者と正常者の間で差がみられ，両酵素量が正常者よりも加齢黄斑変性症患者で多いことを報告している。また，彼らはHOのうちHO-1が過酸化水素などの活性

第2編　疾病別老化予防食品開発の基盤的研究動向

酸素によって誘導され，本酵素の増加が酸化ストレスの指標となるので，加齢黄斑変性症に活性酸素・フリーラジカルが関与していることを示唆している[46]。また，AGEの一つであるN$^\varepsilon$（カルボキシメチル）リジンが加齢黄斑変性症患者の網膜黄斑下の新生血管膜に存在し，しかもその受容体と同じ場所に認められている[59]。

最近，加齢黄斑変性症とビタミンA（カロチノイド），ビタミンC（アスコルビン酸），ビタミンEなどの抗酸化ビタミンや亜鉛摂取との関連性に関する疫学調査がいくつかのグループによって行われており，それらの調査の中に，抗酸化ビタミン，亜鉛などを多く摂取すると加齢黄斑変性症の発症が遅延することを示唆するものもある[36,58]。

このように，加齢黄斑変性症の発症・進展に活性酸素・フリーラジカルが関与している可能性が高いと考えられる。

文　献

1) K. B. Beckman, B. N. Ames, *Physiol. Rev.*, 78, 547 (1998)
2) 小原喜隆, 日眼会誌, 99, 1303 (1995)
3) 岩田修造, "眼の生理・生化学", 広川書店, p.29 (1986)
4) K. J. Yeum et al., *Invest. Ophthalmol. Vis. Sci.*, 36, 2756 (1995)
5) K. C. Bhuyan et al., *Life Sci.*, 38, 1463 (1986)
6) A.Bebndig et al., *Invest. Ophthalmol. Vis. Sci.*, 39, 471 (1998)
7) S.Zigman et al., *Curr. Eye Res.*, 17, 115 (1998)
8) D.Friedbutug, K.-F.Manthey, *Exp. Eye Res.*, 15, 173 (1973)
9) A.Kamei, *Biol. Pharm. Bull.*, 16, 870 (1993)
10) M.Bando, H.Obasawa, *Exp. Eye Res.*, 50, 779 (1990)
11) 板東正康ほか, あたらしい眼科, 8, 1333 (1991)
12) G. J. H. Bessms et al., *Exp. Eye Res.*, 37, 627 (1983)
13) M. F. Lou et al., *ibid.*, 55, 889 (1992)
14) L. Takemoto, *ibid.*, 63, 585 (1996)
15) A. Kamei, *Chem. Pharm. Bull.*, 40, 2787 (1992)
16) M. Linetsky et al., *Exp. Eye Res.*, 63, 67 (1996)
17) M. Linetsky et al., *Arch. Biochem. Biophys.*, 351, 180 (1998)
18) W. B. Rathbun et al., *Exp. Eye Res.*, 53, 205 (1991)
19) M. F. Lou, J. E. Dickerson, Jr., *ibid.*, 55, 889 (1992)
20) S. S. Stehna et al., *Curr. Eye Res.*, 2, 735 (1982/1983)
21) W.B.Rathbun, *ibid.*, 3, 101 (1984)
22) J. Scharf et al., *Graefe's Arch. Clin. Exp. Ophthalmol.*, 225, 133 (1987)

23) W. B. Rathbun, M. G. Bovis, *Curr. Eye Res.*, 5, 381 (1986)
24) F. Simonelli *et al.*, *Exp. Eye Res.*, 49, 181 (1989)
25) T. Sakurai *et al.*, *Biochim. Biophys. Acta*, 1043, 27 (1990)
26) R. Nagai *et al.*, *Biochem. Biophys. Res. Commun.*, 234, 167 (1997)
27) M. A. M. vanBoekel, H. J. Hoenders, *FEBS Lett.*, 314, 1 (1992)
28) J. S. Patrick *et al.*, *J. Gerontol.*, 45, B18 (1990)
29) S. Srivastava *et al.*, *Biochem. Biophys. Res. Commun.*, 217, 741 (1995)
30) J. A. Jedziniak *et al.*, *Invest. Ophthalmol. Vis. Sci.*, 20, 314 (1981)
31) 藤沢来人ほか, 眼紀, 40, 615 (1989)
32) E. I. Andeson *et al.*, *Exp. Eye Res.*, 29, 233 (1979)
33) R. J. W. Truscot, R. C. Augusteyn, *Biochim. Biophys. Acta*, 492, 43 (1977)
34) G. J. H. Bessems *et al.*, *Lens Res.*, 2, 233 (1984)
35) J. V. Fecondo, R. C. Augusteyn, *Exp. Eye Res.*, 36, 15 (1983)
36) T. Micelli-Ferrari *et al.*, *Brit. J. Ophthalmol.*, 80, 840 (1996)
27) P. F. Jacues, *Int. J. Vitam. Nutr. Res.*, 69, 198 (1999)
38) G. J. Handelman *et al.*, *Invest. Ophthalmol. Vis. Sci.*, 29, 850 (1988)
39) R. A. Bone *et al.*, *ibid.*, 29, 843 (1988)
40) R. A. Alvarez *et al.*, *Am. J. Clin. Nutr.*, 46, 481 (1987)
41) T. Friedrichson *et al.*, *Curr. Eye Res.*, 14, 693 (1995)
42) J. C. Nielsen *et al.*, *Invest. Ophthalmol. Vis. Sci.*, 29, 22 (1987)
43) M. Saxena *et al.*, *Exp. Eye Res.*, 55, 461 (1992)
44) D. J. Rate *et al.*, *Invest. Ophthalmol. Vis. Sci.*, 34, 2348 (1993)
45) M. R. Liles *et al.*, *Arch. Ophthalmol.*, 109, 1285 (1991)
46) S. V. Singh *et al.*, *Curr. Eye Res.*, 3, 1273 (1984)
47) R. N. Frank., *Trans. Am. Ophthalmol. Soc.*, 96, 635 (1998)
48) S. S. Singhal *et al.*, *Invet. Ophthalmol. Vis. Sci.*, 36, 142 (1995)
49) Q. H. Peeyush *et al.*, *Biochem. Biophys. Res. Commun.*, 247, 719 (1998)
50) D. T. Organisciak *et al.*, *Curr. Eye Res.*, 6, 1051 (1987)
51) D.A.Newsome *et al.*, *J. Trace Element Exp. Med.*, 8, 193 (1995)
52) M.A.DeLaPaz *et al.*, *Curr. Eye Res.*, 15, 273 (1996)
53) L.Feeney-Burns *et al.*, *Invest. Ophthalmol. Vis. Sci.*, 25, 195 (1984)
54) M. Röanowska *et al.*, *J. Biol. Chem.*, 270, 18825 (1995)
55) A. Dontsov *et al.*, *Free Rad. Biol. Med.*, 26, 1436 (1999)
56) J. Nourooz-Zadeh, P. Pereira, *Ophthalmic Res.*, 31, 1273 (1999)
57) M. DeLaPaz, R. E. Anderson, *Invest. Ophthalmol. Vis. Sci.*, 33, 3497 (1992)
58) J. T. Handa *et al.*, *ibid.*, 40, 775 (1999)
59) S. West *et al.*, *Arch. Ophthalmol.*, 112, 222 (1994)

第3章　高血圧とフリーラジカル

大和田　滋[*1], 関谷秀介[*2], 山川　宙[*3], 佐藤武夫[*4]

1　はじめに

　血圧は心拍出量と総末梢血管抵抗の積として表される。心拍出量と総末梢血管抵抗は，体液量，心機能，血管収縮により規定され，これらは降圧系と昇圧系として作用する多くの因子（一酸化窒素（NO），血管拡張性プロスタグランディン，レニン・アンギオテンシン系，交換神経系など）のバランスにより調節されている。高血圧の発症には，これらの調節因子の不均衡が複雑に関与しているため，発症機序の解明や治療戦略も多岐にわたっている。

　また，高血圧は糖尿病，高脂血症とならび日常診療で最も多く関わる疾病であり，さらに動脈硬化を基盤とする死亡率の高い心筋梗塞や脳血管障害発症の独立した危険因子として問題となっている。厚生統計協会の平成8年度の死因統計[1]では，脳血管疾患と心疾患をあわせた死亡総数に対する比率は31％で，悪性新生物と同等であり，血圧のコントロールの重要性が認識される。

　一方，多くの介入試験で，軽症および中等度以上の高血圧において血圧のコントロールが心血管合併症を抑制することが近年明らかにされ，血圧治療のガイドラインが最近改訂され，WHO/ISH（国際高血圧学会）とJNC（米国合同委員会）から出された。これらは，降圧の目標値のみならず個々の病態や合併症の予防（心・脳・腎血管障害の抑制）に即した降圧薬の選択を提言している。

　高血圧の発症・維持あるいは動脈硬化の発症・進展にフリーラジカルが関与していることが，多くの動物実験やヒトでの検討から明らかにされ，治療上フリーラジカルの発生を抑制したり消去する作用を持った降圧薬や抗酸化物質などの開発が期待される。ここでは，高血圧発症におけるフリーラジカルの関与を動物モデルでの検討結果を基に簡単に紹介し，ヒトの本態性高血圧の治療における抗酸化物質の成績を中心に概説する。

[*1]　Shigeru Ohwada　聖マリアンナ医科大学　内科学教室　腎臓・高血圧内科　助教授
[*2]　Shusuke Sekiya　聖マリアンナ医科大学　内科学教室　腎臓・高血圧内科
[*3]　Hiro Yamakawa　聖マリアンナ医科大学　内科学教室　腎臓・高血圧内科
[*4]　Takeo Satou　聖マリアンナ医科大学　内科学教室　腎臓・高血圧内科　講師

2 血圧に関与するフリーラジカル―高血圧モデルでの検討―

1986年, Rubanyiら[2]は, 犬の冠動脈のリング標本(血管内皮存在下)を用い, アセチルコリン(Ach)による血管拡張反応が外部から投与されたスーパーオキシド(O_2^-；キサンチン－キサンチン・オキシダーゼ反応を利用)により阻害され, SODにより回復することを示し, また, この阻害はヒドロキシルラジカル($HO^{\cdot}$)のスカベンジャーであるマニトールや過酸化水素を分解するカタラーゼでは影響されなかったことを見い出し, 血管収縮におけるフリーラジカルの重要性を指摘した。

その後, 窒素ラジカルである一酸化窒素（NO）が血管内皮由来拡張因子（EDRF）の本体であることが判明し, この産生を阻害すると血圧が上昇することが見い出された。さらに, O_2^-はNOと速やかに反応してパーオキシナイトライト（$ONOO^-$）を生成し, NOの作用を減弱させることから, 高血圧の成因の一つとしてフリーラジカルの関与が推察される。

内因性のO_2^-が血圧上昇に関与している成績が自然発症高血圧ラット(SHR)を用いたNakazonoら[3]の研究で1991年に明らかにされ, 以後, 現在まで大筋でこれを支持する報告が相次いでいる。彼らは血管内皮細胞のヘパラン硫酸に高親和性を持つSOD（HB-SOD）を分子設計し, 経静脈的に全身投与し, 血圧を非観血的方法でコントロールラット（WKY）と比較検討した。その結果, HB-SOD投与SHRの平均血圧は非投与SHRに比べ50 mmHg低下し, 40分以上継続した。一方, WKYでは血圧の変化は認められず, さらに通常のCU-Zn SODでは血圧の降下作用は認められなかった。以上の成績はO_2^-がSHRの高血圧発症に関与していることを示すもので, さらにO_2^-の発生起源を同定するために大動脈のキサンチン・オキシダーゼとSOD活性を検討し, キサンチン－キサンチン・オキシダーゼ系が一つの候補であるとした。

Grunfeldら[4]はSHR-SPとWKYの血管内皮細胞を培養し, ブラジキニン刺激によるNO放出はSHR-SPで有意に減少し, SOD添加でWKYのレベルまで回復することを観察した。また, O_2^-産生はSHR-SPではWKYに比べ約2倍高値で, さらにリング標本を用いてカルバコールに対する拡張反応をSOD阻害物質であるDETCA (diethyl-dithiocarbamic acid) 共存／非共存下でみたところ, SHR-SPでは両者ともWKYに比べ顕著に抑制されることを示した。これらの成績は, 高血圧ラットの血管では過剰なO_2^-の産生とそれによるNOの消去（ラジカル消去）により, 血管収縮・弛緩のバランスが障害される結果, 高血圧が発症することを示している。

O_2^-は血管のどの細胞で, どのような機序で産生されるのであろうか？当初はキサンチン－キサンチン・オキシダーゼ系が, あるいはミトコンドリアの電子伝達系, 白血球のNADPHオキシダーゼ系などが考えられていたが, Harrisonら[5,6]の検討をはじめ, 最近では, 血管平滑筋あるいは血管内皮細胞からNADH/NADPHオキシダーゼを介してのO_2^-産生が重視されている。

第2編　疾病別老化予防食品開発の基盤的研究動向

　彼らの検討では，遺伝的高血圧ラットではなく，SDラットにアンギオテンシンⅡ（AgⅡ）を投与して作成した高血圧モデルを使い，O_2^-産生と血管弛緩反応を種々の刺激剤を適応して測定している。AgⅡ誘発の高血圧では，ノルエピネフリン（NE）誘発の高血圧と同様に著明な高血圧を示したが，大動脈リング標本のO_2^-産生は，AgⅡ投与で，血管内皮存在の有無に関わらず，無処置ラットと比べ約2倍増加していた（血管内皮が無い状態では約20％減少）。AgⅡ受容体拮抗薬であるロサルタンの投与は当然のことながらO_2^-の産生を低下させた。また，Achに対する血管弛緩反応はAgⅡ処置ラットでは低下し，ロサルタン投与で回復しており，NE処置ラットでは弛緩反応の抑制は認められなかった。さらに，内皮を除去した血管平滑筋ホモジネートにNADH/NADPHを添加し，O_2^-の産生を指標にそれらの活性を検討した結果，膜画分のNADHオキシダーゼがAgⅡ処置ラットで顕著に亢進していることが示された。一方，rotenon, oxypurinol, indomethacinやL-Nitroarginineによるリング標本からのO_2^-産生はAgⅡ処置/無処置の両者で変化はなかった。以上の結果から，AgⅡ誘発高血圧では高血圧自体がO_2^-産生を促進するのではなく，局所でのAgⅡの役割が重要であるとしている。このことは高血圧による内皮機能障害を考える上で大変興味深いと思われる。

　これまではO_2^-の関与についてみてきたが，血管拡張因子であるNOの意義はどうであろうか？血管内皮障害がヒトのみならず動物の高血圧でも指摘されているが，NOの産生低下が高血圧発症の原因であるか結果であるかは重要な問題である。動物においてHirataら[7]は，遺伝性高血圧ラットでは，高血圧発症前には内皮依存性血管弛緩反応は正常で，良好な血圧コントロールによって内皮機能が回復することから，NOの産生低下は高血圧の結果生じた血管障害によるとしている。また，Sawadaら[8]も，SHRでのAchによるNO産生とL-NMMAによる昇圧反応もWKYと差がなく，NOが一義的ではないことを示している。

3　フリーラジカルをターゲットにした高血圧の治療—動物実験での検討—

　Schnackenbergら[9]は，O_2^-消去作用を持つ膜透過性のSOD mimicであるTempolの血圧と腎血管抵抗に及ぼす影響をSHRとWKYを用いて検討した。TempolはSHRの血圧と腎血管抵抗を濃度依存的に顕著に低下させ，この作用はL-NAMEで阻害されることから，SHRの高血圧発症へのO_2^-の関与，NOとの相互作用の重要性を指摘した。

　Ramasamyら[10]は，ウシ大動脈内皮細胞を様々な抗酸化物質と共に培養し，NDGA（nordihydroguaiaretic acid）が内皮型NO合成酵素（NOS）を，mRNAレベル，タンパクレベルおよびNOS活性レベルで有意に増強させることを示した。また，NGDAの作用はビタミンC，システイン，N-アセチルシステイン（NAC）など他の抗酸化物質との共培養で単独よりもさらに増強されるこ

とも認め，抗酸化物質による高血圧や動脈硬化の治療の可能性を示した。

4 本態性高血圧でのフリーラジカルの関与

ヒト本態性高血圧ではAchによる血管拡張反応（前腕動脈における血流量と血管抵抗の測定結果から）の障害が生じていることが，1990年，Panzaら[11]により報告されて以来，高血圧の原因として血管内皮機能障害を示唆する報告が相次いでいる。高血圧では末梢総血管抵抗は増加しており，内皮由来血管拡張因子と収縮因子のバランスが崩れていることは明らかであるが，Ca拮抗薬やACE阻害薬で治療した本態性高血圧症の患者のAchに対する血管拡張反応は回復するとする報告とそうでないとする相反する報告が[12,13]あり，この内皮機能障害が高血圧発症の原因であるのか結果であるのかは明らかではない。

NOは主たる血管拡張因子でガス状ラジカルであり，その産生は3種類のNO合成酵素（NOS1〜3）により行われている。通常では，NOSはNADPHを電子供与体として酵素内電子伝達系を介してヘムを還元し，酸素を活性化する。この時，基質であるL-アルギニンが適正に存在すれば，この酵素により酸化され，NOとL-シトルリンを産生する。しかし，L-アルギニンや補酵素である4-ヒドロキシビオプテリン（H_4B）が十分存在しない時にはO_2^-や過酸化水素を生成することが示されている。

Cosentinoら[14]は，高血圧発症前のSHRでは，大動脈内皮をCa-イオノフォアで刺激すると，O_2^-や過酸化水素が有意に過剰に産生され，L-NMMAにより抑制されことを認めた。また，NOの産生は低下していた。H_4Bを外因性に投与するとO_2^-や過酸化水素の産生は抑制されたが，内因性のH_4BレベルはWKYと比べ差がなく，SHRではc-NOSの機能異常が高血圧発症と血管合併症の発症に関与していると述べている。

また，NOとO_2^-が共存すれば反応性・毒性の高いパーオキシナイトライト（$ONOO^-$）が生成され，細胞傷害を惹起する。しかし，$ONOO^-$は血管拡張作用も示すことが知られている。この作用機構は$ONOO^-$がチオール化合物をニトロソ化してNO供与体を生成することとされているが，反論もある[15]。

以上は動物での所見であるが，ヒトにおける$ONOO^-$の関与について，最近，子癇前症患者の血管内皮の検討が報告された。Roggensackら[16]は子癇前症患者7名，正常妊婦7名および非妊娠婦人5名を対象に皮膚生検を行い，血管内皮のeNOS，SODおよびニトロチロシン（NT）を病理組織学的に染色したところ，子癇前症患者ではeNOSおよびNTは強く染色され，逆にSODの染色は弱かった。これらの結果から，$ONOO^-$が妊娠高血圧の発症の重要な一因であることを示した。本態性高血圧での同様の検討はまだなく，$ONOO^-$が高血圧発症にいかに関わるかは今後

の課題である。

O_2^-やNOはラジカルであるが,非ラジカルである過酸化水素（H_2O_2）はフリーラジカルを生成しやすくラジカル障害を起こしやすいと考えられる。未治療の本態性高血圧患者の白血球では,PMA刺激によるO_2^-とH_2O_2の産生は健常人に比べ有意に高く,血圧を正常化させると健常人レベルと同等になり,同時に血漿中のNO (nitrite)低値が回復したことをKumarら[17]が報告した。また,血漿中の過酸化脂質の増加と赤血球中の低SOD活性も正常化し（赤血球ビタミンE濃度も低値であったが,治療後で測定されていないため,回復したかは不明),高血圧とフリーラジカルの関連を示した。Lacyら[18]は,血漿中のH_2O_2濃度および産生能は高血圧患者で有意に高く,血圧の程度と相関がみられ,さらに正常血圧群でも高血圧の家族歴を有する群では高値を示していたことから,フリーラジカルが高血圧発症に重要な役割を果たしているとした。

しかし,これらの観察結果のみからはフリーラジカルが高血圧発症の原因か結果かは明らかではない。いずれにしても,これまでの多くの研究から,高血圧に合併する動脈硬化を含めて,フリーラジカルはその発症・進展に関わる一因子であり,抗酸化物質の効果を評価することは重要である。

5 高血圧治療における抗酸化物質

高血圧治療のファーストステップは,利尿薬,β-ブロッカー,Ca拮抗薬,ACE阻害薬およびAgⅡ受容体拮抗薬など,血圧の程度,合併症の有無などを参考に,単独あるいは併用で用いるのが原則である。これらの薬物の一部には抗酸化作用を持つものもあり,carvediolやSH基を持つACE阻害薬などの有用性が報告されている[19-21]。

生体内には多くの抗酸化物質が存在しているが,ビタミンCは代表的なものである。本態性高血圧と抗酸化ビタミンとの関連は以前から報告されていたが,Nessら[22]は1966年から1996年までに報告された22の文献をまとめて解析した結果,ビタミンCの高摂取あるいは血漿中濃度の高値は血圧レベルと逆相関することが多いと結論した。ビタミンCの摂取量と血圧の関係をみた5つの文献では,ビタミンCと血圧に負の相関を認めたものが3つあった。血中濃度との関連は11の文献でなされ,異なる14の集団中10集団に関して負の相関が認められた。また,2つのコントロールされない検討ではビタミンC摂取とは負の相関を認めたが,4つのコントロールされた検討では,1つに有意差はないが血圧低下が認められた。以上の結果から,正確な結論を導き出すには,食事内の他の因子も考慮した長期の大規模なコントロールされた研究が必要であろうと述べている。

1997年以降にビタミンC単独でなされた検討をみると,まず,Solzbachら[23]は,明らかな心

老化予防食品の開発

血管病変を有さない本態性高血圧患者の冠動脈の内皮依存性反応を，動脈撮影を利用し，その断面積の変化から検討した。これらの患者では，Achにより冠血管は収縮し，3gのビタミンCの冠動脈内注入は収縮反応を有意に抑制し，またパパベリンによる拡張反応の障害を回復させ，さらにニトログリセリンの拡張反応には影響を与えなかった。これらのことは，本態性高血圧症の患者ではフリーラジカルが血管内皮機能を障害していることを強く示すものであり，抗酸化物質の心保護作用を含めた長期の検討をする価値があると考えられる。

また，Taddeiら[24]は，本態性高血圧患者のAchによる前腕動脈血流の変化をビタミンCとサイクロオキシゲナーゼ阻害薬（インドメタシン）とで比較検討した結果，Achによる血管拡張反応をビタミンCとインドメタシンは改善し，L-NMMAはこの作用を減弱させ，さらにニトロプルシッドによる拡張は健常人と変化ないことから，内皮機能の障害は，NOがO_2^-により不活性化される結果であり，高血圧ではフリーラジカルによる内皮機能障害が存在し，ビタミンCを初めとする抗酸化物質の治療効果が期待されるとしている。

一方，ビタミンCを含め他の抗酸化物質の静脈内投与による急性効果を検討する目的で，Cerielloら[25]は，健常人，軽度から中等度の本態性高血圧患者，インスリン依存性糖尿病患者で高血圧を合併する患者としない患者の4群に，ビタミンC，グルタチオンおよびグルタチオン合成の基質となるチオプロニンを投与し，血圧の変化を観察した。これらの物質は，低用量では健常人の血圧には変動を及ぼさなかったが，内皮機能障害が存在すると考えられる高血圧群のみならず高血圧を合併しない糖尿病患者においても血圧を有意に低下させた。また，高用量ではグルタチオンとチオプロニンは健常人の血圧を低下させた。これらの結果から，抗酸化物質による血圧低下はNOの不活性化を介するものであり，また一部はニトロソチオール生成を介した直接的な血管拡張作用のためと推論した。後になり，NO代謝物の測定やこれらを阻害する検討結果から，フリーラジカルによるNOの障害が明らかにされてきている。

さらに，多剤併用による検討がGalleyら[26]によりなされた。硫酸亜鉛，ビタミンCとE，β-カロテンを用いた二重盲検，無作為，偽薬と実薬のクロスオーバー研究で，計16週間の経口投与が健常人と高血圧患者に行われ，血圧，ビタミンEおよびβ-カロテン濃度，尿中NO代謝物の排泄率の測定がなされた。その結果，高血圧患者群でのみ，偽薬に比べ実薬で有意な血圧の低下と尿中NO代謝物の排泄増加が認められた。これらの結果は，抗酸化物質がO_2^-とNOの相互作用を改善させ，血管拡張をもたらし，血圧を低下させた可能性を示唆するものである。

第2編　疾病別老化予防食品開発の基盤的研究動向

6　まとめ

　動物モデルおよびヒトでの検討から，高血圧においてフリーラジカルの産生が亢進していることは明らかである。また，フリーラジカルが血管内皮を障害したり，細胞膜の脂質やLDLを酸化することなどから，動脈硬化を促進したり高血圧を増強したりすることも事実である。しかし，これが高血圧の原因であるか結果であるかは現在のところ明らかではない。
　このため，現時点では，抗酸化物質の血圧に対する効果は，動脈硬化や脂質過酸化などに対する効果と比べ明確ではなく，さらなる大規模な長期のコントロールされた臨床検討が必要である。
　しかし，フリーラジカルの抑制はマイナスの効果（副作用なども含め）を示すことは極めて少ないと考えられ，高血圧患者に抗酸化物質を使用することは十分に意義のあることと思われる。

文　献

1) 国民衛生の動向，第2章　人口動態，（厚生統計協会編），厚生の指標，臨時増刊，45 (9), 50-51 (1998)
2) G. M. Rubanyi and P. M. Vanhoutte, Oygen-derived free radicals, endothelium, and responsiveness of vascular smooth muscle, Am. J. Physiol., 250, H815-821 (1986)
3) K. Nakazono, N. Watanabe et al., Dose superoxide underlie the pathogenesis of hypertension ? Proc. Natl. Acad. Sci. USA, 88, 10045-10048 (1991)
4) S. Grunfeld, C. A. Hamilton et al., Role of superoxide in the depressed nitric oxide production by the endothelium of genetically hypertensive rats, Hypertension, 26, 854-857 (1995)
5) S. Rajagopalan, S. Kurz et al., Angiotensin Ⅱ - mediated hypertension in the rat increases production via membrane NADH/NADPH oxidase activation, J. Clin. Invest., 97, 1916-1923 (1996)
6) D. G. Harrison, Endothelial function and oxidant stress, Clin. Cardiol., 20 (Suppl. Ⅱ), Ⅱ-11-Ⅱ-17 (1997)
7) Y. Hirata, H. Hayakawa et al., Nitric oxide release from kidneys of hypertensive rats treated with Imidapril, Hypertension, 27, 672-678 (1996)
8) Y. Sawada, T. Sakamaki et al., Release of nitric oxide in response to acetylcholine is unaltered in spontaneously hypertensive rats, J. Hypertens., 12, 745-750 (1994)
9) C. G. Schnackenberg, W. J. Welch et al., Normalization of blood pressure and renal vascular resistance in SHR with a membrane-permeable superoxide dismutase mimetic, Role of nitric oxide, Hypertension, 32, 59-64 (1998)
10) S. Ramasamy, G. R. Drummond et al., Modulation of expression of endothelial nitric oxide synthase by Nordihydroguaiaretic acid, a phenolic antioxidant in cultured endothelial cells, Molecular Pharmacology, 56, 116-123 (1999)

11) J. A. Panza, A. A. Quyyumi et al., Abnormal endothelium-dependent vascular relaxation in patients with essential hypertension, *N. Eng. J. Med.*, 323, 22-27 (1990)
12) J. A. Panza et al., Effect of antihypertensive treatment on endothelium-dependent vascular relaxation in patients with essential hypertension, *J. Am. Coll. Cardiol.*, 21, 1145-1151 (1993)
13) M. A. Creager and M. A. Roddy, Effect of captopril and enalapril on endothelial function in hypertensive patients, *Hypertension*, 24, 499-505 (1994)
14) F. Cosentino, S. Patton et al., Tetrahydrobiopterin alters superoxide and nitric oxide release in prehypertensive rats, *J. Clin. Invest.*, 101, 1530-1537 (1998)
15) J. E. Graves et al., Peroxynitrite-mediated vasorelaxation : evidence against the formation of circulating S-nitrosothiols, *Am. J. Physiol.*, 274, H 1001-H 1008 (1998)
16) A. M. Roggensack, Y. Zhang et al., Evidence for peroxynitrite formation in the vasculature of women with preeclampsia, *Hypertension*, 33, 83-89 (1999)
17) K. V. Kumar and U. S. Das, Are free radicals involved in the pathobiology of human essential hypertension? *Free Rad. Res. Comms.*, 19, 59-66 (1993)
18) F. Lacy, D. T. O'Connor et al., Plasma hydrogen peroxide production in hypertensives and normotensive subjects at genetic risk of hypertension, *J. Hypertens.*, 16, 291-303 (1998)
19) M. Flesch, C. Maack et al., Effect of β-blockers on free radical-induced cardiac contractile dysfunction, *Circulation*, 100, 346-353 (1999)
20) V. B. Djordjevic, D. Pavloviv et al., Changes of lipid peroxides and antioxidative factors in blood of patients treated with ACE inhibitors, *Clin. Nephrol.*, 47, 243-247 (1997)
21) K. Hishikawa and T. F. Luscher, Felodipine inhibits free-radical production by cytokines and glucose in human smooth muscle cells, *Hypertension*, 32, 1011-1015 (1998)
22) A. R. Ness, D. Chee et al., Vitamin C and blood pressure-an overview, *J. Human Hypertension*, 11, 343-350 (1997)
23) U. Solzbach, B. Horning et al., Vitamin C improves endothelial dysfunction of epicardial coronary arteries in hypertensive patients, *Circulation*, 96, 1513-1519 (1997)
24) S. Taddei, A. Virdis et al., Vitamin C improves endothelium-dependent vasodilation by restoring nitric oxide activity in essential hypertension, *Circulation*, 97, 2222-2229 (1998)
25) A. Ceriello, D. Giugliano et al., Anti-oxidants show an anti-hypertensive effect in diabetic and hypertensive subjects, *Clinical Science*, 81, 739-742 (1991)
26) H. F. Galley, J. Thornton et al., Combination oral antioxidant supplementation reduces blood pressure, *Clinical Science*, 92, 361-365 (1997)

第4章　血管の老化とフリーラジカル

野口範子＊

1　はじめに

　加齢に伴いわれわれの体のいたる箇所で臓器, 組織の変化が生じる。血管は日常生活の中では目にふれることもなく, その変化を自覚することは少ない。しかしながら, 血管の老化は確実に起こっている。それは血管壁の肥厚, 血管腔の狭窄という形で進行する。いわゆる動脈硬化である。そして, ついには心筋梗塞や脳梗塞という疾病を引き起こし, われわれは血管の老化の深刻な事態に直面することになる。

　本章では, この動脈硬化の発症進展にフリーラジカルがどのように関わっているのか, そしてそれをどのようにして防ぐことができるのかについて概説する。

2　動脈硬化と酸化LDL

　血中コレステロール量と動脈硬化発症との間に高い相関がみられることから, 高コレステロール血漿は重要な危険因子の一つとして考えられてきた。コレステロールは低比重リポタンパク質 (Low Density Lipoprotein, 以下LDL) によって体の各組織に運ばれ, 細胞表面に存在するLDL受容体を介して細胞に取り込まれる。このLDL受容体による取り込みにはフィードバック調節機構が働いており, 必要なだけのコレステロールが細胞に供給される。

　このLDL受容体を発見したのはGoldsteinとBrownであるが, 彼らは早期に動脈硬化を発症する家族性高コレステロール血漿患者に, このLDL受容体が欠損していることを見出した[1,2]。しかしながら, この患者の動脈硬化巣に多量のコレステロールを蓄積した細胞がみられることから, LDLはLDL受容体以外の経路で細胞に取り込まれることが考えられ, それらはスカベンジャー受容体と名付けられた。一方, 化学的に変性を受けたLDLがマクロファージによって取り込まれ, 多量のコレステロールを蓄積した泡沫細胞に変化することが見出された。その後, 生体で生じる変性LDLの探索が精力的に行われた結果, 酸化によって変性したLDLが, マクロファージ表面に発現しているスカベンジャー受容体に認識されることがわかった[3]。

＊　Noriko Noguchi　東京大学　先端科学技術研究センター　助手

老化予防食品の開発

　これら一連の研究結果を統合して，1989年にSteinbergらによって，LDLの酸化変性が動脈硬化の始まりであるとする酸化仮説が提唱された[4]。そのあらましは以下のごとくである。

　酸化変性を受けたLDL（酸化LDL）は，単球由来のマクロファージのスカベンジャー受容体に認識されて細胞内に取り込まれる。この取り込みにはフィードバック機構がなく，マクロファージはコレステロールを際限なく取り込み，遂には泡沫細胞となる。この泡沫細胞が動脈硬化初期病変にみられる脂肪腺条（fatty streak）の本体である。この病変が進行し，やがて血管内腔に突出した隆起病変となり，石灰化，血栓の付着を伴う病態へと変化する（図1）。

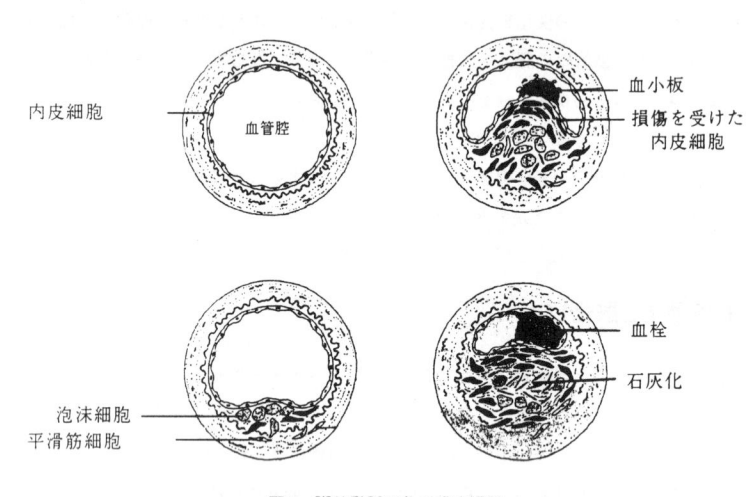

図1　粥状動脈硬化の成立過程

　この酸化LDLは，マクロファージに取り込まれるだけではなく，以下に示すような動脈硬化促進作用をもつことが知られている。

(1) 接着分子ICAM-1（Intercellular Adhesion Molecule-1），VCAM-1（Vascular Cell Adhesion Molecule-1）の発現を誘導し，単球の血管内皮細胞への接着を促進する。
(2) MCP-1（Monocyte Chemotacting Protein-1）を発現させ，単球の内膜への遊走化およびマクロファージの保持を促進する。
(3) LDL受容体による認識をなくし，マクロファージのスカベンジャー受容体による取り込みと泡沫化を促進する。
(4) マクロファージの増殖を誘導する。
(5) 血管内皮細胞の損傷と機能の低下を誘起する。

(6) 血管平滑筋細胞の中膜から内膜への遊走，増殖を促進する。

これらの事実は，LDLの酸化変性が動脈硬化の発症および進展の発端となるという仮説を支持している。

3 フリーラジカルによるLDLの酸化変性

LDLは脂質とタンパク質の粒子状複合体で，コレステロールエステル（CE）とトリグリセリド（TG）が中心部を構成し，その外側をホスファチジルコリン（PC）と遊離のコレステロール（FC）から成る膜が取り囲んでいる。そしてこの表面に一分子のアポリポタンパク質-B100（apoB）が組み込まれた状態になっている。PCおよびCEには脂肪酸がエステルの形で結合しており，その中で二重結合を2個以上もっている，いわゆる高度不飽和脂肪酸が酸化を受ける。

LDLの酸化は，銅や鉄などの遷移金属イオンやラジカル開始剤（アゾ化合物），そして次亜塩素酸（HOCl）などを用いて開始することができる。銅イオン（Cu^{2+}）はLDLに特異的に配位し，LDL中に含まれる微量の脂質ヒドロペルオキシド（LOOH）を分解することにより，ペルオキシルラジカル（LOO・）やアルコキシルラジカル（LO・）を発生させ，LDLを酸化する[5]。

酸素ラジカルが脂質（PC, CE）の水素を引き抜くことにより脂質ラジカル（L・）が生成し，酸素と結合してペルオキシルラジカル（LOO・）になる。これがまた新しい脂質を攻撃してヒドロペルオキシド（LOOH）が生成するとともに脂質ラジカル（L・）が発生する。このように，一つのラジカルから始まった酸化反応は連鎖的に繰り返して起こり，PCやCEの一次酸化生成物であるヒドロペルオキシド（PCOOH, CEOOH）が蓄積する。

脂質の酸化が進み，脂質ヒドロペルオキシドが蓄積すると，マロンジアルデヒド（MDA）や4-ヒドロキシノネナール（4-HNE），アクロレインなどのアルデヒドやケトン，アルコールといった2次生成物が生成する。脂質ヒドロペルオキシドとアルデヒドの一部が thiobarbituric acid reactive substances（TBARS）として検出される。

これらアルデヒドはapoBのリジン残基のε-アミノグループと結合して，正電荷を減少させる結果，apoBの陰性荷電を増加させることが知られている。LDLの酸化に伴い，apoBの分解による低分子化や凝集による高分子化もみられる。

酸化LDLのマクロファージへの取り込みはLDLの酸化の度合いに相関して増加することが知られているが[6]，スカベンジャー受容体への結合を決定づける構造は明らかにされていない。

4 生体で起こる LDL の酸化

生体内でマクロファージに取り込まれるようなLDLの酸化変性を起こすものとして最初に報告されたのは，MDAで修飾したLDLであった[7]。それに続いて，内皮細胞によって酸化されたLDL[8]，遷移金属（Cu^{2+}，Fe^{2+}）によって酸化されたLDL[9]がマクロファージを泡沫化することがわかった。

それ以降多くの研究が続けられているが，実際に生体内で酸化を誘起する活性種は未だ同定されていない。現在，考えられているものに次のようなものがある。

(1) 金属イオン：鉄，銅，ヘム鉄
(2) スーパーオキシド（$O_2\cdot^-$）
(3) ペルオキシナイトライト（$ONOO^-$）
(4) ミエロペルオキシダーゼ：次亜塩素酸
(5) リポキシゲナーゼ

これらのいずれを用いても in vitro でLDLを酸化変性させることができる。銅イオンや鉄イオンは脂質ヒドロペルオキシドと反応してラジカルを生成する。

$$LOOH + M^{(n+1)+} \longrightarrow LOO\cdot + M^{n+}$$

$$LOOH + M^{n+} \longrightarrow LO\cdot + M^{(n+1)+}$$

通常，金属イオンはタンパク質で安定化されており，上のような反応は起こりにくいと考えられるが，動脈硬化巣にその存在が認められるという報告があることから候補の一つとなっている。

スーパーオキシド（$O_2\cdot^-$）は内皮細胞，好中球，マクロファージからNADPHオキシダーゼの作用により産生され放出される。スーパーオキシドはラジカルであるが，それ自身の活性は強くない。しかし，タンパク質により安定化されていた金属イオンを遊離させる働きをもつ。また，同じく細胞から放出される一酸化窒素（NO）と速やかに反応してペルオキシナイトライトを生成する。

ペルオキシナイトライトは強い酸化力をもち，分解してヒドロキシラジカル（$HO\cdot$）も生じる。ペルオキシナイトライトはチロシンと反応してニトロチロシンを生じることがわかっているが，これも動脈硬化巣から見出されている[10]。

ミエロペルオキシダーゼも注目されているものの一つである。ミエロペルオキシダーゼは好中球などの殺菌作用に重要な酵素で，過酸化水素（H_2O_2）と塩素イオンの存在下に次亜塩素酸を産生することが知られている。

これから発生するどのラジカルが酸化に最も寄与しているかは，まだ明らかにされていない。チロシンラジカルやその他タンパク質由来のラジカルが重要であるとする報告もある[11,12]。

最後に掲げたリポキシゲナーゼは，少量の脂質ヒドロペルオキシドによって活性化され，脂質を位置特異的に酸化する酵素である。なかでも15-リポキシゲナーゼ（15-LOX）は動脈硬化病変部位でその存在が確認されており，また，15-LOXによる特異的な脂質酸化生成物が動脈硬化巣から見出されるなど，動脈硬化形成に重要な役割を担っているものと考えられている[13]。

これらの中のどれが最も重要なのかを判別するのは難しく，また動脈硬化形成過程の時期によっても異なるであろう。

5 抗酸化物質による酸化の抑制

何によって酸化が起こっているのかによって，それに対する抑制の仕方も異なる。また，どれか一つのものが重要とは限らないであろう。

しかし，このことを念頭に入れたうえで，様々な機能をもつ抗酸化物を用いて，LDLの酸化に対する抑制戦略を立てることは可能であると考えられる。

酸化を抑制する方法を機能別に分類すると，次の3つに分けられる。

① 金属を捕捉する
② H_2O_2, LOOHを還元する
③ ラジカルを捕捉する

ここで，生体内でLDLの酸化を誘起するものとして前述したものについて，一つずつ考えてみると，より理解しやすいであろう。たとえば，金属イオンによる酸化に対しては，金属をキレートすることによる安定化はもちろんのこと，H_2O_2, LOOHを還元することによってもラジカルの生成は抑制され，酸化を防ぐことができる。ミエロペルオキシダーゼやリポキシゲナーゼによる酸化に対しても，これらの酵素が活性化するために必要とするH_2O_2, LOOHの還元は有効的に働く。

ペルオキシナイトライトの分解もこれに属する。最後にフェノール系抗酸化物などラジカルを捕捉するものは，ラジカルが生体物質を攻撃する前にそれを捕捉することに加えて，ラジカル連鎖反応の担体であるペルオキシルラジカルを捉えることによって酸化を抑制することができる。この場合，最初に攻撃するラジカルの種類に左右されることはなく，酸化は有効に抑制される。LDLの酸化変性と抗酸化物によるその抑制の概念図を図2に示した。

6 抗酸化物のもう一つの作用

動脈硬化巣の形成には上述のように多くの因子が働いており，その中で酸化LDLが重要な役割

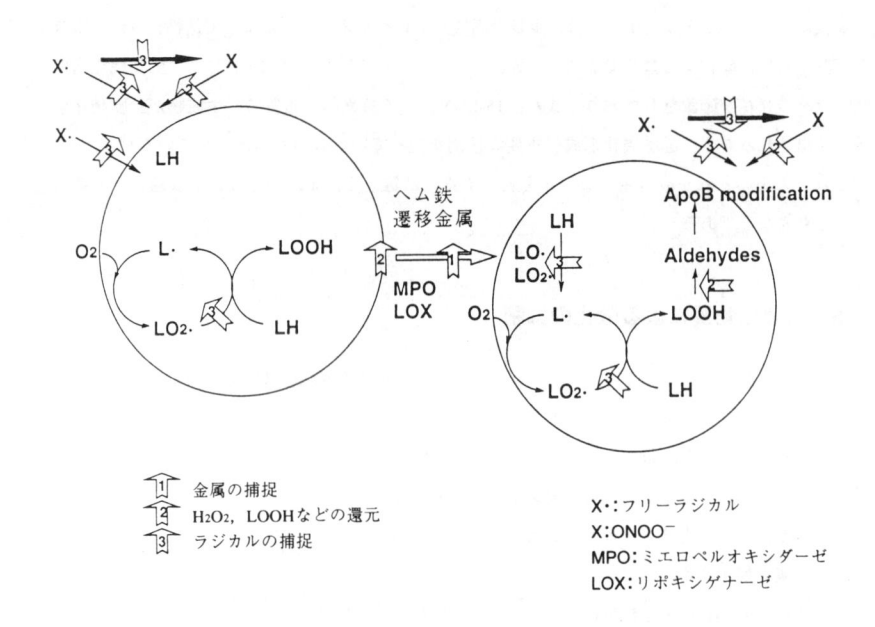

図2 LDLの酸化と抗酸化物によるその抑制のメカニズム

を担っていることから，LDLの酸化をいかに効果的に抑制するかということが抗酸化物に求められてきた。ところが，抗酸化物のなかには，化学的な抗酸化活性は低いにもかかわらず，実験動物の動脈硬化を有意に抑制したり，動物の種によって全く逆の結果をもたらすものがあるなど，抗酸化作用だけでは説明できない現象が示されてきた。

そこで，最近，抗酸化物のもう一つ別の作用が注目されてきている。それは，抗酸化物による遺伝子発現調節である。

1978年にフェノール系抗酸化物による解毒酵素の誘導が報告されていたが，1991年には，これら遺伝子上の調節領域がantioxidant response element (ARE) と呼ばれるようになった。AREに結合してその下流の遺伝子の発現を促す転写因子 (Nrf2など) は，通常，細胞質でもう一つのタンパク質 (keap1) と結合して核内への移行を抑えられている。抗酸化物によりこの2つのタンパク質が解離し，Nrf2が核内へ移行してAREに結合すると考えられる[14]。

動脈壁を構成する細胞の遺伝子発現に対して抗酸化物がどのような作用をもつか，またそのメカニズムについて，今後の研究成果が待たれる。

第2編　疾病別老化予防食品開発の基盤的研究動向

文　　献

1) M. S. Brown, J. L. Goldstein, The low-density lipoprotein pathway and its relation to atherosclerosis, *Ann. Rev. Biochem*, 46, 897-930 (1977)
2) M. S. Brown, J. L. Goldstein, Lipoprotein metabolism in the macrophage: implications for cholesterol deposition in atherosclerosis. *Annu. Rev. Biochem.*, 52, 223-261 (1983)
3) T. Kodama, M. Freeman, et al., Type I macrophage scavenger receptor contains α-helical and collagen-line coiled coils, *Nature*, 343, 531-535 (1990)
4) D. Steinberg, S. Parthasarathy, T. E. Carew et al., Beyond cholesterol. Modifications of low density lipoprotein that increases its atherogenicity, *N. Engl. J. Med.*, 320, 915-924 (1989)
5) N. Noguchi, N. Gotoh, E. Niki et al., Effects of ebselen and probucol on oxidative modifications of lipid and protein of low density lipoprotein induced by free radicals, *Biochim. Biophys. Acta*, 1213, 176-182, (1994)
6) H. Esterbauer M. Dieber-Rotheneder G. Waeg et al., Biochemical, structual, and functional properties of oxidized low-density lipoprotein. *Chem. Res. Toxicol.*, 3, 77-92 (1990)
7) A. Fogelman, I. Schechter, J. Seager, et al., Malondialdehyde alteration of low density lipoprotein leads to cholesteryl ester accumulation in human monocyte-macrophage, *Proc. Natl. Acad. Sci. USA*, 77, 2214-2218, (1980)
8) J. Henriksen, E. M. Mahoney, D. Steinberg, Enhanced macrophage degradation of low density lipoprotein previously incubated with cultured endothelial cells:Recognition by receptors for acetylated low density lipoproteins, *Proc. Natl. Acad. Sci. USA*, 78, 6499-6503 (1981)
9) J. W. Heinecke, H. Rosen, A. Chait, Iron and copper promote modification of low density lipoprotein by human arterial smooth muscle cells in culture, *J. Clin. Invest.*, 74, 1890-1894 (1984)
10) J. S. Beckmann, Y. Z. Ye, P. G. Anderson et al. Extensive nitration of protein tyrosines in human atherosclerosis detected by immunohistochemistry, *Biol. Chem. Hoppe-Seyler.*, 375, 81-8 (1994)
11) M. L. Savenkova, D. M. Mueller J. W. Heinecke et al., Tyrosyl radical generated by myeloperoxidase is a physiological catalyst for the initiation of lipid peroxidation in low density lipoprotein, *J. Biol. Chem.* 269, 20394-20400 (1994)
12) S. Fu, M. J. Davies, R. Stocker, R. T. Dean Evidence for roles of radicals in protein oxidation in advanced human atherosclerotic plaque, *Biochem. J.*, 333, 519-525 (1998)
13) H. Kuhn, D. Heydeck, I. Hugou, C. Gniwotta, *In vivo* action of 15-lipoxygenase in early stages of human atherogenesis, *J. Clin. Invest.*, 99, 888-893 (1997)
14) K. Itoh, N. Wakabayashi, M. Yamamoto et al., Keap1 represses nuclear activation of antioxidant responsive elements by Nrf 2 through binding to the amino-terminal Neh2 domain, *Genes Develop.*,13, 76-86 (1999)

第5章 骨，軟骨の老化とフリーラジカル

久保俊一[*1]，佐浦隆一[*2]

1 骨・関節の老化とは？

平成7年度には日本人の平均寿命は男性76.7歳，女性83.2歳となり，人口の高齢化とともに加齢に伴う生理的な運動機能低下や老年病の増加が社会的な問題となってきている。この老人の運動機能低下を来す原因には，呼吸器・循環器系疾患，脳血管障害，痴呆のほかに骨粗鬆症に伴う骨折や変形性関節症など整形外科的疾患が含まれるが，加齢とともに発症してくる骨粗鬆症や変形性関節症は，骨・関節の老化と考えられる。

さて，老化はどのようにして起こってくるのだろうか？早老症であるWerner症候群では組織の老化が認められるが，スーパーオキシドジスムターゼ（SOD）やカタラーゼなどの抗酸化酵素の活性には異常がみられず，早老症の発症にフリーラジカルが必ずしも関与しているわけではないとの意見がある[1]。しかしながら，一般的な老化の機序として老化プログラム説と分子障害説が提唱され，どちらの説においてもフリーラジカルが非常に重要な役割を演じていることが数多く報告されていることから[2]，老化とフリーラジカルの間に密接な関係があることを疑う余地はない。

本章では，骨・関節の老化である骨粗鬆症や変形性関節症の病因，病態におけるフリーラジカルの役割について概説し，抗酸化物質による骨粗鬆症や変形性関節症の発症予防の可能性について考察する。

2 骨の老化とフリーラジカル

2.1 骨組織の構造と機能

骨組織は生体内において，(1) 身体の支持，(2) 臓器，器官の保護，(3) 筋，靱帯組織のアンカー（運動時の支点・力点）などの重要な機能を有する。そのため，多数の層板構造をなす緻密な皮質骨と合目的に配列した網目構造をとる海綿骨（骨梁）から構築され，力学的に強く堅牢な

[*1] Toshikazu Kubo 京都府立医科大学 整形外科 助教授
[*2] Ryuichi Saura 神戸大学 医学部 保健学科 助教授

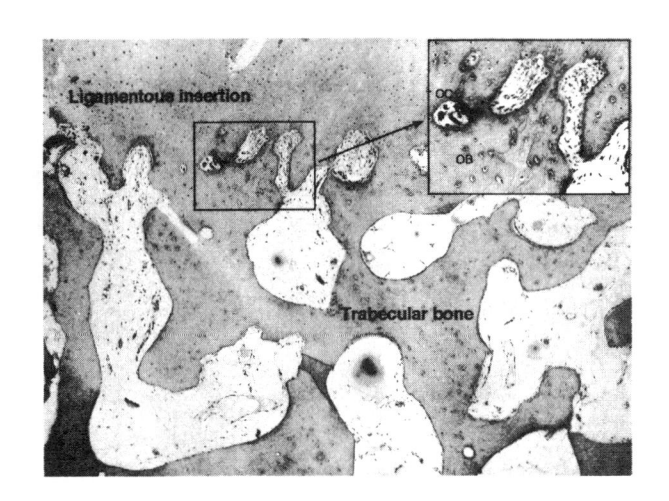

第2編　疾病別老化予防食品開発の基盤的研究動向

写真1　骨の組織像
靱帯組織の付着部（ligamentous insertion）である皮質骨と骨梁（trabecular bone）を示す。靱帯組織の付着部直下には破骨細胞（OC）および骨芽細胞（OB）を認め，盛んな骨改変像が見られる。

構造物となっている[3]（写真1）。

組織学的には，骨細胞，骨芽細胞および破骨細胞を中心とした細胞成分と骨基質から形成されるが，骨組織の力学的強度は，Ⅰ型コラーゲンに骨塩（カルシウム，ハイドロキシアパタイトなど）が沈着して形成される骨基質に依存している[4]。

骨組織は，成長期の成長軟骨板での内軟骨性骨化過程を過ぎても活発な代謝を営んでいる。生理的な状態では，破骨細胞による骨吸収と骨芽細胞による骨形成（bone remodeling：骨改変）が繰り返され，骨量が維持されている。そして，この骨改変は種々のホルモンやサイトカインなどの生物学的因子，あるいは荷重，運動など生体力学的な刺激により調節されている。

2.2　骨の老化と骨粗鬆症

さて，老化を生物学的に定義すると，"体細胞数の減少と細胞機能の低下を原因とする，時間の経過に伴って起こる臓器の機能低下，組織の退行変性および組織成分の変化"となる[5]。したがって，骨の老化とは，"単位体積あたりの骨塩量や骨梁の減少，皮質骨の菲薄化など骨組織の微細構造の崩壊により，力学的に脆弱となった骨粗鬆状態"と考えることができる（写真2）[6]。

過度の骨粗鬆の状態が骨粗鬆症であるが，原発性骨粗鬆症と種々の内分泌疾患や腎不全，薬剤

投与などによる続発性骨粗鬆症に分類される。さらに，加齢に伴う原発性骨粗鬆症はⅠ型（閉経後骨粗鬆症）とⅡ型（老人性骨粗鬆症）に細分される[7]。

Ⅰ型の閉経後骨粗鬆症は，閉経後のエストロゲン分泌低下により，副甲状腺ホルモン(PTH)，プロスタグランディンE_2(PGE$_2$)，および骨吸収性サイトカインであるインターロイキン-1(IL-1)，IL-6，腫瘍壊死因子(TNF)の分泌が亢進した結果，骨代謝が高回転状態となり骨量減少が引き起こされるものと考えられている[8]。

一方，Ⅱ型の老人性骨粗鬆症の原因としては，腸管からのカルシウムの吸収低下や活性型ビタミンDの産生低下による二次性副甲状腺機能亢進症[9]，ホルモンの分泌低下，運動量の減少，老化遺伝子の関与[10]，あるいは骨芽細胞の老化による骨形成能の低下[11]などの細胞および臓器機能の低下が挙げられる。

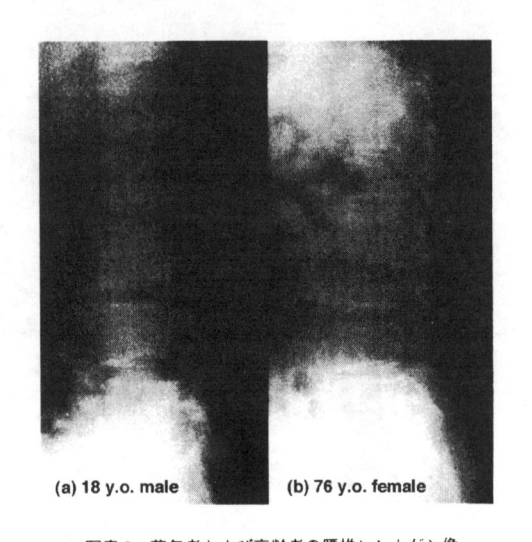

(a) 18 y.o. male　　(b) 76 y.o. female

写真2　若年者および高齢者の腰椎レントゲン像
(a) 若年者 (18歳，男性) および (b) 高齢者 (76歳，女性) の腰椎レントゲン側面像を示す。高齢者の腰椎レントゲン側面像では，骨粗鬆症による骨量の減少，椎体高の減少および魚椎様変化を認める。

2.3　骨粗鬆症とフリーラジカル

さて，骨の老化である骨粗鬆症にフリーラジカルはどのように関わっているのだろうか？フリーラジカルは，DNA損傷，タンパクの酸化，あるいは過酸化脂質の産生を介して細胞や組織の退行変性を引き起こす。

老人性骨粗鬆症は，破骨細胞や骨芽細胞の機能低下による低回転型の骨代謝障害である。フリーラジカルは直接的，間接的に骨芽細胞や破骨細胞を障害しうることから，老人性骨粗鬆症の病態に重要な役割を演じている可能性がある。

これまでに，細胞老化の原因としてフリーラジカルによるミトコンドリアDNAの障害が報告されている。骨組織に関しては，PCRを用いた検討から，骨粗鬆症と診断された60歳以上の高齢者の骨組織でミトコンドリアDNAの欠損が明らかにされ，ミトコンドリアDNA損傷による骨

第2編　疾病別老化予防食品開発の基盤的研究動向

芽細胞のアポトーシス誘導と加齢による骨粗鬆症発症の関連性が指摘されている[12]。

また，細胞老化の原因としてフリーラジカルによる細胞膜の酸化が挙げられている。細胞膜に存在する不飽和脂肪酸は，フリーラジカルにより容易に酸化され，過酸化脂質になる。過酸化脂質の骨組織の傷害性については，特発性大腿骨頭壊死症の壊死組織から過酸化脂質の一種である酸化コレステロール (cholesterol epoxide) が検出されている。そして，in vitroでは，この酸化コレステロールが骨芽細胞の増殖を抑制することが報告されている[13]。

大腿骨頭壊死症でのフリーラジカル産生は虚血－再潅流障害により発生していると考えられるため，加齢に伴う骨芽細胞の障害機構を直接説明するものではないが，老人性骨粗鬆症の発症機序として，加齢とともに蓄積する過酸化脂質が骨芽細胞の代謝を障害し，骨形成能を低下させている可能性は十分にありうる。

2.4 骨吸収とフリーラジカル

PTHやIL-1の刺激により破骨細胞も活性酸素を産生するが，骨吸収過程においてフリーラジカルはどのような役割を果たしているのだろうか？

生理的な骨吸収過程では，破骨細胞が産生する水素イオンが吸収窩のpHを低下させて骨塩を脱灰し，同時に産生される種々のプロテアーゼがコラーゲンを分解する[4]。

一般的に，細胞内においてフリーラジカルは，酸化に対する細胞内の還元反応（レドックス反応）を介して，サイトカイン刺激の細胞内情報伝達やNF-KbやAP-1など種々の転写因子の活性化に関与している[2]。

骨吸収過程において，過酸化水素が破骨細胞の分化を促進したり[14]，活性酸素が破骨細胞内の核内転写因子NF-Kbを活性化すること[15]により骨吸収を亢進させると考えられる。さらに，SODの添加によりPTHやIL-1の刺激による骨吸収が抑制されることも報告され[16]，破骨細胞の産生する活性酸素が骨吸収過程に関与していることが推察されている。

また，ハイドロキシラジカルによるコラーゲンの分解[17]や活性酸素によるオステオカルシンの分解促進[18]など，骨基質に対するフリーラジカルの直接的な作用も報告されている。加齢に伴って，骨基質のフリーラジカルへの曝露が増加すれば，骨細胞による骨形成能の低下や破骨細胞による骨吸収の亢進ばかりでなく，骨基質の変性が引き起こされ，骨組織の物理的特性が低下していくことが考えられる。

2.5 一酸化窒素と骨粗鬆症

フリーラジカルの一種である一酸化窒素（Nitric oxide; NO）も骨代謝を調節する重要な分子である。

NO産生は3種類のNO産生酵素により調節されているが,細胞内および細胞間情報伝達機構には10^{-12} M～10^{-9} MのNOが関与している。一方,10^{-6} M程度の高濃度のNOは細胞障害やアポトーシスの誘導などを引き起こすと考えられている。

さて,骨芽細胞と破骨細胞はともに種々の刺激によりNOを産生することが報告されているが[19],NOは骨粗鬆症の病態にどのように関わっているのだろうか?

NOの骨組織に対する作用として,NOによる破骨細胞のアポトーシスの誘導が報告されている[20]。また,NO供与剤の投与により骨粗鬆症が改善される可能性も報告され[21,22],NOの骨粗鬆症に対する治療的役割が指摘されている。

しかし,骨芽細胞に対するNOの作用については,NO供与剤や細胞種の違いにより,増殖の促進[23]あるいは抑制[24]と相反している。骨芽細胞の増殖に及ぼすNOの直接的な影響は,培養骨芽細胞様細胞MC3T3-E1の増殖に対するNO供与剤であるNOC-18の作用で検討されているが,高濃度のNOC-18を添加すると骨芽

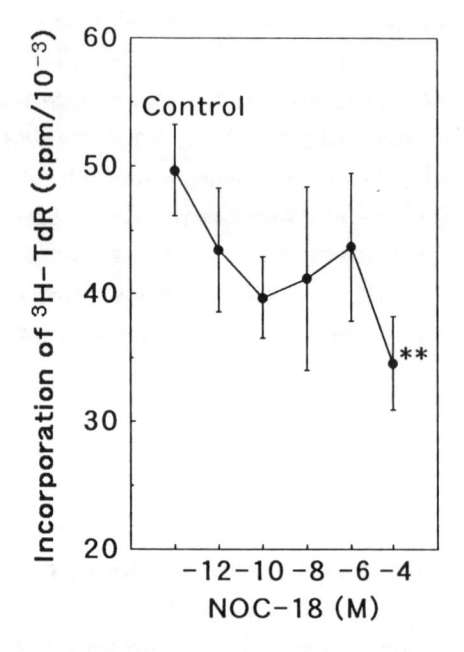

図1 培養骨芽細胞様細胞MC3T3-E1の増殖に及ぼすNOの影響

培養骨芽細胞様細胞MC3T3-E1（1.0×10^4 cell/well in 96 multiwell plate）に種々の濃度のNOC-18を添加し72時間培養後,細胞内に取り込まれた^{3}H-TdRの比放射活性を測定し,DNA合成の指標とした。10^{-4} MのNOC-18（2×10^{-4} MのNO量に相当）の添加により,培養骨芽細胞様細胞MC3T3-E1のDNA合成は抑制される。（グラフはそれぞれ異なる5検体の平均値±標準偏差を示す。統計学的検定はMann-WhitneyのU-検定を用いている。＊＊：$p<0.01$ vs. NOC-18非刺激群）

細胞様細胞MC3T3-E1の増殖は抑制される（図1）。すなわち,関節炎近傍など高濃度のNOが産生される場所では,NOは骨芽細胞を障害し,むしろ局所の骨粗鬆状態を引き起こす可能性がある。

また,NOが骨芽細胞のシクロオキシゲナーゼ活性を上昇させて,PGE2産生を増強すること[25]から,NOは骨芽細胞と破骨細胞の相互作用を介して骨吸収を促進している可能性もある。

このように,同じフリーラジカルでも,NOは活性酸素やハイドロキシラジカルとは異なり,濃度や作用する細胞により骨形成あるいは骨吸収の2面性を示す。骨組織の老化におけるNOの役

割を検討するには，今後の詳細な研究が必要である．

3 軟骨の老化とフリーラジカル

3.1 関節軟骨の構造と機能

2つ以上の骨の結合部である関節は，(1) 無痛性，(2) 可動性，(3) 安定性，という3つの生理的な機能を要求される．

解剖学的に関節表面は関節軟骨（硝子軟骨）で覆われている．関節軟骨は，非常に滑らかな表面（摩擦係数0.002～0.006）を持つと同時に，歩行時に加わる体重の数倍におよぶ過大な荷重に耐える強度と弾性を有し，上記の3つの生理的機能の発現に重要な役割を演じている[4]．

関節軟骨は軟骨細胞と軟骨基質から構成され，軟骨細胞が軟骨基質を合成・分解することにより関節軟骨の恒常性を維持している．

関節軟骨の湿重量の70～80％は水分が占めており，残りの軟骨細胞間基質には，主としてコアプロテインに硫酸基を持つムコ多糖（グリコサミノグリカン；コンドロイチン硫酸およびケラタン硫酸）側鎖が結合したプロテオグリカン，ヒアルロン酸，およびⅡ型コラーゲンが存在している．プロテオグリカンはヒアルロン酸と結合し，軟骨基質内に梁状に広がったⅡ型コラーゲンの間を埋め，このネットワーク構造と軟骨基質に保持される水分が，関節軟骨の弾性および潤滑に重要な役割を演じている[4]．

3.2 変形性関節症の発症機序

関節軟骨は成長とともにその厚さを減少させ，成長終了後には一定の厚みを保っている．関節軟骨の代謝も，骨組織と同様に，種々のサイトカインやPGなどの生物学的因子あるいは荷重，運動など機械的刺激により調節されている．そして，炎症あるいは過大な荷重などによりこの合成・分解のバランスが崩れると，関節軟骨に変性を生じる．加齢も代謝バランスを崩す大きな要因である．

関節軟骨の加齢による生理的な変化として，軟骨細胞の代謝活性の漸減，細胞数の減少が観察される[26]．軟骨基質では，コラーゲン線維の束状化とともに，プロテオグリカンが減少し，含有水分量に変化が生じる．肉眼的には，関節軟骨は黄色調を帯び，力学的弾性が低下する．

これらの変化が進行し，その物理的特性が維持できなくなると，荷重刺激や剪断力により炎症（関節炎）が惹起され，関節痛や関節水腫といった症状が出現するようになる．また，反復する機械的刺激により，軟骨基質は物理的に摩耗し，軟骨下骨の硬化および骨棘形成といった増殖性変化を伴いながら，変形性関節症が完成する（写真3）．

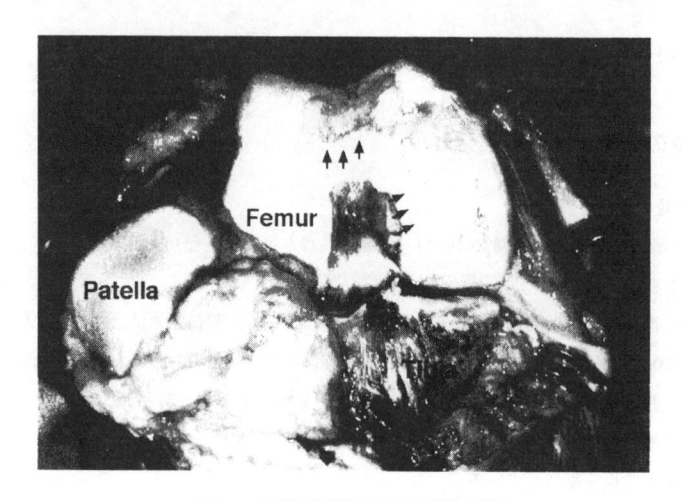

写真3 変形性膝関節症患者の関節内所見

人工膝関節置換術時の膝関節内所見を示す。大腿骨（Femur）側の軟骨は変性，摩耗し消失している（矢印）。

変形性関節症は，原因が明確でない一次性関節症と，臼蓋形成不全，外傷あるいは関節アライメントの不良などの原因が明らかな二次性関節症に分けられる。一次性関節症は加齢とともに増加し，膝関節に多くみられる。

症状がなくても，X線学的には，成人人口の半数以上には何らかの関節に変形性関節症の所見がみられる[27]。これまでの疫学調査から，遺伝的背景，肥満あるいは性ホルモンなどの全身的な素因の関与が変形性関節症の発症に指摘されているが，十分な確証は得られていない。

3.3 変形性関節症とフリーラジカル

さて，老化に伴って生じてくる変形性関節症にフリーラジカルはどのように関わっているのだろうか？

フリーラジカルによる軟骨細胞の障害に関して，*in vitro*において多型核白血球と培養軟骨細胞を混合培養すると，多型核白血球が産生する過酸化水素が軟骨細胞を障害することが報告されている[28]。

また，フリーラジカルが病態に関与している疾患としてKashin-Beck病（KBD）が知られている。KBDは3歳から13歳の児童に多く発症し，関節軟骨深層部から細胞壊死が生じ，結果として多発性の二次性変形性関節症が生じる。中国の吉林省，黒竜江省，陝西省など，セレン摂取量

第2編　疾病別老化予防食品開発の基盤的研究動向

が少なく，フバル酸を大量に含む飲料水およびカビ毒素（マイコトキシン）に汚染された穀物を摂取する地域に多発する風土病である[29,30]。

このKBD発症地域の児童には，セレン欠乏によるグルタチオンペルオキシダーゼ活性の低下と，フバル酸およびマイコトキシンによるフリーラジカル産生を介した過酸化脂質の増加が認められる。また，KBDには種々の組織の加齢変化も認められる[31]。すなわち，KBDでは，フリーラジカルへの持続的な曝露が関節軟骨細胞を障害し，変形性関節症を発症させていると考えられている。

骨組織では，加齢とともに蓄積するミトコンドリアDNA損傷と骨粗鬆症の発症の関連性が示唆されているが，フリーラジカルによる軟骨組織のDNA損傷についての報告は今のところ見当たらない。しかしながら，加齢の過程で産生されるフリーラジカルに軟骨細胞が繰り返し曝露されれば，KBDと類似した機序で軟骨細胞が障害され，関節の老化である変形性関節症が発症する可能性は大いにありうる。

また，加齢に伴う変形性関節症の発症機序として軟骨基質の物理的特性の劣化があることは既に述べた。荷重モデルで，機械的刺激が関節軟骨細胞からの炎症性サイトカインやコラゲナーゼ，ストロメリシンなどのマトリックスメタロプロテアーゼ産生を促進することが報告され，軟骨基質の破壊機序として，非生理的な荷重による軟骨局所での炎症性サイトカイン産生を介した軟骨細胞の基質合成の抑制やタンパク分解酵素による基質破壊が考えられている[32-34]。同様に，機械的刺激が関節軟骨細胞からの活性酸素放出を促進することが報告されている[32]。

フリーラジカルは，軟骨細胞に直接作用して基質の合成を抑制する働きばかりでなく，コラーゲン線維の重合阻害[35]やヒアルロン酸の低分子化を引き起こす作用を持つことから[36]，加齢により生じる関節軟骨の物理的特性の劣化に伴って，フリーラジカルを介した軟骨障害が生じていることが推察できる。

3.4　軟骨代謝におけるNOの役割

骨代謝と同様に，NOは軟骨細胞代謝においても重要な分子である。関節軟骨細胞も炎症性サイトカインや機械的刺激によりNOを産生する。

NOの軟骨細胞代謝に及ぼす作用としては，in vitroでは，アポトーシスの誘導[37]，酸化ストレスに対する耐性の低下[38]，軟骨基質の合成抑制[39]，マトリックスメタロプロテアーゼの産生促進および活性化などが報告されているが[40]，これらはいずれも軟骨破壊に結びつく作用を持っている。In vivoでも，ウサギ関節症モデルにおいて関節軟骨の障害度と軟骨細胞が産生するNO濃度およびアポトーシスに陥った軟骨細胞数が相関すること[41]や，誘導型NO産生酵素（inducible NOS；iNOS）の選択的阻害剤がイヌ関節症モデルの軟骨破壊を抑制すること[42]が明らかにされ

ている。

　しかしながら，NOによる関節軟骨の保護作用の可能性も報告されており，骨代謝と同じく，NOは濃度によって軟骨破壊あるいは軟骨保護に作用すると考えられる。

4　抗酸化物質を用いた骨・軟骨老化の予防の可能性

　これまで，フリーラジカルによる組織障害に対する抗酸化物質の重要性および有用性が数多く報告されている。本章では，骨，軟骨の老化に関わるフリーラジカルの役割を概説してきたが，このような抗酸化物質により骨，軟骨の老化を予防することが可能だろうか？

　喫煙による酸化ストレスは大腿骨頚部骨折の発症リスクを増加させるが，その機序として，喫煙によるPTHや活性型ビタミンD_3の低下が骨塩量の減少を引き起こす可能性が示唆されている[43]。また，喫煙により生じる活性酸素がNF-Kbの活性化を介してIL-6産生を促進したり，直接破骨細胞を活性化することも明らかとなっている。一方，この喫煙による大腿骨頚部骨折の発症リスクが，β-カロチンやセレニウムあるいはビタミンB_6の投与では低下しないが，ビタミンCやビタミンEなどの抗酸化ビタミンの大量投与により低下することが報告され，酸化ストレスによる骨の老化に対してビタミンCやビタミンEなどの抗酸化ビタミンの有効性が期待できる。

　NOに関しては，NO供与剤の投与がむしろ骨粗鬆症を改善するとされているが，骨と軟骨ではその作用が異なり，NO供与剤の投与あるいはNO産生の抑制には注意を要する。

　フリーラジカルにより誘発される変形性関節症であるKBDの発症がセレン食の投与により抑制されたことから，抗酸化物質の投与による加齢に伴う変形性関節症の発症予防も期待される。しかしながら，種々の抗酸化ビタミンの変形性関節症の発症および進行に対する作用を検討した場合，β-カロチン，ビタミンC，ビタミンEなどの抗酸化ビタミンの大量投与により変形性関節症の進行を遅らせることはできたが，その発症を予防することはできなかったと報告されている[44]。

　関節炎局所では活性酸素が大量に産生されるが，動物実験レベルでは活性酸素を消去するSODの関節炎に対する効果が認められている。これまで，変形性関節症に対するSODの治療的効果も検討されたが，今までのところ臨床的有用性を証明するまでには至っていない。

　ヒアルロン酸ナトリウムは変形性関節症に対する関節内注入剤として，疼痛改善や関節水腫の軽減など臨床的に有用性が認められている[45]。ヒアルロン酸ナトリウムの薬理作用は数多く報告されているが，抗酸化作用もそのひとつである。ヒアルロン酸ナトリウムと同様に他の抗酸化作用を示す物質も，軟骨の老化に対して予防的あるいは治療的に作用する可能性は十分にある。

5 おわりに

骨,関節の老化には,種々の要因が複合的に関わっていると考えられる。フリーラジカルの関与がどの程度のものであるかは,まだ完全には明らかにはされていないが,本章で考察したように,フリーラジカルが骨,関節の老化に大きな要因として働いている可能性が強い。

骨,関節の老化予防として適切な運動療法が有効であることはすでに明らかにされている。今後,フリーラジカルを制御できる老化予防食品が開発され,運動療法などとともに生活指導の一環として役立てられることが期待される。

文　献

1) F. S. Li, Y. J. Duan, S. J. Yan et al., Presenile (early ageing) changes in tissues of Kaschin-Beck disease and its pathogenetic significance, Mech. Ageing Dev., 54, 103-120 (1990)
2) 吉川敏一, "フリーラジカルの医学", 診断と治療社 (1997)
3) 中村隆一ほか, "基礎運動学", 第4版, pp 49-62, 医歯薬出版 (1995)
4) 石井清一ほか, "標準整形外科学", 第7版, 医学書院 (1999)
5) 香川靖雄, "老化のバイオサイエンス", pp 12-30, 羊土社 (1996)
6) 中村哲郎, 老化と骨粗鬆症, ホルモンと臨床, 42, 17-22 (1994)
7) B. L. Riggs, L. J. Melton 3d., Evidence for two distinct syndromes of involutional osteoporosis, Am. J. Med., 75, 899-901 (1983)
8) C. Miyaura, K. Kusano, T. Masuzawa et al., Endogenous bone-resorbing factors in estrogen deficiency: cooperative effects of IL-1 and IL-6, J. Bone Miner. Res., 10, 1365-1373 (1995)
9) J. R. Buchanan, C.A. Myers, R. B, Greer 3d., Effect of declining renal function on bone density in aging women, Calcif. Tissue Int., 43, 1-6 (1988)
10) M. Kuroo, Y. Matsumura, H. Aizawa et al., Mutation of the mouse klotho gene leads to a syndrome resembling ageing, Nature, 390, 45-51 (1997)
11) R. T. Turner, T. C. Spelsberg, Correlation between mRNA levels for bone cell proteins and bone formation in long bones of maturing rats, Am. J. Physiol., 261, E348-E353 (1991)
12) S. S. Papiha, H. Rathod, I. Briceno, et al., Age related somatic mitochondrial DNA deletions in bone, J. Clin. Pathol., 51, 117-120 (1998)
13) H. Iio, Y. Ake, Y. Saegusa et al., The effect of lipid peroxide on osteoblasts and vascular endothelial cells − the possible role of ischemia-reperfusion in the progression of avascular necrosis of the femoral head, Kobe J. Med. Sci., 42, 361-373 (1996)
14) M. J. Steinbeck, J. K. Kim, M. J. Trudeau et al., Involvement of hydrogen peroxide in the differentiation of clonal HD-11EM cells into osteoclast-like cells, J. Cell Physiol., 176, 574-587 (1998)

15) T. J. Hall, M. Schaeublin, H. Jeker et al.,The role of reactive oxygen intermediates in osteoclastic bone resorption, *Biochem. Biophys. Res. Commun.*, 207, 280-287 (1995)
16) I. R. Garrett, B. F. Boyce, R. O. Oreffo, et al., Oxygen-derived free radicals stimulate osteoclastic bone resorption in rodent bone *in vitro* and *in vivo*, *J. Clin. Invest.*, 85, 632-639 (1990)
17) S. F. Curran, M. A. Amoruso, B.D. Goldstein et al., Degradation of soluble collagen by ozone or hydroxyl radicals, *FEBS Lett.*, 176, 155-160 (1984)
18) L. L. Key Jr., W. C. Wolf, C. M. Gundberg, et al., Superoxide and bone resorption, *Bone*, 15, 431-436 (1994)
19) S. W. Fox, J. W. Chow, Nitric oxide synthase expression in bone cells, *Bone*, 23(1),1-6 (1998)
20) R. J. van't Hof, S.H. Ralston, Cytokine-induced nitric oxide inhibits bone resorption by inducing apoptosis of osteoclast progenitors and suppressing osteoclast activity, *J. Bone Miner. Res.*, 12, 1797-1804 (1997)
21) J. J. Visser, K. Hoekman, Arginine supplementation in the prevention and treatment of osteoporosis, *Med. Hypotheses.*, 43, 339-342 (1994)
22) S. A. Jamal, W. S. Browner, D. C. Bauer et al., Intermittent use of nitrates increases bone mineral density: the study of osteoporotic fractures, *J. Bone Miner. Res.*, 13, 1755-1759 (1998)
23) J. A. Riancho, E. Salas, M. T. Zarrabeitia, et al., Expression and functional role of nitric oxide synthase in osteoblast-like cells *J. Bone. Miner.Res.*, 10, 439-446 (1995)
24) M. Hukkanen, F. J. Hughes, L. D. Buttery et al., Cytokine-stimulated expression of inducible nitric oxide synthase by mouse, rat, and human osteoblast-like cells and its functional role in osteoblast metabolic activity, *Endocrinology*, 136, 5445-5453 (1995)
25) M. Kanematsu, K. Ikeda, Y. Yamada, Interaction between nitric oxide synthase and cyclooxygenase pathways in osteoblastic MC3T3-E1 cells *J. Bone Miner. Res.*, 12, 1789-1796 (1997)
26) C. S. Adams, W. E. Horton, Jr., Chondrocyte apoptosis increases with age in the articular cartilage of adult animals, *Anat. Rec.*, 250, 418-425 (1998)
27) 松本忠美，八幡徹太郎，山田泰士，骨・関節の老化とその予防，総合リハ, 26, 1151-1157 (1998)
28) R. Saura, T. Matsubara, K. Hirohata et al., Damage of cultured chondrocytes by hydrogen peroxide derived from polymorphonuclear leukocytes: a possible mechanism of cartilage degradation, *Rheumatol Int.*, 12, 141-146 (1992)
29) K. Wang, S. J. Xu, F. H. Zhang et al., Free radicals-induced abnormal chondrocytes, matrix and mineralization. A new concept of Kaschin-Beck's disease, *Chin. Med. J. Engl.*, 104, 307-312 (1991)
30) A. Peng, C. L. Yang, Examination of the roles of selenium in the Kaschin-Beck disease. Cartilage cell test and model studies, *Biol. Trace Elem. Res.*, 28, 1-9 (1991)
31) A. Peng, C. Yang, H. Rui et al., Study on the pathogenic factors of Kashin-Beck disease, *J. Toxicol . Environ. Health*, 35, 79-90 (1992)
32) S. Tanaka, C. Hamanishi, H. Kikuchi et al., Factors related to degradation of articular cartilage in osteoarthritis: a review, *Semin. Arthritis Rheum.*, 27, 392-399 (1998)
33) K. Takahashi, T. Kubo, I. Y. Arai et al., Hydrostatic pressure induces expression of interleukin 6 and tumour necrosis factor α mRNAs in a chondrocyte-like cell line. *Annals of the Rheumatic diseases*, 57, 231-236 (1998)
34) K. Takahashi, T. Kubo, K. Kobayashi et al., Hydrostatic pressure influences TGF-β 1 and HSP70 mRNA

expression in chondrocyte-like cell line, *J. Orthop. Res.*, 15, 150-158 (1997)
35) R. A. Greenwald, W.W. Moy, Inhibition of collagen gelation by action of the superoxide radical, *Arthritis Rheum.*, 22, 251-259 (1979)
36) R. A. Greenwald, S. A. Moak, Degradation of hyaluronic acid by polymorphonuclear leukocytes. *Inflammation*, 10, 15-30 (1986)
37) F. J. Blanco, R. L. Ochs, H. Schwarz, et al., Chondrocyte apoptosis induced by nitric oxide, *Am. J. Pathol.*, 146, 75-85 (1995)
38) R. M. Clancy, S. B. Abramson, C. Kohne, et al., Nitric oxide attenuates cellular hexose monophosphate shunt response to oxidants in articular chondrocytes and acts to promote oxidant injury, *J. Cell Physiol.*, 172, 183-191 (1997)
39) D. Taskiran, M. Stefanovic-Racic, H. Georgescu et al., Nitric oxide mediates suppression of cartilage proteoglycan synthesis by interleukin-1, *Biochem. Biophys. Res. Commun.*, 200, 142-148 (1994)
40) K. Sasaki, T. Hattori, T. Fujisawa, et al., Nitric oxide mediates interleukin-1-induced gene expression of matrix metalloproteinases and basic fibroblast growth factor in cultured rabbit articular chondrocytes, *J. Biochem. (Tokyo)*, 123, 431-439 (1998)
41) S. Hashimoto, K. Takahashi, D. Amiel et al., Chondrocyte apoptosis and nitric oxide production during experimentally induced osteoarthritis, *Arthritis Rheum.*, 41, 1266-1274 (1998)
42) J. P. Pelletier, D. Jovanovic, J. C. Fernandes et al., Reduced progression of experimental osteoarthritis *in vivo* by selective inhibition of inducible nitric oxide synthase, *Arthritis Rheum.*, 41, 1275-1286 (1998)
43) H. Melhus, K. Michalsson, L. Holmberg et al., Smoking, antioxidant vitamins, and the risk of hip fracture, *J. Bone Miner. Res.*, 14, 129-135 (1999)
44) T. E. McAlindon, P. Jacques, Y. Zhang et al., Do antioxidant micronutrients protect against the development and progression of knee osteoarthritis? *Arthritis Rheum.*, 39, 648-656 (1996)
45) R. D. Altman, R. Moskowitz, Intraarticular sodium hyaluronate (Hyalgan) in the treatment of patients with osteoarthritis of the knee: a randomized clinical trial, *J. Rheumatol.*, 25, 2203-2212 (1998)

第6章　口腔・歯の老化とフリーラジカル

木村博人[*]

1　歯周組織の老化とフリーラジカル

　口腔は消化管の入り口を構成し，効率的に食物を咀嚼・嚥下するため，歯，顎骨，咀嚼筋，唾液腺などが協調して機能している。上下の顎骨に植立している歯はエナメル質，象牙質，セメント質で構成されるが，その大部分はヒドロキシアパタイト（$Ca_{10}(PO_4)_6(OH)_2$）と呼ばれる無機質成分であり，身体の他臓器のような老化による代謝性変化は少ないと考えられている。一方，顎骨内で歯を支持する組織は歯肉，歯根膜，歯槽骨であり，歯周組織と総称される。人体の老化に伴う口腔の変化は，初めに歯周組織の病変として発症する。

　歯周病の発症と病変の進行は，歯垢（デンタルプラーク）中の細菌に対する宿主の生体防御機構に依存すると考えられている[1]。歯と歯周組織の結合部分は解剖学的に脆弱な構造を形成しており，口腔内の常在菌あるいは歯垢中の多種多様な細菌の代謝産物（菌体内毒素）により恒常的な刺激を受ける。すなわち，ヒトは歯の萌出が完了する思春期以降，日常的に口腔内細菌に起因する炎症性刺激に曝露されている。しかし，老化に伴い歯周組織の修復能や生体防御能が低下すると，宿主と細菌との恒常的なバランスが崩れて慢性辺縁性歯周組織炎（＝歯槽膿漏）が増悪し，歯槽骨の病的骨吸収により歯の喪失に至る[1]。

　活性酸素種に起因する生体組織の障害メカニズムに関しては，消化管疾患，皮膚疾患，リューマチ性関節炎など多くの疾患で広範囲に研究されているが，歯周病に伴う歯周組織障害に対する活性酸素種の関与についての研究は比較的少ない。しかし，従来より，活性化された多形核白血球（PMNL）が活性酸素種の生成をもたらすと報告されている[2,3]。歯周組織中にはPMNLが豊富に認められるが，その大部分は歯周ポケット浸出液（Gingival Crevicular Fluid：GCF）中に含まれ，その50％が結合部の上皮組織中に浸潤している。したがって，歯周組織中で生成される活性酸素種はほとんどPMNLにより産生されると考えられるが，若年者の歯周病患者と健常人を比較するとPMNLの活性酸素種産生能に差異は認められないと報告されている[4]。

　しかし，Guarnieriら[5]は，健常人と成人歯周病患者のGCF中のPMNLは自発的にスーパーオキシドを産生し，歯周病患者のGCFでは著明に亢進したと述べている。また，GCFから血球成

---

[*]　Hiroto Kimura　弘前大学　医学部　歯科口腔外科学講座　教授

第2編　疾病別老化予防食品開発の基盤的研究動向

分を除去した上清はスーパーオキシド産生を抑制するが,その効果は健常人と歯周病患者で差異がないと報告している。すなわち,歯周病患者のGCFにはPMNLの殺菌作用と組織破壊作用の両者が反映され,病態の進行は生体防御能の一つである抗酸化能の低下に依存することが推察される。

　近年,歯周組織の炎症性疾患における活性酸素種・フリーラジカルの関与と抗酸化防御機構については次のように考えられている[6]。活性酸素種による組織障害は,DNA損傷,脂質過酸化,タンパク質の変性,重要酵素の酸化,炎症性サイトカイン前駆物質の生成等々,種々の異なった経路によりもたらされる。歯周組織において殺菌作用を示すスーパーオキシド($O_2^{\cdot -}$)は,多形核白血球などの貪食細胞が産生するが,スーパーオキシドは,直ちに不均化反応やSODにより過酸化水素(H_2O_2)になり,さらにカタラーゼにより水と酸素に分解される。しかし,微量な遷移金属イオン(Fe^{2+},Cu^{2+}など)が遊離した状態にあれば,H_2O_2から最も組織障害性の強いヒドロキシルラジカル($\cdot OH$)が生成される。一方,生体組織中にはアルブミン,セルロプラスミン,ハプトグロブリン,ラクトフェリン,トランスフェリンなどが存在し,金属キレート作用による防御的抗酸化剤として$\cdot OH$による組織障害を防御している。また,ビタミンC,尿酸,還元型グルタチオンなどのチオール類は直接$\cdot OH$を消去する。なお,遺伝性のカタラーゼ欠損症である無カタラーゼ血症患者では,重篤な歯周組織の破壊が報告されている[7]。

　活性酸素種による歯周組織障害の経路としては,(1)抗タンパク分解酵素の酸化や次亜塩素酸(HOCl)によるコラーゲン分解,(2)脂質過酸化やスーパーオキシドの放出を介した$PG-F_2$の産生が骨吸収をもたらす,(3)NF-κBの活性化による過度の炎症性サイトカインの産生,などが指摘されている[6]。従来より,炎症性サイトカイン(IL-6,IL-8,INF-β,TNF-α)の発現を制御するNF-κBは活性酸素種により活性化されることが知られている[8]。歯肉の培養線維芽細胞をヒトリコンビナントIL-1βで刺激するとNF-κBのDNA結合能が誘導され,骨吸収に関与するコラゲナーゼmRNAの生成を促進するが,抗酸化剤であるPDTC(pyrrolidine dithiocarbamate)を添加すると抑制される[9]ことから,炎症性歯周疾患における抗酸化剤の治療効果の可能性が示唆される。

　活性酸素種・フリーラジカルによる歯周組織障害を防御する抗酸化システムとしては,細胞内の抗酸化物質と細胞外の抗酸化物質の局在が重要である。歯周ポケット浸出液(GCF)中の抗酸化物質についても,いくつか検討されている。歯周病患者の血清中α-トコフェロール(vitamin E)量は健常人と差異がない[10]。アスコルビン酸(vitamin C)は強力な水溶性抗酸化剤であるが,健常人のGCF中のアスコルビン酸濃度は血清中の3倍に及ぶと報告されている[11]。しかし,アスコルビン酸欠乏が歯肉出血の原因であるにもかかわらず,歯周疾患と血清中アスコルビン酸濃度との相関については検討されていない。カロチノイド(vitamin A)の欠乏は動物実験では歯周組

織の破壊をもたらすが，人体においては検討されていない。一方，尿酸（uric acid）は唾液中の抗酸化作用の70％以上を占めるが[12]，歯周病においては検討されていない。

最近，唾液とGCFの抗酸化能が化学発光法を用いて測定され，歯周病患者の唾液の抗酸化能は非歯周病患者より低値を示すと報告されている[13]。このことは，歯周病患者では，口腔や歯周組織で生成される活性酸素種に対する生体防御能が低下していることを示唆するものである。

喫煙は歯周疾患にとっての危険因子であり，歯周疾患治療後の治癒経過が遅延すると指摘されているが[14]，GCF中の活性酸素種や抗酸化物質に関して有用な研究報告は見当たらない。Katsuragi[15]は，重症の歯周病患者を喫煙者と非喫煙者に分け，ラジカルスカベンジャーであるメタロチオネイン（metallothionein : MT）の歯周組織中の発現と分布を免疫組織学的手法を用いて検討した。その結果，非喫煙者に比べ喫煙者の歯肉上皮組織には大量の細胞浸潤が認められ，MT陽性細胞の比率が高いことを見いだした。このことは，喫煙者の歯周組織では非喫煙者よりも炎症が進行しており，フリーラジカルの産生に対する抗酸化機構も亢進していることを示唆している。

一方，骨吸収に際しては，破骨細胞がスーパーオキシドを生成する[16]ことが知られているが，Keyら[17]は，破骨細胞の波状縁（ruffled border）の空隙にO_2^{-}が局在し骨マトリックスの変性に関与することを明らかにし，スーパーオキシドのスカベンジャーが骨吸収を抑制すると報告している。Collin-Osdobyら[18]は，鳥類の破骨細胞が骨吸収の過程でスーパーオキシドを大量に産生するにもかかわらず組織障害に至らないのは，SOD関連膜抗原の存在と破骨細胞の産生するnitric oxide(NO)がスーパーオキシドを消去して骨吸収を抑制するというフィードバック機構が働いているものと推察している。

以上から，歯周病患者の抗酸化能に関しては今後の研究が期待される。特に，歯周組織における炎症性サイトカインの生成を抑制するために，抗酸化剤としてのチオール類，システイン，GSHならびにNF-κBのアンタゴニストなどは歯周病の有効な治療薬となる可能性がある。

2　唾液腺の老化とフリーラジカル

唾液の機能は，口腔粘膜の被覆と機械的・温度的・化学的刺激に対する防御作用としての潤滑機能や食後のプラークpHを中和し，歯の脱灰時間を短縮する緩衝能などである。その他に，特異的（例えば，sIgA）あるいは非特異的に（リソチーム，ラクトフェリン，唾液ペルオキシダーゼ）口腔細菌叢をコントロールする抗菌作用がある[19]。また，唾液自身にも抗酸化作用があり，その主体は尿酸とされているが，他にもビタミンC，ビタミンE，アルブミン，ラクトフェリン，セルロプラスミンなども検出されている[6,12]。

第2編　疾病別老化予防食品開発の基盤的研究動向

　唾液は健康な口腔組織を維持する上で重要であり，唾液が過度に減少すると，口腔の健康を急速に損なうばかりでなく，日常生活の質（QOL）を低下させることにもなる。口渇に苦しんでいる患者には，咀嚼障害，嚥下障害，発音障害，義歯の維持力低下，味覚異常，口腔衛生の不良，口腔粘膜の外傷と潰瘍形成，粘膜の灼熱感，カンジダなどの口腔感染症，進行性の齲蝕など多くの問題が生じてくる。

　この口渇あるいは口腔乾燥症は，高齢化が進んでいる先進国において増加傾向にある。一般に，高齢になると唾液量が低下すると考えられているが，実際には唾液腺の分泌能自体は低下しないことが証明されている[19]。しかし，高齢者は歯の喪失により咀嚼回数が減じていることと，唾液分泌量を減少させる薬物を服用する機会が多いことなどが唾液量低下の原因となっている。

　前述のように唾液は抗酸化作用を有することから，唾液量の低下すなわち口腔乾燥は，恒常的に活性酸素・フリーラジカルに曝されている歯周組織や口腔粘膜の組織障害に対する抵抗力を弱めることに繋がる。

　近年，緑茶の口腔癌や食道癌の発癌予防に対する効果を検討する目的で，緑茶を飲用後，唾液中の緑茶カテキン濃度を測定する試みが報告された[20]。それによると，2ないし3杯の緑茶飲用後，epigallocatechin（EGC），EGC-3-gallate（EGCG），epicatechin（EC）の濃度はそれぞれ血清の2倍以上の値を示し，半減期は10～20分であった。また，緑茶を飲み込まず数分間口に含むようにすると，唾液のカテキン濃度は上昇し，唾液中にEGCGをEGCに変換するカテキンエステラーゼ活性が認められた。EGCGは口腔内でEGCに変換され，いずれも口腔粘膜から吸収されることから，緑茶をゆっくり飲むことは，口腔におけるカテキン濃度を高める有効な方法であると言える。

　一方，喫煙者の唾液中のNO濃度は非喫煙者に比べ有意に低下することが報告されている[21]。唾液中に検出されるNOの生理的意義は不明であるが，喫煙に関係する口腔の病変に関与する可能性があり，今後の研究が期待される。

3　顎骨と顎関節の老化とフリーラジカル

　人体を支持する骨組織は，一見変化のない静的な組織のように思われがちであるが，絶えず吸収と形成による代謝（リモデリング）を繰り返しているダイナミックな組織である。この正常骨組織のリモデリングは，ホルモン，環境因子，加齢により変化することは良く知られており，特に，老化とともに骨量が減少する骨粗鬆症患者の増加が社会的問題となっている。老人性の骨粗鬆症は，加齢に伴う副甲状腺ホルモンの上昇や消化管でのビタミンDに対する反応性低下によるカルシウム吸収の低下などの要因により，骨量が減少して行く疾患である[22]。

老化予防食品の開発

　顎骨の変化も全身的な代謝性変化の影響を受け，老化とともに顎骨の骨量減少すなわち歯槽骨の萎縮として現れるが，前述の歯周病による骨吸収の影響が大きく問題にされることは比較的少ない。しかし，一方では，骨量の減少は力学的強度を低下させ，間接的に顎関節を構成する関節円板や軟骨組織に影響をもたらし，非常に多くの顎関節疾患患者が医療機関を受診している。
　関節の疼痛と咀嚼運動障害を主徴候とする顎関節症（temporomandibular joint disorder）の発生頻度は，若年者と中高年者に2層性のピークを示すが，その成因は明らかにされていない。しかし，加齢に従って，顎関節の後部円板結合組織が形態学的に変化して行くことは明らかにされている[23]。
　ヒト関節滑液の主成分は酸性ムコ多糖類（グリコサミノグリカン）の一種，ヒアルロン酸（HA）であることは良く知られている。HAは硫酸基をもたない二糖（グルクロン酸とN-アセチルグルコサミン）が最大25,000個ほど繰り返し連結した構造を持ち，通常，水を含んだ隙間だらけのゲルを形成して関節に加わる静止圧に対抗し，いわば潤滑油の働きを担っている。このような分子量80万～150万に及ぶ高分子グリコサミノグリカンは，ヒアルロニダーゼによる酵素的分解とフリーラジカルによる非酵素的分解の2つの系により分解される[24]。1974年，McCordはウシ関節滑液の変性（＝解重合）が$O_2^{\cdot -}$生成を介した$\cdot OH$の作用に依ること，これがSODにより阻害されることを報告した[25]。
　近年，顎関節障害の病因として，顎関節に加わるメカニカルストレスにより直接的あるいは間接的にフリーラジカルが産生され，ヒアルロン酸（HA）の低分子化（＝解重合，depolymerization）や滑膜組織の障害をもたらす，という説が提唱されている[26]。一方，従来より，ステロイド剤，SOD製剤，ヒアルロン酸ナトリウム製剤などを関節腔内に注入する治療法は，一過性に臨床症状を軽減することが経験的に知られていたが[27,28]，その作用機序やフリーラジカルとの関連性は不明であった。
　筆者ら[29]は，顎関節症患者に対するヒアルロン酸ナトリウム製剤（アルツ®）を用いた関節腔注入療法の臨床的効果を検討するとともに，2種類のフリーラジカル（$O_2^{\cdot -}$と$\cdot OH$）生成系を用いて，顎関節滑液とヒアルロン酸ナトリウムのフリーラジカル消去能とヒアルロン酸ナトリウムの粘度変化を測定した。その結果，上関節腔へのヒアルロン酸製剤注入療法により大多数の症例において臨床症状の改善を認めた。また，ヒアルロン酸製剤は濃度依存性にフリーラジカルの生成を抑制し，$\cdot OH$に対する抑制率は$O_2^{\cdot -}$の約5倍であった。治療前の顎関節滑液のフリーラジカル消去能はヒアルロン酸注入療法の奏効例で高値を示し，逆に非奏効例では低値を示した。このことは，顎関節症の病態が進行した症例ほど関節滑液のフリーラジカル消去能の低下，すなわち滑液が低分子化していることを示唆する。また，ヒアルロン酸製剤の薬理学的作用はフリーラジカル生成の抑制ばかりでなく，滑膜組織のヒアルロン酸合成を促進することも推察された[30]。

第2編　疾病別老化予防食品開発の基盤的研究動向

　顎関節腔内でフリーラジカルが生成されるか否かという点について，久保田ら[31)]は，上関節腔穿刺により採取した関節滑液を試料とし，電子スピン共鳴法（ESR）によりフリーラジカルの検出に成功している。また，顎関節症患者の関節滑液中には好中球，リンパ球，マクロファージなどの白血球が存在することや，食い縛りや大開口などのメカニカルストレスが顎関節を構成する結合組織中の血流障害をもたらし，虚血・再灌流によるフリーラジカルの生成に繋がることが推察される。また，組織障害性の強いヒドロキシルラジカル（・OH）は過酸化水素（H_2O_2）と鉄や銅イオンとの反応により生成されるが，関節滑液中には健常人よりも大量に変性ヘモグロビンが検出されている[32)]。

　一方，フリーラジカルの一種であるnitric oxide（NO）は，血管拡張因子として血圧調節に関与するばかりでなく，神経シグナル伝達や免疫機能にも関与することが明らかにされている。さらに，スーパーオキシドとの反応で生成されるperoxynitrite（$ONOO^-$）は強力な生体反応性を示すことから，顎関節疾患とNOの関与が注目されている。Takahashiら[33)]は，顎関節滑液中のNO代謝産物であるNO_2の濃度を測定し，健常者に比べ顎関節症患者の関節滑液中のNO_2量が有意に亢進していることを示した。また，Anbarら[34)]は，顎関節痛のある患者は局所的な異常高熱（ハイパーサーミア）が血管外スペースへのNO産生を誘導し，血管が拡張に伴う疼痛物質の生成を促すのではないかと推論している。

　以上，最近の研究成果から，顎関節症の成因と病態の進行にフリーラジカルの生成が深く関与することが明らかにされてきたが，今後のさらなる研究の発展を期待したい。

文　　献

1) 大浦　清，篠原光子，他：歯周疾患と活性酸素，"フリーラジカルの臨床（近藤元治監修"，大柳善彦，吉川敏一編)，p77-85，日本医学館，東京（1990）
2) B. Asman : Peripheral PMN cells in juvenile periodontitis, J. Clin. Periodontol., 15, 360-364 (1988)
3) L. Shapira, R. Borinski et al. : Superoxide formation and chemiluminescence of peripheral polymorphonuclear leukocytes in rapidly progressive periodontitis patients, J. Clin. Periodontol., 18, 44-48 (1991)
4) T. E. Van Dyke, W. Zinney, et al. : Neutrophil function in localized juvenile periodontitis: phagocytosis, superoxide production and specific granule release, J. Periodontol., 57, 703-708 (1986)
5) C. Guarnieri, G. Zucchelli et al. : Enhanced superoxide production with no change of the antioxidant activity in gingival fluid of patients with chronic adult periodontitis, Free Radic. Res. Commun., 15, 11-16 (1991)

6) I. L. Chapple : Reactive oxygen species and antioxidants in inflammatory diseases, *J. Clin. Periodontol.*, 24, 287-296 (1997)
7) W. Delgado and R. Calderon : Acatalasia in two Peruvian siblings, *J. Oral Pathol.*, 8, 358-368 (1979)
8) P. A. Baeuerle and D. Baltimore : Activation of DNA-binding activity in an apparently cytoplasmic precursor of the NF κ B transcription factor, *Cell*, 53, 211-217 (1988)
9) M. Tewari, O. C. Tuncay et al. : Association of interleikin-1-induced, NF κ B DNA-binding activity with collagenase gene expression in human gingival fibroblasts, *Arch. Oral Biol.*, 41, 461-468 (1996)
10) E. W. Slade Jr, D. Bartuska et al. : Vitamin E and periodontal disease, *J. Periodontol.*, 47, 352-354 (1976)
11) J. Meyle and K. Kapitza : Assay of ascorbic acid in human crevicular fluid from clinically healthy gingival sites by high-performance liquid chromatography, *Arch. Oral Biol.*, 35, 319-323 (1990)
12) S. Moore, K. A. C. Clader, et al. : Antioxidant activity of saliva and periodontal disease, *Free Radical Research*, 21, 417-425 (1994)
13) I. L. Chapple, G. I. Mason et al. : Enhanced chemiluminescence assay for measuring the total antioxidant capacity of serum, sakiva and crevicular fluid, *Ann. Clin. Biochem.*, 34, 412-421 (1997)
14) M. S. Tonetti, G. Pini-Prato et al. : Effect of cigarette smoking on periodontal bone healing following GTR in infrabony defects. *J. Clin Periodontol.*, 22, 229-234 (1995)
15) H. Katsuragi, A. Hasegawa, K. Saito : Distribution of metallothionein in cigarette smokers and non-smokers in advanced periodontitis patients, *J. Peridontol.*, 68, 1005-1009 (1997)
16) A. G. Darden, W. L. Ries, et al. : Osteoclastic superoxide production and bone resorption: stimulation and inhibition by modulators of NADPH oxidase, *J. Bone Miner. Res.*, 11, 671-675 (1996)
17) L. L. Key, W. C. Wolf et al. : Superoxide and bone resorption, *Bone*, 15, 431-436 (1994)
18) P. Collin-Osdoby, L. Li et al. : Inhibition of avian osteoclast bone resorption by monoclonal antibody 121F:a mechanism involving the osteoclast free radical system, *J. Bone Miner. Res.*, 13, 67-68 (1998)
19) D. I. Hay and W. H. Bowen ：唾液タンパクの機能, W. M. Edgar and O'Mullane編集, 河野正司監訳, "Saliva and oral health", 2nd ed., p117-136, 医歯薬出版, 東京(1998)
20) C. S. Yang, M. J. Lee, L. Chen : Human salivary tea catechin levels and catechin esterase activities: implication in human cancer prevention studies, *Cancer Epidemiol. Biomarkers Prev.*, 8, 83-89 (1999)
21) S. Bodis and A . Haregewoin : Significantly reduced salivary nitric oxide levels in smokers, *Ann. Oncol.*, 5, 371-372 (1994)
22) 鶴上 浩, 中村利孝：骨形成・吸収の平衡異常と骨構築, 一骨形成・骨吸収のメカニズムと骨粗鬆症一, 実験医学, 16, 1448-1453 (1998)
23) J. P. Francisco, L. Hakan and W. Per-Lennart: Age-related changes of the retrodiscal tissues in the temporomandibular joint, *J. Oral Maxillofac. Surg.*, 54, 55-61 (1996)
24) R. M. Fink, E. Lengfelder : Hyaluronic acid degradation by ascorbic acid and influence of iron, *Free Rad. Res. Commun.*, 3, 85-92 (1987)
25) J. M. McCord : Free radicals and inflammation:Protection of synovial fluid by superoxide dismutase, *Science*, 185, 529-531 (1974)
26) S. B. Milam and J. P. Schmitz :Molecular biology of temporomandibular joint disorders: Proposed mechanisms of disease, *J. Oral Maxillofac. Surg.*, 53, 1448-1454 (1995)

27) S. Kopp, B. Wenneberg, *et al.* : The short-term effect of intra-articular injections of sodium hyaluronate and corticosteroid on temporomandibular joint pain and dysfunction, *J. Oral Maxillofac. Surg.*, 43, 429-435 (1985)
28) Lin Y., Pape H. D., *et al.* Use of superoxide dismutase (SOD) in patients with temporomandibular joint dysfunction—a preliminary study, *Int. J. Oral Maxillofac. Surg.*, 23, 428-429 (1994)
29) H. Kimura and K. Komatsu : Antioxidant activities of sodium hyalironate and synovial fluid from temporomandibular joint arthrosis, 磁気共鳴と医学, 6, 264-266 (1995)
30) 木村博人：フリーラジカルによる関節滑液中のヒアルロン酸の低分子化と顎関節障害のメカニズムに関する考察, 日顎誌, 9, 214-215 (1997)
31) 河合良明, 久保田英朗, 他：顎関節における滑液解析—フリーラジカルと関節病態の関連について—(抄録), 日顎誌, 10, 225 (1998)
32) G. Zardeneta, S. B. Milam and J. P. Schmitz : Presence of denatured hemoglobin deposits in diseased temporomandibular joints, *J. Oral Maxillofac. Surg.*, 55, 1242-1248 (1997)
33) T. Takahashi, T. Kondo, *et al.* : Elevated levels of nitric oxide in synovial fluid from patients with temporomandibular disorders, *Oral Surg. Oral Med. Oral Pathol. Oral Radiol. Endod.*, 82, 505-509 (1996)
34) M. Anbar and B. M. Gratt: The role of nitric oxide in the physiopathology of pain assosiated with temporomandibular joint disorders, *J. Oral Maxillofac. Surg.*, 56, 872-882 (1998)

第7章　皮膚の老化とフリーラジカル

瀧川雅浩[*]

1　はじめに

　内因性因子のみならず種々の環境因子は皮膚のoxidant/antioxidant balance を修飾し、老化に影響を及ぼす[1]。内因性の老化は、他の臓器でみられるように、体内で生じた代謝産物由来のフリーラジカルなどの関与により生じる。環境因子では、紫外線（UV）照射が最も重要な老化要因である。UVは直接皮膚の構成要素を傷害すると共に、フリーラジカルを産生して間接的にも組織障害を引き起こす。皮膚は様々な抗酸化機構を持ち、これらは相互に作用しつつ、酸素ストレスから皮膚を守る。このような強力なデフェンスシステムの存在にもかかわらず、長期のUV照射はoxidant/antioxidant imbalance を引き起こし、光老化が生じる。内因性老化により生じる様々なプロセスは UV照射による皮膚障害にも影響を与える。抗酸化タンパクをコードする遺伝子の多型性や抗酸化物質の投与は皮膚老化のステップを修飾し、その結果 successful なあるいは unsuccessful な皮膚老化が起きる。

2　皮膚老化と活性酸素

　皮膚老化は内因性の、つまり時を経て生じる一般的な老化と、他方、環境的要素に深く関係した外因性老化の総和によって起きる。皮膚では、その各々の老化を眼でみることができる。
　通常、生体内では、活性酸素群 reactive oxgen species（ROS）と過酸化脂質は respiratory chain の関与した代謝により生じる。皮膚は紫外線（UV）、酸素、温熱、湿度、環境汚染などに常時晒されており、これら体外からのストレスによっても ROS が産生される。外因性の要因のなかでも、UV が最も大切な ROS 源である。
　ROSは表皮、真皮の成分を傷害し、臨床的にはしわ、乾燥、被薄化、弾力性低下、創傷治癒能の低下等、また分子レベルでは巨大分子の破壊、膠原繊維や弾力繊維の弾性の低下、細胞外マトリックスの減少などがみられる。
　内因性および外因性老化は誘因、機序はまったく違うが、このような変化は共にみられ、ROS

---

　[*]　Masahiro Takigawa　浜松医科大学　皮膚科教室　教授

がその病態に重要な役割を果たす。さらに，皮膚では内因性老化に伴う遺伝子発現の変化と抗酸化能の欠損が紫外線のような外因的酸化ストレスによる老化を加速している。したがって，内因性および外因性老化はお互いに影響しあっているといえよう。

一方，皮膚には多くの抗酸化機構が存在し，ROSによる障害を防いでいる。しかしながら，この能力にも限りがあり，ROSの負荷が抗酸化能を超えれば，oxidant/antioxidant imbalanceによる様々な有害な反応が生じ，その結果として早期皮膚老化，皮膚癌，免疫抑制が生じる。とくに，慢性的なUVの過剰照射により抗酸化防御能は減弱し，ROSによる障害は増幅する。

3 内因性老化の病態生理

内因性老化では，皮膚のあらゆる構成成分が徐々に変性する。老人において最も良くみられる変化は皮膚萎縮，細かいしわ，乾燥，タルミである（表1）。ケラチノサイト，線維芽細胞ではepidermal growth factor，アンドロゲン，グルココルチコイドレセプター数が減り，レセプターのリン酸化率が低く，シグナル伝達の異常によりc-fos発現がみられず，細胞の分裂能が低下する。真皮の血管も減少する。

線維芽細胞では，タイプIとIIIコラーゲンの産生が減り，同時にmatrix metaloproteinase（MMP）の異常な発現がみられる[2]。とくに，老化皮膚では線維芽細胞のMMP-1のレベルが高く，コラーゲンの分解が亢進している。さらに，コラーゲン，エラスチン，プロテオグリカン，フィブロネクチンのmRNAレベルが減る。コラーゲンは異常架橋し，弾力性がなくなる。また，エラスチン，フィブリリン繊維が減り，細断化する。線維芽細胞から分泌されるプロテオグリカンはコンドロイチン硫酸やデルマタン硫酸を相対的に多く含むようになる。これらの結果，皮膚が薄くなり，細かいしわができると考えられる。

表1 加齢に伴う皮膚の変化
（↓），減少；（↑）増加

表皮の厚さ（↓）	ケラチノサイト増殖（↓）
真皮の厚さ（↓）	線維芽細胞増殖（↓）
ケラチノサイト数（↓）	コラーゲン合成（↓）
線維芽細胞数（↓）	MMP発現（↑）
コラーゲン量（↓）	

4 光老化の病態生理

UVは様々な作用を皮膚に及ぼし,主なものに日焼け,炎症と光過敏症,早期の老化,発癌,そして免疫抑制などがある。慢性のUV照射による光老化皮膚では,深いしわ(写真1),色素沈着(写真2),乾燥して粗造な皮膚,皮膚の張りの喪失がみられる。

組織的には,内因性老化の場合と比べ,表皮の厚さは不均一で,ランゲルハンス細胞はさらに減っているが,メラノサイトはむしろ増えている[3]。最もきわだった特徴はコラーゲンの変性(架橋形成や前駆物質の消失など)とエラスチンおよびミクロフィブリルタンパクの過形成 (光線

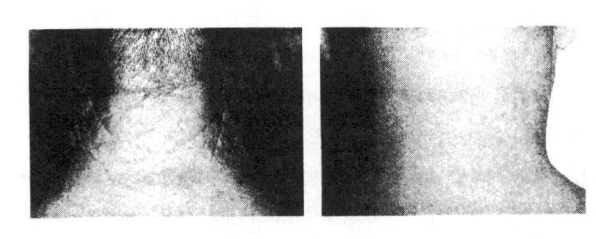

写真1 内因性老化皮膚(右)と光老化皮膚(左)

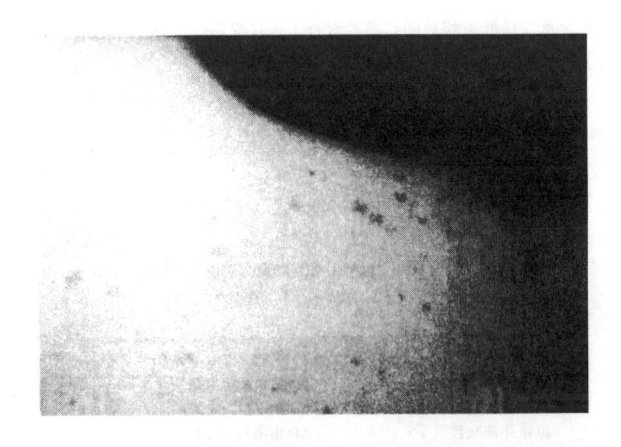

写真2 光老化皮膚にみられる色素沈着

性エラストーシス，actinic elastosis）で，長期のUV照射によりリジン由来の架橋（デスモシン）を含んだ異常なエラスチン繊維が生じコラーゲンと置き換わる（図1）。

MMP活性の増加は光老化皮膚でもみられる。また，UV特異的な炎症性細胞浸潤がみられる。

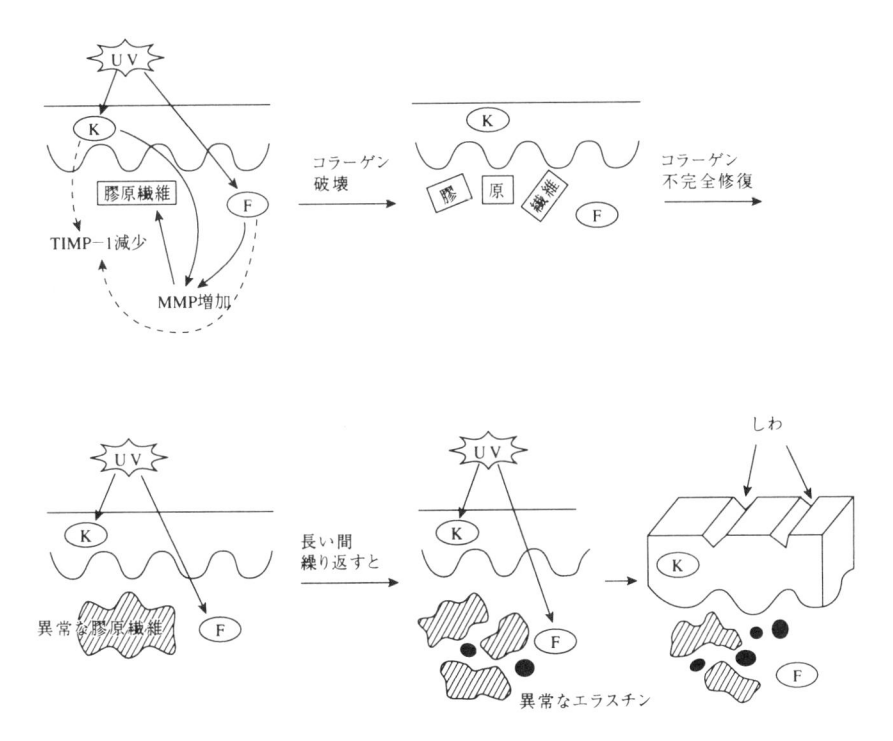

図1 UVによる膠原繊維の破壊
K, ケラチノサイト；F, 線維芽細胞

5 皮膚老化を引き起こす環境因子

皮膚老化を引き起こす環境因子には，UV照射，タバコの煙に含まれる有毒物質や多価不飽和脂肪酸（PUFA）などがある。これらの関与で産生されるROSが皮膚老化の原因となる。

老化予防食品の開発

5.1 UV

紫外線（UV）は，中波長（UVB, 波長：290〜320 nm）と長波長（UVA, 波長：320〜400 nm）に分かれる。

UVBは真皮上層あたりまで侵入し，主にケラチノサイト，メラノサイトにエネルギーを吸収される。UVBによる急性障害として日焼け（サンバーン），日焼け細胞形成（ケラチノサイトのアポトーシス），色素沈着（肌の色の黒化，サンタン）などがある。UVBはメラノサイトを刺激し，その結果メラニン生合成を亢進して，肌が黒くなる。また長期照射により老化，突然変異，皮膚癌を引き起こす。

一方，UVAはUVBより深く侵入し，真皮深層まで到達する。日焼けは起こさないが，メラニンを酸化して色素沈着を起こす。従来，UVAは皮膚老化にはあまり関与していないとされてきたが，近年の研究で，UVBとならんで重要な光老化の原因ということがわかった。

皮膚に侵入したUVは細胞内・外のクロモフォアー（キノン，ステロイド，フラビン，ポルフィリン，ヘムタンパクなど）と反応し，フリーラジカルが産生される。これらには一重項酸素，スーパーオキシドアニオン，H_2O_2，ヒドロキシルラジカルのようなROSや過酸化脂質が含まれる。慢性的なUV曝露により，フリーラジカルの過剰産生と抗酸化能の減弱が起き，oxidant/antioxidant imbalanceによる酸素ストレスが種々の組織障害を引き起こす（図2）。

マウスでは，UVBによる慢性皮膚障害は抗炎症剤，抗酸化剤，フリーラジカル消去薬，イオンキレーターなどにより阻止されることから，光老化反応が起きるためには炎症が必要であると考えられている。しかし，慢性炎症性皮膚疾患であるアトピー性皮膚炎や乾癬ではelastolysisがみられないことから，UV照射に特異的な炎症メジエーターができ，特有の皮膚の変化を起こすと考えられる。また，UVは老化を引き起こすのみならず，皮膚ランゲルハンス細胞や循環血液細胞とくに免疫担当細胞の機能にも影響を与え，免疫抑制を起こす。

UV照射による皮膚の変化は，光エネルギーによる直接的なものとROSを介する間接的なものがある。たとえば，UVA照射後に真皮皮膚のMMP-2関連分解系が促進し，結合組織のマトリックスが変化する。培養線維芽細胞を用いた実験では，UVAそのものはMMP-1mRNAを増加させたが，エラスチン，MMP-2, tissue inhibitor of MMP (TIMP)-2mRNA発現には変化がなかった。一方，ROSは量依存性にエラスチン，MMP-2mRNA増加とTIMP-2mRNA減少を誘導した。

したがって，真皮成分にたいするUVAの直接の作用とROSの効果は，一部はオーバーラップするものの，基本的には異なるものである。

5.2 タバコの煙（TS）

TS中のROSとプロオキシダントは過酸化窒素，エポキシド，炭素，スーパーオキシド，キノン-

第2編　疾病別老化予防食品開発の基盤的研究動向

セミキノン-ハイドロキノン系である。TS中の揮発物質により線維芽細胞誘導のコラーゲンゲル収縮が阻害されるが，コラーゲンの架橋形成はみられない。

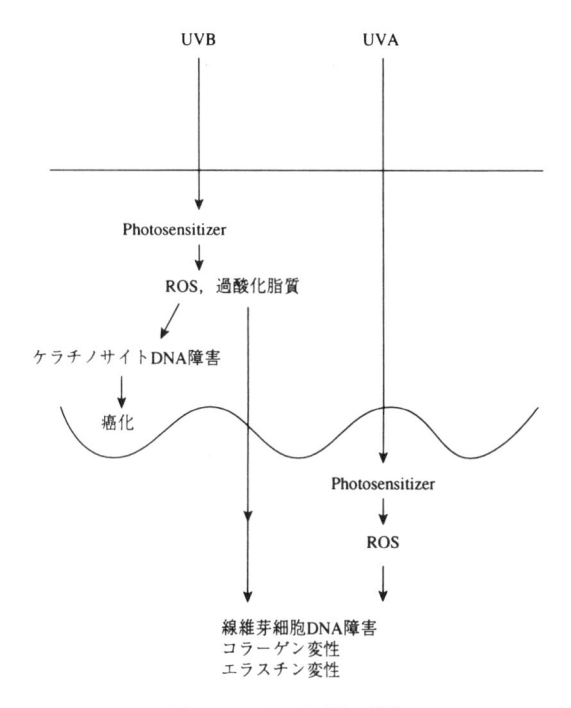

```
        UVB           UVA
         │             │
         ▼             │
─────────────────────────────
         │             │
         ▼             │
    Photosensitizer    │
         │             │
         ▼             │
    ROS，過酸化脂質    │
         │             │
         ▼             │
  ケラチノサイトDNA障害 │
         │             │
         ▼    〜〜〜〜〜〜〜〜〜
         癌化          │
                       ▼
                  Photosensitizer
                       │
                       ▼
                      ROS
                       │
         ┌─────────────┤
         ▼             ▼
      線維芽細胞DNA障害
      コラーゲン変性
      エラスチン変性
```

図2　UVによる光老化の機構

UVBは表皮ケラチノサイトのDNA障害を起こす。UVAは真皮に到達し，線維芽細胞，コラーゲン，エラスチンを障害する。

5.3　糖　類

age glycation endoproduct (AGE)はコラーゲンなどのタンパクに蓄積し，老化を促進する。

5.4　多価不飽和脂肪酸（PUFA）

細胞膜脂質はUVによる障害のターゲットである。UV照射表皮では脂質ラジカルが生じ，酸素と反応して過酸化脂質ラジカルをつくる。リン脂質ヒドロキシペルオキシドはフォスフォリパーゼA2活性を増強し，UVB炎症に重要である。

111

5.5 鉄

UVA依存性脂質障害は鉄イオンにより起こる。マウスとヒトで，鉄キレーターの皮膚局所塗布によりUVB障害を防げる。

6 内因性抗酸化剤

6.1 酵素性抗酸化剤
6.1.1 グルタチオンペルオキシダーゼ

グルタチオンペルオキシダーゼの活性はUVによりほとんど影響を受けず，皮膚での最も強力な抗酸化物質である。セレン依存性酵素であり，セレン欠乏により活性が下がる。

セレン欠乏の培養では，UVA照射により線維芽細胞の脂肪過酸化が亢進する。ケラチノサイト培養では，UVによる酸化的DNA障害はセレンにより減弱する。セレン欠乏マウスではUV発癌が増加する。ヒトでは，セレニウム内服によりUVB照射後の紅斑や日焼け細胞形成が減り，この作用はVAとVEとの共存でより強まる。

6.1.2 カタラーゼ

UV照射後，カタラーゼ活性は，酵素そのものにたいする不可逆的障害により弱くなる。

線維芽細胞にたいするUV障害はカタラーゼ欠損患者と正常人とで同程度であり，カタラーゼはUVにたいする抗酸化酵素としては，それほど重要でない。しかしながら，グルタチオンペルオキシダーゼやSODなどの他の抗酸化酵素にたいするUV障害を軽減すると言う意味で，慢性のUV障害防御に大切である。

6.1.3 SOD

皮膚ではCu/Zn-SODとMn-SODがある。SOD活性もUV照射で弱くなる。SODは *in vitro* で日焼け細胞形成を防ぐ。

6.1.4 ヘムオキシゲナーゼ

ヘムオキシゲナーゼはUV照射により線維芽細胞やケラチノサイトに誘導され，その結果，細胞内フェリチンが増加する。したがって，慢性のUV照射を受けている皮膚ではフェリチン濃度は高い。

ヘムオキシゲナーゼ，フェリチンはROSを消去し，UV防御に重要である（図3）。

6.2 非酵素的抗酸化剤
6.2.1 グルタチオン

グルタチオンはUVB照射により生じたフリーラジカルを直接消去する。UVA照射では，水素

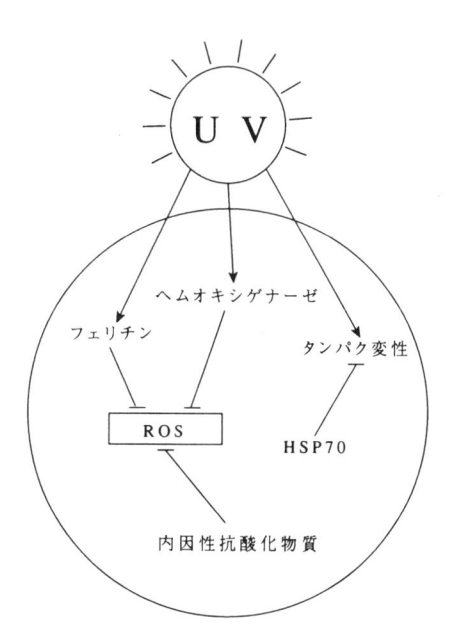

第2編　疾病別老化予防食品開発の基盤的研究動向

図3　UV照射により誘導される抗酸化物質
UV照射により内因性抗酸化物質が活性化され，ヘムオキシゲナーゼ，HSP70，フェリチンが誘導され，酸化的障害を最小限にくいとめる。

のドナーとして働き，グルタチオンペルオキシダーゼにより生じたH_2O_2を消去する。したがって，グルタチオンは光防御に大切である。

　皮膚ではグルタチオン還元酵素の働きは極めて強く，皮膚総てのグルタチオンを1分以内にリサイクルする。

　内因性グルタチオンを増加させるためグルタチオン合成酵素の基質の投与（たとえばシステインなど）が行われてきたが，システインは細胞膜透過性が悪く無効である。また，グルタチオンのマウス投与はUV発癌予防や光老化に無効であるが，システイン関連物質をマウス皮膚外用することにより，UVによるROS産生を抑え，免疫抑制を妨げる。

　培養皮膚では，グルタチオン欠損によりUV誘導変異と細胞死を起こしやすくなる。さらに，培養線維芽細胞やケラチノサイトでは，N-アセチルシステインは酸化ストレスを減らして，UV誘導のp53活性化，c-fosやc-junといった癌遺伝子発現を抑制する。

6.2.2 α-トコフェロール（ビタミン E, VE）

α-トコフェロール（ビタミン E）は，紅斑，日焼け細胞形成，ランゲルハンス細胞枯渇，免疫抑制，酸化的 DNA 障害，発癌などの UV 障害から生体を防御する。これら *in vivo* の作用は全身投与よりも局所投与でみられる。一方，VE は UV に不安定なため，大量の UV 照射によりラジカルを作り，過酸化脂質を産生し，他の内因性の抗酸化物質（グルタチオンなど）を減少させる。

6.2.3 ビタミン C（VC）

UV 照射により皮膚の VC は減る。マウスでは，VC 投与により UV による遺伝子障害，過酸化脂質，炎症，腫瘍形成を防げる。局所の塗布により，マウスや豚で UVB 皮膚障害を防げる。

VC は一重項酸素，水酸化ラジカル，スーパーオキシドアニオンを消去する。

6.2.4 β-カロテン

βカロテンは，内因性光防御物質としては皮膚濃度が低すぎる。局所塗布は UV 毒性防御に有効である。腹腔内投与により，ヘアレスマウスでは UV 腫瘍の出現を遅らせるが，エラストーシスやコラーゲン，グリコサミノグリカン，プロテオグリカンの変性には影響を及ぼさない。

6.2.5 メラニン

ユーメラニンおよびメラニン前駆物質 5-*S*-システイニルドーパ（SCN），5,6-ジヒドロキシインドール（DHI）は抗酸化作用を持つ。とくに，高濃度の SCN，DHI は UV による過酸化脂質形成を防ぐ。

一方，フェオメラニンは UV を吸収してフリーラジカルを産生し，DNA を障害する。また，SCN，DHI にもこのような働きがある。メラニン由来のラジカルによる障害は，メラノソーム内にメラニンおよび関連物質があるため限られている。

6.2.6 セレン

セレンを含む酵素にはグルタチオンペルオキシダーゼ，チオレドキシン還元酵素などがある。チオレドキシン還元酵素はセレンタンパクを cofactor とし，チオレドキシンとともに ROS を代謝し，メラニンの合成をコントロールする。

6.2.7 亜鉛

亜鉛は，UV による脂質過酸化，DNA 障害，アポトーシスからケラチノサイトを守る。

7 カロリー制限

カロリー制限は，慢性的な酸化ストレスを減らし，アポトーシスの過程を正常化し，老化を遅らせるのであろう。皮膚においても抗酸化防御能を改善し，酸化障害による皮膚コラーゲンの分解も抑制する。

8 酸素ストレスとアポトーシス[4]

UVにより皮膚に生じたROSは老化に関与するのみならず，ミトコンドリアタンパクの変性を起こし，respiratory chainさらに電子伝達系を傷害し，さらにROSを増やすという悪循環を招く。その結果，DNAの変性，ミトコンドリアの不活化，ATP産生低下が生じ，細胞死をもたらす。最近の研究では，ラジカルは単にDNA，タンパク，脂質を障害して細胞死を起こすのみならず，低濃度でアポトーシスを誘導するシグナルを伝達する。

ヒト線維芽細胞をUV曝露すると，p53遺伝子が発現し，アポトーシスが起こる。しかし，慢性的なUV障害で，アポトーシスを制御する遺伝子が変異し，腫瘍が発生してくる場合がある。一見健康そうにみえる皮膚でも，しばしばp53遺伝子の変異をもったケラチノサイトのクローナルな細胞群が存在することがあり，このような細胞群はストレスによるアポトーシスに抵抗性で，さらなる変異を起こしつつ腫瘍化するものと思われる[5]。一つの証拠として，扁平上皮癌でのp53遺伝子の変異とbcl-2やc-myc遺伝子の発現との間の高い相関があげられる。

9 予防と治療的側面[6]

活性型VA，レチノイン酸（レチノイド）は核内レセプターに結合し，表皮細胞の増殖，分化と真皮線維芽細胞によるコラゲナーゼ産生を調節している。UV照射によりレチノイドレセプターが減少すると，皮膚では機能的なVA欠損が起きる。そのため，色素沈着の増加，表皮の被薄化，膠原繊維の減少といった皮膚変化が生じる。レチノイド外用により，レセプターの減少を予防し，UVによるしわ，肌荒れ，色素沈着などの皮膚障害を遅らせ，老化を防止できる[7]。

熱ショックタンパク（HSP）のなかでもHSP70は，ケラチノサイトに対するUVの酸化障害の防御にもっとも大切とされている。したがって，HSP70遺伝子の多様性はROS産生に影響を及ぼし，酸化ストレスへの感受性の差としてみられる。

Bimoclomolはヒドロキシルアミン誘導体で，分子チャペロンを誘導し，酸化負荷の多い疾患たとえば虚血性心疾患や糖尿病に有効とされている。5mg/kg投与されたヒトの皮膚をSCIDマウスに移植してUVB照射したところ，HSP70が皮膚に蓄積し，UVによる皮膚障害を防ぐことができる[8]。

文　献

1) E. Mariethos *et al.*, *Rev. Env. Health*, 13, 147 (1998)
2) G. J. Fisher *et al.*, *New Eng. J. Med.*, 337, 1419 (1997)
3) S. H. Ibbotson *et al.*, *J. Invest. Dermatol.*, 112, 933 (1999)
4) A. R. Haake *et al.*, *J. Invest. Dermatol. Symp. Proc.*, 3, 28 (1998)
5) A. S. Jonason *et al.*, *Proc. Natl. Acad. Sci. USA*, 93, 14025 (1996)
6) D. P. Steenvoorden *et al.*, *J. Photochem. Photobiol., B : Biology*, 41, 1 (1997)
7) B. Gilchrest *Nat. Med.*, 5, 376 (1999)
8) L. Vigh *et al.*, *Nat. Med.*, 3, 1150 (1997)

第8章 心臓の老化とフリーラジカル

岡部栄逸朗[*1], 高橋俊介[*2]

1 はじめに

 老化メカニズムの解明は医学生物学上のもっとも重要な課題である。"老化"という現象はさまざまな生物種間に幅広く浸透しており、速度やそのパターンは多様性に富む。実際、ひとつの生物種に限定しても個々の個体が示す老化パターンには大きなばらつきがあり、かつ、臓器種によってもその様相はあまりにも多様である。しかし、これまで蓄積されてきた多くの研究成果は、「遺伝学的基礎からみた種間あるいは種内の多様性が老化の多様性と進化の原動力になりうる」ことを示唆している。

 一方、老化は遺伝子にプログラムされた過程としての内因と生体の内外からの外因性因子によって進行すると考えられている。寿命の短い下等生物では環境要因(外因)によってさほど影響を受けず、主として内因としての遺伝子プログラムによって加齢し、あるときには明らかな老衰をみせずに寿命を迎える。これに対して、ヒトのように寿命の長い高等生物では、成熟期以後の長期にわたる外因性影響が内因をマスクしてしまう。

 ヒトの体細胞には発生初期の体細胞が分化する過程で有限の分裂可能回数が組み込まれる。この体細胞分裂寿命は、DNAの複製に際して生ずるテロメアDNAの短縮に支配されており、ヒトの老化をプログラムする。このことは、テロメアDNA短縮速度が速ければ、それだけで老化を促進する因子の1つになりうることを意味する。

 活性酸素フリーラジカルはテロメアDNA短縮を引き起こし、さらにはテロメアを監視するシステムにエラーを蓄積する(図1)。培養系でも、細胞を活性酸素フリーラジカルに曝露すると急速に老化が進み、老化マーカーが発現して増殖を停止させる。このとき、テロメアは正常な老化細胞のサイズにまで急速に短縮している[1]。このように外因としての活性酸素フリーラジカルによる日常的なエラーの蓄積は、老化促進の主因をなす。

 本章では活性酸素フリーラジカルが老化に果たす役割について概説し、その普遍性が心血管系の老化にどのような関わりをもつか議論を進めてみたい。

 [*1] Eiichiro Okabe　神奈川歯科大学　薬理学教室　教授
 [*2] Shun-suke Takahashi　神奈川歯科大学　薬理学教室　助手

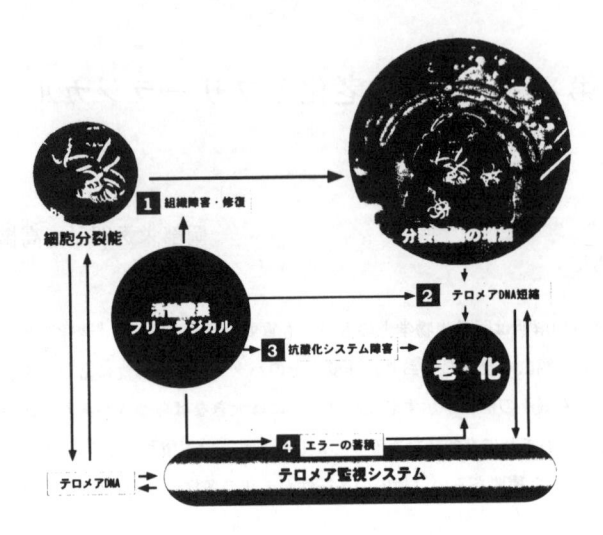

図1 活性酸素フリーラジカルによる老化と遺伝子プログラム

活性酸素フリーラジカルは，組織障害を引き起こし，障害修復を介して細胞分裂数を増加させる。この結果，テロメアDNAの短縮が生じ，老化が促進される。また，臓器組織の抗酸化能を低下させ，その一方で，テロメア監視システムにエラーを蓄積させることによって老化を促進させる可能性がある。

2 活性酸素フリーラジカルと老化

活性酸素フリーラジカルによるエラーの蓄積の基本は，DNAの直接的傷害にある。特にDNAの酸化産物である8-ヒドロキシ-2'-デオキシグアノシン（8-OHdG）の老化に伴う増加を，ラット肝，腎，小腸などの臓器組織内で確認したFragaら[2]の研究は興味深い。

一方，細胞内でもっとも多く活性酸素フリーラジカルを生成するコンポーネントはミトコンドリアであり，ミトコンドリアの活性酸素フリーラジカルによる損傷が老化の原因であるとする考え方も極めて強い説得力をもつ（図2）。

ミトコンドリア遺伝子（mtDNA）は，ミトコンドリアのマトリックス内に存在する環状二本鎖構造体であり，染色体上の核遺伝子とは異なって，ヒストンタンパクのような保護タンパクをもたない。活性酸素フリーラジカル産生の場である呼吸鎖の近傍に位置し，塩基変異に対する修復機構も十分には機能しない。そのため，核遺伝子に比較して5～10倍の塩基置換率をもつ。また，介在配列であるイントロンをもたず，複製・転写領域（D-loop）を除くほとんどの領域が，タンパクや転移RNA，そしてリボゾームRNAをコードする遺伝子で隙間なく埋めつくされているため，変異による影響を受けやすい。

mtDNAの酸化的損傷は呼吸鎖タンパクの合成を障害し、活性酸素フリーラジカル生成をさらに増大させ、これが新たなmtDNAの変異を引き起こすという酸化ストレスサーキットを形成する。

3 心血管系の老化と活性酸素フリーラジカル

3.1 酸化防御システム

心臓は有酸素性代謝を営み、体内でもっとも酸素消費率の高い臓器である。そのため、発達したミトコンドリアをもっている。心筋によって消費される酸素は、ミトコンドリアで4電子還元を受け、水となる。このミトコンドリア呼吸鎖を構成するシトクロム c 酸化酵素は、酸素に対して高い親和性をもち、この性質が酸素の有効利用と中間代謝産物である活性酸素フリーラジカルのマトリックス外への漏出防止に寄与している。

心臓における活性酸素フリーラジ

図2 ミトコンドリア由来の活性酸素フリーラジカルと老化の関係

ミトコンドリアは自身の生成する活性酸素フリーラジカルを処理する抗酸化酵素を保有している。そのため、老化とともにミトコンドリア内抗酸化酵素は誘導を受ける。このことは、老化に伴って活性酸素フリーラジカル生成量が増加することを間接的に示している。細胞質では逆に酵素活性が低下し、ミトコンドリア由来活性酸素フリーラジカルの処理能力が減退する。ミトコンドリアが活性酸素フリーラジカルによる老化の標的であることを支持する根拠は多い。GPX：グルタチオンペルオキシダーゼ；CAT：カタラーゼ。

カル産生源としては、ミトコンドリアのほかに、アデニンヌクレオチド分解、カテコールアミンの自動酸化、好中球の活性化などが、それなりの実験的根拠のもとに受け入れられている[3-5]。

ミトコンドリアを例にとると、静止状態での心筋で約 0.3～0.6 nmol/mg/min の過酸化水素 (H_2O_2) が定常的に産生されており[6]、健康な心臓では、スーパーオキシドディスムターゼ（SOD），カタラーゼ、グルタチオンペルオキシダーゼ（GPX）などから構成される細胞内抗酸化システムによって処理される。SODは心筋細胞質とミトコンドリアに存在し、スーパーオキシドラジカル (O_2^{-}) を H_2O_2 へと不均化する。一方、H_2O_2 とペルオキシドはそれぞれ、主としてペルオキシ

ゾームに存在するカタラーゼ、そして細胞質とミトコンドリアに存在するGPXによって代謝を受ける。このような心筋細胞の酸化防御システムがバランスを失えば、容易に酸化ストレスの攻撃に曝されることは想像に難くない。

心臓の老化は、生理的あるいは生化学的機能の変化として現れる。たとえば、収縮力の発生、興奮－収縮連関、エネルギー代謝、そしてミトコンドリア呼吸能を指標とした場合、老化によってCa^{2+}誘発性の発生張力（収縮タンパクのCa^{2+}感受性）は影響を受けないにもかかわらず、興奮－収縮連関の主要コンポーネントである細胞内Ca^{2+}ストア（筋小胞体）機能が低下し、また、ミトコンドリア呼吸能も変調することが知られている[7]。特に、老化によって生ずる変化、つまり、心筋収縮タンパクのCa^{2+}感受性に影響を与えずに細胞内Ca^{2+}ストア機能を低下させるという現象は、活性酸素フリーラジカルの心筋細胞に対する効果を疑似している点[8]で、活性酸素フリーラジカルが心臓老化の主要因子であることの傍証ともなる。さらに、老化による酸化ストレスの標的がミトコンドリア酵素アコニダーゼであるという最近の報告[9]は、心臓老化の「ミトコンドリア－活性酸素フリーラジカル仮説」を支持して興味深い。

老化心臓は酸化ストレスを受けやすいと考えられている[10]。心筋のカタラーゼ活性とミトコンドリアGPXおよびMn SODの活性は老化によって上昇するが[11]、脂質過酸化反応も同時に増加するという報告がある[12]。これに対して、細胞質のCuZn SODとGPXの活性は老化に伴い減少する[13]。特に心筋の抗酸化システムは細胞質の抗酸化酵素に依存しているため、心筋自体の抗酸化能は老化とともに減弱すると考えるのが妥当である。

"老化"は成熟期以後の生体内成分と活性酸素フリーラジカル相互連携の結果であり、実際、幼若期では外界からの酸素曝露を反映して著しく抗酸化酵素活性が上昇する[14]。確かに老化によってカタラーゼ活性が上昇するが、この上昇でさえ幼若期の活性より低値を示す[10]。一方、ミトコンドリアのMn SODとGPXの老化に伴う活性上昇は、加齢による心筋代謝変動からも説明が可能である。心筋ATP産生はアデニンヌクレオチド代謝と同様に老化とともに減少するが、酸素消費量は変化せず、また、ミトコンドリア呼吸能の変調もわずかである[15]。生理的なミトコンドリア呼吸鎖は心筋の活性酸素フリーラジカル産生源であるため、細胞質抗酸化酵素活性の低下をミトコンドリア抗酸化酵素が活性を上昇させることによって代償していると推論するに矛盾はない。

このような臓器抗酸化酵素活性－老化パターンには、臓器および細胞周期特異性がある。細胞内コンパートメントの抗酸化酵素活性が低いということは、そのコンパートメント内での活性酸素フリーラジカル生成自体も少ないことを意味し、また、心筋では肝臓と同様、老化によってミトコンドリア抗酸化酵素の誘導がかかるという事実[16]は、心臓老化がまさに細胞内での活性酸素フリーラジカル生成と密接に関連していることを示唆する。

3.2 心機能

心機能変化と老化との間にどのようなメカニズムが存在するのであろうか？ 老化動物モデルでは，心筋収縮力の強心配糖体やカテコールアミンに対する感受性が著明に減弱する[17, 18]。このメカニズムを活性酸素フリーラジカルによる細胞膜の脂質過酸化から推論することができる。

マロンジアルデヒド（MDA）生成を老化による脂質過酸化の指標にすると，MDAがω-アミノグループのリジンと反応して膜タンパクと架橋し，さらに膜ホスホリピッドと反応することによって膜流動性や特異的イオン透過性を変化させることから[6, 12, 15]，受容体機能の破綻と膜局在機能タンパク（Na-K ATPase）の障害が，老化による心筋細胞膜脂質過酸化反応を経由した心機能変化の原因であるという可能性を支持できる（図3）。

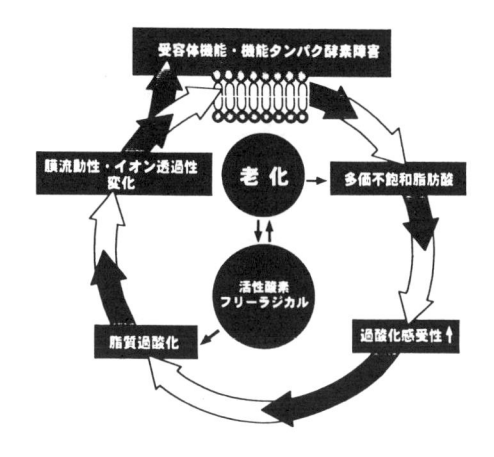

図3 心筋細胞膜の脂質過酸化反応サイクルと老化
多価不飽和脂肪酸は活性酸素フリーラジカルによって過酸化を受けやすい。脂質過酸化を受けた細胞膜は膜結合性を増すが，これを代償するため多価不飽和脂肪酸量を増加させる。これがさらに活性酸素フリーラジカルによる過酸化を受け，サイクルを完成させる。老化はこのサイクル進行の一過程であるといえる。

さらにこれを支持する根拠は，ミトコンドリアGPXの活性上昇がMDAの前駆体である脂質過酸化物を除去するために必要であるという事実である。同様に，Mn SODの増加は，不飽和脂肪酸に富むミトコンドリア内膜障害による呼吸鎖からのO_2^-生成増加を反映したものである[13, 15]。

心筋の酸素消費は老化心臓でも比較的一定に保持されており，したがって，活性酸素フリーラジカルの生成が酸素代謝速度に依存したものであると仮定すれば，生成系の増加よりも，むしろ防御系の低下が老化心臓の機能異常の主因といえる。

3.3 解糖系

解糖系からのエネルギー産生も老化によって変化することが知られている[7]。

解糖系の律速酵素であるホスホフルクトキナーゼ(D-フルクトース 6-リン酸からD-フルクトース 1,6-二リン酸生成を触媒）は老化の影響を受けず，他の有酸素性解糖（ぶどう糖あるいはグリコーゲンがCO_2とH_2Oとに分解すると，ADPから多量のATPを生成するのに必要なエネルギーを遊離する）主要酵素である乳酸デヒドロゲナーゼ（LDH）の活性が低下する。本来，LDHはピ

ルビン酸がNADHによって乳酸に還元される反応を触媒するが、その一方、乳酸の酸化をNAD$^+$存在下で促進し、ミトコンドリア代謝基質ピルビン酸を生成する反応も触媒するので、老化に伴う心筋LDH活性の低下はミトコンドリア代謝系の障害を導く原因となりうる。

3.4 血管系

血流変動によって絶えず血管内壁ずり応力を受ける内皮細胞は、損傷と修復を繰り返し、そのため、健常部分と比較してテロメアは短縮している[19]。血管内皮細胞の局部的分裂能の低下は修復を遅らせ、剥離内皮をもつ血管では血栓が形成される。これが動脈硬化などの加齢変化に積極的に連動している。また、結合組織の基質であるコラーゲンの発現が老化とともに上昇するという見解[7]は、老化が微小循環系と組織との物質交換能力を低下させることを示唆する。

さらに興味深いのは、種々のサイトカインや生理活性ペプチドの産生・遊離が老化に伴って増加することである。たとえば、線維芽細胞ではインターロイキン-6の分泌が増加し[20]、血管内皮細胞からはエンドセリンの合成・分泌が促進される[21]。このこと自体、加齢による免疫系の変調や血圧上昇のメカニズムの1つを説明できる根拠を与えるが、活性酸素フリーラジカルが選択的に冠血管内皮細胞での一酸化窒素（NO）合成を抑制すること[22]も老化に伴う心血管系疾患の病態を探るための重要な情報となる。

心内膜内皮、心筋細胞、冠微小血管内皮にはIII型NO合成酵素が発現している[23]。加齢ラットでは内皮依存性冠血管拡張の減弱がみられるが、これまで、この減弱の詳細なメカニズムについては良く知られていなかった。しかし、最近、加齢によって冠微小血管内皮のIII型NO合成酵素の発現が減少し、これと併行して内皮からのO_2^-生成が増加することが明らかとなった[24, 25]。さらに、可溶性グアニル酸シクラーゼの発現が加齢高血圧ラットで減少していることが見出され[26]、このことから、内皮細胞で生成されたO_2^-がNO合成を減少させるとともに、グアニル酸シクラーゼを介したサイクリックGMP生成を抑制するのが高血圧発症のメカニズムであると考えられるようになった。

しかし、加齢による血管内皮細胞からのO_2^-生成増大がキサンチンオキシダーゼなどのO_2^-生成酵素のアップレギュレーションによるのか、またはSOD活性の低下に基づくものなのかは不明である。

4 薬理学的抗酸化物質

ミトコンドリア機能の老化による低下を標的とした抗酸化物質の探索が精力的に推進されている。アセチル-L-カルニチンが加齢ラットのミトコンドリア機能を回復させる作用をもつことが

報告[27] されてはいるものの, 薬物動態やヒトへの臨床応用についてはまだ確立されていない。

一方, 劇的な抗老化作用を発揮するPBN (N-tert-butyl-α-phenylnitrone) の効果を脳の虚血－再灌流モデルを用いて証明した報告がある[28]。PBNは, スピントラップ剤として活性酸素フリーラジカルの電子スピン共鳴法 (ESR) による検出のため用いられる試薬である。脳虚血前にPBNを適用すると, 再灌流によるタンパク酸化反応を抑制し, グルタミン合成の損失を阻止するとともに死亡率を効果的に減少させる[28]。また, 1日2回の処置（32 mg/kg）で老化に連動した酸化ストレスを回復させるという[29]。

加齢は脳のタンパクカルボニル基の増加とグルタミン合成の減少を引き起こし, 同時に神経プロテアーゼ活性を急激に低下させる。この変化は, 2週間のPBN投与で正常に復するが, 投与中止後2週間以上で効果が消失する。

このように, PBNは老化を抑止する効果をもつと信じられていたが, その後の追試で, 特に心臓では再現性に乏しい[30]とする主張もあり, 事実を明確に立証するための研究成果が待たれている。しかし, オクラホマ大学の古武研究室から報告されている一連の研究[31-34]から, PBNには少なくとも酸化ストレスに関連する因子（転写因子NF-κB, iNOS mRNA, COX_2 mRNA）の発現に抑制的に作用する効果が認められている。

生殖細胞はテロメアを延長する酵素テロメラーゼを発現しているため, 分裂を繰り返してもテロメア短縮がなく, 無限の分裂寿命をもつ。もし心筋細胞にテロメラーゼを人為的に発現させることが可能ならば, テロメア短縮が起こらず, または起こったとしてもその進行は遅延し, 老化を防ぐことができるかもしれない。実際, テロメラーゼ遺伝子 (cDNA) を導入した正常細胞の分裂寿命が延長したという報告[35]もあるが, この現象が心筋細胞でも再現され, しかも臓器機能の老化を防止できるかどうか, 事実はそれほど単純ではないと考えるべきであろう。

5 おわりに

現時点では, 心臓の老化に生理的な内因としてのテロメアDNAの役割がどのように作動しているのか詳細は不明である。しかし, 外因としての活性酸素フリーラジカルが心筋細胞の老化に主要な役割を演じていることは, ミトコンドリア機能を中心とする抗酸化システムとの関連で生理的にも生化学的にも普遍化することができる。

重要なことは, 心臓に限らず, いかなる臓器においても循環系との連携で老化メカニズムを論ずる必要があるということである。分子生物学の進歩で遺伝子レベルでの老化メカニズム解明に力が注がれているが, 個体の生命から離脱した"もの"としての真理追究であってはならない。たとえば, 体細胞の不死化を企図したとしても, 結果として癌細胞の発生を著しく高めることに

なる可能性もなくはない。とはいえ，老化の基本メカニズムが解明されれば，その予防という観点から新しい医学が生れてくるかもしれない。

文　献

1) T. von Zglinicki *et al.*, *Exp. Cell Res.*, 220, 186 (1995)
2) C. G. Fraga *et al.*, *Proc. Natl. Acad. Sci. USA*, 87, 4533 (1990)
3) M.L. Hess and N.H. Manson, *J. Mol. Cell. Cardiol.*, 16, 969 (1984)
4) 岡部栄逸朗，フリーラジカルの臨床，1, 31 (1987)
5) P. J. Simpson and B. R. Lucchesi, *J. Lab. Clin. Med.*, 110, 13 (1987)
6) B. Chance *et al.*, *Physiol. Rev.*, 59, 527 (1979)
7) E.G. Lakatta and F.C. Yin, *Am. J. Physiol.*, 242, H927 (1982)
8) E. Okabe *et al.*, *Jpn. Circ. J.*, 53, 1132 (1989)
9) L.-J. Yan *et al.*, *Proc. Natl. Acad. Sci. USA*, 94, 11168 (1997)
10) L.L. Ji *et al.*, *Am. J. Physiol.*, 261, R386 (1991)
11) H. Nohl *et al.*, *Mech. Ageing Dev.*, 11, 145 (1979)
12) J.E. Johnson Jr., "Biology of Aging", p.1, Liss, New York (1986)
13) H. Nohl and D. Hegner, *Eur. J. Biochem.*, 82, 563 (1978)
14) D.L. Das *et al.*, *Biol. Neonate*, 51, 156 (1987)
15) R.G. Hansford, *Biochim. Biophys. Acta*, 726, 41 (1983)
16) L.L. Ji *et al.*, *Am. J. Physiol.*, 258, R918 (1990)
17) G. Gerstenblith *et al.*, *Circ. Res.*, 44, 517 (1979)
18) T. Guarnieri *et al.*, *Am. J. Physiol.*, 239, H501 (1980)
19) E. Chang and C.B. Harley, *Proc. Natl. Acad. Sci. USA*, 92, 11190 (1995)
20) H. Tahara *et al.*, *Oncogene*, 11, 1125 (1995)
21) T. Kumazaki *et al.*, *Exp. Cell Res.*, 211, 6 (1994)
22) K. Todoki *et al.*, *Am. J. Physiol.*, 262, H806 (1992)
23) R.A. Kelly *et al.*, *Circ. Res.*, 79, 363 (1996)
24) K. Nakazono *et al.*, *Proc. Natl. Acad. Sci. USA*, 88, 10045 (1991)
25) S. Rajagopalan *et al.*, *J. Clin. Invest.*, 97, 1916 (1996)
26) J. Bauersachs *et al.*, *Cardiovasc. Res.*, 37, 772 (1998)
27) T.M. Hagen *et al.*, *Proc. Natl. Acad. Sci. USA*, 95, 9562 (1998)
28) C.N. Oliver *et al.*, *Proc. Natl. Acad. Sci. USA*, 87, 5144 (1990)
29) J.M. Carney *et al.*, *Proc. Natl. Acad. Sci. USA*, 88, 3633 (1991)
30) R. Edamatsu *et al.*, *Biochem. Biophys. Res. Commun.*, 211, 847 (1995)
31) D. Nakae *et al.*, *Cancer Res.*, 58, 4548 (1998)
32) Y. Kotake *et al.*, *Biochim. Biophys. Acta*, 1448, 77 (1998)

33) H. Sang *et al.*, *Arch. Biochem. Biophys.*, **363**, 341 (1999)
34) C.A. Stewart *et al.*, *Arch. Biochem. Biophys.*, **365**, 71 (1999)
35) A.G. Bodnar *et al.*, *Science*, **279**, 349 (1998)

第3編　各種食品・薬物による老化予防と機構

第1章　和漢薬

奥田拓男[*]

1　はじめに

　和漢薬について老化抑制効果の研究を紹介し，老化の酸化的ストレス説[1]に基づいて各和漢薬に含まれるフリーラジカル障害防除作用成分と効能との関連[2]をも考察したい。和薬と漢薬・漢方薬のうちで，まず，最近，老化抑制効果の研究例が多い漢方薬から始めることにする。

2　漢薬と漢方薬

　和漢薬の中で，中国から渡来した生薬（しょうやく＝天然薬物）が漢薬（麻黄，甘草，大黄など）[3]であり，それらを特定の処方（小柴胡湯，葛根湯その他）[3]に従って配合して用いるのが漢方薬（漢方の方剤）である。これらに対して，日本で古来使われてきた薬が和薬である。

　漢方薬の大多数には数種以上の生薬（漢薬）が配合されており，それらの総合効果が各方剤の効果である。したがって漢方薬の作用機構解明に当たっては，各生薬の各成分毎の作用機序に基づいて，それらの総合効果の機序を解明して行くことが望まれる。

　現在，老化予防につながる効果が患者や動物について多く研究されているのは漢方の方剤である一方，作用機序解明の基礎となるフリーラジカル消去作用などは各生薬に含まれる成分の個々について明らかにされる傾向がある。これら両者間の隔たりは未だ大きいが，ここでは，まず漢方の方剤についての研究を例示し，ついで単味生薬としての漢薬および和薬とそれらの成分を取り上げ，さらにそれらのフリーラジカル消去作用成分に触れることにする。

2.1　漢方薬による老化抑制の最近の研究

　日本の漢方薬は「傷寒論」（熱病の発病期から病状の進行の順を追って対応する薬の処方を示した書物）を基本とする古方が中心で，実効を重んじており，神仙的な効能としての不老長寿を視野の外に置く傾向があった。しかし，最近は老化抑制効果の研究も盛んに行われるようになった。また痴呆，頻尿等，老化に伴う症状の漢方薬による改善についても，患者と動物を対象とす

---

[*]　Takuo Okuda　岡山大学名誉教授

る研究が相次ぐようになった。

この項では,まずそれらの中からいくつかを各漢方処方別に紹介し,個々の生薬(漢薬)については 2.2 の項で述べる。

(1) 八味地黄丸(=八味丸=腎気丸)

地黄,山茱萸,山薬,沢瀉,茯苓,牡丹皮,桂枝(桂皮),附子の8種の生薬から成る。これらのうち,山茱萸,牡丹皮,桂皮はポリフェノールに富み,地黄,山薬,茯苓は炭水化物を多量含む。

目のかすみ,腰痛,脚弱,頻尿など,老化に伴う病態に有効とされ,さまざまな臓器機能の低下などに用いられる。以下は最近の実験例である。

- 老化促進マウスの飼料に混入した八味丸は加齢に伴う血清脂質の低下を抑制し,赤血球膜コレステロール,リン脂質量を改善した[2]。
- 老化促進マウスの免疫異常に対する効果の検討で,尿中タンパクを有意に低下させ,T細胞の活性化を介して老化に伴う免疫異常を正常化させ,自己抗体産生や腎炎の発症抑制の効が示唆された[4]。
- 加齢に伴うさまざまな現象を改善し,糖脂質代謝改善[5,6],抗動脈硬化[7]等の作用を示した。

(2) 当帰芍薬散

当帰,川芎,芍薬,茯苓,朮,沢瀉から成り,婦人科諸疾患によく用いられるが,老化防止薬としての研究例が黄連解毒湯とともに最も多い漢方方剤でもある。

- 老年痴呆に有効と報告された[8]。
- 痴呆患者42例に8週間投与したところ,「やや有用」を含めて有用度は73.8%であった[9]。
- アルツハイマー型痴呆患者の会話,衣類の着脱と短期記憶を有意に改善した。これはニコチン酸性アセチルコリンレセプターを増やし,さらにノルエピネフリンやドーパミンを増加させることによると推定した[9,10]。この実験に関連して,老齢ラットに1~3ヵ月投与した時の脳内アセチルコリン系神経細胞とその受容体への作用が検討された[11]。
- ラットの空間認知や受動的回避反応の障害を改善し,大量投与でも副作用のない抗痴呆薬としての応用の可能性が示唆された[12]。
- 老化初期のラットに投与すると,それまで止まっていた卵巣の機能が回復し,卵巣は周期的にエストロゲンを放出し始めた。さらに脳内のアセチルコリンとカテコールアミンを有する神経細胞とそれらと共存しているニコチン・アセチルコリン・レセプターの機能を回復させた。海馬も大脳皮質も機能回復するならば抗痴呆薬として有効と示唆された[13]。
- 頻尿モデルラットの膀胱収縮を有意に抑制し,構成生薬のうち蒼朮の作用が特に強かった[14]。
- フリーラジカル消去作用があり,老齢ラット脳内の過酸化脂質を低下させ,SOD活性を増加さ

第3編　各種食品・薬物による老化予防と機構

せた[15]。

(3) 黄連解毒湯

黄連，黄柏，黄芩，梔子から成る。

- ラット肝ミクロゾームでのフリーラジカル惹起脂質過酸化反応を抑制した[16]。
- 脳血管性痴呆の実証の患者（易怒性，暴力，多弁，徘徊多動などの傾向）に有効であった。また虚証の患者で自発性低下，尿失禁などの見られる症例には，抑肝散加陳皮半夏と紅参の併用が有効であった[17]。
- 老年痴呆に対して有効であった[18]。
- 老年痴呆患者の脳血流を増加させた[19]。

(4) 釣藤散

釣藤，橘皮，半夏，麦門冬，茯苓，人参，菊花，防風，石膏，甘草，乾生姜で構成され，老人に使われることが多い。

- 老人性痴呆に対して，意欲障害，感情障害，自覚症状，行動障害，睡眠障害を改善した[20]。
- アルツハイマー型痴呆患者の短期記憶，睡眠障害，幻覚，徘徊多動などを改善した[10]。

(5) 抑肝散加陳皮半夏

当帰，釣藤，川芎，朮，茯苓，柴胡，甘草，陳皮，半夏で構成。

- 老年痴呆者の計算力，会話能力低下を改善した[21]。
- 虚証の脳血管性痴呆患者（自発性低下，尿失禁などが見られる）の症例に抑肝散加陳皮半夏と紅参の併用が有効であった[17]。

(6) 十全大補湯

人参，黄耆，朮，当帰，茯苓，熟地黄，川芎，芍薬，桂枝，甘草から成る。

補中益気湯と共に代表的な補剤（虚証の虚を補う薬）で，老人に使われることが多く，特に免疫がらみの疾患に使われる。

全身免疫系を介した免疫賦活作用が明らかにされており，これで臨床効果の一部が説明されている[2]。

(7) 補中益気湯

黄耆，人参，朮，当帰，陳皮，大棗，甘草，柴胡，乾姜，升麻から成り，十全大補湯と共に老人の健康増進や虚弱体質に有効とされる。

- マウスの加齢による慢性的免疫機能低下に有効と報告された[2]。

(8) 人参養栄湯

地黄，当帰，朮，茯苓，桂枝，芍薬，遠志，陳皮，黄耆，人参，甘草，五味子で構成。

- アルツハイマー型痴呆患者に有効で，感情を安定させ，記憶・学習力を改善し，低いエストロ

老化予防食品の開発

ン値を上昇させた[22]。
- 人参養栄湯は当帰芍薬散とともに脳内神経伝達物質の変化や記憶学習能，免疫能の低下を改善した[23]。しかし，両処方は中枢および免疫系に対する作用が異なり，高齢者の免疫能低下に対しては人参養栄湯のような補剤が適すると推定された[24]。
- 老化促進マウスにタンパク尿改善傾向を示した[4]。

(9) 四物湯

当帰，川芎，芍薬，熟地黄の4生薬から成る。

- アルツハイマー型痴呆の動物モデルで有効性が認められた[25]。
- 慢性脳虚血ラットの学習行動障害に対して，脳血管性痴呆よりもアルツハイマー型痴呆に，より選択的に回復効果を示す可能性が示された[26]。
- 上記十全大補湯以下の四物湯に至る補剤すべてについて，加齢マウスの免疫能調節作用が認められた[27]。

(10) 白虎加人参湯

知母，粳米，石膏，甘草，人参で構成。

- 高齢者の乾燥症状に対し治療効果があった[28]。

(11) 加味帰脾湯

黄耆，当帰，梔子，人参，朮，伏苓，酸棗仁，龍眼肉，柴胡，遠志，大棗，甘草，乾生姜，木香から成る。

- 長期にわたって様々な睡眠薬や抗不安薬が無効であった高齢者の，精神不安と不眠を主訴とする神経症状に対して有効であった[29]。
- ラットの老化に伴って睡眠・覚醒（行動量）のサーカディアンリズムが平坦化し，睡眠障害と覚醒期の行動量が低下するのを，長期投与で顕著に改善した[30]。

(12) 続命湯

杏仁，麻黄，桂枝，人参，当帰，川芎，乾生姜，甘草，石膏で構成。

- 脳梗塞ラットの脳血流量を著明に改善し，脳内グルコース代謝能を改善した。また痴呆患者の痴呆，精神症状に関する項目の改善度が高かった[31]。

2.2 漢薬（単味の各生薬）の例と効能，成分

老化抑制の研究は前項に述べたように方剤に偏りがちであるが，これは国内で医療に用いられているのがほとんど漢方製剤である事情を反映している。しかし，方剤の効能はそれを構成する各生薬（漢薬）の効能であり，作用機序の解明の究極においては各生薬について解析が必要である。

第3編　各種食品・薬物による老化予防と機構

　一方また，単味の漢薬は不老長寿の伝説に事欠かない。これには中国の民間信仰で不老長生志向の神仙説が中心の道教の影響が大きいと思われる。道教で仙道を得るには仙薬の服用が不可欠とされてきた。漢薬の最古の書物「神農本草経」で，上薬は仙薬であり不老長寿薬と述べていることにも道教の影響が見られる。道教の評価はさておき，その長い歴史の中で体験の篩にかけられた薬のうちには，評価されるべきものもあると思われる。

　本草書（「証類本草」，「新修本草」，「千金翼方」，「本草綱目」等）には［延年］（人参，遠志，石斛，蓮，酸棗），［益年］（蓮），［不老］（桂皮），［耐老］（五加）などの効能の漢薬がある。これらに加えて，［強壮］を効能としているものの中にも，これらと併せることのできるものがあると思われる。また，漢方の補剤には延年，長寿等の効が述べられているもの（人参，地黄など）がある。一方また，道教的伝説で知られていながら，上記の本草書には長寿の効が主効として述べられていないものもある。

　ここで老化予防の漢薬を拾い出すには，単味生薬としての効果が最近報告されたもの，および前述の老化抑制効果が報告された漢方薬に含まれる生薬に加えて，本草書および伝説の長寿薬の中からも代表を選び出し，それらが含むラジカル消去作用成分にも触れることにする。それらの主成分としては，ポリフェノール（何首烏，桂皮，蓮，艾葉，丹参，蘇葉，桑白皮，黄芩等），サポニン（人参，遠志等），炭水化物（麦門冬等）などがある。

(1)　何首烏[3]

　老人の白髪を黒髪に変え，58才まで子がなかったのに10年内に数人の子をもうけさせ，その子に160才の長寿を保たせたと，「証類本草」，「本草綱目」に伝えられた何首烏は，ツルドクダミの肥大根で，緩下剤。

　その主成分はラジカル消去効果の強いポリフェノールであり，化学構造は部分的にガロイル化された縮合型タンニンである。その他にemodin（緩下作用のあるポリフェノール）[3]などを含む。

(2)　桂　　皮

　樹皮を薬用にする。桂アルデヒドなどの精油成分の他に多量のポリフェノールを含む[3]。

　本草書に不老の効が述べられており，漢方では陽虚に対する補剤の一つとして頻用され，前述漢方薬では八味丸，十全大補湯，人参養栄湯，続命湯に含まれる[3]。

(3)　丹　　参

　シソ科の丹参の根[3]。

● エキスの長期投与が老化促進マウスの空間認知機能障害を改善させ，その作用機序として大脳皮質NMDA受容体および脳幹部を含む部位の一酸化窒素合成酵素への影響が示唆された[22]。
● 老化促進モデルマウスの空間認知機能障害を改善し，その有効成分はポリフェノールのlithospermate Bと報告された[32]。

(4) 蓮

ハスの地下茎[3]。その粉（藕粉）に延年の効があり，特に節から得たものは効果数倍と本草書に述べられている。蓮根の節はポリフェノール（タンニン）に富む。

(5) 蘇　葉

シソの葉[3]。精油成分は製剤では失われているが，ロズマリン酸などのポリフェノールが存在する[33]。

● マウスの培養血管平滑筋細胞に一酸化窒素産生誘導作用と増殖抑制作用を示し，これによって動脈硬化抑制の可能性が示唆された[34]。

(6) 艾　葉（がいよう）

ヨモギの葉。揮散しやすい精油の他にカフェ酸系のポリフェノール（カフェタンニン）を多量に含む[35]。強壮効果も本草書に伝えられている。

(7) 黄　耆（おうぎ）

キバナオウギおよび近縁植物の根[3]。

十全大補湯，補中益気湯，人参養栄湯，加味帰脾湯に含まれる。

● イソフラボンの afrormosin, calycosin, formononetin に活性酸素による脂質過酸化を抑制する作用がある[36]。

(8) 人　参（薬用人参＝朝鮮人参，白参）[3]

延年の効が伝えられ，その印象が広く持たれている。多種類のサポニン等を含む。

釣藤散，十全大補湯，補中益気湯，人参養栄湯，白虎加人参湯，加味帰脾湯，続命湯に含まれる。

● 12ヶ月齢のラットを人参を含む飼料で長期間飼育し，延命効果を認めた[2]。
● 老齢ラットの学習行動障害を人参エキスの反覆投与が改善した[37]。
● 加齢ラットの記憶改善を水迷路試験で認め，中枢ドーパミン神経系に対する影響を調べたところ，人参末を含む飼料で長期飼育した雌の老化ラット線条体ではD-2ドーパミン受容体数が対照群より有意に多く，これが運動神経や精神機能維持に有効に働くと見ている[38]。
● 根部と葉茎部の粗サポニンがラットの作業記憶障害を改善する効果が示唆された[39]。

(9) 紅　参

人参採取後，蒸してから乾燥したもの[3]。

● 粉末を投与して老齢ラットの学習・記憶障害を改善。これは中枢性作用によるとしている。[40]

(10) 酸　棗（さんそう＝酸棗仁）

サネブトナツメの種子で，サポニンを含む。延年の効が伝えられる。加味帰脾湯に含まれる。

(11) 霊　芝

マンネンタケまたは近縁種の子実体[3]。古来中国の不老長寿の薬。
● 粉末の長期投与で,老化促進マウスの5ヵ月齢時の老化度評点に有意の老化遅延を認めた。
なお八味地黄丸,人参粉末にも同様の効があり,これらには学習・記憶能力の増強と保持を認めた[41]。

(12) **天台烏薬**[3]

秦の始皇帝が不老長寿の薬を臣の徐福に命じて探させた伝説の薬木。根が烏薬の名で腹痛,下痢等の薬とされ,linderene などのテルペノイド成分が知られているが,フリーラジカル消去成分としてはタンニンの関与が考えられる。

(13) **遠　志（おんじ）**

イトヒメハギの根。サポニンを含む[3]。不老の効が伝えられている。人参養栄湯,加味帰脾湯に含まれる。

(14) **五　加**

ウコギおよび同属植物の葉,根皮。サポニンを含む[3]。耐老の効があるとされる。

(15) **地　黄**

アカヤジオウなどの根茎。イリドイド配糖体,多量の炭水化物を含む[3]。不老の効が伝えられる。

(16) **黄　精**

ナルコユリの黄白色の地下茎。病後の体力回復などに使われ[3],また延年の効があるとされる。

(17) **枸　杞**

クコの果実[3]。蜂の巣（露蜂房）やエンジュの実（槐子）などとともに道教の仙薬の一つであった。

(18) **石　斛（せっこく）**

ホンセッコクなどの茎。Dendrobine などのアルカロイドを含む[3]。延年の効が伝えられる。

(19) **鹿　茸（ろくじょう）**

マンシュウジカなどの鹿の袋角の粉末をエキスにしたもの。不老,耐老の効が「本草綱目」等に記載されている[3]。

● 老化促進マウスを用いた実験および培養心筋細胞中で抗酸化,ラジカル消去効果が認められ,また老化促進マウスのSOD活性低下を回復させ,肝臓MAOを減少させたと報告された。MAO活性減少効果のある成分は低分子脂質とヒポキサンチンとされている[2]。

● 老化に伴う免疫監視機構の異常に対する効果検討の結果,マクロファージによる免疫複合体除去能促進活性が見られ,その活性成分は guanosine および adenosine と報告された[42]。

3 和薬

日本人の生活の中で見出され，用いられてきた薬が和薬である。これらの中にはラジカル消去作用に基づく抗酸化効果が著しいポリフェノール類[43,44]を主成分として含むものが多い[45,46]。ゲンノショウコ，アカメガシワ，ヨモギ，ユキノシタ，柿等がその例で，これらについては各成分毎の化学的解明とラジカル消去効果の研究が進んでいるが，和薬一般についてヒト，動物対象の研究が漢方薬と比べて未だ少ない。

これらの研究が進めば，因果関係が漢方薬ほど複雑でないだけ，作用機構解明の手がかりが得やすいと思われる。

(1) ゲンノショウコ

地上全草に主成分として結晶性で性質緩和なタンニンのgeraniinを多量に含み[45]，止瀉整腸薬の代表。かつフリーラジカル消去作用がある。フウロソウとも呼ぶが，それを不老草由来の名とする俗説は，効能を意識したものとも見なし得る。

(2) カキドオシ

精油の他にロズマリン酸などのポリフェノール(シソ科タンニン)を含む[33]。強壮の効があるとされる。

(3) 松葉

精油の他，ケルセチン，タンニンなどのポリフェノールを含む[3]。延年の効が伝えられる。

4 和漢薬に含まれるフリーラジカル消去成分

和漢薬も食品も，それらの効能は含まれる成分に起因する。酸化障害を引き起こすフリーラジカルを消去する作用の知られる植物成分は数群に分類できるが，ビタミンC，Eやカロチノイドなどは和漢薬に含まれることが比較的少なく，かつ本書では他章で述べられるからここでは省く。

和漢薬成分ではポリフェノール類がフリーラジカル消去作用成分の代表である[44-47]。この点では，ポリフェノール(タンニン)を多量に含む食品の代表として緑茶，赤ワインなどがあるのと共通である。その他，和漢薬成分ではサポニンなどにもこの作用の認められるものもある。

ポリフェノールは，いわゆるタンニンである。タンニンは渋みで食品の味を損なう成分と思われがちであるが，これが必ずしも正しくないことは，茶や赤ワインの味にはタンニンが不可欠で，他成分とバランスよく含まれている限り，茶やワインの味の深みを増すことを見ても分かる通りである。近頃，茶のタンニンを茶カテキンと呼ぶ傾向があるのは(カテキンそのものは渋みも効能も弱く，茶の成分で抗癌[47]，抗酸化[44]等の効能の著しいのは主成分のEGCGとECGである)，

タンニンに関する先入観からくる誤解を避けようとしているのかと思われる。

なお，和漢薬のポリフェノール類には多種類のフラボノイド，リグナン，クマリンその他があり，一般にフリーラジカル消去作用を呈する。

和漢薬成分のポリフェノールは各生薬毎に化学構造が異なるが，それらの化学構造例は前著[48]等に示した。なお，2.1項の漢方薬を構成する生薬の中でも，芍薬（ガロタンニン），桂皮（縮合型タンニン），山茱萸（エラジタンニン），黄芩（baicalin, baicalein 等のフラボノイド系ポリフェノール），甘草（フラボノイド系等のポリフェノール），牡丹皮，釣藤等はポリフェノール成分に富む生薬である。

5 おわりに

和漢薬による老化予防という，要因の複雑な効能を各和漢薬に含まれる1種類の成分に帰納することは適切でない場合も多いであろうが，フリーラジカル消去効果成分を出発点とする研究が解明への手がかりの一つとなることを期待したい。

文　　献

略　名：[和漢＝和漢医薬学雑誌（1994～）および和漢医薬学会誌（～1993)]

1) 二木鋭雄ほか編集，"成人病予防食品の開発"，p.71，シーエムシー(1998)
2) 奥田拓男，吉川敏一編集，"フリーラジカルと和漢薬"，国際医書出版(1990)
3) 奥田拓男編，"天然薬物事典"，廣川書店(1986)
4) 稲垣宏之ほか，和漢，15, 189 (1998)
5) M. Yoshida et al., Am. J. Chinese Med., 13, 71 (1985)
6) 渡辺宣佳ほか，新薬と臨床，31, 1366 (1982)
7) 原中瑠璃子ほか，和漢，3, 51 (1986)
8) C. Kudo et al., Iyaku-Journal, 28, 35 (1992)
9) 水島宣昭ほか，和漢，6, 456 (1989)
10) 山本孝之ほか，和漢，6, 454 (1989)
11) 荻野信義ほか，和漢，7, 340 (1990)
12) 藤原道弘，和漢，6, 234 (1989)
13) 荻野信義，和漢，6, 561 (1989)
14) 小林誠ほか，和漢，6, 500 (1989)

15) 平松緑ほか，和漢，13, 422 (1996)
16) 林高弘ほか，和漢，13, 378 (1996)
17) 山本孝之，和漢，11, 374 (1994)
18) 南部勝司，現代医療学，5, 114 (1989)
19) 川島孝一郎ほか，現代医療学，5, 250 (1989)
20) 高木嘉子，漢方の臨床，35, 878 (1988)
21) 早野泰造，現代医療学，5, 109 (1989)
22) 山本孝之，和漢，12, 382 (1995)
23) K. Toriizuka et al., Neurological Therapeutics, 12, 515 (1995)
24) 鳥居塚和生ほか，和漢，13, 362 (1996)
25) H. Watanabe, Jpn. J. Psychopharmacol., 11, 215 (1991)
26) 酒井啓行ほか，和漢，13, 426 (1996)
27) 丁宗鉄ほか，和漢，15, 280 (1998)
28) 山内康平ほか，和漢，6, 274 (1989)
29) 篠崎徹，和漢，13, 368 (1996)
30) 盛政忠臣，和漢，13, 366 (1996)
31) 小暮久也，和漢，6, 238 (1989)
32) 松野純子ほか，和漢，13, 364 (1996)
33) 奥田拓男ほか，薬学雑誌，106, 1108 (1986)
34) 牧野利明ほか，和漢，15, 256 (1998)
35) 奥田拓男ほか，薬学雑誌，106, 894 (1986)
36) 戸田静男，和漢，13, 470 (1996)
37) 渡辺裕司ほか，和漢，12, 440 (1995)
38) 渡辺裕司，和漢，6, 232 (1989)
39) X.-N. Ni et al., J. Traditional Medicines, 12, 118 (1995)
40) 鐘咏梅ほか，和漢，15, 233 (1998)
41) 鈴木健治ほか，和漢，7, 388 (1990)
42) 趙全成，和漢，7, 544 (1990)
43) T. Okuda, "Food and Free Radicals", (Hiramatsu et al. Eds.), p.31, Plenum, New York (1997)
44) T. Okuda, "Antioxidant Food Supplements in Human Health", (L. Packer et al. Eds.), p.393, Academic Press, San Diego (1999)
45) 奥田拓男，薬学雑誌，115, 81 (1995)
46) T. Okuda, "Food Factors in Cancer Prevention", (H. Ohigashi et al. Eds.), p. 280, Springer, Tokyo (1997)
47) S. Yoshizawa et al., Phytother. Res., 1, 44 (1987)
48) 二木鋭雄ほか編集，"成人病予防食品の開発"，p. 133, シーエムシー (1998)

第2章 茶

小國伊太郎[*1], 鈴木喜隆[*2], 加治和彦[*3], 佐野満昭[*4]

1 はじめに

 生体は，過剰に生じた活性酸素やフリーラジカルによって，連鎖的に酸化的傷害を受け，生体内脂質過酸化反応が進む。反応性の高いフリーラジカルによる生体成分の酸化的傷害は，老化やがんをはじめとする種々の生活習慣病（成人病）を引き起こすと考えられている。

 一方，種々の植物性食品の中に存在する抗酸化成分が，生体内の酸化的傷害の抑制に大きな役割を果たしていることが明らかになってきている。従来から知られていた茶，とくに緑茶のカテキン類（渋味成分）の抗酸化能が，このような観点から注目され，研究が進展している[1,2]。

2 茶に含まれる抗酸化成分

 茶は，ツバキ科に属する常緑樹の葉からつくられ，その製法により，非発酵茶（緑茶），半発酵茶（ウーロン茶），発酵茶（紅茶）に大別される。緑茶には，カテキン類（渋味成分）と呼ばれるポリフェノールが多く含まれている。カテキンは，化学構造的にはフラバン骨格に数個の水酸基を有し，渋味を呈することから茶タンニンとも呼ばれている。

 カテキン類は，緑茶成分の中で，最も含有量の多い成分である。その主なものは，(−)-エピカテキン（EC），(−)-エピガロカテキン（EGC），(−)-エピカテキンガレート（ECg），(−)-エピガロカテキンガレート（EGCg）の4種類である（図1）。

 緑茶には，カテキン類の他にも，水溶性のフラボノイド類，ビタミンC，B_2や脂溶性のカロテノイド類，ビタミンEなどの抗酸化成分が豊富に含まれている。さらに，抗酸化酵素系のスーパーオキシドジスムターゼ（SOD）の構成成分であるZn，Mnやグルタチオンペルオキシダーゼ（GSH-

---

* 1　Itaro Oguni　静岡県立大学　短期大学部　食物栄養学科　食物学研究室　教授
* 2　Nobutaka Suzuki　国立水産大学校　食品化学科　食品化学研究室　教授
* 3　Kazuhiko Kaji　静岡県立大学　大学院生活健康科学研究科　食品栄養科学専攻　老化制御研究室　教授
* 4　Mitsuaki Sano　静岡県立大学　薬学部　衛生化学教室　講師

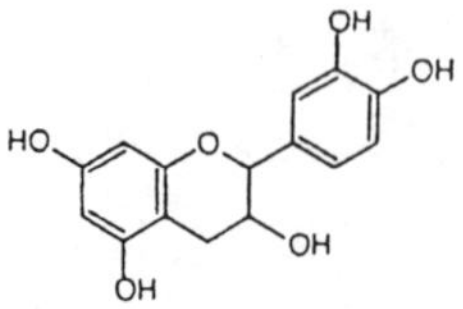

エピカテキン（EC）

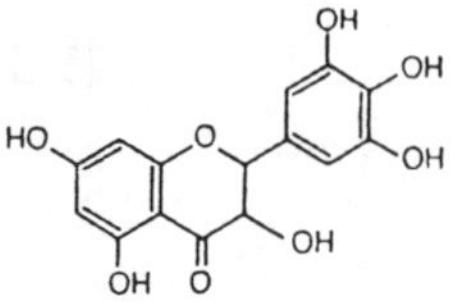

エピガロカテキン（EGC）

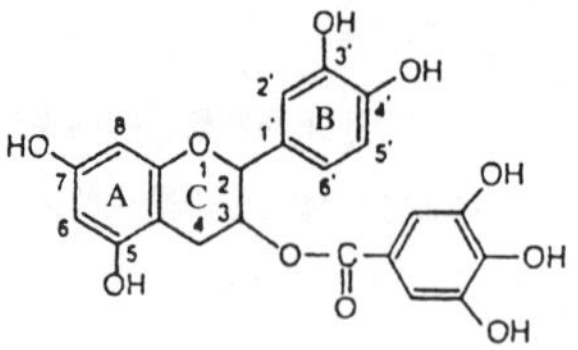

エピカテキンガレート（ECg）

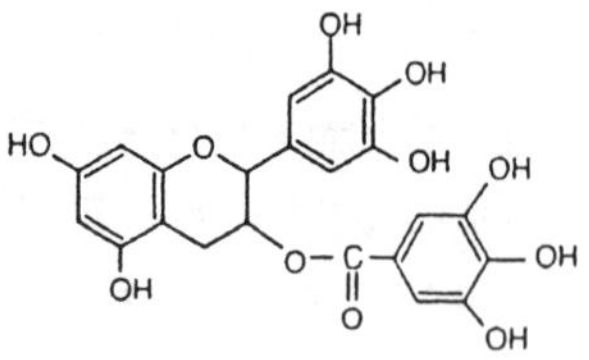

エピガロカテキンガレート（EGCg）

図1　茶カテキン類の化学構造

上級煎茶中には，100g 中に，EGCg 8.16g, EGC 2.77g, ECg 2.47g, EC 0.74g 程度含まれており，茶カテキンとしておよそ 14g 含まれる。

Px）の構成成分である Se などの金属も多く含まれている。

紅茶では，その発酵過程で，カテキン類の酸化重合が起こり，テアフラビン類やテアルビジンと呼ばれる化合物が生成し，紅茶特有の紅色を呈する。酸化重合するカテキン類の組み合わせにより，抗酸化作用をもつ化学構造の異なる数種のテアフラビン類が生成する。

3 種類の茶のカテキン類の含有量（乾物中の%）を表 1 に示す[3)]。

3　茶カテキン類の一重項酸素に対する抗酸化性

3.1　茶は一重項酸素による（日焼けなどの）老化をも防ぐ

光合成を行っている緑葉植物は，太陽から可視光を吸収して，そのエネルギーを葉緑素の励起状態として受け取り，それを化学エネルギーに変化させて，炭水化物の合成，ひいてはタンパク質その他一切の生体成分を合成していくのであるが，その過程で，葉緑素(Chl）の励起三重項状態をも生成し，これが分子状酸素（$^3O_2$：三重項状態）とエネルギー交換をして，基底状態の葉緑素と一重項酸素（$^1O_2$）とを生成する（下式参照）。

葉緑素（Chl）(基底状態）＋可視光 $\longrightarrow$ ^{1}(Chl)*(励起一重項状態)

^{1}(Chl)* $\longrightarrow$ ^{3}(Chl)*(励起三重項状態)

^{3}(Chl)* + $^3O_2$(酸素ガス)(基底三重項状態) $\longrightarrow$ Chl + $^1O_2$(一重項酸素)

第3編　各種食品・薬物による老化予防と機構

表1　茶類のカテキン類の含有量（乾物中の％）[3]

茶の種類	等級	EC	ECg	EGC	EGCg	合計
玉　露	上	0.36	1.35	1.68	6.65	10.04
	中	0.50	1.65	2.04	6.60	10.79
	下	0.34	1.45	1.94	6.68	10.41
煎　茶	上	0.74	2.47	2.77	8.16	14.14
	中	0.91	1.76	3.36	7.53	13.56
	下	0.96	2.31	2.70	7.49	13.46
釜炒り茶	上	1.20	2.38	3.09	7.43	14.10
	中	0.86	2.68	3.77	10.85	18.16
	下	0.75	2.29	3.12	9.79	15.95
番　茶	上	0.80	1.98	3.81	7.97	14.56
	中	1.07	2.40	3.28	5.58	12.33
	下	0.96	2.31	2.82	8.56	14.65
ほうじ茶	上	0.44	1.72	1.10	3.14	6.40
	中	0.40	1.56	1.36	5.00	8.32
	下	0.32	1.43	1.01	2.32	5.08
ウーロン茶	鉄観音	0.62	2.90	0.44	6.85	10.81
	色　種	0.94	1.93	0.71	6.10	9.68
紅　茶	ダージリン	0.67	3.92	tr.	4.02	8.61
	アッサム	1.35	4.56	0.80	5.36	12.07

（池ヶ谷賢次郎氏の資料より）

ここで発生する$^1O_2$は非常に強い酸化剤であり，発生場所の周辺の生体成分を速やかに酸化して過酸化物をつくり，発がん，老化，炎症，突然変異などの原因となる。図2は茶葉に赤いレーザー光を当てた時に発生する$^1O_2$が基底状態に戻るときに特異的に出す近赤外発光スペクトルを捕えたものである。

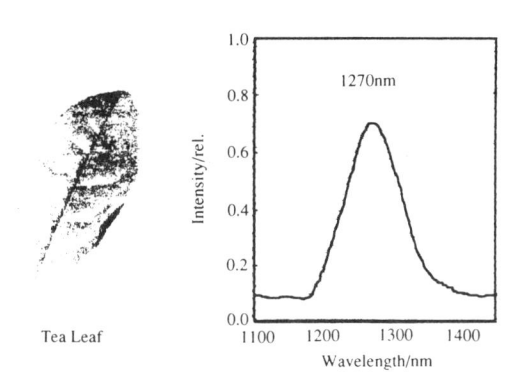

図2　レーザー照射による茶葉からの近赤外発光スペクトル
（He-Ne-レーザー（633nm））

$^1O_2 \rightarrow {}^3O_2 + 光$（可視光および近赤外光）

　植物は，このようにして発生してくる$^1O_2$を放置しておくと，生命を維持することが危なくなるため，$^1O_2$を除去するための抗酸化成分を大量に光合成系の周辺に配置することで，危険を排除していると考えることができる。このため，光合成植物には多量の抗酸化成分（例；茶カテキン，カカオポリフェノールなど）が含まれると予測されることから，茶は$^1O_2$による日焼けなどの老化を防止することが期待できる。

　一方，我々は，強い可視光を浴びた場合，人などの肌または筋肉部分から$^1O_2$が発生することをも観測している。これら老化などを防ぐ抗酸化成分の抗酸化能を，$^1O_2$に対する消光反応定数という形で検索し，客観的，定量的に表現する方法を紹介したい。

3.2 活性酸素（スーパーオキシド，一重項酸素）

　$^1O_2$やスーパーオキシド（O_2^-）に代表される活性酸素は，さまざまな生物的，化学的，物理的過程において重要な役割を果たしており，発がんや老化，炎症等の原因となると考えられている。これらを防ぐ抗酸化成分として，一般にはスーパーオキシドジスムターゼ（SOD）やビタミンC，ビタミンE，カロチンなどがよく知られている。

　$^1O_2$は可視域と近赤外域の両方に発光を示すが，$^1O_2$を検出する方法として，従来は可視域の発光の測定が主として用いられてきた。しかしながら，この領域には他の原因物質からの発光が重なって出る場合が多いため，$^1O_2$からの発光かどうかが判然としない。したがって，他の物質の発光と重なることが考えにくい近赤外発光（波長1270nm）を，直接測定することが物理的に最も信頼できる方法[4]である。

　そこで，我々は，$^1O_2$に対する抗酸化定数の測定に，鈴木らが開発した近赤外発光分光装置を使用し，その消光反応定数を測定した。

　一方，O_2^-を検出定量する方法としては，我々の研究室で開発した，O_2^-に対して特異的に発光する化学発光試薬[5,6]であるウミホタルシフェリン誘導体（CLA）を用いて，抗酸化能を反応速度定数として定量的に測定する方法（ウミホタル化学発光法）を使用し，検討してきた。

　我々は，これまでに，クロロフィル金属錯体，茶カテキン類，アミノ酸，オリゴペプチド，水産および畜産タンパク質などのO_2^-に対する抗酸化性の測定を行い，生理活性と抗酸化性との関連性を検討してきたが，本項では，近赤外発光分光装置を用いた$^1O_2$に対する抗酸化定数の測定法を考案し，CLA化学発光の消光実験[7]によるO_2^-に対する抗酸化定数と比較検討した結果を示した。なお，一重項酸素の検出と抗酸化活性の測定の詳細については，文献を参照されたい[8]。

3.3 カテキン類の抗酸化定数

茶カテキン類および各種抗酸化成分の抗酸化定数の測定結果を表2に示す。

茶カテキン類の抗酸化定数は、$^1O_2$ に対しては $10^8 \sim 10^9 M^{-1}s^{-1}$ の値を示し、O_2^- に対しては $10^4 \sim 10^5 M^{-1}s^{-1}$ を示した。また、$^1O_2$ に対する抗酸化能は、O_2^- に対する抗酸化能にほぼ比例する結果となった。したがって、カテキン類は $^1O_2$ と O_2^- いずれに対しても、非常に高い抗酸化活性を示し、老化や発がんなど、人体におよぼす悪影響を抑制することが示唆された。

カテキン類は、茶葉中にだけではなく、いくつかの野菜や果実中に含まれているが、今回の結果で高い抗酸化活性を示したEGCやECg、EGCgは、とくに茶葉中に含量が高い。静岡県で胃がん死亡比が他県と比較して著しく低いのは、茶を多飲し、これらのカテキン類を多く摂取していることと関連があると考えられている[1]。

また、トリエチレンジアミン(DABCO)およびアジ化ナトリウムは、$^1O_2$ に対しては $10^6 M^{-1}s^{-1}$ と比較的高い値を示したが、O_2^- に対しては $10^2 M^{-1}s^{-1}$ と、抗酸化能はほとんど認められない結果となった。この差を利用して $^1O_2$ と O_2^- の識別ができると考えられる。例えば細胞内で酸化反応が起こった場合、どの活性酸素種が関与しているかは見分けることが難しい。そこへトリエチレンジアミンやアジ化ナトリウムを添加して酸化反応が止まった場合、$^1O_2$ による反応の可能性が高いと言うことができる。

食品添加物として広く利用されている合成抗酸化剤、BHAおよびBHTは、$^1O_2$ に対してそれぞれ $10^6 M^{-1}s^{-1}$、$10^5 M^{-1}s^{-1}$ と比較的高い値を示した。これらが安価なこともふまえると、効果

表2 $^1O_2$ および O_2^- に対する抗酸化反応定数

消光剤	溶媒[b]	反応速度定数 ($/M^{-1}s^{-1}$)	
		$^1O_2\ k_q/10^6$	$O_2^-\ k_3/10^3$
カテキン類[a]			
+カテキン	A	247	12.5
EC	A	403	15.0
EGC	A	286	617
ECg	A	1130	180
EGCg	A	1880	749
SOD[c]	A	2730	2200
NaN$_3$	A	1.41	0.25
DABCO[d]	A	2.24	0.44
BHA[e]	B	1.68	
BHT	B	0.55	

a) 略号は前述 b) A：水；B：メタノール c) SOD：スーパーオキシドジスムターゼ d) DABCO：トリエチレンジアミン e) 合成抗酸化剤；BHA：ブチルヒドロキシアニソール；BHT：ジブチルヒドロキシトルエン

と価格の両方の面から，有効な抗酸化剤であると言える。

しかし，これらは，近年，安全性に関して問題点が指摘され，食品中での使用が再検討されている。とくにBHAは，ラットの前胃がんを生じることが確認されている。安全で効力の高い抗酸化剤の開発が今後の課題であろう。

4 茶カテキン代謝産物の抗酸化活性

In vitro の評価で示されるカテキン類の強い抗酸化活性が[9]，茶を摂取した場合，*in vitro* でも反映されるか否かは，抗酸化食品としての茶の役割を論ずる上で常に問題となる。

4.1 茶カテキン摂取による生体内抗酸化活性

茶カテキン混合物を含む飼料で飼育したラットの血漿や臓器の過酸化脂質（TBARSとして）レベルを対照群と比較すると[10]，13〜19ヵ月間与えた群の血漿では，加齢によって増加するTBARSを約25％抑制するものの，それ以下の投与群では有意な差は認められない（図3）。緑茶や紅茶抽出液を4週間（1日900ml）飲用したヒト血漿でも，脂質レベルや過酸化脂質（MDA量）には有

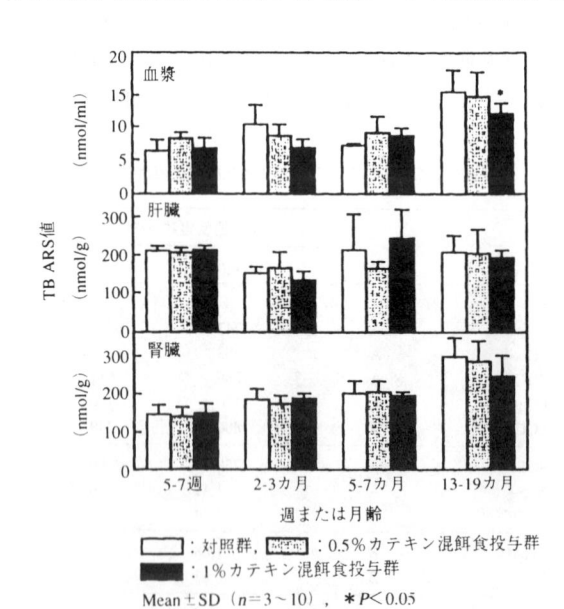

図3 茶カテキン含有飼料摂取ラットの血漿，および臓器における過酸化脂質（TBARS）レベル[10]

第3編　各種食品・薬物による老化予防と機構

意な変化はないとの報告がなされている[11]。

一方，図4に示すように，Zhangら[12]はカテキン混合物100mgを含む水溶液を経口投与し，その20分後に得られたラット赤血球をペルオキシラジカル発生剤であるAAPHと反応させた場合，カテキン投与群でラジカルによる溶血作用を有意に抑制することを示した。表3は緑茶あるいは紅茶葉粉末をそれぞれ35日間投与したラットに，AAPHを投与して臓器傷害を誘起させた場合の結果である[13]。緑茶群では肝，腎で，また紅茶群では肝で，有意に過酸化脂質の増加を抑制している。同様に，茶カテキンや茶葉抽出物（粉末）を摂取したヒトの血漿やラット臓器を，ex vivoにて，強制的に酸化的ストレスを与えた場合，茶摂取群で有意な抗酸化効果が認められる[14,15]。

すなわち，茶カテキン類の摂取は，正常状態では，生体の抗酸化に関するホメオスタシスが働き，血液や組織の過酸化脂質レベルに大きな影響を与えないが，いったん多量の活性酸素に暴露され酸化的ストレスが増加した場合，抗酸化効果を発現することが考えられる。

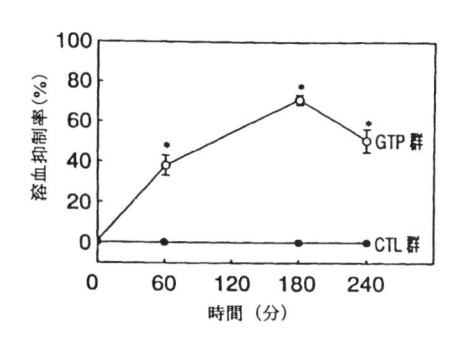

図4　ラット赤血球のペルオキシラジカル誘発溶血作用に対する茶カテキン投与の効果[12]
Mean ± SD ($n = 5 \sim 6$), ＊：$P < 0.01$
GTP群：ジャスミン茶より抽出したカテキン画分（100mg）を含む蒸留水を経口投与
CTL群：同量の蒸留水を経口投与（対象群）
各ラットは投与20分後，と殺，採血し，2,2-azo-bis(2-amidinopropane)dihydrochloride（AAPH）による赤血球の溶血作用を検討

表3　ラット臓器（肝，腎）の酸化的傷害に対する茶葉摂取の効果[13]

群	過酸化脂質量（TBARS）(nmol/g組織)	
	肝	腎
対照	467.47 ± 49.49	236.16 ± 14.34
緑茶	193.90 ± 11.17＊＊	200.90 ± 26.30＊
紅茶	344.17 ± 39.37＊	223.77 ± 20.94

茶投与群は各茶葉粉末3％含有飼料を35日間ラットに与えた。
TBARSは各群ラットにAAPH（50mg/kg, i.p.）投与18時間後の過酸化脂質量を示す。
Mean ± SD ($n = 4 \sim 5$), ＊：$P < 0.05$, ＊＊$P < 0.01$

4.2 EGCg由来代謝産物とその抗酸化活性

生体内での抗酸化活性の発現が，カテキンそのものか，その代謝産物に由来するのか，あるいは抗酸化酵素の誘導[16]と関連するのか，現在のところ，ほとんど不明である。

主な茶カテキン4種(EC，ECg，EGC，EGCg（図1参照））の中で，その含量が最も多いEGCgは，ヒトの場合[17]と同様，経口投与後，1～2時間でラット血漿や胆汁中に検出されるが，その量はわずかである[18]（図5）。[^{3}H] EGCgをマウスに経口投与し，24時間後の体内分布を検討した報告[19]では，血液や主要臓器（肝，腎，心，肺，脳等）のほとんどに放射活性が認められているが，その存在形態については明らかではない。

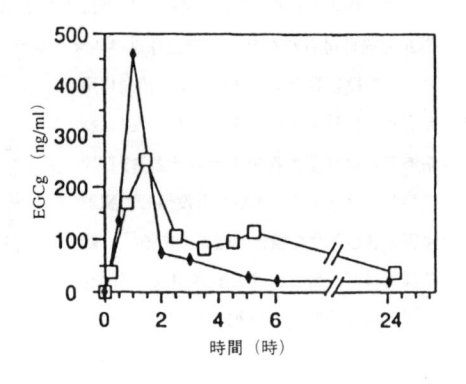

図5 EGCg投与によるラット血漿および胆汁中のEGCgの経時的推移[18]

◆：血漿中のEGCg，□：胆汁中のEGCg
EGCg（100mg/kg体重）をラットに経口投与し，フリームービングシステムにより，経時的に血液および胆汁を採取し，EGCg量を測定（各値は，ラット2匹の平均値）

EGCgは，血漿や胆汁中ではECに比較し，かなり不安定であり，血漿や胆汁とインキュベートした場合，EGCgは速やかに減少し，その一部は重合体（P-1～P-3）に変化する[18,20]（図6）。これらの物質は酸化的ストレス下でのリポフスチンの生成をEGCgよりも効果的に抑制し，また強いアポトーシス誘導活性を示す[21]。

ECは，肝臓において，構造のB環の3位がメチル化され，またグルクロン酸や硫酸抱合体化が容易に行われることが知られている[22,23]。EGCgの場合，図7に示すように，EGCgの静脈投与後の肝臓において，ガレートエステル中の3位と4位がそれぞれメチル化したP-4, P-5（図6参照）が検出され，その生成量はP-5がP-4の約10倍である。また，その抱合体（グルクロン酸，硫酸抱合体）も検出される[24,25]。これらのメチル化体は，EGCgよりも強い抗アレルギー作用（I型）を有する[25]。

表4にEGCg由来の代謝産物（P-1～P-5）の抗酸化活性（Fe^{2+}キレート作用，O^-_2捕捉作用）を示す。等モル当たりの評価は，それら代謝産物の多くが，EGCgより強い抗酸化活性を有することを示している。それゆえ，生体内での抗酸化活性をはじめ，現在まで報告されているEGCgに関する機能性のいくつかは，これら代謝産物が関与している可能性が考えられる。今後，カテキンの体内動態のより詳細な検討を含め，これら代謝産物の機能性についての研究の進展を期待したい。

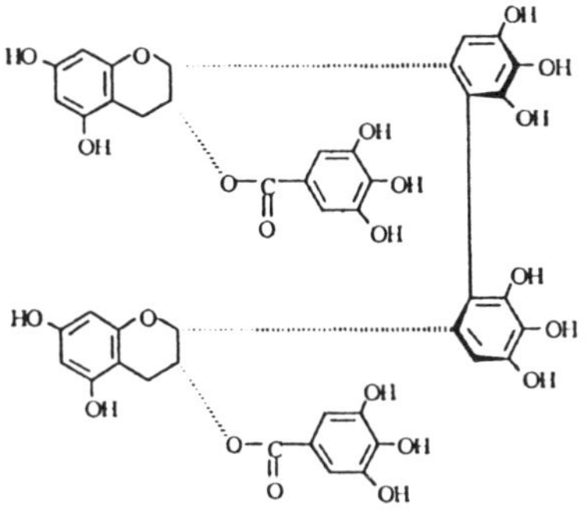

第3編　各種食品・薬物による老化予防と機構

P-1 (theasinensin A)

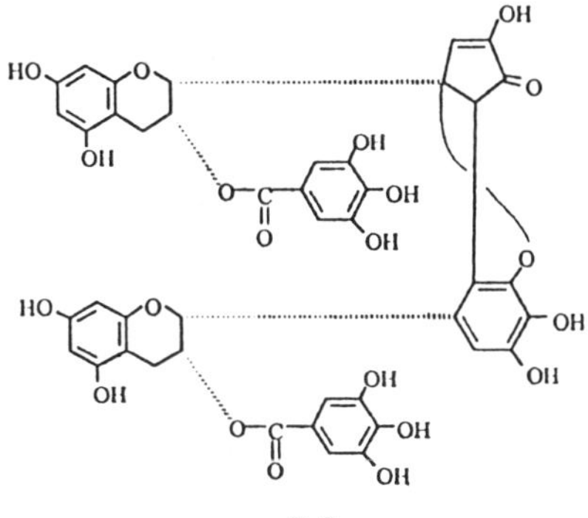

P-2

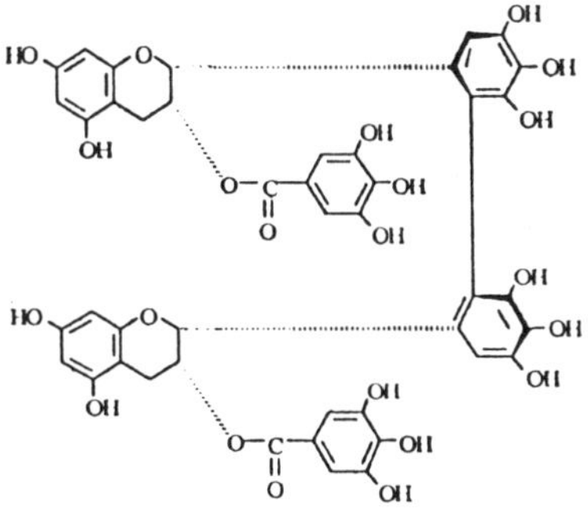

P-3 (theasinensin D)

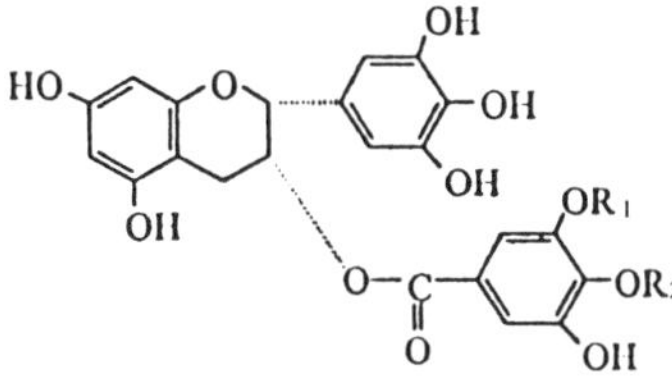

P-4：epigallocatechin 3-O-(3-O-methyl)gallate
　　　R_1＝CH_3, R_2＝H
P-5：epigallocatechin 3-O-(3-O-methyl)gallate
　　　R_1＝H, R_2＝CH_3

図6　EGCg由来産物[20, 24, 25]

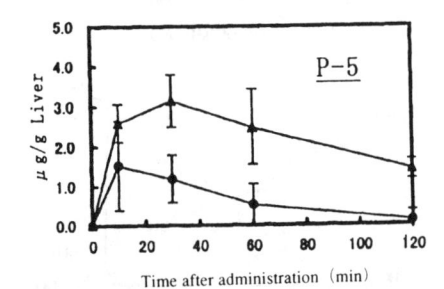

図7 EGCg投与によるマウス肝臓中P-4, P-5生成（遊離体, 抱合体）の経時的推移[24]
　　▲：遊離体, ●：抱合体（グルクロン酸, 硫酸抱合体）
　　Mean ± SD ($n = 5 \sim 6$)
　　EGCg（50mg/kg）をマウス静脈内投与し, 一定時間後,
　　と殺し, 肝臓中の各カテキン量を測定

表4　EGCg由来産物の抗酸化活性[20]

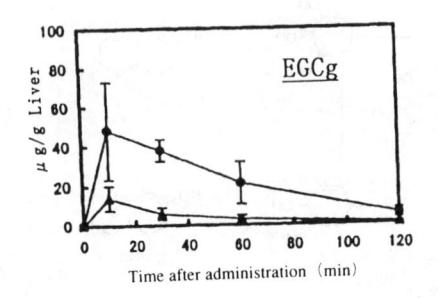

	Fe^{2+}キレート活性	O_2^-捕捉活性
EGCg	1	1
P-1	1.96	0.84
P-2	2.34	1.48
P-3	2.02	1.09
P-4	1.92	1.78
P-5	1.03	1.40

Fe^{2+}キレート活性は各試料37μM, O_2^-捕捉活性は各試料22μMを用いた時の結果を示す.
各値はEGCgの活性を1とした時のP-1～P-5活性の比較 ($n = 3$)

第3編　各種食品・薬物による老化予防と機構

5　茶カテキンの細胞の生存，増殖およびアポトーシスに対する影響

5.1　細胞の生存，増殖およびアポトーシスに及ぼすカテキンの作用とその機構

　老化促進マウス（SAM-P8）の平均寿命をカテキン類は著しく延長した[26]。緑茶を飲用することによりヒトの平均寿命も延長するのであろうか。期待されるところである。

　EGCgを主成分とする茶カテキン類は，抗酸化作用の他，多くの酵素の阻害活性をもつ。それらは，ウロキナーゼ，オルニチンデカルボキシラーゼ，NADPH-チトクロームP450レダクターゼ，プロテインキナーゼC，ステロイド5アルファレダクターゼ，ニコチンオキサイドシンターゼなどである。

　したがって，生体を構成する細胞は，その種類ごとにカテキン類に対して異なった応答を示す。また正常細胞とそれらの形質転換したがん細胞でも，異なった，あるいは相反した作用がみられる。これまでのところ，一般に，多くの正常細胞に対しては増殖の阻害，がん細胞に対しては比較的高濃度のカテキン類によりアポトーシス誘導が観察されている。

　Chenらは，WI38線維芽細胞（ヒト胎児肺由来）と，そのSV40により形質転換し無限寿命を獲得したWI38VAのEGCgに対する応答性を検討した[27]。WI38VA細胞は比較的低濃度のEGCgで増殖阻害が起こる（IC_{50}；10 μM）が，正常WI38では100 μMでも増殖する。WI38VA細胞はさらに高濃度（40〜200 μM）のEGCgにより著しいアポトーシスの誘導が観察されるが，正常WI38細胞ではEGCgによるアポトーシスの誘導は1%以下である。これらの応答性の差は形質転換細胞のc-fosやc-mycの遺伝子発現がEGCgによって異常に亢進することによると思われる。比較的高濃度であるが，EGCgによりがん細胞に特異的にアポトーシスが誘導されるので，がん治療への応用が期待されている。

　最近，がん細胞に対する新たなカテキン類の作用が明らかにされ，注目されている。ヒト白血病由来細胞株U937や大腸がん由来HT29細胞のテロメラーゼ活性が，低濃度（1〜10 μM）のEGCgにより阻害された[28]。この阻害作用により，がん細胞のテロメア長がその細胞分裂に伴い短縮し，最終的に細胞寿命に達し，がん細胞が死滅した。EGCgが直接テロメラーゼに可逆的に阻害作用を示したものである。

　このような低濃度でがん細胞の無制限な増殖が抑えられることは，がんの治療薬として歓迎されることではあるが，新たな問題も浮かび上がってきた。テロメラーゼは生体中の生殖細胞や幹細胞に発現しており，それにより，これらの細胞は無限寿命を獲得している。カテキン類が，これらの細胞に，がん細胞の場合と同様の作用を示す可能性も否定できない。今後の検討が必要である。

　我々は，ヒト血管内皮細胞の増殖とアポトーシスに及ぼすカテキン類の作用を調べている。

老化予防食品の開発

　ヒト臍帯静脈内皮細胞（HUVEC）は，血清を含む培養液に増殖因子であるbFGFとaFGFを添加することにより，生存増殖が可能となる。これにさらにカテキン類を加えて7日間培養すると，低濃度（0.5～1.0 μg/ml）で30～60%の細胞増殖促進がみられた（図8a，山口，加治，未発表）。

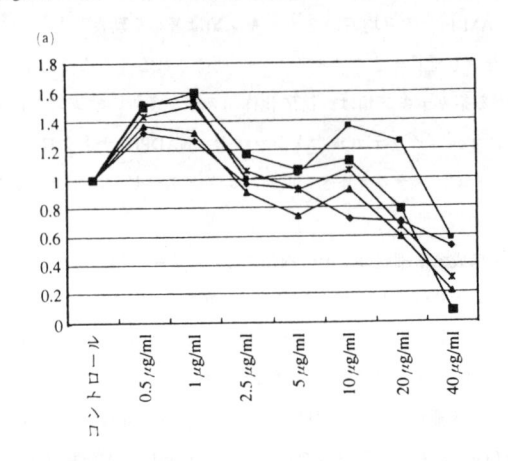

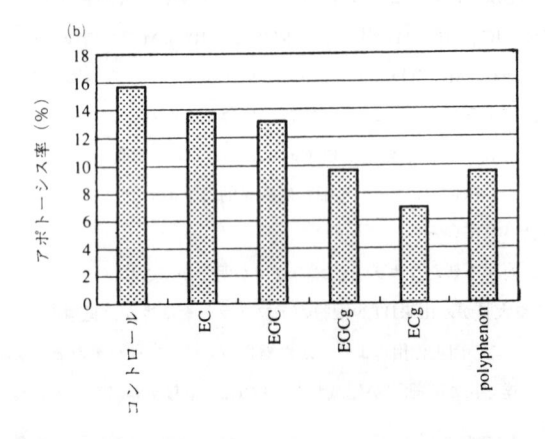

図8　ヒト臍帯静脈内皮細胞（HUVEC）の増殖とアポトーシスに及ぼすカテキン類の効果

(a)　増殖に及ぼす効果：HUVECを1×10^4細胞数/cm^{2}の密度で蒔き，カテキン類を添加し，7日目に細胞数を測定した。細胞増殖はコントロールの細胞数に対する相対値で示した。

　　（—◆—）；エピカテキン［EC］，（—■—）：エピガロカテキン［EGC］，
　　（—▲—）；エピガロカテキンガレート［EGCg］，
　　（—■—）；エピカテキンガレート［ECg］
　　（—×—）；ポリフェノン［緑茶カテキン末精製品］

(b)　アポトーシスに及ぼす効果：HUVECを培養しコンフルエントになった時点で，血清と増殖因子を除去し同時に1 μg/mlのカテキン類を加えた。6時間後に細胞を回収し，アポトーシスの細胞数を測定した。

第3編　各種食品・薬物による老化予防と機構

正常細胞においてカテキン類が増殖促進を示した初めての例である。なお，カテキン類は20μg/ml以上では増殖阻害が顕著になる。

HUVECは，血清や増殖因子を培養液から除くと，4～6時間の後に細胞集団に部分的にアポトーシスを誘導する。このときカテキン類を低濃度（1μg/ml）加えておくと，そのアポトーシスの誘導が阻止されることが明らかになった（図8b）。この効果は，ECgやEGCgで顕著であった。

このように，がん細胞の場合とは異なり，正常細胞では，カテキン類により逆にアポトーシスの誘導阻止が示された。この機構の解明と生物学的な意義の検討は今後の課題である。

5.2 血管の老化と血管新生に及ぼすカテキンの作用とその機構

過酸化脂質による細胞障害は血管の老化の一要因である。この障害がカテキンにより軽減されることが示された[29]。

HUVECにリノール酸ヒドロペルオキシド（50μM）を添加すると細胞死が観察される。（+）-カテキン（50μM）はこの細胞死を部分的に阻止した。一方，同濃度の他のカテキン類はこの効果がなかった。しかし，EGCgの配糖体は（+）-カテキンと同様の効果があった。

生体におけるがん細胞の増殖は，血管新生に強く依存している。固形がんは増大するに伴い，その中心部が低酸素に曝される。がん細胞はそれを回避するために血管新生因子（VEGFやbFGF）を産生し，血管新生を促す。この血管新生が阻止できれば固形がんは増勢しない。同時に他の組織や細胞に影響を与えることもなく，極めて望ましい治療法の基礎となろう。がん治療における血管新生阻止法は現在大いに期待されている。

実験動物による茶の投与実験および疫学調査から，特に緑茶の摂取が発がんの罹患率を下げることが報告されてきて，緑茶に多量に含まれるEGCgが注目されている。EGCgはがん転移に関与するウロキナーゼの阻害効果があるが，その作用を示すには高濃度のEGCgが必要である。

Caoら[30]は，緑茶成分のがん抑制効果は血管新生の阻害によるものと予想し，一連の実験を行った。EGCgは10μg/ml以上の濃度でウシの内皮細胞のVEGFによる増殖を阻害し，この効果は内皮細胞に特異的であった。ニワトリ胚による血管新生測定法（CAM法；図9a参照）により，EGCgが少量でその血管新生を阻害することがみられた（図9a）。

次に，マウスを飲料水に緑茶成分を加えて飼育し，実際にそれが血管新生を阻害するか否かを検討した。投与した緑茶には700μg/mlのEGCgが含まれており，動物の血漿中には摂取の結果100～300nMのEGCgが存在する。この濃度はヒトが2～3杯の緑茶を摂取した場合に相当する。この条件でマウスの角膜に血管新生因子であるVEGF（160ng）をおき，血管新生を誘導した。緑茶を摂取したマウスでは，対照群に比較して血管新生が顕著に阻害された（図9b）。

老化予防食品の開発

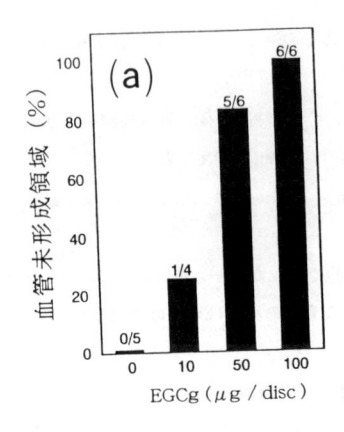

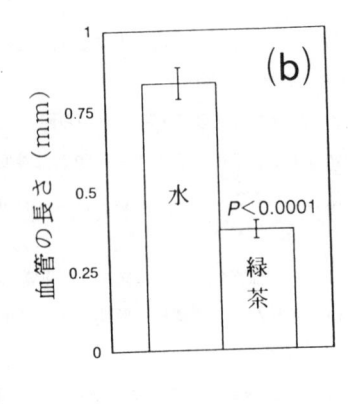

図9 緑茶および EGCg の血管新生阻害作用
(a) ニワトリ胚における EGCg の血管新生阻害：EGCg を小さな円盤（disc）に含ませ，ニワトリ胚の漿尿膜の上に乗せる。血管新生阻害因子活性があると，血管はその disc の周りには侵入してこない。
(b) マウス角膜における血管新生阻害：緑茶を飲用したマウスでは，角膜における VEGF による血管新生が抑制された（本文参照）。

これらの実験から，緑茶を常用することにより血管新生が阻止されることが強く示唆された。この結果，がんの増勢が抑制されると思われる。

カテキン類が低濃度でヒトの正常組織や細胞にいかなる効果を示すか，それが老化防止や老化に伴う脳障害，血管障害，発がんの阻止にどう関与するかの検討は始まったばかりである。

6　静岡県における疫学的観察

(1) 緑茶生産地はがん死亡が少なく，長寿

わが国の「人口動態統計」（厚生省編）によると，静岡県のがん死亡率は，男女とも全国値に比較して著しく低い。小國らは，静岡県のがん死亡の実態を詳しく知るために，市町村別に，がんの種類ごとに，標準化死亡比（SMR）を算出し，「がん死亡分布図」を作成，検討した。

この「がん分布図」によると，男女とも，胃がんについては，静岡県中・西部の大井川および天竜川上流地域ならびに両河川の周辺地域の SMR が著しく低いことが明らかである。全部位がんやその他のがんについても同様の傾向が認められた[1,2]。

この SMR の低い地域の特性についてさまざまな角度から検討した結果，全死因，全がん，胃がん，三大生活習慣病（がん，心臓病，脳卒中）などの SMR と緑茶の市町村別生産量との間に，負の相関が有意に認められた。一方，平均寿命との間には，正の相関が認められた（表5）[1,2]。

第3編　各種食品・薬物による老化予防と機構

表5　静岡県における市町村別生活習慣病標準化死亡比および平均寿命と緑茶生産量との相関（男）

	1	2	3	4	5	6	7
1. 全死因	1.000	0.672**	0.680**	0.787**	0.588**	−0.768**	−0.332**
2. 全がん		1.000	0.839**	0.692**	0.228*	−0.604**	−0.514**
3. 胃がん			1.000	0.626**	0.253*	−0.498**	−0.413**
4. 三大死因				1.000	0.860**	−0.616**	−0.331**
5. 循環器病					1.000	−0.406**	−0.088
6. 平均寿命						1.000	0.356**
7. 緑茶生産量 (ton/1,000人)							1.000

**　$P<0.01$
標準化死亡比は，1969年〜1983年の15年間のデータを用いた。平均寿命は，1985年の平均余命表のデータを用いた。
緑茶生産量は，1969年〜1983年の15年間の平均値を用いた。

これらの結果から，静岡県における緑茶生産地では，男女とも，全死因，全がん，胃がん，三大生活習慣病によるSMRが低く，平均寿命は長い傾向を示すと推定される。

(2) **緑茶生産地の住民は，緑茶をよく飲む**

次に，上述の結果と緑茶飲用との関連を明らかにするために，静岡県において，胃がんSMRの著しく異なる地域を抽出して，緑茶摂取状況を調査し，比較検討した。

1982年，胃がんSMRが静岡県内で最も低い中川根町を中心とする川根3町と，県西部地域で，そのSMRが比較的高いO町において，35歳以上70歳未満の住民839人を対象に緑茶摂取調査を実施し，性別，年齢別に集計・分析を行った。その結果，胃がんSMRの低い川根3町の住民は，そのSMRの高いO町の住民と比較して，男女とも緑茶をよく飲み，さらに茶葉を頻繁に取りかえ，やや濃いめのものを飲んでいる傾向が有意に認められた[1]。

さらに，1987年，県内の緑茶生産地である中川根町および川根町，非生産地のH町およびK村の住民1,240人についても，同様な調査を実施した。その結果，緑茶生産地の住民は，非生産地の住民と比較して，茶葉を頻繁に取りかえ，緑茶を高頻度に摂取する傾向が有意に認められた（図10）[1,2]。

これらの結果から，緑茶飲用が全死因，全がん，胃がんなどのSMRの低下と，平均寿命の延長に関与している可能性が示唆された[1,2]。

老化予防食品の開発

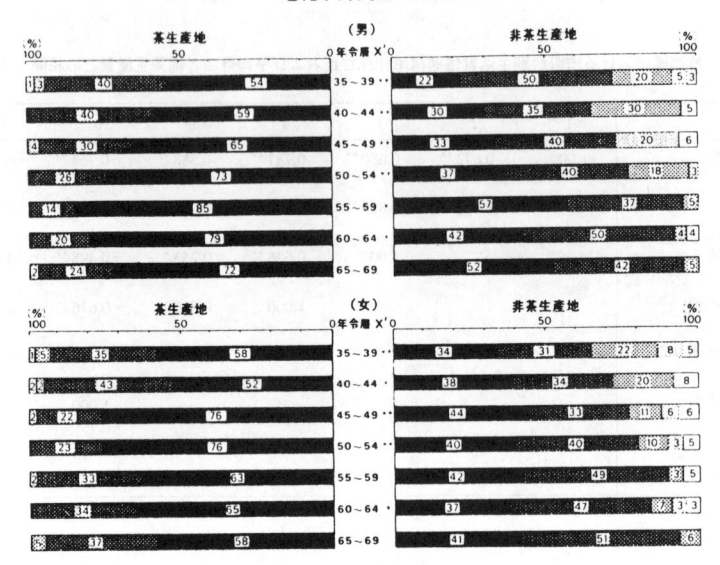

図10 茶の摂取頻度

この図は，緑茶生産地（川根町および中川根町）と非生産地（H町およびK村）の35歳以上70歳未満の住民1240名を対象に，1987年11月に緑茶摂取に関する調査を実施し，性，年齢別に解析した結果の一部である。グラフは，「あなたは，緑茶をどれくらい飲みますか」という問に対して，上記の5つの各選択肢に回答した者の割合を，5歳階級別に示したものである。

凡例：■食事以外にも飲む ■毎食後 ▨1～2回／日 ▨数回／週 □ほとんど飲まない
（X^2検定 $*P<0.05$ $**P<0.01$）

文　献

1) 小國伊太郎, "フラボノイドの医学", （吉川敏一編）, p.73, 講談社サイエンティフィク (1998); 小國伊太郎, 代謝, 29, 453 (1992); 小國伊太郎ほか, News letter (Jpn. Soc. for Cancer Prevention), No.9, 6 (1996); C. S. Yang et al., J. Natil. Cancer Inst., 85, 1038 (1993)
2) I. Oguni et al., Jpn.J.Nutr., 47, 93 (1989); 村松敬一郎編, "茶の科学", p.124, 朝倉書店 (1991); 小國伊太郎ほか, 平成4年度共同研究報告書（静岡県試験研究会議）, p.66 (1992)
3) 池ケ谷賢次郎, 茶の科学（村松敬一郎編）p.85, 朝倉書店 (1991)
4) A. U. Khan et al., Proc. Natl. Acad. Sci., U.S.A., 76, 6047 (1949)
5) M. Nakano et al., Anal. Biochem., 157, 363 (1986)
6) A. Nishida et al., Clin. Chim. Acta, 179, 177 (1989)
7) N. Suzuki et al., Agric. Biol. Chem., 55, 157 (1991)

8) N. Suzuki et al., Agric. Biol. Chem., 54, 2783 (1990); N. Suzuki et al., Antioxidative Activity against Active Oxygen Species. In "Recent Research Developments in Agric. & Biological Chemistry, Vol.2," (eds. by P.Cremonesi et al.), Research Signpost, Trivandrum, India, pp.283 (1998); 鈴木喜隆, 一重項酸素の測定法及び体内での働き, Frontier Bioscience バイオサイエンス最前線, 23, 11 (1998)
9) C. A. Rice-Evans et al., Free Rad. Biol. Med., 20, 933 (1996)
10) K. Yoshino et al., Age, 17, 79 (1994)
11) K. H. van het Hof et al., Am. J. Clin. Nutr., 66, 1125 (1997)
12) A. Zhang et al., Life Sci., 61, 383 (1997)
13) M. Sano et al., "Proceedings of Int'l Symp. on Tea Science", p.304 (1991)
14) M. Serafini et al., Eur. J. Clin.Nutr., 50, 28 (1996)
15) M. Sano et al., Biol. Phram. Bull., 18, 1006 (1995)
16) S. G. Khan et al., Cancer Res., 52, 4050 (1992)
17) T. Unno et al., Biosci. Biotech. Biochem., 60, 2066 (1996)
18) I. Tomita et al.,ACS Symposium Series, No. 701, 209 (1998)
19) M. Suganuma et al., Carcinogenesis, 19, 1771 (1998)
20) K. Yoshino et al., J, Nutr. Biochem., 10, 223 (1999)
21) K. Saeki et al., Biosci. Biotechnol. Biochem., 63, 585 (1999)
22) A. M. Hackett et al.,Drug Metab. Dspos., 9, 54 (1981)
23) M. K. Piskula et al., J. Nutr., 128, 1172 (1998)
24) 鈴木正純ほか, 日本薬学会第119年会講演要旨集3, p.132 (1999)
25) M. Sano et al., J. Agrc. Food. Chem., 46, 1906 (1999)
26) M. V. Kumari et al., Biochem. Mol. Biol. Int., 41, 1005 (1997)
27) Z. P. Chen et al., Cancer Lett., 129, 173 (1998)
28) I. Naasani et al., Biochem. Biophys. Res. Commun., 249, 391 (1998)
29) T. Kaneko et al., Chem. Biol. Interact., 114, 109 (1998)
30) Y. Cao et al., Nature, 398, 381 (1999)

第3章 ブドウ種子，果皮

佐藤充克*

1 はじめに

フランス人は動物性脂肪摂取量が多く，喫煙率も高いにも関わらず，心臓病の罹患率および死亡率が低いという，いわゆる「フレンチ・パラドックス」が知られている。これを解く鍵はワイン，特に赤ワインの摂取であったということが広く世に知られることとなり，赤ワイン消費が急拡大した。

ここでは，ブドウ種子および果皮に多量に含まれる，フリーラジカル消去活性の高いポリフェノールを主として解説するが，初めに，生活習慣病予防に有用と考えられる，適量のアルコール摂取の効果について触れる。

2 適量飲酒の効果

米国政府が1995年6月"ワインの健康に関する研究"に200万ドルの予算を計上した。アルコールは世界中で過剰飲酒による害悪が強調されがちだが，酒のポジティブな面の研究に政府が投資したのは有史以来のことである。英国でも政府の推奨飲酒量の上限を引き上げ，世界的に適量飲酒の効能が認められてきている。適量飲酒が死亡率や心臓病のリスクを低減することに関しては，膨大な疫学データ[1-6]が提出されており，毎日10～30gのアルコールを摂取すると，死亡率を20～80％，平均すると50％も低下させるという報告[7]もある。1995年11月5日，アメリカCBSテレビの人気ニュース・ショー「60 minutes」で1991年に続き，再びワインの健康に関する話題が放映されたが，ワインの場合，赤でも白でも毎日5杯までなら，死亡率を下げるとの内容であった。

日本では，もともと寿命が長いので，あまり目立たないが，男性医師5,139名の12年間にわたる調査[4]でも，断酒者あるいは非飲酒者に比較して，毎日アルコールとして27 ml以下の飲酒者の死亡率は有意に低くなっており，アルコール飲酒と死亡率の間には，世界の多くのデータ[8,9]と同様，Uカーブの関係が認められている。

---

* Michikatsu Sato　メルシャン㈱　酒類技術センター　センター長

第3編　各種食品・薬物による老化予防と機構

　アルコールの適量摂取の効果としては，まず血小板凝集の抑制作用[10-15]が挙げられる。血小板には怪我をしたときの出血を止めるなど重要な働きがあるが，体内で不用意に凝集すると血栓症となるので，この凝集作用を抑制すれば，血栓症の予防となる。また，適量飲酒によりLDL（低密度リポタンパク）が低下し，HDL（高密度リポタンパク）が増加する[14-16]。HDLは善玉コレステロールと言われ，血中の不要なコレステロールを取り除いてくれるので，HDLが多いと動脈硬化になりにくい。

　しかし，飲酒の最大の効果はストレスの解除にあると考えられる。飲酒により，ストレスに呼応して生成されるカテコールアミンの生成が減少することにより，ストレスから解放されることが報告されている[17]。ストレスは体内の活性酸素増加の最大要因と考えられるので，ストレスを抑えることは重要である。

　アルコールを過剰に摂取すると，アルコール性痴呆症を引き起こすと言われており，飲み過ぎないよう注意を要する。しかし，長寿の男性の60％は少量のアルコールを毎日楽しんでいるとの報告もあり，適量のアルコールは弊害よりも有益な点が多い。西洋では「ワインは老人のミルク」とも言われ，人生を楽しく過ごすためにも，適量飲酒には効用が多いと思われる。

3　ポリフェノールのブドウにおける分布

　フリーラジカル消去活性のあるポリフェノールは，ブドウ種子，次いで果皮に多く，果実のパルプおよび果汁の部分には少ない（図1）。ブドウ中のポリフェノールの含量はブドウの品種，栽培場所，その年の天候などにより大きく左右される。

　ブドウから醸造される赤ワインは，ブドウを除梗破砕し，果汁，果皮および種子込みでアルコール発酵を行い，発酵終了後に，果皮および種子からの種々の成分を抽出する醸（かも）し期間を置く。したがって，発酵および醸し期間中にブドウの果皮と種子のポリフェノールが充分抽出され，赤ワインには多量のポリフェノールが含まれる。参考のため，赤ワインの製造方法[18]を図2に示す。

　典型的な醸造用ブドウである V. vinifera から醸造された赤ワインには，非フラボノイドが200 mg/l，フラボノイドとしてはアントシアニンが150 mg/l，縮合タンニンが750 mg/l，カテキンなどその他のフラボノイドが250 mg/l，フラボノールが50 mg/l 含まれる[19]。

　ブドウに含まれるフラボノイド，アントシアニンについては第4編の第1章および第3章に解説があるので，本章では，抗癌性が話題になっており，ブドウ果皮に比較的多く含まれるリスベラトロール，ワインの活性酸素消去能（SOSA），ワインのSOSAに寄与する成分，さらに赤ワインの血流増加作用などについて，我々の研究を主として解説する。

老化予防食品の開発

図1 ブドウのポリフェノール存在比

果皮 25~50%
- アントシアニン類
- フラボノイド
- リスベラトロール（約1％程度）

パルプ 2~5%
- カフタリック酸
- クータリック酸
- ガリック酸など

種子 50~70%
- カテキン類
- ケルセチン
- プロアントシアニジン
- タンニン

図2 赤ワインの醸造工程

ブドウ → 除梗・破砕 → （主）発酵 ←酒母
→ 引抜き・圧搾（果皮・種子の分離）
→ 圧搾酒／引抜酒
圧搾酒：引抜酒と同工程で醸造し、一部他のワイン用として使用
→ （後）発酵 → オリ引き → 樽熟成 → 清澄・冷却・濾過 → 瓶詰 → 瓶熟成 → 包装・出荷

4　リスベラトロールについて

　ワインにおけるリスベラトロール（Resveratrol）の存在は1992年にSiemann & Creasy[20]が初めて報告した。ブドウ樹体で最も存在量の多いのは葉であり、次に果皮に多く、種子にも存在する[21]が、果実のパルプにはほとんど存在しない。この物質は、ブドウがカビに汚染されると自分を守るためにつくる、ファイトアレキシンの一種である。

　1995年までに、Resveratrolは悪玉コレステロールであるLDLの酸化を阻害し[22]、血小板凝集を抑制し[23,24]、血栓症を予防することが報告されていた。1997年1月、イリノイ大学のグループがResveratrolは癌発症のイニシエーション、プロモーション、プログレッションの3段階に作用し、癌抑制に働き、マウスの実験では皮膚癌を最大98％抑制するという研究を報告[25]した。彼らはResveratrolの抗炎症作用も検討しており、市販のインドメタシンと同等の浮腫抑制効果を報告した。

　以上のResveratrolに関する効果は、ワインに存在するスティルベン（Stilbene）化合物の内、メイン物質であるtrans-Resveratrolのものであるが、ワイン中にはその異性体であるcis-Resveratrol、さらにそれらの配糖体であるtrans- およびcis-Piceid（パイシード）も存在する（図3）。trans-Resveratrolに紫外線を照射すると、容易に異性化しcis体となる。cis-Resveratrolもtrans体と同様、protein-tyrosinase kinaseを阻害し[26]、抗腫瘍性を示すことが報告されている。配糖体であるPiceid

R=H, *trans*-Resveratrol;
R=Glc, *trans*-Piceid

R=H, *cis*-Resveratrol;
R=Glc, *cis*-Piceid

図3 スティルベン化合物の構造

は腸内で容易に分解され，Resveratrolとなる[27]。Piceidも血小板凝集を阻害することが報告されている[28,29]。

ワインの中には，ResveratrolよりもPiceidの方が多いものもある[30]。したがって，Resveratrolの有効濃度を考えるときは，その異性体および配糖体含量も考慮する必要がある。

我々は山梨大学との共同研究[31]で，日本で栽培されたブドウから醸造されたワインに含まれるResveratrol含量を，その異性体および配糖体を含め調べた。その結果，白ワインにおけるResveratrolの含量は0.12 ppm，赤ワインでは1.04 ppmであった。図4に異性体，配糖体を含むワインにおける平均値を示す。

白ワインはブドウを搾汁したジュースから醸造されるため，赤ワインに比べ含量は少ない。ワインの品種について見ると，*trans*-Resveratrolが最も多かったのは，外国の報告と同じくPinot noirであり，2.25 ppmであった。次いで多かったのはMerlotであり，Zweigeltrebe，Seibelにも多く，

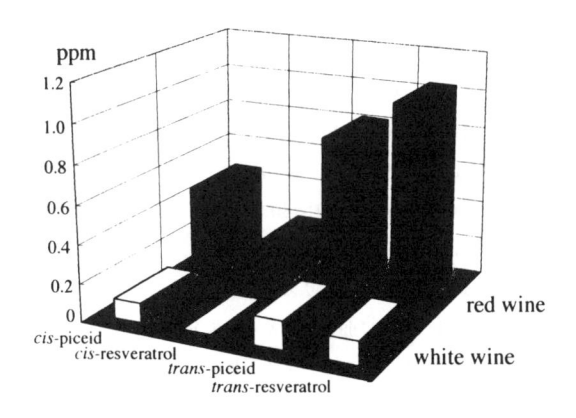

図4 赤および白ワインのスティルベン化合物含量平均値

老化予防食品の開発

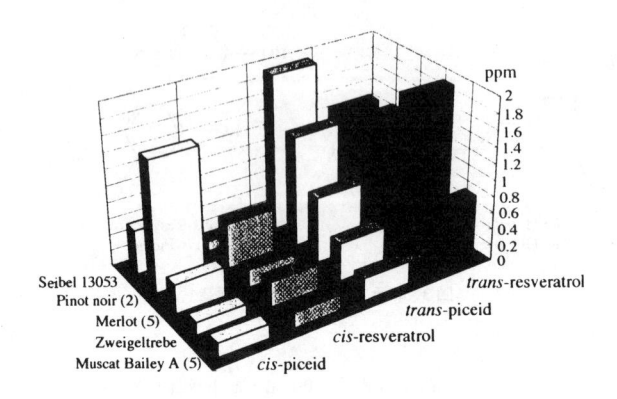

図5 各品種にて醸造されたワイン中のスティルベン化合物含量
（ ）内は調べたワイン（醸造所）の数を示す。

日本で比較的多く栽培されている Muscat Bailey A にも比較的含量が多かった。図5に含量の多かった品種のStilbene化合物含量を示す。複数の醸造所から入手できた同一品種ブドウから醸造されたワインについては，平均値を示した。

　Resveratrol の作用は，その報告のほとんどが約 10 μM（2.3 ppm）レベルであり，赤ワインから癌などに有効な濃度を摂取するためには，吸収率もあるので多量の赤ワインを飲まねばならず，アルコールの害が問題となる。ただし，Bertelli ら[23]によれば，trans- Resveratrolはワインを1000倍希釈した濃度（ppbレベル）でも血小板凝集を抑制する。したがって，適量の赤ワイン飲酒（グラス2〜3杯）により血小板凝集を抑制する濃度は摂取できると考えられる。

　1999年1月，Bertelliらは英国の科学誌 New Scientist に，「毎日グラス1杯半のワインを飲み続けると，記憶力の回復や，アルツハイマー病，パーキンソン氏病など神経細胞の変性が原因とされる病気にかかりにくくなる可能性がある」ことを発表した。これはリスベラトロールが MAP kinase を7倍も活性化し，脳の細胞同士を結び付ける作用をするためだと報告した。

　最近，リスベラトロールがp53を活性化し，癌細胞のアポトーシスを誘導する[32]，リスベラトロールはラットにおいて，癌細胞 Yoshida AH-130 の増殖を抑制し，これは細胞増殖サイクルのG2/M期細胞を増加させ，アポトーシスを引き起こす[33]など，リスベラトロールの癌細胞のアポトーシス誘導に関する報告が増加しており，リスベラトロールの抗癌活性を裏付けるものとなっている。リスベラトロールには，非常に弱いファイトエストロゲン作用のあることも報告されており，研究が世界的に盛んになっているので，生体内動態を含め，興味ある報告が続くことが期待される。

第3編　各種食品・薬物による老化予防と機構

5　ワインの活性酸素消去能（SOSA）

　我々は活性酸素に注目し，ワインの活性酸素消去について研究した。これは日研フード㈱日本老化制御研究所との共同研究[34-37]である。

　メルシャンで輸入しているワインおよび国産ワイン43点につき，ポリフェノール含量，亜硫酸量，さらに活性酸素ラジカル消去能（SOSA）を測定した。活性酸素の発生にはヒトの消化器系

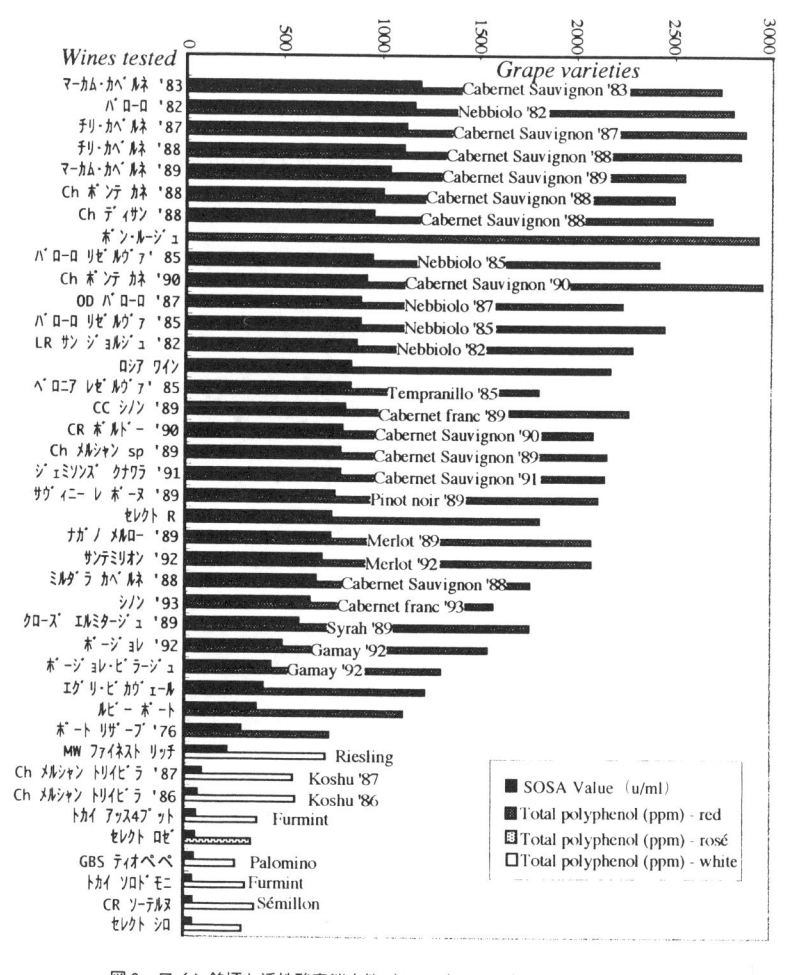

図6　ワイン銘柄と活性酸素消去能（SOSA）およびポリフェノール含量

老化予防食品の開発

細胞で働くキサンチンオキシダーゼを用い，SOSAの測定はESR（電子スピン共鳴測定装置）を用いた直接測定系で行った。結果を図6に示すが，SOSAが最も高かったのは，マーカム・カベルネ '83（カリフォルニア産），次いでバローロ '82であった。チリ産のカベルネも非常に高かった。同じ銘柄で製造年の違いを見ると，少し古いほうが活性が高い傾向が認められた。シャトー・ポンテカネ，シャトー・ディサン等も活性が高く，ポリフェノール含量も多かった。

SOSAとワインに含まれる成分の相関を調べた（図7）。まずワインの健全性を保つために使用している亜硫酸は，SOSAと全く相関が認められなかった。ワインの抗酸化能と亜硫酸の関係を調べたのは，我々が初めてである。赤ワインは抗酸化能が高いが，添加している亜硫酸とは関係がないことが分かった。また，ワインは色の濃いものほどSOSAが高い傾向ではあったが，ワインの赤色を示す520 nmの吸収値との相関係数は0.7517であった[38]。

驚くべきことに，ワインのポリフェノール含量とSOSAの相関係数は0.9686（$n=43, p<0.001$）と極めて高いことが判明した。したがって，ワインの活性酸素ラジカル消去能は，含まれるポリフェノールによることが明らかになった。

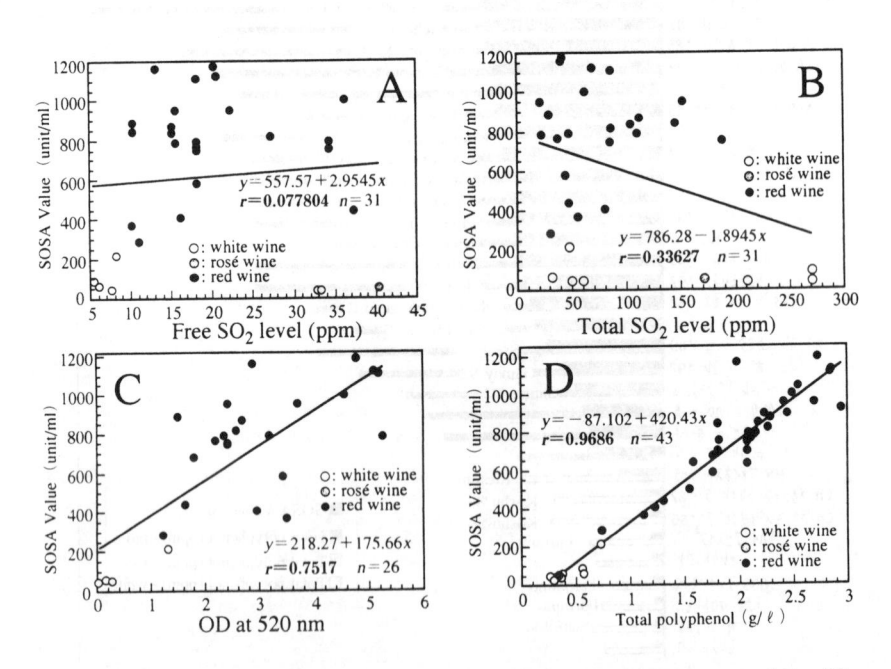

図7 活性酸素ラジカル消去能（SOSA）とワインの遊離亜硫酸量（A），全亜硫酸量（B），ワインカラー（C），およびポリフェノール量（D）との相関

6 ワイン・ポリフェノールの分画と活性酸素消去活性の所在

我々はさらに，ワインのポリフェノールのどの画分の活性酸素ラジカル消去活性が最も強いかを調べた[39]。先の研究で使用したワインから代表的な12種のワインを選択し，C_{18} Sep-pak カートリッジにてワインを3分画し，各画分と活性酸素ラジカル消去能（SOSA）の相関を調べた（図8）。図中 Fr. A は単純フェノール，糖，有機酸，アミノ酸，無機塩類など非吸着画分であり，Fr. B はプロシアニジン類，フラボノール類を含む画分で，Fr. C はアントシアニン・モノマー，アントシアニン・ポリマーおよびタンニンを含む画分である。図より，ワインの SOSA を一番良く説明するのは Fr. C であることが分かった。

我々は，さらに各画分を HPLC に掛け，含まれる成分と SOSA の相関を調べた。その結果，プロシアニジン類に活性の高い成分を認めたが，赤ワインの活性酸素ラジカル消去活性の半分以下しか説明できないことが分かった。寄与率の最も高い Fr. C の各成分の活性酸素ラジカル消去能との相関を見たところ，アントシアニン・モノマーは相関が低く，相関の高いのは比較的多量に含まれるアントシアニン・オリゴマーあるいはポリマー（重合体）であり，これがワインの SOSA を代表するものであると考えられた（表1）。

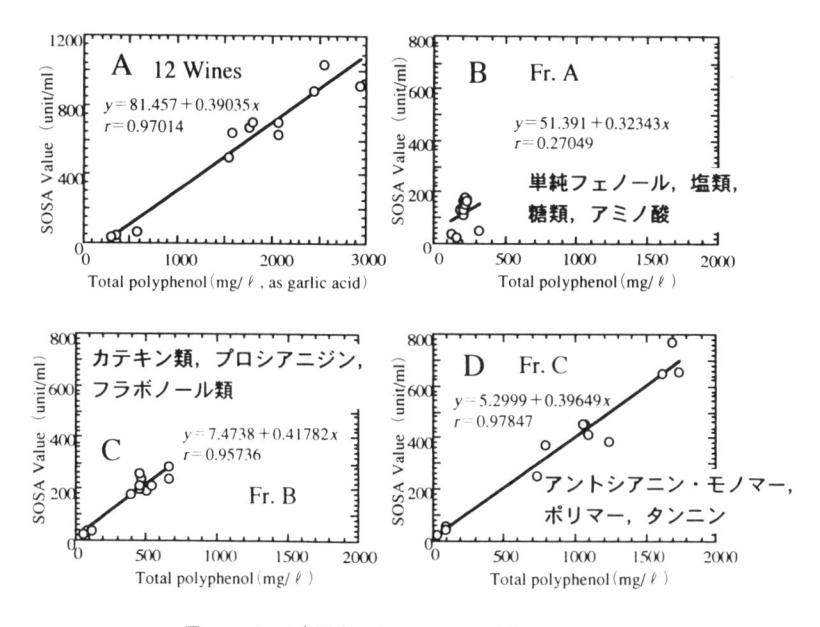

図8 ワインの各画分のポリフェノール含量と SOSA の関係

老化予防食品の開発

表1 アントシアニン画分 (Fr. C) の各物質とSOSAの相関

溶出時間（分）	物質名	相関係数 (r)	検出波長
22.5	デルフィニジン・グルコシド	0.5301	525 nm
24.1	シアニジン・グルコシド	0.5334	〃
25.4	ペチュニジン・グルコシド	0.3311	〃
27.3	ペオニジン・グルコシド	0.1705	〃
28.6	マルビジン・グルコシド	0.5154	〃
30.0	不明	0.8021	〃
45.0	ペオニジン・グルコシドクマレート	0.1982	〃
45.2	マルビジン・グルコシドクマレート	0.3009	〃
	単量体（モノマー）	0.5351	〃
	重合体（ポリマー）	0.8582	〃

アントシアニン画分中，SOSAの高いのはアントシアニン・ポリマーであった。

以上の結果は，同じ銘柄でヴィンテージの異なるワインでは，年代の古いほうが活性酸素ラジカル消去活性が例外なく高いこと（図6）を良く説明している。したがって，赤ワインは若いうちに飲むより，多少なりとも熟成したほうが味も良くなり，抗酸化能も上がることを示唆している。

7 アントシアニンとカテキンの相互作用

アントシアニン重合体がワインの活性酸素消去活性を代表するものであることが分かったので，ワイン中で，アントシアニン・モノマーがアントシアニン同士または他の物質と重合することが考えられた。そこで，モデルワイン系（エタノール12％，酒石酸0.5％，pH 3.2）に，malvidin-3-glucosideおよび(−)-epicatechinを添加し，その挙動を調べた。本研究は名古屋大学農学部・大澤俊彦教授のグループとの共同研究[40]である。

最初に，アントシアニンがワイン発酵中に変化するかどうかを調べるため，スクロース20％，酒石酸5％の水溶液に前記のmalvidin-3-glucoside 0.3mMおよび(−)-epicatechin 2mMを添加し，ワイン酵母にてアルコール発酵を行った。その結果，ワイン発酵中にはアントシアニンは何ら変化を受けないことが判明した。

次に，ワイン熟成中の変化を調べた。モデルワイン系にmalvidin-3-glucoside 0.3mMおよび(−)-epicatechin 2mM，さらにアセトアルデヒド 35 mMを添加し，常温にて放置した。経時的HPLC分析の結果，4日目からmalvidin-3-glucoside以外のピーク2本が出現し，9日目にはピーク強度が最大となり，さらに放置すると，重合が進んだと思われる多数のピークが現われた。アセトアルデヒド無添加でも，40日後には非常に微小ではあるが同様の2本のピークが出現した。一方，ア

ントシアニンとアセトアルデヒドだけでは何ら変化は認められなかった。すなわち、同じアントシアニン同士では重合体を生成しないが、malvidin-3-glucosideはepicatechinと重合体を形成することが示唆された。

そこで、新たに出現した2物質をHPLCにて分取し、各種機器分析にて構造を検討した。主としてNMRとMS分析にて、図9に示す構造であることが分かった。本物質は存在は示唆されていたが、物質と単離し、構造を決定したのは我々が初めてであると思われる。なおピーク1およびピーク2は立体異性体である。

市販ワインの分析を行ったところ、本ピークはワイン中からも検出され、実際にワイン中で熟成中に生成することが確かめられた。

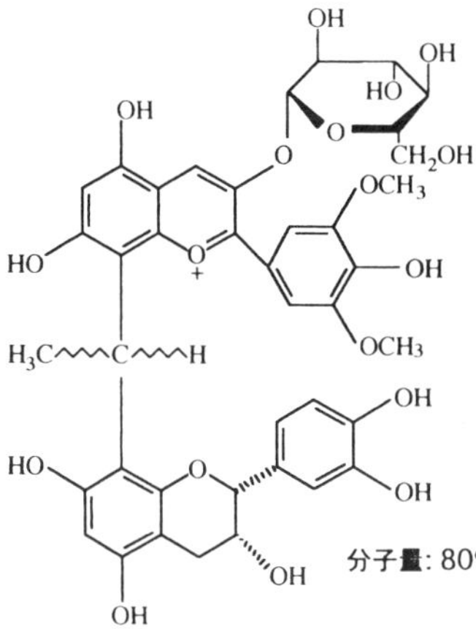

図9 アントシアニン重合体（ピーク1およびピーク2）の構造

分子量: 809

8 アントシアニン-カテキン重合体の生理活性

分取して得られたピーク1およびピーク2について、血小板凝集阻害活性および活性酸素ラジカル消去活性を調べた[40]。

ヒト血液を使用しアラキドン酸およびADPにて血小板凝集を誘導する系に、種々の濃度のピーク1およびピーク2物質を添加し、その50%凝集阻害濃度（IC_{50}）を求めた。同時に原料として使用したmalvidin-3-glucosideおよびepicatechinも測定した。結果を表2に示す。その結果、エピ

表2 血小板凝集阻害活性（IC_{50}, μM）

	凝集誘導剤	
	アラキドン酸	ADP
マルビジン-3-グルコシド	330	411
エピカテキン	>1000	>1000
ピーク1	105	109
ピーク2	170	138

ピーク1および2物質はマルビジン-3-グルコシドよりも活性が3、4倍高かった。

老化予防食品の開発

表3 活性酸素ラジカル消去活性

	SOSA (IC$_{50}$, μM)
マルビジン-3-グルコシド	78
エピカテキン	13
ピーク1	20
ピーク2	16

ピーク1および2物質は原料のカテキンと同程度で，マルビジン-3-グルコシドよりも活性が4～5倍高かった。

カテキンにはほとんど血小板凝集阻害活性が無く，ピーク1およびピーク2は原料のマルビジン-グルコシドより3～4倍高い活性が認められた。

次に，ヒポキサンチン-キサンチンオキシダーゼ系でO_2^-を発生させ，定法通りESRにて各物質の活性酸素ラジカル消去活性（SOSA）を測定した。結果を50%消去濃度（IC$_{50}$）にて表3に示す。表から明らかなように，エピカテキンが最も高い活性を示したが，ピーク1およびピーク2はほとんどエピカテキンと同レベルの活性を示した。この活性はマルビジン-グルコシドと比較すると，4～5倍高かった。

アントシアニン・モノマーであるマルビジン-グルコシドは，ワインの熟成中にワイン中に存在するカテキンと重合体を形成し，その重合体の活性はモノマーよりはるかに高いことが判明した。赤ワインはヌーボーのように醸造直後には，多量のアントシアニン・モノマーを含むが，2～3年熟成するとモノマーはほとんど検出できなくなることが知られている。今回の結果から，ワインに含まれるアントシアニン・モノマーは熟成中にカテキン類と反応し，抗酸化活性の高い重合体になることが示された。

この結果は，ワインの活性酸素ラジカル消去活性を代表する物質はアントシアニン・ポリマーであるとした，先のワインの分画による結果に確証を与えるものと考えられる。現在，我々はワイン・アントシアニンの重合と熟成の関係を調べており，近い将来報告できると考えている。

9　赤ワインの血流増加作用

健康な若いヒトでは，血液の柔軟性が高く，毛細血管を通る血流はスムースである。毛細血管の直径は約6ミクロンであるが，赤血球の直径は毛細血管の10倍以上もあり，血球は変形し，狭い毛細血管内を流動する。加齢と共に血流は遅くなる傾向があるが，血管にも柔軟性があり，ヒトで血流を測定すると，血管の柔軟性が悪くなるのか，血液の柔軟性が損なわれるのか判定できない。

第3編 各種食品・薬物による老化予防と機構

農水省食品総合研究所の菊地博士は,シリコンの単結晶を使用し,毛細血管と同程度の流路をつくり,そこに血液を流すことにより,血液の柔軟性を測定する装置,Microchannel Array Flow Analyzer (MC-FAN)を考案した。我々は,赤ワインに血流増加作用があるものと考え,MC-FANを使用し,ヒトにワインを飲用させ,試験を行った。

ボランティアに赤ワイン,白ワイン,焼酎を各300 ml飲用させ,1.5および3時間後に採血し,毛細血管と同程度の流路を有するMC-FANにて,血流の通過速度および通過容量を測定した。これは椙山女学園大学・並木先生との共同研究[41]である。

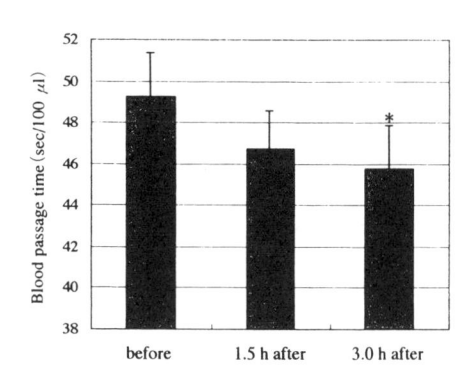

図10 赤ワイン300ml飲用後の血液サンプルの通過時間
($n = 9$, $*p = 0.026$ vs 飲用前)

その結果,赤ワイン飲用1.5時間後に,血流通過速度が平均4.7%,3時間後には6.6%短縮され,通過血液量は1.5時間後に6.4 μl,3時間後に9.2 μl増加した(図10)。白ワイン,焼酎には効果がなかった。

赤ワインの血流増加作用は,その流動状態の観察から,含まれるポリフェノールによる血小板の凝集阻害効果によるものと考えた。これを検証するため,$in\ vitro$で血液に赤ワインあるいは白ワインを添加し,コラーゲンで血小板凝集を誘導し,ワインの血小板凝集阻害効果を調べた。その結果を図11に示すが,赤ワインの血小板凝集阻害活性は白ワインの10倍も高いことが判明した。

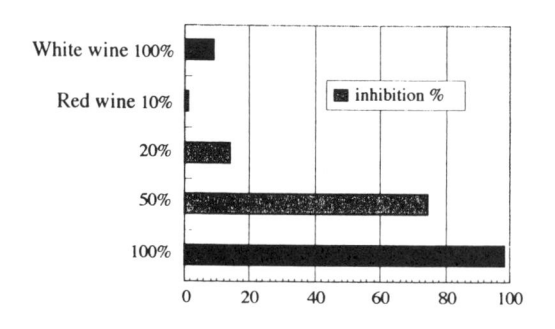

図11 各段階希釈赤ワインおよび白ワインの血小板凝集阻害活性

老化予防食品の開発

　本研究にて，赤ワインの血流増加作用が初めて明らかとなり，その作用は含まれるポリフェノールの血小板凝集阻害効果による可能性が示唆された。また，その効果は即効的でかつ持続性のあることが判明した。これは「フレンチパラドックス」の一つの説明になりうると考えられた。

10　おわりに

　本章では，ブドウの種子および果皮に含まれるポリフェノールについて，種々の疾病防止の可能性について記した。赤ワインは，種子および果皮から効率良くポリフェノールを抽出した食品と考えられる。老化には活性酸素などフリーラジカルが深く関与しており，ラジカル消去活性の高いポリフェノールを豊富に含む赤ワインは，優れた老化防止食品といえる。

　アルコールも適量であれば，種々の効用が期待できるが，飲み過ぎれば，その害も大きい。アルコールの血中濃度は，食事と共に摂取すると，空腹時の飲酒に比べ約半分と報告されている。赤ワインは食事とともに楽しむと，料理の味を引き立てる効果もある。飲み過ぎに気をつけて，適量の赤ワインを食事の友とし，皆様が元気で長生きすることを願っている。

文　　献

1) A.S. ST. Leger, A.L. Cochrane and F. Moor, *Lancet*, i, 1017-1020 (1979)
2) L.A. Friedman and A.W. Kimball, *Am. J. Epidemiol.*, **124**, 481-489 (1986)
3) M.G. Marmot, G. Rose and M. J. Shipley, *Lancet*, i, 580-583 (1981)
4) S. Kono, M. Ikeda, S. Tokudome et al., *Int. J. Epidemiol.*, **15**, 527-532 (1986)
5) K. J. Cullen, M.W. Knuiman et al., *Am. J. Epidemiol.*, **137**, 242-248 (1993)
6) A. G. Shaper, G. Wannamethee and M. Walker, *Lancet*, ii, 1267-1273 (1988)
7) M. J. Griffith, *Br. Heart J.*, **73**, 8-9 (1995)
8) E. B. Rim and R.C. Ellison, *Am. J. Clin. Nutr.*, **61**, 1378S-1382S (1995)
9) C. D. J. Holman, *J. Royal Soc. Med.*, **89**, 123-129 (1996)
10) E. N. Frankel, J. Kanner et al., *Lancet*, **341**, 454-457 (1993)
11) A. J. Lee, W.C. Smith, G. D. Lowe et al., *J. Clin. Epidemiol.*, **43**, 913-919 (1990)
12) H. S. Demrow and J. D. Folts, *J. Am. Coll. Card.*, February, 49A (1994)
13) M. Seigneur, J. Bonnet et al., *J. Appl. Card.*, **5**, 215-222 (1990)
14) A. L. Klatsky, *Alcohol. Hlth. Res. Wld.*, **14**, 289-300 (1990)
15) M. H. Criqui, *Br. J. Adduct.*, **85**, 854-858 (1990)
16) J. G. Rankin, *Contemp. Drug Prob.*, **21**, 45-57 (1994)
17) L. A. Pohorecky, *Alcohol*, **7**, 537-546 (1990)
18) 佐藤充克, 酒類の発酵技術, 月刊フードケミカル, 9月号, 30-37 (1996)
19) V. L. Singleton and A. C. Noble, "Phenolic, Sulfur, and Nitrogen Compounds in Flavors", (I. Kats ed.),

ACS Symposium Series, Vol.26, pp. 47-70 (1976)
20) E. H. Sieman and L. L. Creasy, Am. J. Enol. Vitic., 43, 49-52 (1992)
21) R. Perez and P. Cuenat, Am. J. Enol. Vitic., 47, 4287-4290 (1996)
22) E. N. Frankel et al., Lancet, 341, 1103-1104 (1993)
23) A. A. E. Bertelli et al., Int. Tissue React., 17, 1-3 (1995)
24) C. R. Pace-Asciak et al., Clin. Chim. Acta, 235, 207-219 (1995)
25) M. Jang et al., Science, 275, 218-220 (1997)
26) G. S. Jayatilake et al., J. Nat. Prod., 56, 1805-1810 (1993)
27) A. M. Hackett, "Plant Flavonoid in Biology and Medicine," Progress in Clinical and Biological Research, Vol.213, (V. Cody et al. eds.), Liss, New York, pp. 177-194 (1986)
28) Y. Kimura et al., Biochim. Biophys. Acta, 483, 275-278 (1985)
29) C.W. Shan et al., Acta Pharmacol. Sin., 11, 527-530 (1990)
30) 佐藤充克ら, ASEV Jpn. Rep., 6, 233-236 (1995)
31) M. Sato et al., Biosci. Biotech. Biochem., 61, 1800-1805 (1997)
32) Z. G. Dong et al., Carcinogenesis, 20, 237-242 (1999)
33) N. Carbo et al., Biochem. Biophys. Res. Commun., 254, 739-743 (1999)
34) 佐藤充克ら, 日本農芸化学会1995年大会, 講演要旨集, p. 366 (1995)
35) 佐藤充克ら, ASEV Jpn. Rep., 6, 233-236 (1995)
36) M. Sato et al., Abstract papers of ICoFF (Hamamatsu), p. 81 (1995)
37) M. Sato et al., J. Agric. Food Chem., 44, 37-41 (1996)
38) 佐藤充克, 醸協, 91 (10), 口絵, ワインの色 (1996)
39) M. Sato et al., "Food Factors for Cancer Prevention," (H. Ohigashi, T. Osawa et al. eds.), Springer-Verlag, Tokyo, pp. 359-364 (1997)
40) 森光康次郎ら, 日本農芸化学会1997年大会, 講演要旨集, p. 58 (1997)
41) M. Sato and K. Namiki, Proceedings of the symposium, "Polyphenols, Wine and Health," (C. Cheze and V. Vercauteren eds.), Bordeaux, France, pp. 7-8 (1999)

第4章　ニンニクによる老化予防

住吉博道[*]

1　はじめに

　ニンニクは，5000年以上の昔から民間薬として広く用いられており，古代エジプトにおいて感染症・寄生虫・虫刺され・創傷・潰瘍・腫瘍・心臓病・頭痛などに用いられていた22種類のニンニク処方がパピルスに記されている。また，その他多くの歴史書にニンニクの効用に関する記述が見受けられる。

　ニンニクの科学的研究論文は19世紀末からあり，その数は3,000以上にも達する。特に，ここ最近の発表論文数の増加が著しい。これらの研究成果は，伝統的な用法を裏付けるとともに，ニンニクの新たな薬理作用として明らかにされつつある。

　最近，病気の一次予防が注目されてきており，病気の予防に役立つ素材の研究が盛んに行われている。その代表が，ニンニクである。1980年代後半より飛躍的に増えてきているニンニク研究報告の大半が病気の予防に関連しており，研究者のニンニクに対する注目度の高さがうかがえる。そして，動物実験や疫学研究などを通じて，ニンニクは癌予防に最も有望な素材の一つとして広く認知されている。また，代表的な生活習慣病の一つ，循環器疾患に対してもニンニクが有効であるとの報告も多数ある。

　ところで，老化は生物全てに例外なく起こる現象であり，老化の予防とは，生活の質（QOL）を障害するような疾患にかかることなく，健康に老いて行くことといえる。つまり，Successful Agingを実現し，健康で天寿をまっとうすることを目指す。

　本章においては，加齢に伴う生体機能の変化・低下，特に脳高次機能および血管に対するニンニクの作用について概説する。

2　寿命に対する影響

　ニンニクの老化予防については，特筆すべき研究が齋藤らの研究グループより報告されている[1-6]。老化促進モデルマウス（Senescence Accelerated Mouse：SAM）は，正常老化を示すSAMR

---

[*]　Hiromichi Sumiyoshi　湧永製薬㈱　ヘルスケア開発部　部長代理

系と老化促進とアミロイド蓄積を示すSAMP系がある。SAMPの亜系SAMP8（学習機能障害を持ち，脳幹に海面状変性を認める）およびSAMP10（脳前部に著名な萎縮を認める）を用いて，ニンニクの老化・記憶学習障害に対する作用が検討された。

SAMP8は，正常マウスに比較して寿命が短い。通常飼料で飼育した場合，3ヵ月齢から死亡が認められ，10ヵ月齢では

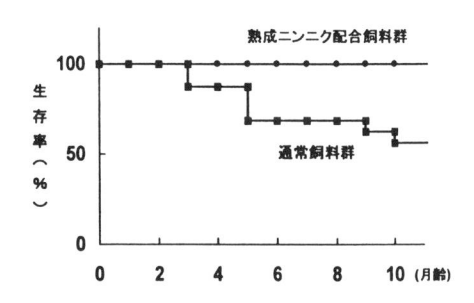

図1 老化促進マウス（SAMP8）の生存に対する熟成ニンニク抽出液の効果[2]

16例中9例が生存するのみであった（図1）。他方，生後2ヵ月齢より熟成ニンニク抽出液を2%配合した飼料で飼育したSAMP8では，10ヵ月齢においても全例が生存していた。また，老化の指標となる毛づやの衰え・脱毛なども，熟成ニンニク抽出液投与群では抑制されていた。

すなわち，熟成ニンニク抽出液は，SAMP8の老化を抑制し，寿命を延長させたと考えられる。

3 脳高次機能障害の改善

脳高次機能障害の原因の一つとして，老化が関与していることは明らかである。SAMを用いた記憶学習障害に対する熟成ニンニク抽出液の効果が報告されている[1-6]。

先の寿命への影響を検討した試験にて10ヵ月齢の時点で生存していたSAMP8を用い，記憶学習試験が実施された。受動的回避試験（ステップダウン試験）において，熟成ニンニク抽出液投与群では通常飼料群に比較して，学習獲得時の失敗数が有意に低下した。学習獲得までの日数も，熟成ニンニク抽出液群では，正常老化を示すSAMR1と同程度までの回復が認められた（図2）。記憶の保持においては，SAMP8では改善傾向を認めるのみであったが，SAMR1では熟成ニンニク抽出液投与により有意に保持日数が延長していた。さらに，熟成ニンニク抽出液は，条件回避試験における条件回避成功率を高め，空間学習試験（Morrisの水迷路試験）における安全台にたどりつくまでの時間を短縮させた。

すなわち，熟成ニンニク抽出液は，SAMP8の寿命を延長するのみならず，学習記憶障害も改善した。

脳は老化に伴い萎縮が認められ，60才を過ぎると脳重量が減少することが報告されている。この脳萎縮に対するニンニクの作用が，加齢とともに脳萎縮を示すSAMP10を用いて検討されている[6]。通常飼料群では前脳部の顕著な萎縮が認められたが，熟成ニンニク抽出液2%含有飼料で

老化予防食品の開発

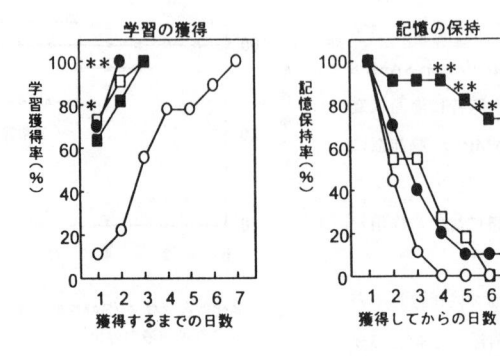

図2 老化促進マウス（SAM）の記憶学習への熟成ニンニク抽出液の作用[6]
老化促進マウスSAMP8：○；通常飼料群，●；熟成ニンニク配合飼料群
正常老化マウスSAMR1：□；通常飼料群，■；熟成ニンニク配合飼料群
*，**：通常飼料群と熟成ニンニク抽出液配合飼料群間における有意差 $p < 0.05, 0.01$

飼育されたマウスにおいては，この萎縮が有意に抑制されていた。さらに，熟成ニンニク抽出液投与群においては，老化の進行（毛づやの衰え，脱毛など）抑制が観察された。

胸腺摘出による神経内分泌系の変化は老化に類似しており，本モデルを用いたニンニクの効果も報告されている[1,4]。生後4週時に胸腺を摘出されたマウスを通常飼料あるいは熟成ニンニク抽出液2％含有飼料で飼育し，10ヵ月齢時に記憶学習および神経化学物質に対する影響が検討された。その結果，通常飼料で飼育された胸腺摘出マウスでは，受動回避学習試験における失敗回数の増加，空間学習試験における安全台にたどりつくまでの時間の延長が認められている。一方，熟成ニンニク抽出液配合飼料で飼育されたマウスでは，これらの学習記憶障害の顕著な改善が観察された。神経化学物質の検索において，通常飼料群では視床下部のノルアドレナリン，ドーパミンおよびそれらの代謝産物の上昇が認められたが，熟成ニンニク抽出液群ではこれらの上昇が完全に抑制され，胸腺を摘出していない対照マウスと同程度であることが認められている。

ところで，スピントラップ剤である N-tert-butyl-α-phenylnitrone 投与により，高齢スナネズミや老化促進マウスにおける脳タンパクの酸化の抑制，および加齢により低下した記憶力が改善されることが報告されている[7,8]。したがって，熟成ニンニク抽出液で認められた脳高次機能障害の抑制には，イオウ化合物に富むニンニクの特徴でもある抗酸化作用が寄与していると考えられる。

4 培養神経細胞に対する作用

脳の老化は，いいかえると神経細胞の老化ともいえる。神経細胞は生後分裂することのない細

第3編 各種食品・薬物による老化予防と機構

胞であり，変性などにより死滅すると再生することはない。したがって，神経細胞の死滅を防ぐことは，老化の抑制・予防につながると考えられる。

西山らは，ニンニクが培養神経細胞の生存率を上げることを報告している[9,10]。ラット胎仔脳より分離した海馬神経細胞の培養液中に熟成ニンニク抽出液を添加すると，0.001mg/ml から 1mg/ml まで用量依存的に生存率の上昇が認められている(図3)。さらに，神経細胞の最長突起の分岐を促進することも観察されている。なお，突起の長さ・数には変化が認められていない。

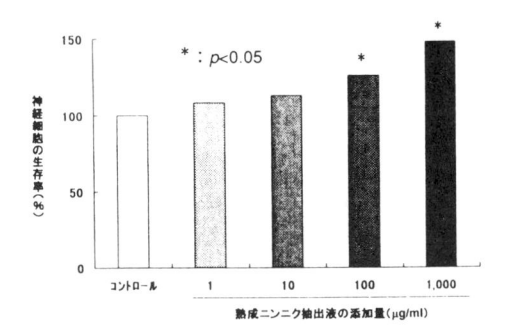

図3 熟成ニンニク抽出液の培養神経細胞の生存に及ぼす影響[9,10]

ニンニクの特徴の一つとしてイオウ化合物に富むことがあげられる。このニンニク由来のイオウ化合物の神経細胞に対する生存促進作用(神経栄養効果)についての詳細な検討が，Moriguchiらにより行われている[11]。それによると，イオウと結合したアリル基(チオアリル基)の存在が，活性に重要な役割を果たしている。

すなわち，熟成ニンニク抽出液に含まれる代表的な水溶性イオウ化合物であるS-アリルシステイン$[CH_2=CH-CH_2-S-CH_2-CH(NH_2)COOH]$の培地への添加により，神経細胞の生存率が上昇し，最長突起の分岐の促進が観察されている(図4)。なお，S-アリルシステインは，培地中の濃度が100 ng/mlまでは用量依存的な効果が認められるが，これ以上の濃度では作用が消失する(ただし，高濃度においても細胞傷害などの毒性は認められていない)。一方，S-アリルシステインの類縁化合物であるS-エチルシステイン$[CH_3-CH_2-S-CH_2-CH(NH_2)COOH]$やS-プロピルシステイン

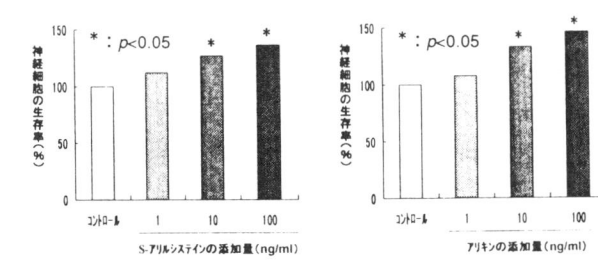

図4 S-アリルシステインおよびアリキシンの培養神経細胞の生存に及ぼす影響[11,12]

老化予防食品の開発

[CH_3-CH_2-CH_2-S-CH_2-CH(NH$_2$)COOH]は，神経細胞の生存率に全く作用しない。さらに，イオウを含まないO-アリルセリン[CH_2=CH-CH_2-O-CH_2-CH(NH$_2$)COOH]においても効果が認められない。

S-アリルシステイン以外にも，S-アリルシステインスルフォキサイド，γ-グルタミル-S-アリルシステインなどのニンニク由来のイオウ化合物に神経栄養効果が観察されている。また，ニンニクの臭いの成分として知られている脂溶性イオウ化合物，ジアリルスルフィド，ジアリルジスルフィドにも効果が認められているが，水溶性イオウ化合物と比較すると作用は弱いようである。

多くの植物が，害虫などから自己を守るためファイトアレキシンを産生する。ニンニクにおいても，皮膚腫瘍の発生抑制・抗変異原性作用などを持つユニークなフェノール化合物，アリキシン（3-ハイドロキシ-5-メトキシ-6-メチル-2-ペンチル-4H-ピラン-4-ワン）が知られている。神経細胞に対する作用も検討されており，アリキシンは海馬・大脳皮質・小脳などの培養細胞の生存および最長突起の分岐を促進する（図4）[12]。培地中のアリキシン濃度が100 ng/mlまでは用量依存的な効果を示すが，それ以上の濃度では細胞傷害が認められている。アリキシンの類縁化合物を用いた検索より，3位のOH基が活性に，2位のアルキル基は活性と毒性の両方に関与していることが報告されている。

5 血管の老化抑制

ヒトは血管とともに老いるといわれるよう，血管の老化は生命の維持と密接な関係にある。老化現象の代表的なものが粥状動脈硬化であり，その危険因子としては高コレステロール血症・高血圧・肥満・ストレス・耐糖能異常・喫煙・年齢などがあげられている。これらの危険因子，特に血清コレステロールおよびLDLの酸化に対して，以下のニンニクの効果が報告されている。

5.1 コレステロール低下作用

ニンニクのコレステロール低下に関しては，多数の臨床試験が報告されている。これらの結果のMeta Analysisによると，ニンニクは血清コレステロールを5〜10％程度低下させる。熟成ニンニク抽出液についても，4施設での臨床試験にて，その効果が確認されている[13-16]。血清コレステロール値が220〜290mg/dlの男性75人を対象としたSteinerらの二重盲検クロスオーバー試験では，熟成ニンニク抽出液服用期間中に5〜8％の血清総コレステロールの低下が認められている[15]。

このようなニンニクのコレステロール低下作用は，コレステロール合成の律速酵素，HMG CoAリダクターゼの活性阻害によることが，培養肝細胞を用いた実験で示唆されている（図5）[17]。

5.2 酸化LDLに対する作用

近年,粥状動脈硬化の初期の発症にLDLの酸化的な修飾が関与していることが示されている。LDLは活性酸素やフリーラジカルにより酸化を受け,酸化型LDLとなる。この酸化LDLは,単球の血管内膜への侵入を促進させ,次いでマクロファージへの分化を誘導する。マクロファージは,スカベンジャーレセプターを介して酸化LDLを取り込み,泡沫細胞化する。さらに,酸化LDLには,血管内皮細胞傷害や平滑筋細胞の増殖誘導作用などが知られている。

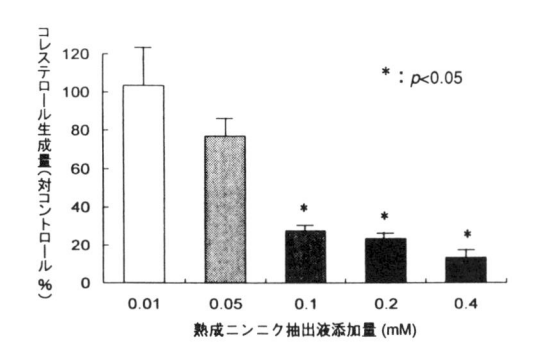

図5 熟成ニンニク抽出液による培養肝細胞におけるコレステロール合成抑制[17]

熟成ニンニク抽出液は,Cu^{2+}によるLDLの酸化を用量依存的に抑制する(図6)[18]。また,酸化LDLによる血管内皮細胞傷害を熟成ニンニク抽出液およびそれに含まれるS-アリルシステインが抑制することが報告されている(図7)[19]。臨床試験においても,熟成ニンニク抽出液の服用により,LDLの酸化に対する抵抗性が増していることが認められている[20, 21]。

動物実験では,熟成ニンニク抽出投与により動脈硬化が予防できることが示唆されている[22]。高コレステロール食で飼育したラットに熟成ニンニク抽出液($800\,\mu g/kg/day$)を投与したところ,対照群に比較して血管壁への脂肪沈着が顕著に減少しており,血管壁の肥厚もほとんど

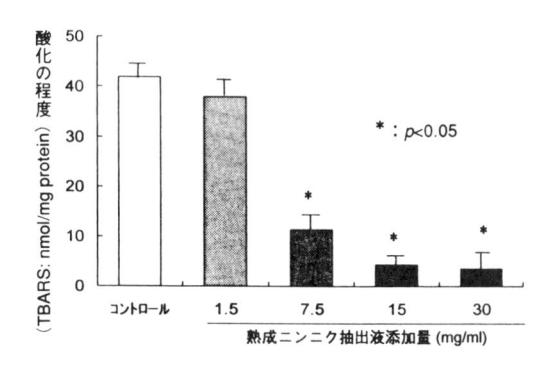

図6 Cu^{2+}によるLDL酸化に対する熟成ニンニク抽出液の抑制作用[18]

観察されなかった。

すなわち，熟成ニンニク抽出液は，コレステロールの低下作用に加え，LDLの酸化抑制，酸化LDLによる傷害の抑制などにより，粥状動脈硬化の発症に対して予防的に作用すると考えられる。

6 おわりに

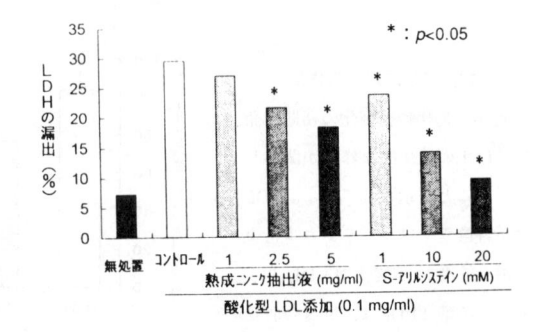

図7 酸化型LDLによる血管内皮細胞障害に対する熟成ニンニク抽出液およびS-アリルシテインの抑制作用[19]

近年，抗酸化作用を持つ野菜・生薬が注目されている。一般的に食される野菜の中では，ニンニクに最も強い抗酸化作用が認められている。活性酸素やフリーラジカルは老化を促進させる因子の一つとされており，熟成ニンニク抽出液で認められた老化促進モデルマウスの寿命の延長も抗酸化作用によるところが大きいと考えられる。

ところで，ニンニク中の成分は調理加工の過程で多岐に渡る成分へと変化することが知られている。すなわち，ニンニク調製品に含まれる成分は加工方法により異なり，その抗酸化作用も異なることが報告されている。たとえば，生ニンニクやニンニク乾燥粉末では，試験系によっては抗酸化作用を示さず，逆に酸化作用が観察されることがある。種々の抗酸化能測定法で恒常的に抗酸化作用が認められているのは，熟成ニンニク抽出液である。

老化とは成熟期以後，加齢に伴い身体・臓器の機能あるいはそれらを統合する機能が低下することであり，この過程で起きる全ての現象が老化現象であるといわれている。この考えに基づくと，ニンニクの持つ免疫能賦活作用・解毒促進作用・抗ストレス作用なども老化に伴う身体機能の低下抑制に寄与していると考えられる。さらに，ニンニクは，加齢とともに増加する生活習慣病，癌や循環器疾患の予防に有効であることが示されている。

すなわち，ニンニクは加齢に伴う広範な老化現象に対して効果が期待される。特に，抗酸化作用に優れている熟成ニンニク抽出液が注目されるところである。

第3編　各種食品・薬物による老化予防と機構

文　献

1) 西山信好ほか, *Prog. Med.*, 15, 2219-2227 (1995)
2) Moriguchi *et al.*, *Biol. Pharm. Bull.*, 19, 305-307 (1996)
3) Moriguchi *et al.*, *Biol. Pharm. Bull.*, 17, 1589-1594 (1994)
4) 西山信好ほか, 新薬と臨床, 45, 467-473 (1996)
5) N. Nishiyama *et al.*, *Exp. Gerontol.*, 32, 149-160 (1997)
6) T. Moriguchi *et al.*, *Clin. Exp. Phrmacol. Physiol.*, 24, 235-242 (1997)
7) J. M. Carney *et al.*, *Proc. Natl. Acad. Sci. USA*, 88, 3633-3636 (1991)
8) D. A. Butterfield *et al.*, *Proc. Natl. Acad. Sci. USA*, 94, 674-678 (1997)
9) N. Nishiyama *et al.*, *Int. Acad. Biomed. Drug Res.*, 11, 253-258 (1996)
10) T. Moriguchi *et al.*, *Phytother. Res.*, 10, 468-472 (1996)
11) T. Moriguchi *et al.*, *Neurochem. Res.*, 22, 1449-1452 (1997)
12) T. Moriguchi *et al.*, *Life Sci.*, 14, 1413-1420 (1997)
13) B.H.S. Lau *et al.*, *Nutr. Res.*, 7, 139-149 (1987)
14) 川島祐ほか, 診療と新薬, 26, 377-388, (1989)
15) M. Steiner *et al.*, *Am. J. Clin. Nutr.*, 64, 866-870 (1996)
16) Y-Y. Yeh *et al.*, "Food Factors for Cancer Prevention", Springer-Verlag, Tokyo, pp. 226-230 (1997)
17) Y-Y. Yeh *et al.*, *Lipids*, 29, 189-193 (1994)
18) N. Ide *et al.*, *Planta Medica*, 63, 263-264, (1997)
19) N. Ide *et al.*, *J. Pharm. Pharmacol.*, 49, 908-911 (1997)
20) M. Steiner *et al.*, 新薬と臨床, 45, 456-466 (1996)
21) J.S. Munday *et al.*, *Atherosclerosis*, 143, 399-404 (1999)
22) J.L. Efendy *et al.*, *Atherosclerosis*, 132, 37-42 (1997)

第5章　香辛料

中谷延二[*]

1　はじめに

　老化は生活習慣病とともにその予防には大きな関心が払われている。ヒトは加齢とともに身体的変化を伴うことはもちろんであるが，高齢期における変化は動脈硬化，糖尿病，癌など多くの疾病として発症してくる。これらの疾病の多くは生体内過酸化脂質や活性酸素，他のフリーラジカルによって引き起こされることが明らかになってきた。疾病発症をいかに予防するかは大きな課題である。われわれは日常的に摂取する食品によって生体内酸化を抑制し，発症を予防することをめざして，食用植物から抗酸化成分を探索してきた。とくに食品に色，味，香りを賦与して食嗜好性を高める香辛料に着目し，抗酸化成分の単離と化学構造の解明を行ってきた。

　香辛料はハーブ（香草系香辛料）とスパイス（香辛系香辛料）に分けられる。表1は植物学的分類によって香辛料を分類したが，バジル，オレガノ，ローズマリー，セージなどのシソ科に属するものと，セリ科に属するものが主たるハーブ系香辛料である。トウガラシ，コショウ，ナツメグ，シナモン，オールスパイスなど辛味や固有の香りをもつ果実，種実，樹皮などがスパイス系香辛料と呼ばれる。

　これら香辛料は食品に風味を賦与するための食素材として用いられてきたのみならず，民間薬（生薬）として多くの国や地域，民族によって選抜され，培かわれてきたものが多い。正に"医食同源"，"薬食同源"にふさわしい食素材としてヒトの健康に関わる重要な役割を担っている。

　ここでは多くの疾病の発症に関わる生体内酸化反応を抑制する成分（抗酸化成分）を香辛料に探究して得られた知見を紹介する。

2　香辛料の抗酸化性

　香辛料の抗酸化性に関する研究は，応用面も含めてこれまで多数報告されてきた。初期の代表的な研究は Chipault ら[1]の系統的報告がある。わが国では斎藤ら[2]によって精力的に行われた。われわれも[3-5]多種類のハーブ，スパイスに抗酸化性があり，それらの活性成分を明らかにして

---

[*] Nobuji Nakatani　大阪市立大学　生活科学部　教授

第3編　各種食品・薬物による老化予防と機構

表1　香辛料の植物学的分類

門	網	目	科	香辛料
被子植物門	双子葉網	管状花目	シソ科	バジル, マジョラム, ミント, オレガノ, ローズマリー, セージ, セイボリー, シソ, タイム
	合弁花亜網		ナス科	チリペパー, パプリカ, トウガラシ
			ゴマ科	ゴマ
		ききょう目	キク科	チコリ, カミツレ, タラゴン
		こしょう目	コショウ科	ベトル, クベベ, コショウ, ナガコショウ
		たで目	タデ科	スイバ, タデ
		きんぽうげ目	ニクヅク科	メース, ナツメグ
	離弁花亜網		クスノキ科	ベイリーブス, カシア, シナモン, サッサフラス
			モクレン科	スターアニス
		けし目	アブラナ科	マスタード, ワサビ, ウォータークレス
			フーチョーソー科	ケーパー
		ばら目	マメ科	フェヌグリーク, タマリンド
		ふうそう目	ミカン科	レモン, サンショウ, スダチ, ユズ
		あおい目	アオイ科	マロー, ローゼル
		てんにんか目	フトモモ科	オールスパイス, クローブ
		傘形花目	セリ科	アニス, キャラウェイ, セロリ, チャービル, コリアンダー, クミン, ディル, フェンネル, パセリ
	単子葉網	ゆり目	ユリ科	チャイブ, ガーリック, オニオン, シャロット
			アヤメ科	サフラン
		しょうが目	ショウガ科	ウコン, ショウガ, カルダモン
		らん目	ラン科	バニラ
		いね目	イネ科	レモングラス

きた。これらの結果を総合するとシソ科に属するハーブ類は強い抗酸化性を有し，なかでもローズマリー，セージは群を抜いた活性を示した。オレガノ，タイムなどのシソ科香辛植物，ショウガ科に属するショウガやウコン，フトモモ科のオールスパイス，クローブ，ニクヅク科のナツメグ，メースなどに優れた活性が認められた。

3 ハーブ系香辛料の抗酸化成分

ローズマリー（*Rosmarinus officinalis*）は，地中海沿岸が原産地である代表的ハーブの1種で，葉に含まれる精油はボルネオールと1,8-シネオールが香気の主成分である。民間薬としてヨーロッパでは駆風，健胃，鎮痛などに，日本では精油が皮膚の刺激，治療に用いられている。抗酸化成分としてロスマリン酸（1），カルノソール酸（2），カルノソール（3）[6]は1960年代に見出された。著者ら[7-9]は非揮発性区分を精製し，カルノソールのほかに最も活性の強いロスマノール（4），エピロスマノール（5），イソロスマノール（6）の新規化合物を単離，構造決定した。ラードに対する活性試験では天然抗酸化剤のα-トコフェロールをはるかに凌ぎ，合成抗酸化剤のブチルヒドロキシトルエン（BHT），ブチルヒドロキシアニソール（BHA）の2～4倍の活性を示した。Houlihanら[10,11]によって同じアビエタン骨格由来のジテルペノイドのロスマリジフェノール（7）とロスマリキノン（8）が活性化合物として報告された。著者ら[9]はこれらフェノール系ジテルペンの構造と活性の相関を検討した。Frankelら[12]はロスマリン酸，カルノソール酸，カルノソールのコーン油に対する抗酸化性を比較，検討している。油系においては極性の高いロスマリン酸，カルノソール酸の活性が強く，エマルジョン系ではカルノールの効果が高かった。この活性の結果はPorter[13]らの提唱した"polar paradox"を支持している。

ローズマリー成分の生体系における酸化抑制機能に関する研究もなされている。Aruomaら[14]はカルノソール酸とカルノソールがミクロソーム系，リポソーム系において強い過酸化抑制効果を示すことを報告した。Huangら[15]は，カルノソールやウルスロン酸が強力に発癌プロモーションを抑制することを明らかにした。またHaraguchiら[16]は上記ジテルペン類がミトコンドリア系，ミクロソーム系において脂質の過酸化を抑制し，またスーパーオキシドアニオンに対して捕捉効果を示すことを報告している。

Okamuraら[17]は，ローズマリーからヘスペリジン（9）を含む2種のフラボノイド配糖体（10）を抗酸化成分として単離，構造決定した。

セージ（*Salvia officinalis*）からもローズマリーと同じ抗酸化ジテルペン類が単離された[3,18,19]。

タイム（*Thymus vulgaris*）も地中海沿岸，小アジアを原産地とするシソ科香辛料の1種で殺菌性，抗菌性の強い精油成分に富み，消毒薬や鎮咳剤として用いられてきた。その活性の中心は主成分のチモール（11，30～70%），カルバクロール（12，2～15%）であり，抗酸化性も強い。さらに非揮発性区分からチモールの2量体である一連の新規ビフェニル化合物，5種を単離した[20,21]。そのうちの2種（13，14）は水-アルコール系におけるリノール酸の酸化をBHTと同程度に抑制した。また化合物16，17を含む数種の抗酸化性フラボノイドも単離された[22]。Haraguchiら[23]は生体系での脂質過酸化抑制活性を調べ，ビフェニル化合物（15）とフラボノイドのエリ

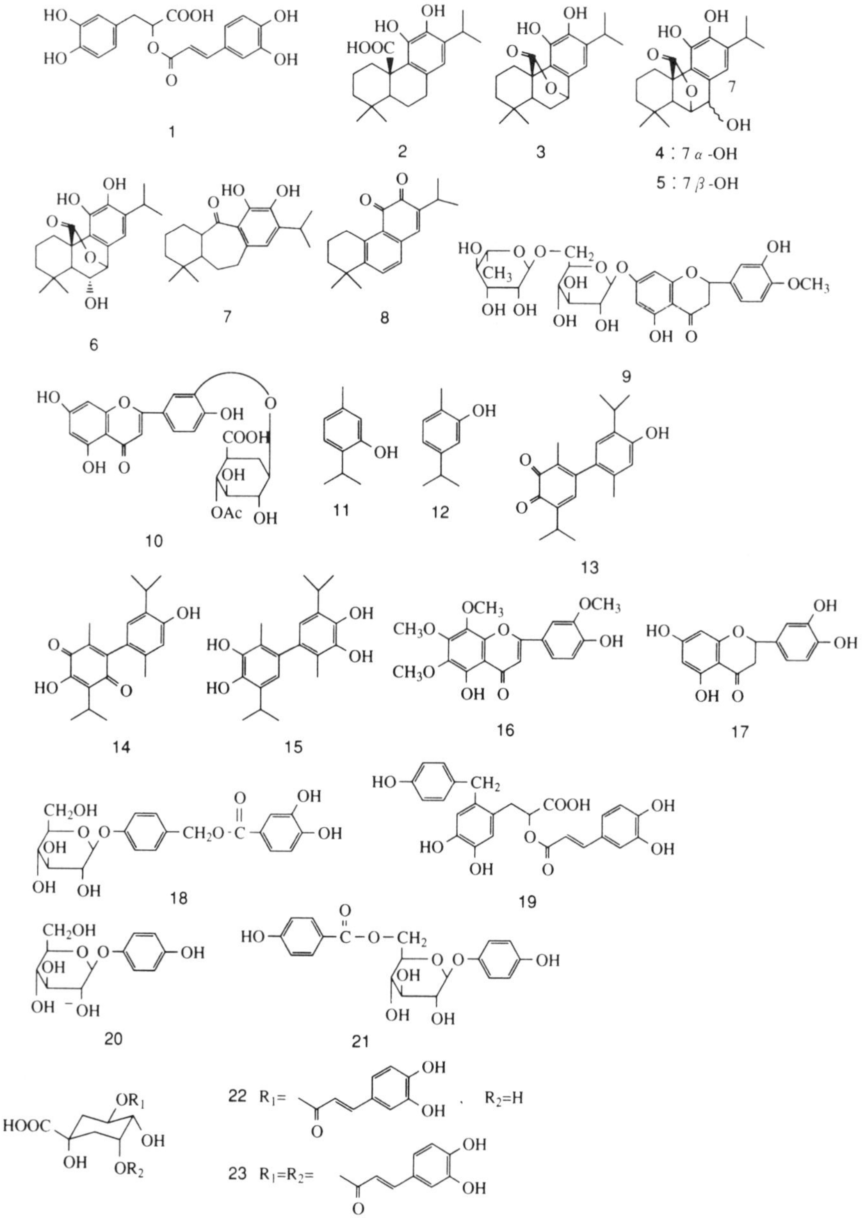

第3編　各種食品・薬物による老化予防と機構

図1　ハーブ系香辛料に含まれる抗酸化成分

オディシトール (17) に SOD 捕捉作用があり，ラット肝ミトコンドリア系およびミクロソーム系における脂質過酸化を抑制することを明らかにした。

オレガノ (*Origanum vulgare*) も地中海，ヨーロッパ南部を原産地とするハーブで駆風薬，神経興奮剤として用いられてきた。精油含量は少なく，チモール，ボルネオール，カルバクロールを主成分とする。著者ら[24,25]オレガノ葉の高極性区分からプロトカテキュ酸，コーヒー酸，ロスマリン酸のほか，2種の新規ロスマリン酸配糖体 (18, 19) を単離した。いずれもBHTに近い抗酸化性を示した。

マジョラム (*Origanum majorana*) はオレガノの近縁で，抗酸化性も強い。ロスマリン酸のほかにアルブチン (20) およびその4-ヒドロキシ安息香酸エステル (21) を活性化合物として単離した[26]。リポソーム膜での脂質過酸化を抑えた。

以上シソ科ハーブの主な抗酸化成分について紹介したが，その他にバジル，ペパーミント，シソ，レモンバーム，ヒソップ，セイボリーなどシソ科香辛植物は広範にわたって抗酸化性を有することが報告されている[27]。

シソ科以外のハーブ系香辛料のなかではキク科に属するヨモギ (*Artemisia princeps*) に関する研究が多い。ヨモギはわが国においても食用として用いられているほかに，古くから身体を温め，止血の効があり，腹痛，腰痛など薬用に用いられてきた。奥田ら[28]はクロロゲン酸 (22) およびジカフェオイルキナ酸の異性体 (23) 3種を単離している。これらジカフェオイルキナ酸がラット肝ミトコンドリア系およびミクロソーム系での脂質過酸化を強く抑制することを見いだしている[29]。われわれも同様の化合物を単離しているが，セリ科のアニス (*Pimpinella anism*) からクロロゲン酸のほか，抗酸化性を有するフェルロイルキナ酸，ジフェルロイルキナ酸などを単離した。

4 スパイス系香辛料の抗酸化成分

スパイスには本来辛味性の強いものが多い。そのなかに抗酸化活性を発現する化合物が見いだされている。

ショウガ (*Zingiber officinale*) は熱帯アジア原産で現在は熱帯から温帯にかけて世界中で栽培されている。漢方では健胃薬，鎮嘔薬として用いられており，血行促進など新陳代謝機能を亢進する作用がある。約10種のショウガ科植物の抗酸化活性を測定した結果，いずれも α-トコフェロールと同等以上の強い活性を示した。そのなかでもショウガが最も優れた効力を示した。著者らはショウガ根茎を塩化メチレンで抽出し，各種クロマトグラフィーを駆使してこれまでに約50種の化合物を単離，構造決定した[30-34]。図2に代表的な化合物を掲げたが，化学構造から大きく

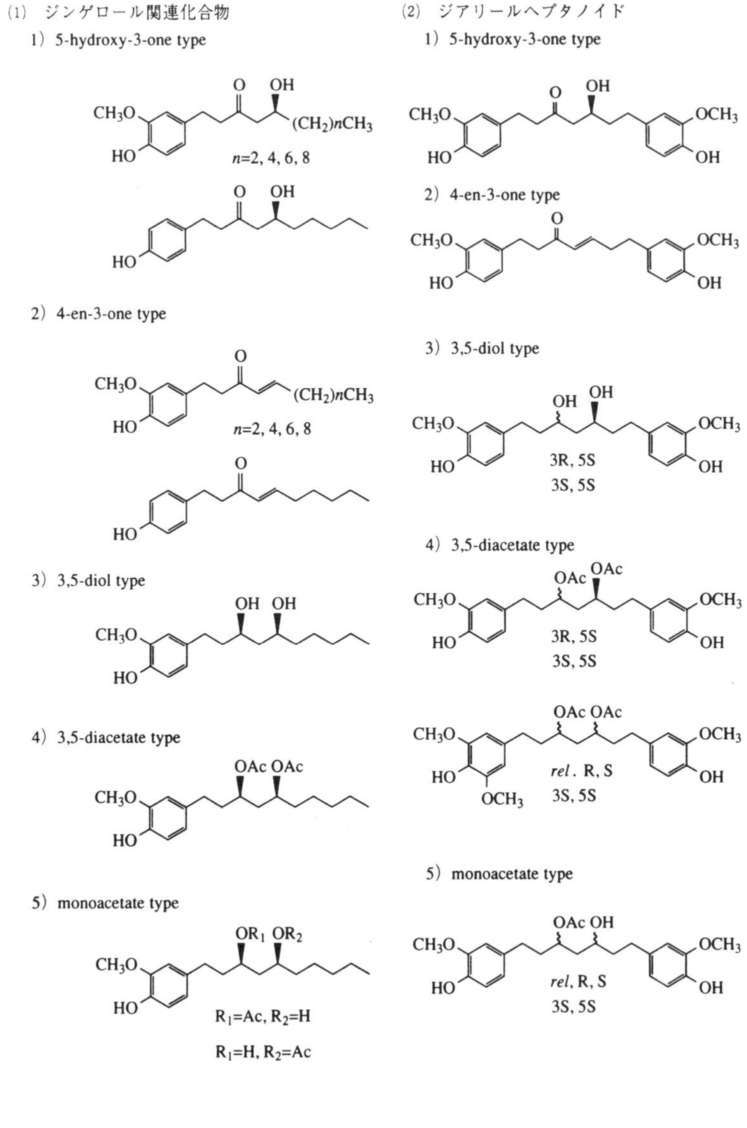
(1) ジンゲロール関連化合物
1) 5-hydroxy-3-one type
CH3O
HO
O
OH
(CH2)nCH3
n=2, 4, 6, 8
2) 4-en-3-one type
3) 3,5-diol type
4) 3,5-diacetate type
OAc OAc
5) monoacetate type
OR1 OR2
R1=Ac, R2=H
R1=H, R2=Ac
(2) ジアリールヘプタノイド
1) 5-hydroxy-3-one type
OCH3
OH
2) 4-en-3-one type
3) 3,5-diol type
3R, 5S
3S, 5S
4) 3,5-diacetate type
3R, 5S
3S, 5S
rel. R, S
3S, 5S
5) monoacetate type
OAc OH
rel, R, S
3S, 5S

図2　ショウガの代表的な抗酸化成分[41)]

2つに分類することができる。すなわち，一方は辛味成分のジンゲロールに類縁の構造を有し，芳香核に長鎖の置換基をもつ化合物群と，他方は2つの芳香核を7個の炭素鎖で結ぶジアリールヘプタノイド群である。双方を比べると芳香核および側鎖上の置換様式がよく似ており，構造活性相関を検討することができた。ジンゲロール類縁体（側鎖が5-ヒドロキシ-3-オン構造）においては〔10〕-ジンゲロール（C_{14}）＞〔8〕-ジンゲロール（C_{12}）＞〔6〕-ジンゲロール（C_{10}主成分）＞〔4〕-ジンゲロール（C_8）の順の活性を示した。すなわち長鎖の方が強く，短鎖が弱かった。ショウガオール類縁体（4-エン-3-オン構造）も同じ傾向を示した[33]。さらに置換基の違いに関しても興味深い一定の相関をみた。

ウコン（ターメリック，*Curcuma domestica*）は熱帯産ショウガのひとつで，カレーに使われる主香辛料である。ウコンは黄色着色料として広く用いられ，クルクミン（**24**），デスメトキシク

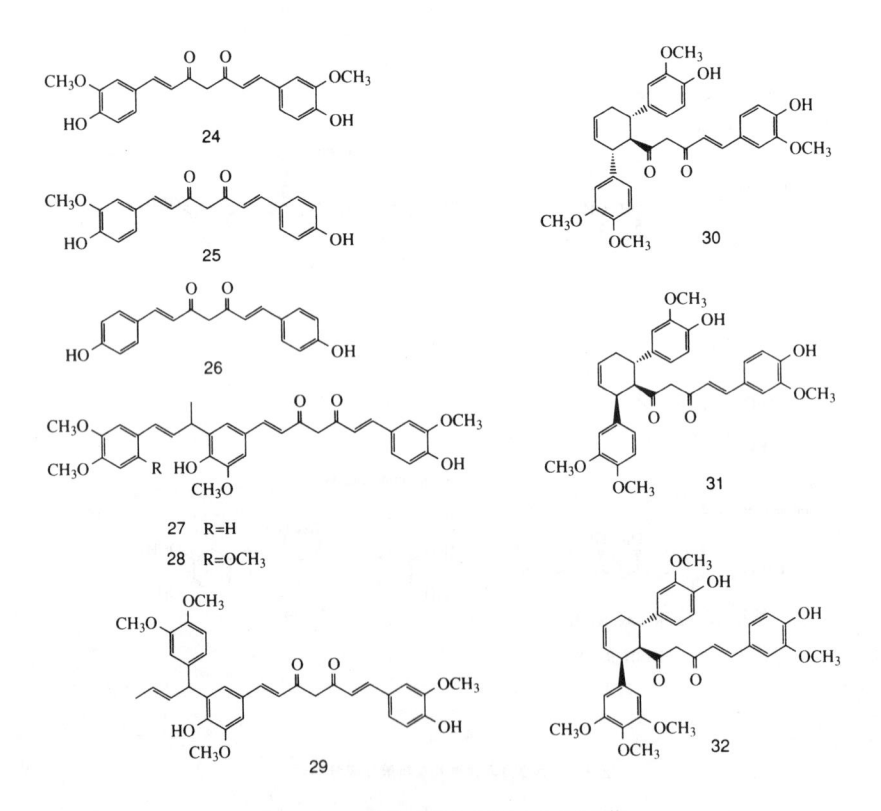

図3 ショウガ科に含まれるクルクミノイド[41]

第3編　各種食品・薬物による老化予防と機構

ルクミン（25），ビスデスメトキシクルクミン（26）が主要色素である。これらの色素は発癌プロモーション抑制や抗炎症活性に優れた効力を示した[35]。世界各国の研究グループに注目されている。従来，肝臓炎，胆石症などに用いられ，止血内服薬でもある。

ポンツクショウガ（*Zingiber cassumunar*）も熱帯ショウガの1種で黄色を帯びている。成分研究の結果，上記黄色色素クルクミノイド（24，25，26）のほか6種の新規クルクミン－フェニルブテノイド複合体を単離した。カシュムニンA～C（27～29）[36]，カシュムナリンA～C（30～32）[37]と命名した。これらはクルクミン（24）と同様に12-*O*-テトラデカノイルフォルボール-13-アセテート（TPA）に誘導される炎症に対し強い抑制活性を示した。

トウガラシ（*Capsicum annuum*）からは辛味成分のカプサイシン（33），キダチトウガラシ（*Capsicum frutescence*）からカプサイシノール（34）[38]，コショウ（*Piper nigram*）から5種のフェ

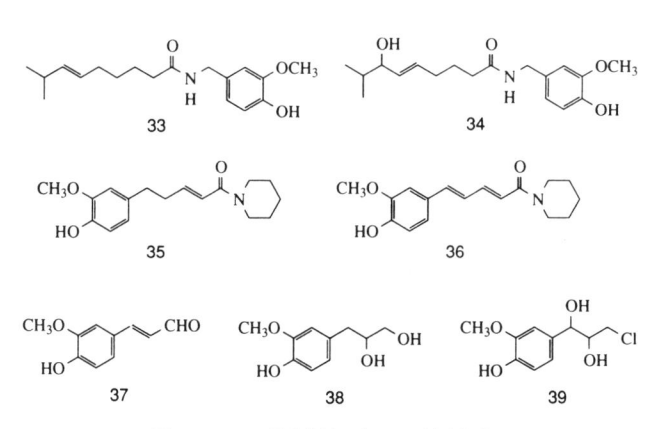

図4　スパイス系香辛料に含まれる抗酸化成分

ノール系アミド（35，36）[39]を抗酸化成分として得ている。

最近著者ら[40]はオールスパイス（*Pimerta dioica*）からオイゲノール，4-ヒドロキシ-3-メトキシシンナムアルデヒド（37），3-（4-ヒドロキシ-3-メトキシフェニル）プロパン-1,2-ジオール（38），threo-3-クロロ-1-（4-ヒドロキシ-3-メトキシフェニル）プロパン-1,2-ジオール（39）を抗酸化成分として単離した。39は天然由来の化合物でアーティファクトでないことを確かめた。

以上香辛料に関して抗酸化性および生薬としての活性発現成分をまとめた。香辛料を用いて高齢化社会における疾病（動脈硬化，糖尿病，心筋梗塞，炎症，白内障など）の発現をいかに抑制し，発症を予防するか。取り組むべき多くの課題があるが，可能性は高く大いに挑戦する価値のあるターゲットである。

文　献

1) J. R. Chipault *et al.*, *Food Res.*, 17, 46 (1952)
2) 斎藤浩ほか, 栄養と食糧, 29, 505 (1976)
3) N. Nakatani, "Food Phytochemicals for Cancer Prevention Ⅱ -Teas, Spices, and Herbs", p.144, ed. by C.-T. Ho *et el.*, ACS Symposium Series 547, ACS, Washington, DC (1994)
4) N. Nakatani, "Phenolic Compounds in Food and Their Effects on Health Ⅱ -Antioxidants & Cancer Prevention", p.72 ed. by M-T. Huang *et al.*, ACS Symposium Series 507, ACS, Washington, DC (1992)
5) 中谷延二, "香辛料成分の食品機能", 岩井, 中谷編, 光生館, p.69 (1989)
6) C. H. Brieskorn *et al.*, *Z. Lebensm. Unters. Forsch*, 141, 10 (1969)
7) R. Inatani *et al.*, *Agric. Biol. Chem.*, 46, 1661 (1982)
8) N. Nakatani *et al.*, *Agric. Biol. Chem.*, 48, 2081 (1984)
9) R. Inatani *et al.*, *Agric. Biol. Chem.*, 47, 521 (1983)
10) C. M. Houlihan *et al.*, *JAOCS*, 61, 1036 (1984)
11) C. M. Houlihan *et al.*, *JAOCS*, 62, 96 (1985)
12) E. N. Frankel *et al.*, *J. Agric. Food Chem.*, 44, 131 (1996)
13) W. L. Porter *et al.*, *J. Agric. Food Chem.*, 37, 615 (1989)
14) O. I. Aruoma *et al.*, *Xenobiotica*, 22, 257 (1992)
15) K-T. Huang *et al.*, *Cancer Res.*, 54, 701 (1994)
16) H. Haraguchi *et al.*, *Planta Med.*, 61, 333 (1995)
17) N. Okamura *et al.*, *Phytochemistry*, 37, 1463 (1994)
18) Z. Djamati *et al.*, *JAOCS*, 68, 731 (1991)
19) M-E. Cuvelier *et al.*, *J. Agric. Food Chem.*, 42, 665 (1994)
20) N. Nakatani *et al.*, *Agric. Biol. Chem.*, 53, 1375 (1989)
21) K. Miura *et al.*, *Chem. Pharm. Bull.*, 37, 1816 (1989)
22) K. Miura *et al.*, *Agric. Biol. Chem.*, 53, 3043 (1989)
23) H. Haraguchi *et al.*, *Planta Med.*, 62, 217 (1996)
24) N. Nakatani *et al.*, *Agric. Biol. Chem.*, 51, 2727 (1987)
25) H. Kikuzaki *et al.*, *Agric. Biol. Chem.*, 53, 519 (1989)
26) K. Ioku *et al.*, *Biosci. Biotech. Biochem.*, 56, 1658 (1992)
27) A. Lugasi *et al.*, *Spec. Publ.-R. Soc. Chem.*, 179, 372 (1996)
28) 奥田拓男ほか, 薬学雑誌, 106, 894 (1986)
29) 藤田勇三郎ほか, 薬学雑誌, 108, 129 (1988)
30) H. Kikuzaki *et al.*, *Phytochemistry*, 30, 3647 (1991)
31) H. Kikuzaki *et al.*, *Chem. Pharm. Bull.*, 39, 120 (1992)
32) H. Kikuzaki *et al.*, *Phytochemistry*, 31, 1783 (1992)
33) H. Kikuzaki *et al.*, *J. Food Sci.*, 58, 1407 (1993)
34) H. Kikuzaki *et al.*, *Phytochemistry*, 43, 273 (1996)
35) A. Jitoe *et al.*, *J. Agric. Food Chem.*, 40, 1337 (1992)
36) T. Masuda *et al.*, *Chemistry Letters*, 189 (1993)

37) A. Jitoe et al., *Tet. Letters*, 35, 981 (1994)
38) N. Nakatani et el., "Medical, Biochemical and Chemical Aspects of Freeradicals", p.453, ed. by O. Hayaishi et al., Elsvier (1989)
39) N. Nakatani et al., *Environmental Health Perspectives*, 67, 135 (1986)
40) H. Kikuzaki et al., *Phytochemistry*, in press (1999)
41) 中谷延二, 成人病予防食品の開発, 二木, 吉川, 大澤編, p.149, シーエムシー (1998)

第6章　ゴマの持つ新しい機能性

大澤俊彦[*]

1　はじめに

　日本料理や中国料理ではもちろんのこと，最近では西洋料理にも多く用いられ，「ゴマ」ほど料理に頻繁に用いられる素材もめずらしい。特に，日本では「ゴマ油」は，ナタネ油や大豆油に比べて高品位，高品質とされてきた。もちろん，ゴマ油だけでなく炒りゴマ，擂りゴマなどその風味を生かした多くの日本伝統の料理が知られている。しかし，ゴマは日本固有の油脂植物ではなく，中国大陸，特に朝鮮半島をへて日本へ入ってきたと推定されている[1]。ここ数年，著者も韓国で何度か国際会議やシンポジウムに招待され，ゴマ研究の現状や動向，栽培や利用の将来性など実りある意見交換や討論が行われた際に韓国の人たちの「ゴマ」に対する思い入れの強さに驚かされたものである。韓国料理に，「ゴマ」は「ニンニク」や「唐辛子」と共に最も重要な食素材のひとつであるが，講演やディスカッションの合間に町の市場や商店で見かけたゴマ製品の値段の高さは驚くばかりであった。名古屋空港での土産物売場でゴマ油が売られており不思議に思ったが，「ゴマ」は，日本における「コメ」が日本政府により輸入が制限されているのと同じように，韓国内での栽培を保護するために韓国政府による規制を受けており，かつては二重底の船を用いた密輸入まであった，とのことである。

　このような「ゴマ」は，単に，香りがよい，油としての品質が優れているといった食品として重宝されているだけでなく，ゴマ種子は高温に長時間貯蔵した後でも他の油脂植物種子とは異なり高い発芽率を保つという植物学的特性を持っていることは知られていたが，その理由は明らかではなかった。また，ゴマが体に良い，ということは古くから言われつづけてきたが，その根拠は明確ではなかった。古くは，イスラエルのグループが，ゴマ油中に酸化的劣化を防ぐ成分として「セサモール」を見出していたのが唯一の研究であった。このような背景で，われわれはゴマの持つ機能性が，「酸化ストレス予防効果」に基づくものではないか，との予想のもとに15年以上も前に研究をスタートさせ，まず，ゴマ種子やゴマ油に存在する脂溶性リグナン類の検索を開始したところ，4種類の抗酸化リグナン類を得ることに成功したのは10年以上も前のことである。これらのうち，最も抗酸化性が強く，安定なセサミノールは，特にゴマ油中に大量に存在すると

---

[*]　Toshihiko Osawa　名古屋大学大学院　生命農学研究科　教授

共に，ゴマ種子の水溶性区分に配糖体としても大量に存在することが，最近，明らかとなった。1999年の5月には，フロリダで初めての「ゴマ国際会議」が開催され，「ゴマリグナン類」の持つ新しい機能性を中心にした研究に大きな進展が注目されてきた。本稿では，このセサミノール，セサミノール配糖体をはじめ，セサミンやセサモリンなどを含めたゴマリグナン類の持つ機能性に関する最近の話題を紹介してみたい[2]。

2　ゴマの栄養特性

ゴマは，日本でも高い油脂含量と共にその油は高品質であるために珍重され，また，ゴマの効能について特によく知られているのは紀元前3世紀ごろ書かれた『神農本草経』である。その内容は，「ゴマを食べると，心臓，肝臓，脾臓，腎臓や肺の機能を高め，肌や骨，脳にも活力を与え，長くゴマを服用すると身が軽くなり，年をとっても老いなくなる」という効用が記されている。また，インドでも「ヨガ」と同時代の始まった伝統的医術である「アーユルベーダ」も「ゴマ油」が必須で，数種類の薬草と共に加熱して得られた液を体に塗布したり，滴下させる療法で，アメリカをはじめ日本でも注目を集めつつある。ところが，このようにわれわれの食生活に必須な「ゴマ」も日本ではほとんど生産されておらず，大部分を輸入に頼っているのが現状である。輸入先は，スーダン，エチオピアなどのアフリカ諸国からメキシコやコロンビアなどの中南米諸国をへて中国が大部分を占めていたが，中国では自国消費が増えたために激減し，現在はインドやミャンマー，タイなどが主な輸入先であるが，「ゴマ」が品薄のために価格も高騰するといった状態である。日本に輸入されている「ゴマ」のほとんどは未加工の種子で，搾油用と食品用に大別されるが，「むきゴマ」や「練りゴマ」などの加工用は3分の1程度で多くは搾油用である。

日本では「ゴマ油」は，ナタネ油や大豆油に比べて高品位，高品質とされてきた。現在用いられているゴマ油の製造法は圧搾搾油法が一般的で，製造法により大きく2種類に分けられているが（図1），まず頭に浮かぶのは特有のフレーバーを持ち日本はもちろん中国や韓国で料理に欠かせない「ゴマ焙煎油」であろう。一方，他の植物油と同じように搾油後脱色や脱臭などの工程を経て精製され，「太白油」とか「白絞油」とよばれる無色無臭の「ゴマサラダ油」も多く用いられている。ゴマ種子中の油量含量は品種によって異なるが，アメリカの研究グループが721品種の「ゴマ種子」から油分を抽出し含油量の調べたところ，平均値は53.1％で，リノール酸とオレイン酸が主成分である（表1）。

ゴマ種子の約20％はタンパク質で，ゴマ油について多く含まれるタンパク質含量の高い食品である。ゴマタンパクを構成しているアミノ酸はとても豊富で，イオウを含むアミノ酸であるメチオニンやシステインなど8種類のアミノ酸では大豆タンパクより優れている。大豆タンパクは，

老化予防食品の開発

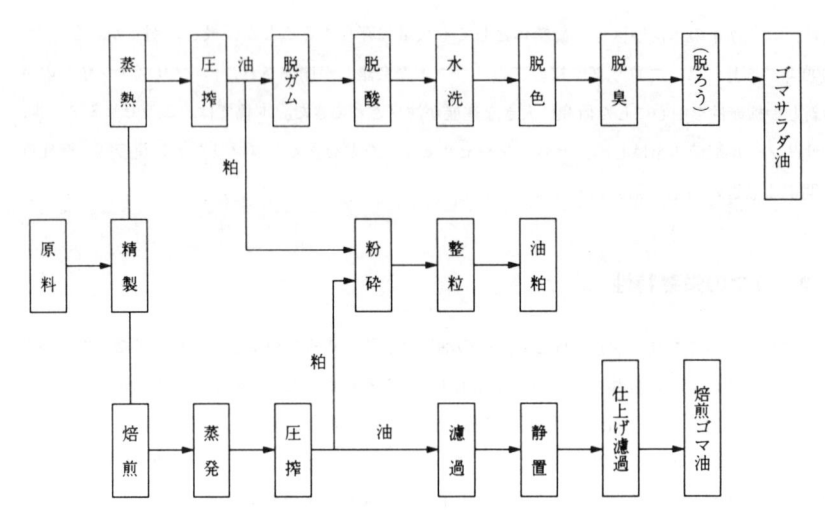

図1 ゴマ油の製造工程

表1 ゴマ種子の主な成分（100g当たり）

脂質（g）	53.1	
脂肪酸組成（％）	パルチミン酸	9.5
	ステアリン酸	4.4
	オレイン酸	39.6
	リノール酸	46.0
タンパク質（g）	19.8	
鉄（mg）	21.9	
カルシウム（mg）	1121.0	
リン（mg）	611.5	
ビタミンB_1（mg）	1.5	
ビタミンB_2（mg）	0.25	
ナイアシン（mg）	6.0	
ビタミンE（mg）	28.0	
フィチン酸（mg）	2434.6	
セレン（mg）	0.53	

第3編　各種食品・薬物による老化予防と機構

植物性タンパク源として最も多く生産されており，その特徴はリジンには富むもののイオウを含むアミノ酸はあまり多くないという特徴を備えている。このことから，国連では，大豆タンパクの栄養的な不足はゴマタンパクで補う，すなわち，大豆タンパクとゴマタンパクを1:1で混合することで理想的なアミノ酸組成となることで推奨しており，また，アメリカでもゴマタンパクを製品化することにより肉食中心の食習慣を変えていこうという動きがある。ゴマの優れた特徴にミネラル，ビタミンなどの優れた微量成分が注目されている。なかでも，「セレン」は，がんや動脈硬化の予防に重要な役割を果たす微量元素として知られている。ゴマ種子中のセレン含量は，ゴマが育った土壌中のセレン含量に依存しているが最も多く含む食品として知られており，特にセレン含量が高いのはベネズエラ産のゴマである。またゴマには鉄，カルシウム，リン，葉酸などのミネラルにも富んでおり，また，ビタミンB_1，B_2，ナイアシンなどの栄養上重要なビタミンにも富んでいるが，ゴマに多く含まれるのはビタミンEである。ビタミンEとして存在するのは，α-トコフェロールは少なく，大部分はγ-トコフェロールが占め，最近では「ゴマリグナン類」との間で相乗効果が発見され，新しい機能性として注目されている。本稿では，ゴマに特徴的な「リグナン類」がゴマ油の保存性や風味などの食品としての優れた面のみならず，「がん」や「老化」をはじめとする疾病の予防にも果たす重要な役割について最近の研究を中心に紹介してみたい[3]。

3　ゴマリグナン類の抽出と抗酸化性について

ゴマ種子中の主要なリグナン類はセサミンとセサモリンである。いずれもゴマ種子中に0.3～0.5％という高含量に存在するリグナンであるが，今まで，ほとんど研究はされておらず，最近，チドメグサ (*Hydrocotyle sibthorpioides* Lam) の止血作用の有効成分として*l*-セサミンが見出されていたくらいであった。ところが，このセサミンについては，京都大学の清水らの研究グループを中心に糸状菌によるジホモ-γ-リノレン酸からアラキドン酸への変換に重要な$\Delta 5$不飽和酵素の特異的な阻害剤であることが発見されて以来，多くの機能性に関する研究成果が発表され注目が集められている。一方，セサモリンの機能性については今まで全く研究例がなかったが，われわれのグループにより，酸化ストレスの傷害の予防に重要な役割を果たしていることが明らかにされている[3]。

「ゴマ油」は他のサラダ油に比べて，開封後，長期間放置しておいても酸化的劣化が起きにくく，貯蔵安定性に優れていることが経験的にも，また，多くの研究者にも知られていた。実際に，われわれの研究でも，図2に示したように，いろいろな植物油を放置しておくと劣化していくが，ゴマ油は，焙煎油もゴマサラダ油のどちらも他のサラダ油に比べて極めて高い酸化安定性を持つ

老化予防食品の開発

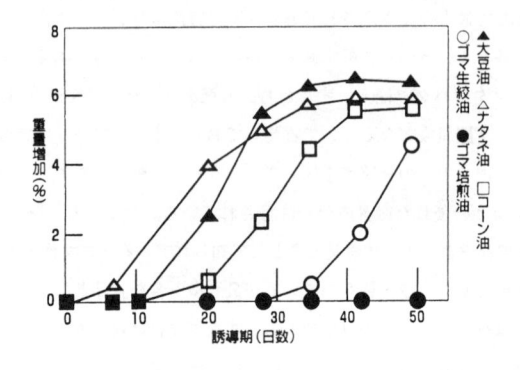

図2　市販食用油の貯蔵中の劣化（60℃）

ていることが明らかとなっている。「焙煎ゴマ油」の酸化安定性は，「焙煎ゴマ油」の黄色い色の原因である「メラノイジン」と，セサモリンの熱分解物であるセサモールが抗酸化性に重要な役割を果たしていることは前から知られていたが，「ゴマサラダ油」の場合は，トコフェロールの含量も他のサラダ油に比べてそれほど多くなく，強力な酸化安定性の理由は長い間不明であった。われわれの研究グループにより，この「酸化安定性」の理由を化学的に解明することを目的とした研究が行われた結果，明らかとなったのは，この「ゴマサラダ油」を精製する過程，すなわち，脱色・脱臭の過程で強力な抗酸化物質「セサミノール」が二次的に生成し，トコフェロールの4～5倍も含まれていることから，ゴマサラダ油の抗酸化性の本体はセサミノールであるとの結論に至った。

　このような研究を通して，さらに筆者らが興味をもったのはゴマ脱脂粕である。ゴマ油は，大豆油やコーン油などのサラダ油がヘキサン抽出により生産されているのとは異なり，エキスペラーにより圧搾抽出されている。そのときの発熱のためにゴマ脱脂粕は褐変化しており，飼料や肥料以外の使い道は今のところあまりない。もしも熱変性がなければ，ゴマ脱脂粕の有効利用を考えるうえでゴマタンパク質は重要な栄養源となりうる。また，ゴマ脱脂粕中の有用成分として興味あるものにはセレンのような微量元素やフィチン酸などがあげられ，これらについては後で述べるが，筆者らが特に注目したのは脱脂粕中に存在する水溶性のリグナン配糖体である。ゴマ脱脂粕を80％アルコールで抽出し，その抽出物にβ-グリコシダーゼを働かせたところ，セサモリノールやセサミノールなどの脂溶性リグナン類縁体をいずれも高収量で得られたことから，リグナン類縁体はゴマ種子の脂質区分に存在すると共に，配糖体のアグリコンとして脱脂粕中に存在することが推測された。そこで，筆者らが，ゴマ脱脂粕中に存在するリグナン配糖体に着目して研究を進めてきた。これらの物質がゴマ種子のもつ抗酸化的防御機構という面からも大きな役

第3編　各種食品・薬物による老化予防と機構

割を果たしているものと推定されたからである。また，今のところ飼料以外にはほとんど利用されていないゴマ脱脂粕の有効利用という観点からも興味がもたれたので，抗酸化性を指標にリグナン配糖体の化学的検索を行った。まず，中国産ゴマ種子を粉砕後，ヘキサンにより脱脂し，その後，80％エタノールで抽出した抽出液を減圧濃縮し，ロダン鉄法を中心としたモデル系による抗酸化性を指標にして，分取用HPLCを含む各種クロマトグラフィーを用いて，活性物質の単離，精製を行った。その結果，4種類のピノレジノールをアグリコンとする配糖体を得ることができた(図3)。このうち3種類はそれ自身でも強い抗酸化性や生理活性を有しているが，収量の多いピノレジノールのジグルコサイドであるKP2は，それ自身では抗酸化性がなくβ-グルコシダーゼで加水分解して初めて抗酸化性を示すリグナン配糖体，(＋)-Pinoresinol-di-β-glucopyranosideと同定された。この物質は強い血圧降下作用を有する生薬として知られる杜仲に含まれていることが報告されているが，抗酸化性を示した他の3種類のリグナン配糖体は新規物質である。これらのリグナン配糖体は，特に，水溶性領域で強い抗酸化性を示しており，今までのトコフェロールをはじめとする脂溶性抗酸化剤とは異なった利用，開発が期待されている。そのうち，主活性物質であるKP1は，ピノレジノールのトリグルコサイドであり，他の2種類は新しいピノレジノールのジグルコサイドであり，現在，抗酸化性以外での生理機能についても研究を進めている[5]。

ここでは，まず，ゴマ種子中の2大微量成分である「セサミン」と「セサモリン」についての

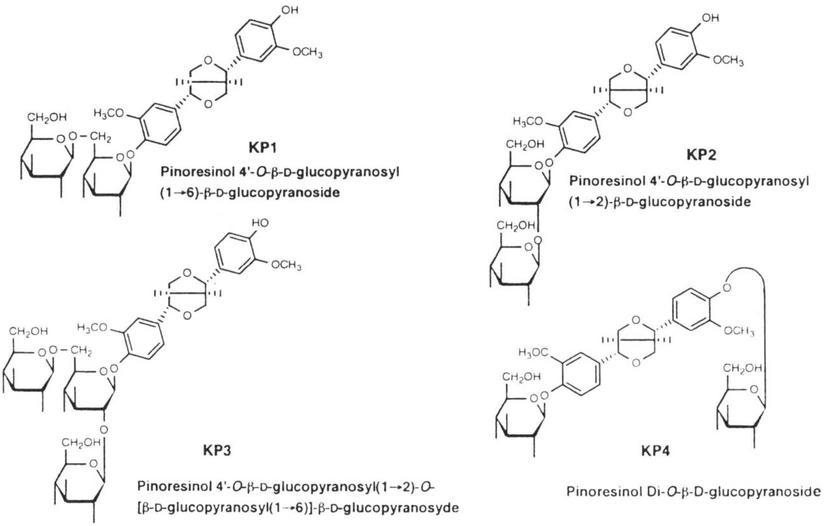

KP1
Pinoresinol 4'-O-β-D-glucopyranosyl(1→6)-β-D-glucopyranoside

KP2
Pinoresinol 4'-O-β-D-glucopyranosyl(1→2)-β-D-glucopyranoside

KP3
Pinoresinol 4'-O-β-D-glucopyranosyl(1→2)-O-[β-D-glucopyranosyl(1→6)]-β-D-glucopyranosyde

KP4
Pinoresinol Di-O-β-D-glucopyranoside

図3　ゴマ脱油粕から単離された水溶性抗酸化物質ピノレジノール配糖体

最近の研究を中心に概説してみたい。

4 多様な「セサミン」の生理機能性

ゴマ油の抗酸化成分ではないためにあまり注目を集めなかった「セサミン」の生理作用に新しい光が与えられたのは、微生物の高度不飽和脂肪酸生合成に対する阻害作用である。京都大学の清水教授らのグループは、アラキドン酸などの多価不飽和脂肪酸の工業的な大量生産に重要な、Δ5不飽和酵素に対する特異的な阻害作用という興味ある発見であり、ジホモ-γ-リノレン酸の大量生産に大きな役割を果たした。さらに、この研究がきっかけとなって、「セサミン」の持つ動物レベルやヒトに対する栄養学的な分野での生理機能が注目されてきた[2]。なかでも注目されたのは肝臓機能の増強作用と共に明らかにされたアルコール分解の促進効果であった。ヒトの実験でも、血液中からのアルコールの消失を促進することで顔面温度を低下させ、悪酔いの原因であるアセトアルデヒドの毒性を軽減させるという機能であった。この研究結果が、コンビニエンスストアーや健康食品の店で見かける「セサミン」の製品化に結びついたのであった。この「セサミン」の生理効果については、その後も数多くの研究が進められ、特に、コレステロール低下作用に関する研究に多くの注目が集められた。その後も、乳がん細胞の増殖抑制効果や免疫機能の改善など、セサミンの持つ機能性は益々注目されてきている。われわれ、日本人には伝統的で身近な食品である「ゴマ研究」が一歩一歩着実に進み、「がん予防食品」や「老化制御食品」として開発されることも単なる夢物語ではなく現実となってくるものと期待されている。

5 セサモリンの生理機能

セサミンと共にゴマ種子中に大量に含まれている抗酸化リグナン類としてセサモリンが知られている。しかしながら、今までにセサモリンについての生体内の生理作用についてはまったく研究が行われていなかった。そこで、われわれは、ラットを用いて生体内でセサモリンの消化管吸収およびセサモリン投与による体内分布や排泄について検討を行った[4]。その結果、摂取されたセサモリンは胃でセサモールやセサモリノールに変換して生体内に吸収、各組織に分布することが明らかになった。セサモリンは約25％が生体内に吸収され、代謝され、特に、ラットの肝臓と腎臓での脂質の過酸化を有意に抑制する結果を得た。さらに、われわれが特に注目したのは、がんをはじめとする老年病のマーカーとしてDNAの酸化傷害で生じる8-ヒドロキシデオキシグアノシン（8-OHdG）である。尿中の8-OHdG排泄量と動物の筋肉量の指表であるクレアチニン量との比はDNA傷害量を示しており、尿中の8-OHdG量を測定することは老年病予防の重要なバイオ

マーカーとなりうる[6]。実際に，8-OHdGを特異的で簡便に測定できるモノクローナル抗体を応用し，1％セサモリンを投与したラットの尿中における8-OHdGの排泄量を測定した結果，肝臓や腎臓における脂質過酸化反応を抑制すると共に尿中の8-OHdGの排泄を有意に抑制していることが明らかにされ[4]，治療ではなく老年病の予防に大きな期待が向けられている。以上の結果から，今まで*in vitro*系で抗酸化性を示さなかったセサモリンは，油の精製過程でセサミノールに変換するが，生体内でのセサモリンはセサミノールに変換せずセサモールやセサモリノールに代謝され，抗酸化性を発現することが示唆された（図4）。

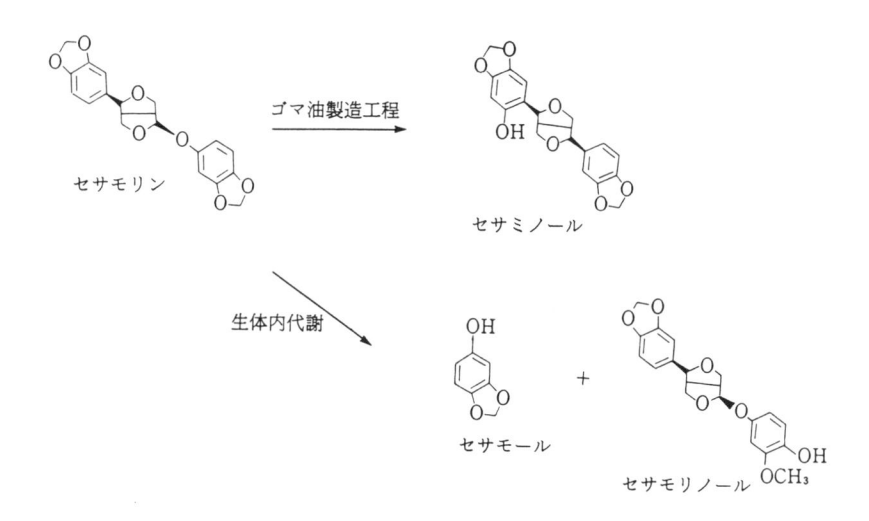

図4　ゴマ油製造工程におけるセサモリンの分子変換と生体内代謝

6　セサミノールの機能性

われわれは，セサミノールのもつ新しい機能性を調べるため，まず予備的な研究として，ヒト血清中の低密度リポタンパク質（Low Density Lipoprotein：LDL）に銅イオン（10 μ M）を加えることにより生じるLDL脂質過酸化度をTBARS生成を指標に検討したところ，高脂血症の治療薬として市販されているプロブコールや α-トコフェロールよりもはるかに強い抑制効果を現すという興味ある結果を得た（図5）[7]。そこで，動物モデルにより，実際に動脈硬化を予防できるかの検討を進めることにしたが，長期間に及ぶ動物実検では大量の実験試料が必要となる。そこでわれわれは，その素材としてゴマ油精製工程で生じる副産物に着目した。ゴマサラダ油の製造

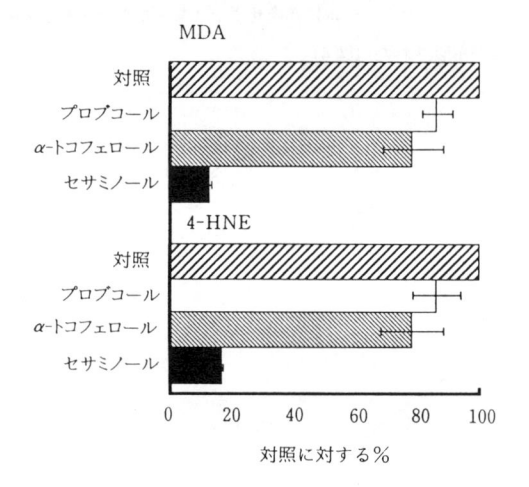

図5 LDL酸化における抗酸化性物質（0.1 μM）の脂質過酸化分解物によるLDL付加体生成の抑制効果
MDA：malondialdehyde, 4-HNE：4-hydroxy-2-nonenal

　工程の中で，セサミノールは酸性白土を用いたゴマサラダ油の脱色，脱臭工程で二次的に生成し，脱色，脱臭スカムと呼ばれる廃棄物中に大量に含まれていたので，われわれは，このスカムに着目し，大量にセサミノールを得る研究を進めてきた。現時点での抽出コストは，ダイズ脱脂スカムからトコフェロールの抽出に比較してはるかに高価であるが，セサミノールに老化や発がんに至る疾病の予防の効果が明確になり機能性を付加することができれば，この未利用資源としてのゴマ脱脂スカムの応用，利用への道が開かれるものと確信している。
　ところが，最近の研究の結果，ゴマ種子中に水溶性のセサミノール配糖体が大量に存在していることが明らかとなった。これらのセサミノール配糖体はそれ自身抗酸化性はもたないものの，食品成分として摂取したのち，特に，腸内細菌のもつβ-グルコシダーゼの作用でアグリコンが加水分解を受けてから腸管から吸収され，最終的には脂溶性であるセサミノールが血液を経て各種臓器中に至り，生体膜などの酸化的障害を防御するということも重要なのではないかと考えら

第3編　各種食品・薬物による老化予防と機構

れた。すなわち，図6に示したように，セサミノールはゴマ油製造工程で二次的に生成するという経路と共に，ゴマ種子中の水溶性区分にセサミノール配糖体としても存在し，配糖体自身には抗酸化性はないものの，摂取後の腸内細菌の作用でもセサミノールが生成されるという興味ある結果を得ることができた。リグナン配糖体のもう1つの機能として，このよ

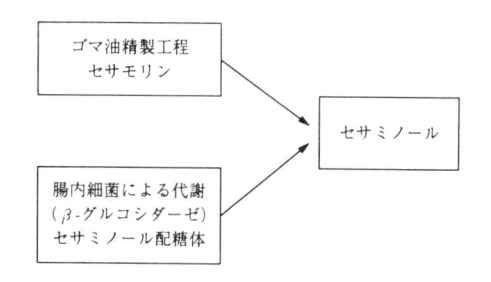

図6　セサミノール生成の2つの経路

うな配糖体は抗酸化前駆物質としても定義づけられるのではないかと期待されてきている。すなわち，糖の存在により抗酸化性を示す官能基であるフェノール性水酸基は食品中では保護されているが，食品成分として摂取したのち，特に，腸内細菌のもつβ-グルコシダーゼの作用で加水

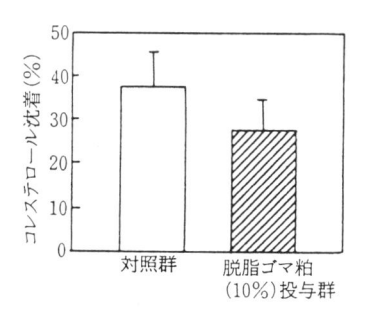

図7　脱脂ゴマ粕による動脈硬化発症の予防と腸内細菌によるセサミノール配糖体からセサミノールへの変換機構

分解を受けてから腸管から吸収され，最終的には脂溶性であるアグリコンが血液を経て各種臓器中に至り，生体膜などの酸化的障害を防御するということも重要な役割ではないかと考えられている。このようなセサミノール配糖体という新しい素材の実際の抗酸化物質として応用開発の可能性を調べるため，最終的には，ヒトを対象とした臨床研究が必要であるが，とりあえず，ウサギを用いた個体レベルでの検討を行った。

ゴマ脱脂粕の有効利用の観点から，今までの試験管レベルの結果から，高脂血症の予防食品として応用できる可能性が考えられたので，高コレステロール負荷（1％コレステロール食）を与えたウサギにおけるゴマ脱脂粕の動脈硬化に対する抑制効果を検討した。コントロール群と脱脂ゴマ粕を投与した実験群は，9週間で1,000 mg/dLを超える高コレステロール血症を起こしたので，ウサギの血清からLDLを分離し，銅イオンによりLDLの酸化誘導したのち脂質過酸化度を検討したところ，ゴマ脱脂粕はLDLでの脂質過酸化産物である4-HNEおよびMDAの付加体の生成を抑制した。また，大動脈内におけるコレステロールの沈着を検討したところ，実験群の大動脈内のコレステロール沈着はコントロール群に比べて有意に抑制した（図7）。以上の結果から，ゴマ脱脂粕中に含まれるリグナン配糖体が腸内菌の作用により加水分解され，生成したセサミノールを始めとするリグナン類がLDLの脂質過酸化反応を抑制すると同時に動脈硬化進展を予防する可能性が明らかになった[8]。しかも，ゴマやゴマ脱脂粕という素材の安全性は問題ないと考えられ，今後の動脈硬化予防食品として応用開発の研究の発展が期待されている。また，つい最近に至り，家族性高脂血症のモデルであるWHHL-ウサギへのセサミノール配糖体の投与実験でも抑制効果が確認されており[9]，さらに広範なセサミノール配糖体の有効性が期待されている。

今まで述べたように，これらのリグナン類抗酸化成分は，ゴマ種子の保存やゴマ油の酸化安定性に大きく寄与していると共に，未利用資源としてのゴマ脱脂粕の有効利用という面からも注目を集めている。最初に述べたように，リグナン類縁体は多くの植物中から見出されているが，油糧種子中に存在するリグナンとしてはゴマリグナンが特異的である。新しいタイプの天然抗酸化物質として油脂食品の酸化防止という食品系での応用，開発の可能性が考えられる。

文　献

1) 並木満夫，小林貞作，ゴマの科学，朝倉書店(1989)
2) 並木満夫編，ゴマの機能性，丸善(1998)
3) 大澤俊彦，井上宏生，スパイスには病気を防ぐこれだけの効能があった，廣済堂出版(1999)

4) M-H, Kang et al., Sesamolin Inhibited Lipid Peroxidation in Rat Liver and Kidney, *J. Nutr*, 128, 1018-1022 (1998)
5) H. Katsuzaki et al., Structure of Novel Antioxidative Lignan Glucosides Isolated from Sesame Seed, *Biosci. Biotech. Biochem*, 56, 2087 (1992)
6) 大澤俊彦, フリーラジカル・脂質過酸化傷害マーカーの開発の現状とその応用, フリーラジカルの臨床, 13, 8-13 (1998)
7) M-H, Kang et al., Inhibition of 2,2'-azobis(2,4-dimethyl-valeronitrile)-induced Lipid Peroxidation by Sesaminols, *Lipids*, 33, 1031-1036 (1998)
8) M-H, Kang et al., Dietary Deffated Sesame Flour Decreased the Susceptibility to Oxidative Stress in Hypercholestrolemic Rabbits, *J. Nutri*, in press
9) M-H, Kang et al., Prevention of Atherosclerosis in LDL Receptor-deficient Watanabe Heritable Hyperlipidemia (WHHL) Rabbits by Sesaminol Glucosides-feeding, *Life Science*, in press

第7章　レモン

三宅義明*

1　レモンの生理機能研究

　レモン（学名：*Citrus limon* BURM.f.）は多くの国々で栽培され食べられている柑橘果実の一つであり，その生理機能性については以前より知られている。レモン果汁の爽やかな酸味に寄与するクエン酸の疲労回復効果や，アスコルビン酸の壊血病予防効果，そして，バイオフラボノイドやビタミンPともいわれるヘスペリジンには，毛細血管の強化作用の報告がある[1,2]。

　レモンをはじめ柑橘果実には，多くのフラボノイド化合物が含まれており，フラボノイドをアグリコンの基本構造で分類するとフラボン，フラバノン，フラボノール，アントシアニンなどのグループに分けられるが，その中でもフラバノンやフラボンが多く含まれている。柑橘類のフラボノイドの生理機能の研究では，オレンジ類に多いヘスペリジンや，グレープフルーツジュースの苦み成分であるナリンジンに抗アレルギー作用，抗ウイルス作用，抗炎症作用が認められており，柑橘類に特有の高度にメトキシ化されているノビレチンやタンゲレチンには，抗ヒスタミン，抗アレルギー作用，抗がん作用などの報告がある[3,4]。

　一方，食物に含まれる抗酸化成分は，生体内で活性酸素・フリーラジカルを消去して過酸化脂質の生成を抑制する作用があり，酸化ストレスが起因するといわれている老化やがん，動脈硬化，糖尿病の合併症等といった生活習慣病の予防効果が注目されている[5,6]。そこで，我々は柑橘類のレモンをとりあげ，レモンフラボノイドの抗酸化性などの生理機能に着目している。

2　レモンフラボノイドの抗酸化性

2.1　抗酸化性レモンフラボノイドとその抗酸化活性

　以前よりレモン果実には抗酸化成分のアスコルビン酸（ビタミンC）を含有することが知られている。そこで，レモンのアスコルビン酸以外の抗酸化成分としてフラボノイドに着目して検索を行った。レモンフラボノイドは，レモン果汁を逆相樹脂処理により得られる粗精製物により調製し，分画操作と分取高速液体クロマトグラフィーを用いることにより，数種のフラボノイド化

＊　Yoshiaki Miyake　㈱ポッカコーポレーション　基礎技術研究所　係長

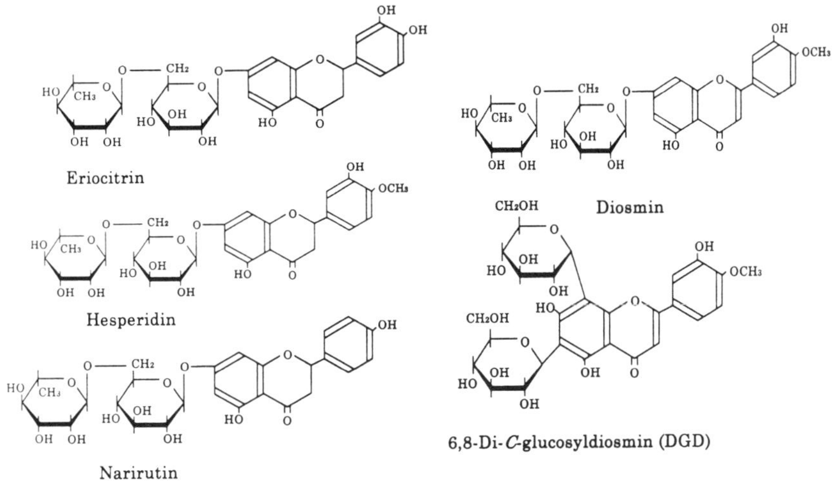

第3編　各種食品・薬物による老化予防と機構

図1　レモンフラボノイドの化学構造

合物を単離精製し，各種分析機器により構造同定した（図1）[7]。

　これら化合物の抗酸化活性をリノール酸の自動酸化により生成する過酸化脂質量を測定して調べたところ，エリオシトリン（eriodictyol β-7-rutinoside）はレモンフラボノイドの中で最も抗酸化活性が高く，抗酸化成分として知られるα-トコフェロールとほぼ同等の活性を有していた[8]。エリオシトリンはアグリコンのエリオディクティオールの7位の水酸基に糖質のルチノースが結合したフラバノン配糖体であり，以前よりレモン果実中の存在は知られていたが[9]，その抗酸化性を見出すことができた。

　また，これらフラボノイド配糖体のアグリコンについて抗酸化活性を調べたところ，エリオシトリンのアグリコンであるエリオディクティオールの活性が高かった。エリオシトリン，エリオディクティオールには，フラボノイドB環部分の3'位と4'位に近接する2個の水酸基を有することが特徴であり，これが抗酸化活性に起因していると推測している。

　レモンフラボノイドの果実内の分布を調べたところ，果汁より果皮に多く存在しており，レモンにはエリオシトリン，ヘスペリジンが特に多く，エリオシトリンは果皮部分に100 g当たり154 mgと多く，果汁には100 g当たり21.6 mgとアスコルビン酸の約1/2量が含まれていた。エリオシトリンは，他の柑橘類については，オレンジ類やグレープフルーツ等にはほとんど含まれておらず，レモンやライム果実に特有に多く存在する成分であった[8]。

　エリオシトリンは水，エタノールに可溶であり，0.05％水溶液の呈味は少し苦みを感じるが，

グレープフルーツ・ナツミカン等の苦味成分であるフラボノイド化合物のナリンジンと比べて苦みは弱かった。また，酸性（pH3.5）溶液で121℃，15分間の熱処理でもほとんど成分変化はなく，熱に安定であった。

2.2 エリオシトリンの体内代謝検討

食品由来の抗酸化成分の生体での機能を追究するためには，経口投与により体内に入った抗酸化成分がどのように代謝されるかを調べ，その代謝成分の酸化ストレス抑制のメカニズムを解明することが重要な課題となってきている。そこで，エリオシトリン摂取後に体内で最初に代謝されると思われる腸内細菌の影響を調べて，その代謝過程を検討した[10]。

19種の腸内細菌を用いて調べたところ，*Bacteroides*属の数菌株では，エリオシトリンからアグリコンのエリオディクティオールが生成され，*Clostridium*属にはエリオディクティオールを3,4-ジヒドロキシヒドロケイ皮酸(3,4-DHCA)へと代謝分解する菌株が認められた。さらに，ヒトの糞中から単離した腸内細菌においても代謝成分の生成を確認し，エリオシトリンは腸内細菌によりエリオディクティオールへ，そして3,4-DHCAとフロログルシノールへ代謝されると推定した。

エリオシトリンとその代謝物について，リノール酸や，ウサギ赤血球膜ゴースト基質に用いて抗酸化測定をしたところ，エリオディクティオールはα-トコフェロールより高い抗酸化活性を有しており，3,4-DHCAとフロログルシノールはエリオシトリンより弱かったが活性を保持していた。

一方，赤ワインを多く摂取するフランス人が心血管疾患による死亡率が低いことが"フレンチパラドックス"と呼ばれており，赤ワインに多く含まれるポリフェノールは動脈硬化症の原因といわれている低密度リポタンパク質（LDL）の酸化変性を抑制することがわかっている[6]。銅イオン共存下でのLDLの共役ジエンが形成されるまでのラグタイムを測定する*in vitro*での酸化LDLの生成抑制試験を用いて，エリオシトリンと代謝物についての抗酸化活性を調べた[11]。この系では，エリオシトリンやその代謝物について，α-トコフェノールより高く，緑茶ポリフェノールとほぼ同等な抗酸化活性が認められた。

これらの結果から，エリオシトリンは腸内細菌に代謝された後でも活性を持つことが確認されている。

2.3 レモンフラボノイドの抗変異原性およびDNA損傷抑制効果

レモン果汁は焼き魚や，焼き肉に調味料としてよく使用されているが，これらの焦げには発がん性を示す変異原物質の存在が知られている。レモン果汁の抗変異原性についての報告としては，アスコルビン酸が活性成分と推察されるが，レモン果汁に変異原物質であるニトロソ化合物の生

第3編 各種食品・薬物による老化予防と機構

成抑制の効果が報告されている[12]。

そこで,焼き魚,焼き肉の焦げに含まれる発がん性物質に対するレモンフラボノイドの影響をAmes法による抗変異原活性の測定により調べた。使用菌は *Salmonella typhumurium* TA98株を用い,変異原物質としては,ヘテロサイクリックアミン系化合物でトリプトファンの加熱分解物であるTrp-P-2,いわしのコゲより単離されたIQを用いた。その結果,レモン果汁とそのレモンフラボノイド(粗精製)に抗変異原効果が認められた。また,レモンフラボノイドのエリオシトリン,ヘスペリジン,ジオスミンの単一成分でも効果が認められた。

さらに,DNA損傷に対するレモンフラボノイドの効果について,ファージDNA ΦX174RFを用いたモデル系で調べた。これは,2重らせんのスーパーコイル型のファージDNA ΦX174RFが,チトクロムCと過酸化水素により生成するヒドロキシラジカルでDNA鎖が一部切断されてオープンサーキュラー型へ変換される。この変換をアガロースゲル電気泳動のバンドとして検出するという方法である[13]。この系に,エリオシトリンを添加したところ,濃度依存的にDNA切断抑制効果が観察された。

以上の結果から,レモンフラボノイドのエリオシトリンには,食品の焦げに含まれる変異原物質の活性を抑える効果や,ラジカルによるDNAの切断損傷を抑制する効果が認められ,レモンフラボノイドのエリオシトリンは,発がんに関与するといわれる変異原性に対して有効な成分であることが示された。

2.4 レモンフラボノイドの糖尿病発症ラットでの酸化ストレス抑制効果

最近,糖尿病は生活習慣病の中でも患者が中高年層に急増しているおり,糖尿病は腎機能障害や白内障等の合併症も誘発し,社会問題となっている。糖尿病の発症により生体内で増大する酸化ストレスは脂質過酸化を引き起こし,これは腎機能障害や白内障といった合併症に起因すると言われている[14]。

我々は,ストレプトゾトシン(STZ)投与により発症した糖尿病ラットを用い,レモンフラボノイドやその中で抗酸化活性の高い成分であるエリオシトリンについて,生体内の酸化ストレスに対しての影響を調べた[15]。糖尿病ラットに0.2%レモンフラボノイド,または,0.2%エリオシトリンを含む餌を1ヵ月投与した後,血清,肝臓,腎臓の脂質過酸化度(TBARS量)を調べた(図2)。正常ラットと比べて糖尿病ラットではTBARS量が増加したが,レモンフラボノイドやエリオシトリン添加餌を投与した糖尿病ラットでは,その増加が有意に抑制されていた。

また,生体内では酸化ストレスによりDNAが酸化損傷を受けると,その酸化傷害物(8-ヒドロキシデオキシグアノシン:8-OHdG)が尿中に排出されることが知られている。今回の実験でラット尿中に含まれる8-OHdG量を,抗8-OHdGモノクローナル抗体を用いたELISAで定量した

（図3）。正常ラットと比べて糖尿病発症ラットは，8-OHdG量が増大するが，レモンフラボノイドまたはエリオシトリン添加餌を投与した糖尿病ラットではその増加を有意に抑制していた。

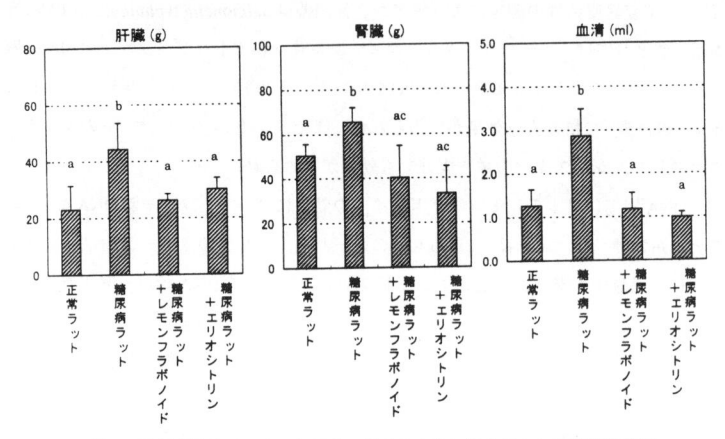

図2　糖尿病発症ラットにおけるエリオシトリン酸化ストレス抑制効果(1)
　　　過酸化脂質量（TBARS nM）　　$P < 0.05$

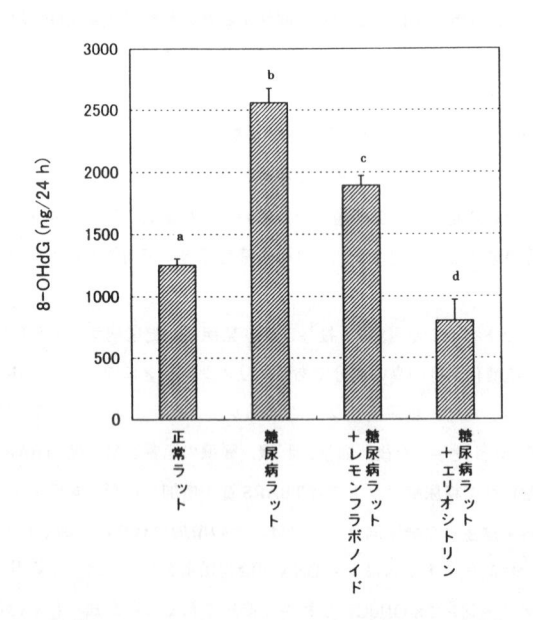

図3　糖尿病発症ラットにおけるエリオシトリン酸化ストレス抑制効果(2)
　　　尿中8-ヒドロキシデオキシグアノシン（8-OHdG）量　　$P < 0.05$

第3編　各種食品・薬物による老化予防と機構

　以上の実験結果から，レモンフラボノイドとエリオシトリンの糖尿病ラットへの経口投与は，酸化ストレスによる脂質過酸化や酸化修飾DNA量の増加を抑制しており，生体内の酸化ストレスを抑制する効果が認められた。今後のさらなる検討が必要であるが，糖尿病の発症によって生体内で増大する酸化ストレスは白内障や肝機能障害などの合併症に起因するといわれており，エリオシトリンには酸化ストレスを抑制することから，糖尿病合併症への予防効果が期待される結果が得られた。

3　レモンフラボノイドの血圧上昇抑制効果

　レモンなど柑橘果実には，血管拡張作用を示すビタミンP物質があることや，高血圧自然発症ラット（SHR）への静脈投与実験からレモンに特徴的に存在するフラボン類の6,8-ジ-C-β-グルコシルジオスミン（DGD）には血圧降下作用の報告があり[16]，レモンには生活習慣病である高血圧症への効果が期待された。

　そこで，高血圧自然発症ラットを用いて経口投与実験からレモン果汁とレモン果汁から調製したレモンフラボノイドについて血圧上昇抑制効果を調べた[17]。飲料水として5％レモン果汁をSHRに90日間投与したところ，蒸留水投与のSHR群と比べて血圧上昇抑制の傾向が認められた。次に，レモンフラボノイドをSHRに投与したところ，28日目で有意に血圧上昇抑制効果が認められた（図4）。

　レモンフラボノイド粗精製物をHPLC分析したところ，エリオシトリン，ヘスペリジン，DGDが多く含まれており，これらが効果に関与していると推定している。レモンフラボノイドは抗酸

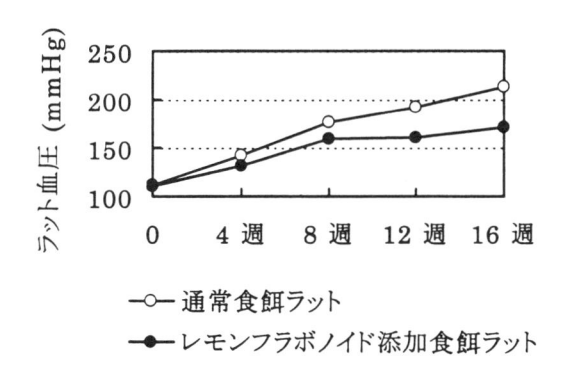

図4　レモンフラボノイドの血圧上昇抑制効果
高血圧自然発症ラット（SHR）使用

化作用とともに血圧上昇抑制作用等も保有しており，多機能成分であると思われる。

4 おわりに

　以上のように，抗酸化成分のエリオシトリンを中心にレモン果実に含まれるレモンフラボノイドの生理機能性について調べた。レモンフラボノイドやその活性の主成分と思われるエリオシトリンには，老化や，がん，糖尿病などの生活習慣病に関連があるといわれる酸化ストレス抑制効果が示され，これら疾病の予防効果が示された。さらに，レモンフラボノイドには，血圧上昇抑制効果から高血圧症への予防効果も示された。

　今後は，動物実験から疾病予防効果の実証や，その有効量を明らかにするためにも生体内の抗酸化メカニズムの解明，さらに，ヒトでの効果を追究していきたい。また，レモン果実には，レモンフラボノイド以外に，抗酸化成分のアスコルビン酸やクエン酸などの生理機能性成分が多く含まれており，これら成分の同時摂取による生体の影響について調べることから，レモンの生理機能をさらに明らかにしていきたいと考えている。

文　献

1) S. Saitoh et al., *J.Nutr.Sci.Vitaminol.*, 29, 45-52（1983）
2) 岩科 司, 食品工業, 29, 52-70（1994）
3) M. E. Bracke et al., *Food Technology*, 48, 121-124（1994）
4) J. E. Middlenton and C. Kandaswami, *Food Technology*, 48, 115-119（1994）
5) R. G. Cutler et al., "Free Radicals and Aging", (I.Emerit and B. Chanceeds), Birkhauser Verlag, Basel/Switzerland, pp31-46(1992)
6) E. N. Frankel et al., *Lancet*, 341, 454-457（1993）
7) Y. Miyake et al., *Food Sci. Technol.Int.Tokyo*, 4, 48-53（1998）
8) Y. Miyake et al., *Food Sci. Technol.Int.Tokyo*, 3, 84-89（1997）
9) C. E. Vandercook and R. G. Stephenson, *J. Agr. Food Chem.*, 14, 450-454（1966）
10) Y. Miyake et al., *J.Agric.Food Chem.*, 45, 3738-3742（1997）
11) Y. Miyake et al., *J.Agric.Food Chem.*, 45, 4619-4623（1997）
12) Y. Achiwa et al., 日本食品工業学会誌, 31, 525-530（1984）
13) T. Nakayama et al., *Biosci. Biotech. Biochem.*, 57, 174-176（1993）
14) J. Nourooz-Zadeh et al., *Diabetologia*, 40, 647-653（1997）
15) Y. Miyake et al., *Lipids*, 33, 689-695（1997）
16) A. Sawabe et al., *J. Jpn. Oil. Chem. Soc.*, 38, 53-59（1989）
17) Y. Miyake et al., *Food Sci. Technol. Int. Tokyo*, 4, 29-32（1998）

第8章　ビタミン K_2-4 の骨代謝改善作用

原　孝博[*]

1　はじめに

　近年，高齢化の進展とともに，骨粗鬆症の患者数が急速に増加している。骨粗鬆症患者の増加は，骨の脆弱化によって生じる骨折，特に大腿骨頚部の骨折により寝たきり患者の増加に繋がり，社会負担の増大を招くことから，骨粗鬆症の予防／治療，特に予防が重要な課題である。

　これまで，骨粗鬆症予防には十分なカルシウム摂取が推奨されてきた。しかしながら，最近カルシウム摂取だけでは不十分との指摘があり，カルシウム以外の栄養素にも関心が向けられるようになってきている。この中で，血液凝固に必要なビタミンとして知られていたビタミンKが，骨代謝にも関与することが明らかとなり，注目されている。1995年には，ビタミン K_2 製剤（成分はビタミン K_2-4）が骨粗鬆症の骨量・疼痛の改善薬として国内で発売された。また，ビタミン K_1，あるいはビタミン K_2 を含有する食品素材も市場に投入されつつある。

　ここでは，骨粗鬆症予防食品素材として期待されるビタミンKのうち，特にビタミン K_2-4 に焦点を当てて，骨代謝改善作用について紹介する。また，安全性，食品中の含量，並びに所要量についても述べる。

2　ビタミンKの種類と構造

　ビタミンKは，天然にはビタミン K_1 とビタミン K_2 が存在する（図1）。ビタミン K_1（フィロキノン）は，緑葉に多く存在している。ビタミン K_2（メナキノン）は，ナフトキノン骨格の3位に結合するイソプレン単位数（図1の中で（　）に囲まれた炭素数5の繰り返し）により14の同族体があり，多くの細菌が電子伝達系（呼吸鎖）の成分として産生する。例えば，納豆には納豆菌由来のビタミン K_2-7（イソプレン単位数が7）が主に含まれる。また，アルトロバクター属細菌はビタミン K_2-4（イソプレン単位数が4）を産生する。このアルトロバクター属細菌を用いたビタミン K_2-4 の発酵生産技術は既に確立され[1,2]，得られるビタミン K_2-4 は食品の既存添加物名簿に収載されている（強化剤）。

---

[*]　Takahiro Hara　協和発酵工業㈱　筑波研究所　主任研究員

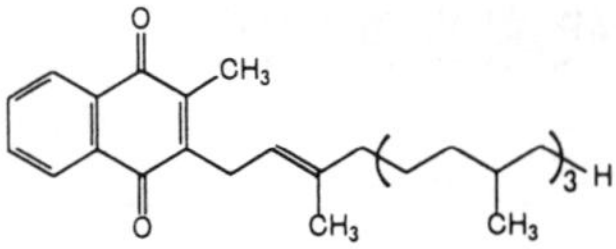

図1 ビタミンKの構造

ビタミンK₁(フィロキノン)

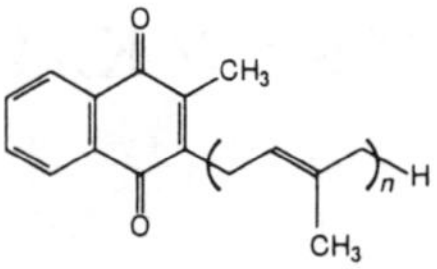

ビタミンK₂(メナキノン) $n=1\sim14$

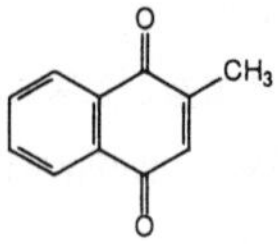

ビタミンK₃(メナジオン)

一方，鳥類・哺乳類に摂取されたビタミン K_1 は，体内でビタミン K_3（メナジオン）を経てビタミン K_2-4に変換される。食事由来のビタミン K_1 は，生体内組織に含まれるビタミン K_2-4のソースと考えられている[3]。

3 ビタミンKの骨代謝への関与

　骨はミネラルと基質から構成され，ミネラルはその多くがヒドロキシアパタイトから成り，基質の大部分はコラーゲンである。骨は，骨を作る骨芽細胞と骨を壊す破骨細胞の作用により常に代謝回転されており，このバランスが崩れて骨芽細胞より破骨細胞の作用が大きくなると，骨量が減少に転じ，骨粗鬆症に至る。

　ビタミンKは，脂溶性ビタミンの一種で血液凝固に必要なビタミンである。第Ⅱ，Ⅶ，Ⅸ，Ⅹの各血液凝固因子は，肝臓において不活性な前駆タンパク質として合成されるが，活性発現には血液凝固因子に含まれるグルタミン酸残基が，γ-カルボキシグルタミン酸（Gla）残基に修飾される必要がある。ビタミンKは，この反応に関与するカルボキシラーゼの補酵素として働いており，血液凝固因子の正常レベルの維持に関与している。

　この血液凝固因子以外にも，Gla残基を含むタンパク質（オステオカルシン）が骨中に発見された[4]。骨芽細胞により産生されたオステオカルシンのほとんどは骨中に取り込まれるが，一部は血中へ放出される。オステオカルシンのGla化にもビタミンKが必要であり（後述），骨中のGla残基を含むオステオカルシンは，ヒドロキシアパタイトと強い親和性を持ち，骨の石灰化に

第3編　各種食品・薬物による老化予防と機構

関与しているものと考えられている。このオステオカルシンの発見から，ビタミンKと骨代謝に関する様々な報告がなされるに至っている。

　骨粗鬆症患者の骨折のリスクと血中ビタミンK濃度との関連が最初に報告されたのは1985年である[5]。この報告では，脊椎骨あるいは大腿骨頚部を骨折した骨粗鬆症患者の血中ビタミンK_1濃度は，同世代の健常人より低いことが明らかとなった。その後，血中のビタミンK_1，ビタミンK_2-7，並びにビタミンK_2-8濃度が，脊椎骨および大腿骨頚部を骨折した骨粗鬆症患者では健常人より低いこと[6]，また，大腿骨頚部を骨折した51人の女性（平均年齢81歳）の血中ビタミンK_1，ビタミンK_2-7，並びにビタミンK_2-8濃度は，同世代38人の健常な女性より低いこと[7]が報告された。さらに，同様なことは男性でも報告されている。27人の男性（平均年齢74歳）の血中ビタミンK_1およびビタミンK_2-7濃度と骨密度には正の相関が認められた[8]。

　一方，血清中のGla化されていないオステオカルシン（unOC，ヒドロキシアパタイトとの結合能が弱い）の濃度が高齢の女性において上昇していること[9]，また，血清unOC濃度の高い女性は大腿骨頚部の骨折のリスクが高いこと[10]，高齢の女性において血清unOC濃度と骨密度に逆相関が認められること[11]，さらに，大腿骨頚部の骨折を経験した高齢の女性では，血清unOC濃度が高いこと[12]，が報告されている。

　以上のように，骨折を起こした骨粗鬆症患者では血中ビタミンK濃度が健常人より低いこと，血清unOC濃度が高い高齢者は骨密度が低く骨折のリスクが高いことなど，ビタミンKと骨代謝との関連が明らかにされている。

　ビタミンK_2の同族体の中で，ビタミンK_2-4，K_2-5，およびK_2-6はGla化能が高く血液凝固能も高い活性を示すが，これらのうちビタミンK_2-4は最も側鎖の短い物質である[13,14]。また，食事由来のビタミンK_1は生体内でビタミンK_2-4へ変換されることから，ビタミンK_2-4の骨代謝への作用は興味深いところである。ビタミンK_2-4の骨代謝への作用については，以下に述べるように，臨床面から，また，動物および細胞を用いた基礎研究から多くの報告がなされている。

4　ビタミンK_2-4の骨に対する作用

　退行期骨粗鬆症患者80人を対象に6カ月間，45mg／日のビタミンK_2-4を投与した結果，末梢皮質骨の骨密度を$1.28 \pm 1.52\%$増加させることが確認された（擬薬群は$-3.85 \pm 2.21\%$減少，$p<0.05$）。また，1α-ハイドロキシビタミンD_3（D_3）1.0μg／日投与群との比較を行ったところ，48週間後の末梢皮質骨の骨密度は，D_3群では$-2.42 \pm 1.23\%$減少したのに対して，ビタミンK_2-4投与群では$2.05 \pm 1.05\%$増加した（$p<0.001$）[15]。次に，海綿骨の骨密度に対する効果については，ビタミンK_2-4を2年間投与した結果，腰椎骨密度を増加させることはなかったが，対照群と

比較して明らかに有意に骨密度は保たれ，その維持作用が認められた。これらの例において脊椎新規骨折発生頻度を検討した結果，ビタミンK_2-4群は対照群に比べ骨折の発生頻度が約半分に減少した[16]。また，骨粗鬆症患者36例（女性35例，男性1例，年齢は40歳代1例，50歳代8例，60歳代7例，70歳代20例）に対してビタミンK_2-4を投与した結果，腰椎骨密度は6ヵ月後に0.8％の上昇，1年後に1.9％の上昇と明らかに改善されたとの報告もなされている[17]。

一方，実験的骨粗鬆症モデルである卵巣摘出ラットに，ビタミンK_2-4を含む食餌を6ヵ月間与えた結果，卵巣摘出による骨強度，および骨中カルシウムの減少がビタミンK_2-4により抑制された[18]。これは，ビタミンK_2-4の骨吸収抑制作用を示唆している。また，卵巣摘出ラットをビタミンD_3を含む飼料（D（＋）），あるいは含まない飼料（D（－））で飼育し，この時ビタミンK_2-4を3ヵ月間混餌投与したところ，D（＋）群の方が血中ビタミンD_3濃度が有意に上昇し，骨密度の有意な改善が見られた。ビタミンK_2-4は，血中ビタミンD_3濃度の高い方がより骨量減少抑制作用を示すことが示唆された[14]。

一方，低カルシウム食飼育により骨量と骨強度の低下したラットに，ビタミンK_2-4を3～6週間投与すると骨強度の改善効果が確認され，この作用は骨形成促進によるものと推察されている[19]。

5　ビタミンK_2-4の骨吸収抑制作用

骨吸収を行う細胞は破骨細胞である。破骨細胞は多核の巨細胞で，造血幹細胞の増殖，分化，融合により形成され，骨と接し骨吸収を行っている。マウス骨髄細胞を活性型ビタミンD_3共存下で培養すると，多核の破骨細胞が形成される。この培養系にビタミンK_2-4を添加すると，分化期における破骨細胞の形成が阻害された。ビタミンK_2-4は破骨細胞の分化を抑制して形成を阻害することが明らかとなった[20,21]。また，マウス頭頂骨培養系において，ビタミンK_2-4はインターロイキン-1α，プロスタグランディンE_2，PTH（副甲状腺ホルモン），あるいは活性型ビタミンD_3により誘導される骨吸収を抑制した[21,22]。破骨細胞への作用という点で，ビタミンK_2-4は造血幹細胞からの破骨細胞の形成，並びに破骨細胞の活性化の両方を抑制することが明らかにされた[23,24]。

なお，頭頂骨にはプロスタグランディンE_2を産生する骨芽細胞も存在している。破骨細胞活性化作用を有するプロスタグランディンE_2産生はインターロイキン-1αにより増加するが，ビタミンK_2-4はこの産生も抑制した。ビタミンK_2-4の骨吸収抑制作用の一部は，プロスタグランディンE_2の産生抑制を介しているものと考えられている[22]。

ビタミンK_2-4が破骨細胞に直接作用するのか，あるいは間接的に作用するのかを検討するため

に，破骨細胞のみを分離した培養系で骨吸収活性が調べられた。その結果，ビタミンK_2-4は破骨細胞に直接働いて骨吸収を抑制する可能性が示された[21]。また，ビタミンK_2-4の骨吸収抑制作用は，ビタミンK依存性の血液凝固作用の阻害剤であるワーファリンで阻害を受けないことから，Gla化を介さないこと[14]も確認されている。

骨吸収のメカニズムについては，破骨細胞のプロトンポンプによって酸性となり骨の脱灰が起こる，骨基質溶解酵素（カテプシン）の作用により骨基質が溶解される，という2つが想定されている。ビタミンK_2-4は，破骨細胞のカテプシンKのmRNA発現量を減少させること[21]が示されている。

また，ウサギ破骨細胞ではビタミンK_2-4がアポトーシスを誘導するが，ビタミンK_1は誘導しない。ビタミンK_2-4による骨吸収抑制作用は，破骨細胞のアポトーシスが一部に関与していることも示唆されている[21, 23]。

マウス，ウサギ，およびヒトの細胞を用いた評価系において，ビタミンK_1は骨吸収，あるいは破骨細胞形成にほとんど影響を及ぼさない[21, 23, 24]。ビタミンK_1とビタミンK_2は，ナフトキノン骨格に結合する側鎖が異なっており，側鎖による骨吸収への影響が調べられた。その結果，ビタミンK_2-4の側鎖であるゲラニルゲラニオール（イソプレン単位が4個）には，ビタミンK_2-4と同程度の破骨細胞形成抑制作用が認められた。ところが，ビタミンK_1の側鎖であるフィトールは抑制活性が弱く，またビタミンK_2のイソプレン単位数が2～7（4を除く）の側鎖は，抑制作用を示さずむしろ促進した[25]。側鎖による活性の違いの詳細は明らかではないが，ビタミンK_1およびビタミンK_2の同族体の中で，ビタミンK_2-4のみが骨吸収抑制作用を示すのかもしれない。

6　ビタミンK_2-4の骨形成促進作用

骨形成は骨芽細胞により営まれている。骨芽細胞は，骨髄間質細胞などの未分化間葉系細胞の分化により生じる。骨芽細胞は，石灰化した骨表面においてさかんに骨基質を分泌している。骨基質のほとんどはⅠ型コラーゲンからなり，このⅠ型コラーゲンにヒドロキシアパタイトが沈着して骨が形成される。

骨芽細胞培養系において，ビタミンK_1およびビタミンK_2-4は石灰化を促進し，その効果はビタミンK_2-4の方が強いものであった。しかしながら，ビタミンK_3には効果が認められなかった[26]。ビタミンK_3はナフトキノン骨格の3位に結合する側鎖がなく，石灰化作用には3位の側鎖が必要なのかもしれない。また，培養骨芽細胞の石灰化は活性型ビタミンD_3により誘導されるが，ビタミンK_2-4はこの石灰化をさらに促進した[26]。

骨芽細胞は，Ⅰ型コラーゲンの他にオステオカルシンも産生し分泌している。骨芽細胞培養系

において，活性型ビタミンD_3により誘導される細胞内および細胞外マトリックス（細胞層）でのオステオカルシンの蓄積も，ビタミンK_2-4は促進した。このオステオカルシンの蓄積をビタミンK拮抗剤のワーファリンが抑制したことから，ビタミンK_2-4はオステオカルシンのGla化を促進したものと思われる[26]。ヒト骨芽細胞の石灰化されたところにGla残基を含むオステオカルシンの存在が確認されており[27]，ビタミンK_2-4による石灰化促進作用には，Gla残基を含むオステオカルシンが関与していることが明らかとなっている。さらに，ビタミンK_2-4は，オステオカルシンの翻訳後の修飾に加えて，活性型ビタミンD_3で処理した細胞におけるオステオカルシンmRNAの発現を増加させることも確認されている[26]。

また，ビタミンK_2-4は，オステオカルシンに作用する以外にも骨芽細胞に作用している。Troglitazone（チアゾリン系薬剤）によって誘導される骨髄間質細胞から脂肪細胞への分化を抑制して骨芽細胞数を維持すること，骨芽細胞の増殖を抑制して分化マーカーであるアルカリフォスファターゼ活性を促進すること，などが報告されている[24]。

以上5項および6項で述べたように，ビタミンK_2-4は骨形成促進と骨吸収抑制の2つの作用を合わせ持つ。骨吸収を抑制する物質は比較的多く存在するのに対して，骨形成を促進する物質は少ない。ビタミンK_2-4は，骨形成促進と骨吸収抑制の2つの作用によりカルシウム代謝を正常に保つユニークな物質と言える（図2）。

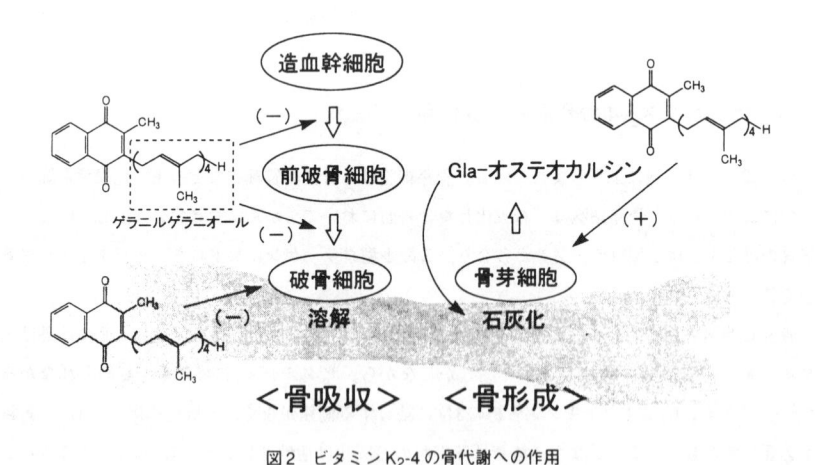

図2 ビタミンK_2-4の骨代謝への作用

第3編　各種食品・薬物による老化予防と機構

7 ビタミンK_2-4の骨代謝以外の作用

7.1 カルシウム吸収促進作用

　食塩を負荷してカルシウムバランスが負になったラットに，ビタミンK_2-4を含む食餌を6週間与えると，カルシウムバランスの改善が見られた。この時点でラットより小腸を摘出し，反転腸管を使ってカルシウム吸収を調べた結果，食塩の負荷により減少したカルシウム吸収がビタミンK_2-4により改善された[14, 28]。ビタミンK_2-4の新たな作用として興味深いものである。

7.2 動脈硬化抑制作用

　動脈硬化症を呈する閉経後の女性は，ビタミンKの摂取が低いとの報告がある[29]。コレステロール負荷食により高コレステロール血症状態にしたウサギにビタミンK_2-4を与えた結果，血漿中のコレステロールおよび過酸化脂質が低下し，動脈硬化の進行が抑制された[30]。また，慢性的な腎障害をもち透析を受けている骨粗鬆症患者にビタミンK_2-4を投与すると（45mg／日），血清中の総コレステロール量が減少し，動脈硬化指数（HDL-コレステロール／LDLコレステロール）の改善が見られた[31]。

　ビタミンK_2-4の脂質代謝への関わりについてのメカニズムはわかっていない。ビタミンK_2-4の側鎖であるゲラニルゲラニオールが，コレステロール合成の中間体のひとつであるゲラニル二リン酸の合成を拮抗的に阻害している可能性はある。また，ゲラニルゲラニオールの抗酸化作用によるのかもしれない[31]。

7.3 アポトーシス

　ビタミンK_2-4の側鎖であるゲラニルゲラニオールに，骨吸収抑制作用が認められることは上述したが，このゲラニルゲラニオールには，種々の白血病細胞や大腸癌細胞に対して典型的なアポトーシスを誘導することも報告されている[23]。

8 ビタミンK_2-4の安全性，食品中の含有量，並びに所要量

8.1 安全性

　ビタミンK_2-4の安全性については多くの報告がある。細菌を用いた復帰突然変異原試験，およびDNA修復試験の結果は，いずれも陰性であった[32, 33]。また，マウス，ラット，イヌ，あるいはウサギを対象とした急性，亜急性および慢性毒性試験が行われているが，毒性を示唆する現象は見られていない[33-35]。

ビタミンK_2-4は、骨粗鬆症の治療薬として45mg／日投与されているが、医薬品として効果、安全性が確認され、認可されたものである。ビタミンKのNOAEL（副作用非発現量）は30mg／日、また、UL（許容上限摂取量）は男性、女性とも30mg／日である。

なお、血栓症や梗塞症の患者には、ビタミンKの拮抗剤（例：ワーファリン）を投与している場合がある。医師よりビタミンKを多く含む食品（納豆など）の摂取を控えるように指導されている方は注意が必要である。ただし一般的には、ビタミンKの取り過ぎにより正常なヒトの血液が固まってしまうとの報告はなされていない。

8.2 食品中の含有量

ビタミンK_2-4は微生物により産生されるが、食品中にも含まれている。例えば、鳥類・哺乳類において作られることから、鳥肉に100g当たり9μg、卵黄に27.3μg、牛肉に3.4μg、牛乳に0.79μg、バターに11.4μg、チーズに2.3μgが含まれる。また、鮭に1.5μg、マーガリンに9μg、ワカメに0.74μg、味噌に0.82μg、納豆に1.3μg（主にビタミンK_2-7が多い）が含まれる[36,37]。

ビタミンK_1は、ホウレンソウに100gあたり478.5μg、ブロッコリーに205μgが含まれるが[36]、食品として摂取されたビタミンK_1は生体内でビタミンK_2-4に変換され、ビタミンK_2-4のソースとなっている。

8.3 所要量

最近発表された第6次改定・日本人の栄養所要量によると、ビタミンKの栄養所要量は、女性55μg／日、男性65μg／日（いずれも18〜69歳）である。一方、米国のRDA（栄養所要量）では、女性65μg／日、男性80μg／日とされ、この量は血液凝固能を基準とした場合に欠乏症の出ない量（1μg／1kg体重）を目安に決められている。ただ、オステオカルシンのGla化を指標にすると、これでは不十分との報告もなされている[38]。また、ビタミンKの摂取量と大腿骨頚部骨折のリスクとの関係を調べた報告によると、1日109μg以上のビタミンKを摂取している女性は、109μg未満の女性に比べて有意に骨折のリスクが低いことが明らかとなった[39]。

以上のように、骨の健康を考えると現在のビタミンKの栄養所要量では不十分である。安全性を考慮し、食品と栄養補助食品からの摂取を含めると、100〜200μg／日のビタミンKを摂取する必要があるものと思われる。

9 おわりに

ビタミンKは，骨代謝に関与する成分として注目されてはいるものの，一般消費者の認知度はまだ高いとは言えない。しかしながら，骨粗鬆症予防に対する関心の高まりとともに，今後ビタミンKの認知も進むものと思われる。

近年，骨粗鬆症の予防には，カルシウムとともにマグネシウムの補給の重要性も言われている。また，骨基質の大部分はコラーゲンから成っており，骨形成には，カルシウム，マグネシウムのようなミネラルに加えて，コラーゲンペプチドのような基質成分の補給も必要であろう。これらに加えて，骨形成を促進し，骨吸収を抑制するビタミンK_2-4を組み合わせて摂取することにより，骨粗鬆症の予防がより効果的になるものと期待される。

文　献

1) 特許登録番号P1697124
2) 特許登録番号P1719886
3) H. W. Thijssen et al., Br. J. Nutr., 72, 415-425 (1994)
4) P. A. Price et al., Proc. Natl. Acad. Sci. USA, 73, 3374-3375 (1976)
5) J. P. Hart et al., J. Clin. Endocrinol. Metab., 60, 1268-1269 (1985)
6) S. J. Hodges et al., Bone, 12, 387-389 (1991)
7) S. J. Hodges et al., J. Bone Mineral Res., 8, 1241-1245 (1993)
8) M. Tamatani et al., J. Bone Mineral Res., 10, S388 (1995)
9) L. Plantalech et al., J. Bone Mineral Res., 6, 1211-1216 (1991)
10) P. Szulc et al., J. Clin. Invest., 91, 1769-1774 (1993)
11) P. Szulc et al., J. Bone Mineral Res., 9, 1591-1595 (1994)
12) P. Szulc et al., Bone, 18, 487-488 (1996)
13) Y. Akiyama et al., Biochem. Pharmacol., 49, 1801-1807 (1995)
14) 原久仁子, Osteoporosis Japan, 4, 277-286 (1996)
15) H. Orimo et al., J. Bone Mineral Res., 7, S122 (1992)
16) 白木正孝, 日本臨床, 56, 1525-1530 (1998)
17) 山根繁, 北海道医誌, 73, 111-115 (1998)
18) Y. Akiyama et al., Jpn. J. Pharmacol., 62, 145-153 (1993)
19) 富宇賀孝ら, 日本骨代謝学会雑誌, 15, 245 (1997)
20) Y. Akiyama et al., Eur. J. Pharmacol., 263, 181-185 (1994)
21) 久米川正好, Osteoporosis Japan, 4, 287-294 (1996)
22) K. Hara et al., J. Bone Mineral Res., 8, 535-542 (1993)

23) 腰原康子, 日本油化学会誌, **45**, 435-443 (1996)
24) 腰原康子, ビタミン, **72**, 641-644 (1998)
25) K. Hara et al., *Bone*, **16**, 179-184 (1995)
26) Y. Koshihara et al., *Calcif. Tissue Int.*, **59**, 466-473 (1996)
27) Y. Koshihara et al., *J. Bone Mineral Res.*, **12**, 431-438 (1997)
28) T. Tomiuga et al., *Jpn. J. Pharmacol.*, **65**, 35-43 (1994)
29) K.-S. G. Jie et al., *Atherosclerosis*, **116**, 117-123 (1995)
30) H. Kawashima et al., *Jpn. J. Pharmacol.*, **75**, 135-143 (1997)
31) Y. Nagasawa et al., *The Lancet*, **351**, 724 (1998)
32) 餅田久利ら, 薬物療法, **14**, 95-98 (1981)
33) 協和発酵社内資料(復帰突然変異試験, 亜急性毒性試験)
34) 小川正ら, 応用薬理, **5**, 445-459 (1971)
35) 小川正ら, 応用薬理, **5**, 461-467 (1971)
36) 坂野俊行ら, ビタミン, **62**, 393-398 (1988)
37) 平内三政ら, ビタミン, **63**, 147-151 (1989)
38) C. Vermeer et al., *J. Nutr.*, **126**, 1187S-1191S (1996)
39) D. Feskanich et al., *Am. J. Clin. Nutr.*, **69**, 74-79 (1999)

第9章　ビタミンC前駆体
―細胞内アスコルビン酸の高濃度化を介したフリーラジカル消去と細胞死の防御―

林　沙織[*1]，長尾則男[*2]，三羽信比古[*3]

1　はじめに

ビタミンC（アスコルビン酸；Asc）のプロトタイプ（前駆体）とは，元来は酸化分解されやすいAscを化学修飾して安定化した形で人体に投与し，体内に入ってからAscに変換されるように分子設計されたAsc誘導体を意味する[1]。Asc水溶液が溶存酸素によって自働分解されやすい原因となるAsc分子内の2,3-エンジオール基をリン酸エステル化して得られるAsc2P（L-ascorbic acid-2-O-phosphate）やこれを脂溶化したAsc2P6Plm（L-ascorbic acid-2-O-phosphate-6-palmitate）は酸化抵抗性となり，人体に投与されて，フォスファターゼやエステラーゼによって徐々に加水分解されてAscを放出する（vitamin C gradual release）。ここで化学修飾に用いるリン酸も脂肪酸も元来，人体のDNAや細胞膜成分に豊富に存在する内在性物質であり，この安全性は大きい。

ビタミンC前駆体は老化予防効果を発揮する条件を備えている。第1に，ビタミンCは人体の各種の内在性の抗酸化因子の中でも水溶相の活性酸素への消去作用が極めて迅速な抗酸化因子である（Ames et al., 1990）。第2に，ビタミンCの体内存在量は酸化ストレスに応じて激減しやすい（Frei et al., 1989）が，この事実はその補充必要度が大きいことになる[1,2]。

ビタミンCは，新顔の各種の抗酸化剤（特に植物由来成分）が開発されていく中で，安全性の極めて大きい抗酸化剤であることが生物学的に裏付けされている点で特筆すべきである。第1に，ビタミンCは15億年前に生じた光合成植物から始まって脊椎動物，哺乳動物までに至る遠大な時間の生物進化の過程で継承されてきた由緒正しい内在性のフリーラジカル消去剤であると言える。ヒトやサルといった霊長類はビタミンCを合成できないが，それ以外の大部分の哺乳動物はビタ

---

*1　Saori Hayashi　広島県立大学　生物資源学部　生物資源開発学科
　　　遺伝子制御工学研究室
*2　Norio Nagao　広島県立大学　生物資源学部　生物資源開発学科
　　　遺伝子制御工学研究室　助手
*3　Nobuhiko Miwa　広島県立大学　生物資源学部　生物資源開発学科
　　　遺伝子制御工学研究室　教授

ミンCを体内合成できる。第2に，哺乳動物には，Ascを細胞内に取り込むためのAsc輸送体（Asc-Tr：ascorbic acid transporter）が細胞膜に存在することが検証され，未同定ながらAsc-Tr遺伝子も存在すると推測される。この事実は，Asc-Trによる細胞内取り込み機構が適正な細胞内Asc濃度を維持することで，過剰な細胞内取り込みによる副作用を回避することに通じる。第3に，抗酸化剤は活性酸素を消去した後，不対電子を捕捉して自らがフリーラジカルになり，これが再生されないままの状態であると，細胞成分を酸化して細胞傷害を引き起こすが，Ascは，活性酸素を消去した後にアスコルビン酸ラジカル（AscR）やデヒドロアスコルビン酸（DehAsc）が生じるものの，グルタチオン依存性デヒドロアスコルビン酸還元酵素（DAR, glutathione-dependent dhydroascorbate reductase）によって元のAscに再生される。DAR遺伝子も既に同定されている。

Asc2Pの実用化例として，第1に，魚介類は一般にヒト・サルと同様にビタミンCを体内合成できないので，車エビ・ニジマス・シマアジ・タイ・ヒラメなどの養殖でのビタミンC欠乏症にAsc2PのMg塩の飼料配合は劇的に有効である[3)]。第2に，ニワトリ・ウシ・ブタなどの離乳期の免疫低下・夏季の畜舎高温化ストレス・呼吸消化器系ウイルス疾患に対してもAsc2P-Mgは有効である[3)]。第3に，中国では食品へのAsc2P-Mgの添加が認可されていて，疾病予防・栄養強化・食品酸化防止の目的に実用化されている。

このようにビタミンC前駆体としてのAsc2Pは，実験動物／培養細胞／分子レベルだけでなく，経口投与によって腸吸収され身体全体に薬効を発揮することが，これら実用化例から示される。このように産業上の実績を積んだビタミンC前駆体は唯一Asc2Pだけである。なお，Asc2PやVC-IP（L-ascorbic acid-2,3,5,6-O-tetra-isopalmitate），Asc2G（L-ascorbic acid-2-O-α-glucoside）は，メラニン産生を抑制する美白ビタミンCとして化粧品に配合されている。

本章では，ビタミンC前駆体（プロビタミンC）としてAsc2P, Asc2P6Plm, VC-IP, Asc2Gについて，その薬理的効果を解説する。と同時に，従来看過されがちだった概念である「細胞内ビタミンCの高濃度化」（vitamin C enrichment）――皮膚（ヒト角化細胞，ヒト線維芽細胞，ヒトメラニン産生細胞），血管内皮細胞（ヒト臍帯静脈，ウシ大動脈，ヒト脳毛細血管）においてはAsc2Pで達成されるが，一方，Asc2Gはヒト皮膚や血管内皮細胞では良好でなかったが，ラット心臓やラット肝臓の虚血－再灌流傷害では有効――の研究結果によってビタミンCの新たな生体防御作用がいくつか判明してきた（図1）[1-4)]ので解説する。

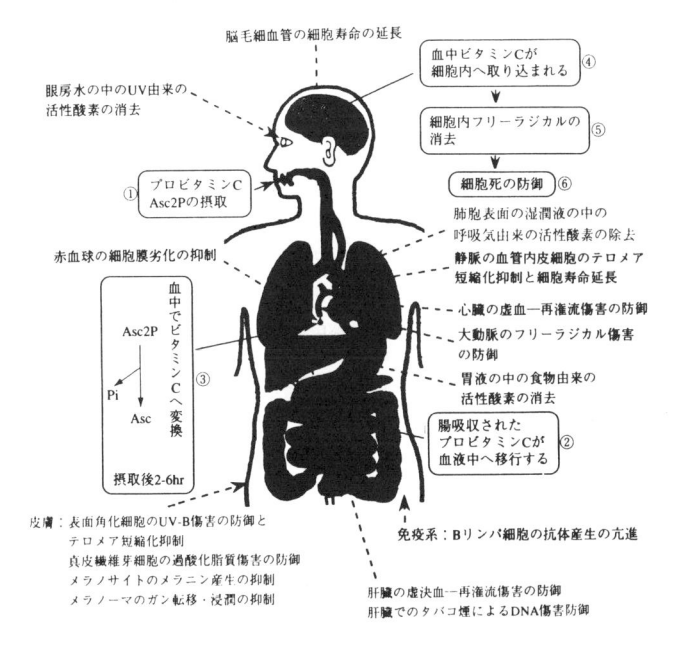

第3編　各種食品・薬物による老化予防と機構

図1　老化予防食品としてのビタミンC前駆体，Asc2P（アスコルビン酸-2-リン酸）

Asc2Pは，養殖魚介類・畜産動物への飼料配合剤，および，中国での栄養強化のための食品添加剤として実用化され，老化予防食品の有効成分として，最も使用実績のあるビタミンC前駆体である。摂取されたAsc2Pは，経口投与→腸吸収→血液中へ移行（摂取後2～6hr）→細胞内取り込み→細胞内フリーラジカルの消去→細胞死の防御・・・という段階を経て上記の各種組織／臓器で老化防止に働くと考えられる。

2　アスコルビン酸の化学構造，および抗酸化作用と酸化促進作用の両面効果

　ビタミンCによる抗酸化（antioxidant）作用はAsc分子内の2,3-enediol基を介したものである。この反面，2,3-enediol基は遷移金属イオンの共存や急速な多量の酸化分解によって酸化促進（prooxidant）作用を示す原因にもなり[5]，これがビタミンCの両様作用（amphoteric action）をもたらすことになる。ビタミンCは少量ずつの継続的摂取なら抗酸化力を示すが，大量一括摂取はリンパ球にDNA傷害をもたらす（Svoboda et al., 1999）といった両刃の剣としての性質を有するが，これも 2,3-enediol基に依存している。

　Ascの酸化によってα-ジケトン構造になったデヒドロアスコルビン酸（DehAsc）はさらに不安定で，不可逆分解される。体内での存在濃度はAscがDehAscよりも高く，糖尿病や高脂血症などで血中DehAsc濃度が上昇する場合でもAscの方が高濃度である。

3 アスコルビン酸輸送体タンパク（Asc-Tr）を介したビタミンCの細胞内取り込み

ウシ大動脈血管内皮 BAE-2 細胞への Asc と DehAsc の細胞内取り込みを比較した結果，下記の結果が得られた（図2）[6]．

（1）Asc も DehAsc も細胞内取り込みは共存グルコース（Glc）濃度が高いほど低下する．Glc 濃度が健常ヒト成人血中の空腹時に相当する Glc 濃度（5.5 mM）から糖負荷後の上昇に相当する Glc 濃度（8.9 mM）へ増加するだけで減少し，重度糖尿病の血中 Glc 濃度（20 mM）で激減する．そ

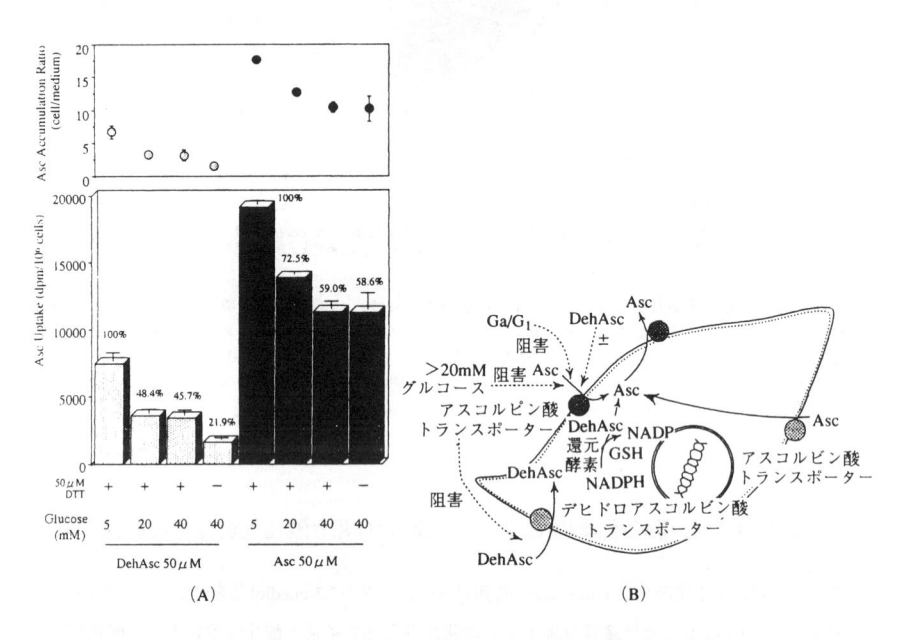

図2 アスコルビン酸の細胞内取り込みの機構

A：ウシ大動脈由来の血管内皮細胞 BAE-2 へのアスコルビン酸（Asc）の細胞内取り込みは，共存するグルコースが 5 mM（空腹時の正常ヒト血中濃度に相当）から 20 mM（重度の糖尿病患者の血中濃度）に上昇すると低下し，40 mM グルコース（昏睡性糖尿病患者の血中濃度）に上昇すると，さらに低下する．デヒドロアスコルビン酸（DehAsc）を投与すると細胞内に取り込まれて，細胞内で Asc に還元されるが，この取り込み量は Asc 投与の場合よりも少なく，しかも，共存グルコースによる Asc 取り込み低下率も Asc 投与の場合よりも顕著となる（Saitoh et al., 1996）．

B：ビタミンC前駆体の Asc2P からフォスファターゼによって徐放された Asc はアスコルビン酸輸送体タンパク（Asc-Tr）を介して細胞内に取込まれるが，細胞周期が遅滞していると（G_0/G_1），Asc 取り込みが低下する．細胞内でフリーラジカルを消去するのに伴って Asc は DehAsc に酸化されるが，グルタチオン依存性 DehAsc 還元酵素によって Asc に再生される．

の程度はAscの方が緩やかである。

(2) AscもDehAscも存在濃度が高くなるに伴って細胞内取り込み率は低下するが，DehAscの方がより顕著である。

(3) 細胞周期の回転率が低下してG0/G1期の細胞が多くなるとAscの取り込みは低下するが，DehAscの方がより顕著に低下する。

以上より，Ascの細胞内取り込みはDehAscほどには各種条件に影響され難いことが示された（図2）。

ヒト多形核白血球へのAscの取り込みも共存Glcの増加に伴って低下する。

Ascの細胞内取り込みに対するDehAscの阻害は見られない[6]ので，別種の輸送体（Tr）を介していると見なされるとともに，DehAscのTrはGlc-Trと特定の亜型を共有していると考えられる。

4 ビタミンC前駆体によるガン浸潤への防御効果

ビタミンC前駆体のAsc2Pを単回投与するか，ビタミンCを断続的に数回に及んで投与すると，細胞内Asc（Asc_{in}）の持続的な高濃度化（persistent enrichment of Asc_{in}）によってヒト線維肉腫HT1080細胞やマウスメラノーマB16BL6細胞の浸潤が抑制される（図3）[7]。この機序として，以下の点が挙げられる。

①基底膜を溶解するMMP（matrix metalloprotease）-2, MMM-9の産生がAsc_{in}高濃度化で抑制される（Zelatin/Zymography）。pro-MMP活性化段階はAsc_{in}高濃度化で影響されない点でTIMPの作用点と異なる。MMP-2-9のmRNA量も影響されないので，阻害点はpro-MMP転写後〜翻訳活性化までの段階にあると示唆。

②ガン細胞が基底膜のlaminin, fibronectinを感知して移動する走触性（haptotaxis）も，12〜20μm径のガン細胞が8μmほどの小孔を潜り抜ける細胞変形能もAsc_{in}高濃度化で抑制される。

③Asc_{in}高濃度化は無方向性の細胞運動能も抑える（金コロイド法）。

④蛍光色素PKH26や[^{3}H]チミジンで標識したHT1080細胞がモデル基底膜に接着する親和力はAsc_{in}高濃度化で影響されないので，従来のガン転移阻害剤にはない新たな阻害機序と示唆された（図3）。

正常ヒト血中Asc濃度（40-80〜200-240μM）を考慮して，10〜300μMのAscやDehAscを18hr投与したが，ガン浸潤は著減しなかった。200〜300μM（非細胞毒性）のAsc2P（Ascorbic acid-2-O-phosphate）の投与によってガン浸潤が著減された。

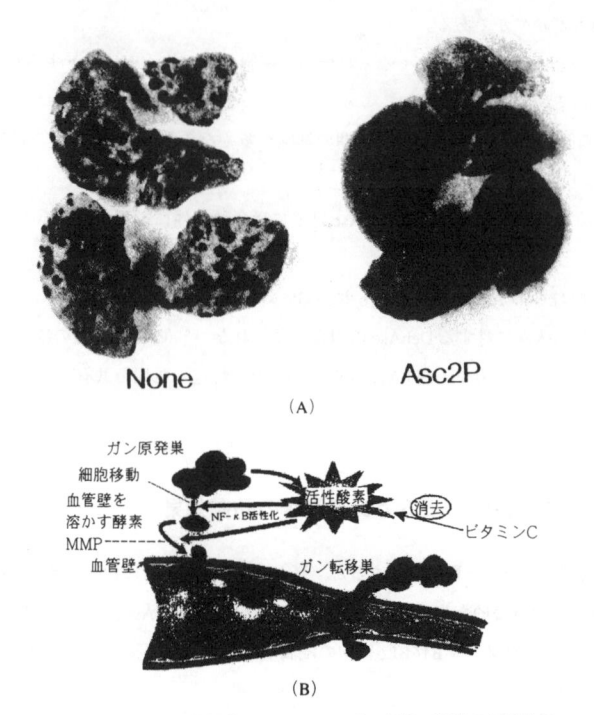

図3 ビタミンC前駆体Asc2Pによるガン転移・浸潤の抑制効果

A：マウスの尾静脈から注入されたメラノーマB16BL6細胞の肺への転移（左図）はAsc2Pの静脈内投与（1 mg/kg body wt./day × 5 days）によって抑制された（右図）。

B：Asc2Pのガン転移への抑制効果は，細胞内Ascの高濃度化→細胞内フリーラジカルの消去→転写因子NF-κBの抑制→MMP-2/MMP-9産生の抑制→基底膜の破壊の抑制，または，細胞移動能の抑制→ガン浸潤の抑制・・・という経路を介すると考えられる（Nagao et al., 1999）。

5 ビタミンC前駆体Asc2P/Asc2P6Plmによるガン転移への抑制効果

メラノーマB16BL6細胞（1×10^4／匹）をマウスの尾静脈に静注した後14日目に肺に転移したガン細胞集落を計測する系で，Asc2Pを静脈内投与すると細胞内Asc_{in}高濃度化によるガン転移の抑制が示された[7]。

①ガン細胞の注入後5日間連続して毎日1～2 mg／匹のAsc2Pを静注すると，ガン転移は9～44％に抑制された。

②Asc自体の1日1回の静注ではガン転移抑制にほぼ無効であるが，これはAscの37℃ヒト血清中での半減期が約10分と短い（Asc2Pの半減期：100分）ためである。

③Asc2Pを脂溶化したAsc2P6Plmも同様にガン転移を抑制したが，前投与時間がより短時間であっても有効であり，速効性であることが示された。

ヒト線維肉腫 HT1080 細胞に 300 μM の Asc や Asc2P を 18 hr 投与した後，HPLC/UV & Coulometric ECD 法で Asc を定量した。その結果，

① Asc 自体の投与でガン細胞内 Asc が増加した[7,8]。
② 投与した Asc2P は細胞内で脱リン酸化されて Asc に変換された。
③ Asc2P 投与による Asc_{in} 増加は Asc 投与よりも約 2.9 倍顕著だった。
④ Asc2P 投与で Asc_{in} 含量は 2.43 nmol/10^6 細胞で，1.93 mM（正常ヒト血中 Asc 濃度の平均値（40 μM）の 48 倍）に濃縮された。

これより，Asc_{in} 高濃度化を持続させる血中 Asc 濃度の維持がガン転移防御に有効と見なせる（図3）。

6 ビタミンC前駆体によるガン細胞内の酸化ストレス（OxSt）への影響

Asc2Pの単回投与は Asc_{in} を高濃度持続させるが，Ascそれ自体では数回に及ぶ断続的投与が必要だった。Asc_{in} 高濃度持続によってガン細胞（HT1080やB16BL6）内OxSt（・OH, gross peroxide）が減少した（DMPO spin trap/ESR と redox indicator の CDCFH 法）[7]

①対照ガン細胞は細胞内外ともOxStが大きい。
②ガン浸潤を抑制する250〜350μMのAsc2Pは細胞内OxStを著減し，細胞内（Asc＋DehAsc）総量は著増させないが，元来低比率だったDehAscが一層減少し，Ascが寡占的となった。
③ガン細胞へのAsc自体の投与は細胞内OxStを抑える効果が弱かった。細胞外OxStはさらに抑制効果が弱く，過半量が残存した。

これより，ガン浸潤抑制には細胞内外両方のOxStの顕著な抑制が必要であると考えられる。

7 ビタミンC前駆体による皮膚の紫外線傷害への防御効果

無毛マウスの皮膚にUV-B＋UV-A（290〜400 nm）を2.5 J/cm²（最少紅斑線量）〜5 J/cm² 照射した後に急減する皮膚中の抗酸化因子はAscだけで，真皮よりも表皮中Ascが激減した（Shindo et al., 1994）。激減する抗酸化因子ほど補給する必要度は大きくなる。

そこで，Asc_{in} 高濃度化に有効なAsc2Pを投与すると，皮膚癌を起こす主因であるUV-B（290〜320 nm；λ_{max}, 312 nm）で起こるマウス皮膚表皮由来の角化細胞Pam212細胞の細胞死が防御された。照射2 hr前にAsc2Pを投与すると細胞死を顕著に防御できたが，Asc自体の投与の防御効

老化予防食品の開発

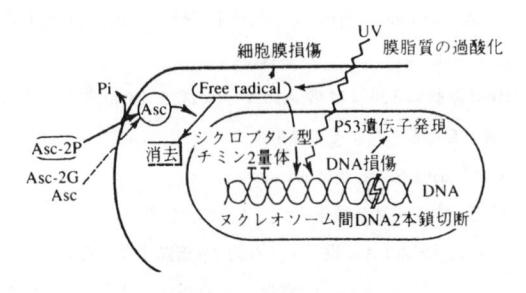

図4　紫外線B波（UV-B）による皮膚表皮の角化細胞のDNA傷害に対するAsc2Pの防御効果
ヒト皮膚角化細胞NHEK-F, HaCaTまたはマウス皮膚角化細胞Pam212を用いて調べた結果，UV-B照射によるDNA傷害（シクロブタン型チミン2量体の形成，DNA2本鎖切断）・細胞膜損傷・p53遺伝子発現亢進は細胞内Asc高濃度化に優れるAsc2Pの投与によって防御されたが，投与24 hr以内の細胞内Asc高濃度化に劣るAsc2G（ascorbic acid-2-O-α-glucoside）や酸化分解されやすいAscそれ自体の投与では防御できなかった（Sugimoto et al., 1999）。

果は弱く，DehAscは無効だった[9,10]（図4）。

UV-B照射前の投与だけでなく照射直後にも低濃度Asc2P（50 μM）を継続投与すると，特に低いUV照射量（10 mJ/cm^2）で防御効果が増大し，200 μMの高濃度Asc2P投与では，高いUV照射量（40 mJ/cm^2）で効果増大を見た。

このように，Asc2P投与はUV-B照射の前後に継続投与した方が有効であることは，UV-B照射に伴う活性酸素の細胞内産生は，照射直後に一過性に起こるだけでなく，照射後1～3 hrでも引き続き存在している（Hayashi et al., 1999）ためであり，これらの活性酸素をより強力に消去するためには，追加的なAsc2P継続投与が有効であると示唆される。

正常ヒト皮膚表皮由来の角化細胞NHEK（F）へのUV-B（72 mJ/cm^2）照射でトリパン青染色細胞を生じた後に，付着細胞は浮遊し始めて細胞溶解を受ける。上皮細胞などがその周囲の細胞外基質(ECM)との接触を失うと，その後にapoptosisを受ける現象を"anoikis"（homelessness）と呼び，一種の自衛機能であり，損傷細胞が周囲の健常細胞へ悪影響を及ぼしたり，他の部位で細胞集落を形成してガン化することを防ぐ（Ruoslahti et al., 1994）。ここでAsc2P(130 μM)を照射前2 hrに投与すると，トリパン青染色も細胞浮遊も防御され，チャネライザーで調べると，15 μm径だった正常ヒト皮膚細胞は，UV-B照射によって8 μm径未満に断片化していたが，Asc2Pを投与した細胞は防御された。

UV-B照射（540 mJ/cm^{2}以上）されたPam212細胞は細胞膜が破綻し，照射後1～3 hrの内に進行して，7 hr以上経過すると浮遊細胞が生じる（細胞膜破綻度指示薬Et$_2$／共焦点レーザー顕微鏡法）が，照射24 hr前のAsc2P（130 μM）投与は細胞膜破綻を防御した[9]（図4）。

第3編　各種食品・薬物による老化予防と機構

　Pam212細胞はUV-B照射（15〜180 mJ/cm^2）後，6〜12 hrで核DNA2本鎖切断が顕著に起こる（TUNEL法とアガロース電気泳動）が，Asc2P（130〜160 μM）の照射24 hr前投与で防御された[10]。UV-BによるDNA切断は，UV-Cで見られる直接的な放射効果とは別に，皮膚に少量存在する生体色素（FMN, Porphyline, Riboflavin, Quinone, Trp）がUV-B吸収して活性酸素を産生し，核内でDNA単鎖切断（Sarafian *et al.*, 1994），DNA鎖上のCyclobutane-type pyrimidine 2量体の形成，DNA-タンパクの架橋などのDNA傷害を生じさせるものである。

　ヒト皮膚の繊維芽細胞に投与したAscは24 hr後に多量に細胞内へ取り込まれる。Asc2P投与でも，Asc2Pは脱リン酸化されて，細胞内でAsc投与とほぼ同量のAscとして存在していたが，Asc2G（Ascorbic acid-2-O-glucoside）はこれら二者の40％程の細胞内取り込みしかなく，Asc$_{in}$高濃度化に劣っていた（Sakamoto *et al.*, 1996）。よって，投与後1日以内という，化粧品としての性能が問われる評価期間では，Asc2PはAsc2Gよりも細胞内取り込みが2.5倍優れていたことになる。

　またヒト皮膚角化細胞NHEK（F）でも，Asc2Pの方がAsc2Gよりも細胞内取り込みに優れていて，200 μMでの投与の後3hrではAsc$_{in}$は8.9倍多く（Tsuchiya et al. 1999），Asc2PのAsc変換の速効性が示された。投与後6〜24 hrでもAsc2PはAsc2GよりもAsc$_{in}$は2.0〜2.4倍多いが，このAsc2Pの優位性は前記の繊維芽細胞での結果と同様であり，100〜500 μMでの投与6〜24hr後のAsc$_{in}$でも同様だった（図5）。

8　ビタミンC前駆体による紫外線DNA傷害への防御効果

　UV-Bによる主なDNA損傷はシクロブタン型チミン2量体（T´T）の形成であり，(6-4)フォトプロダクト（(6-4)PP）に比して弱いUV線量でも形成される上に，細胞の除去修復機構で修復されにくい（Qin *et al.*, 1995）。

　20 mJ/cm^{2}のUV-Bで核内に形成されるT´Tや(6-4)PPは，照射24 hr前での200 μMのAsc2P投与で抑制されたが，AscやDehAscの投与はほぼ無効であり，Asc2GはむしろT´T形成を促進する逆効果を示した[10]。Asc2PはT´Tよりも(6-4)PPの方をより顕著に抑制する。

　この機序として，本来UV-Cで生じるT´Tも(6-4)PPも修復促進でなく予防的に生成抑制されるので，Asc2P前投与によるECM構築亢進，UV由来の活性酸素によるDNA立体構造の変化の抑制，T´T生成－開裂平衡へ別々に影響を及ぼすUV波長での吸収や光増感が関与すると考えられる。

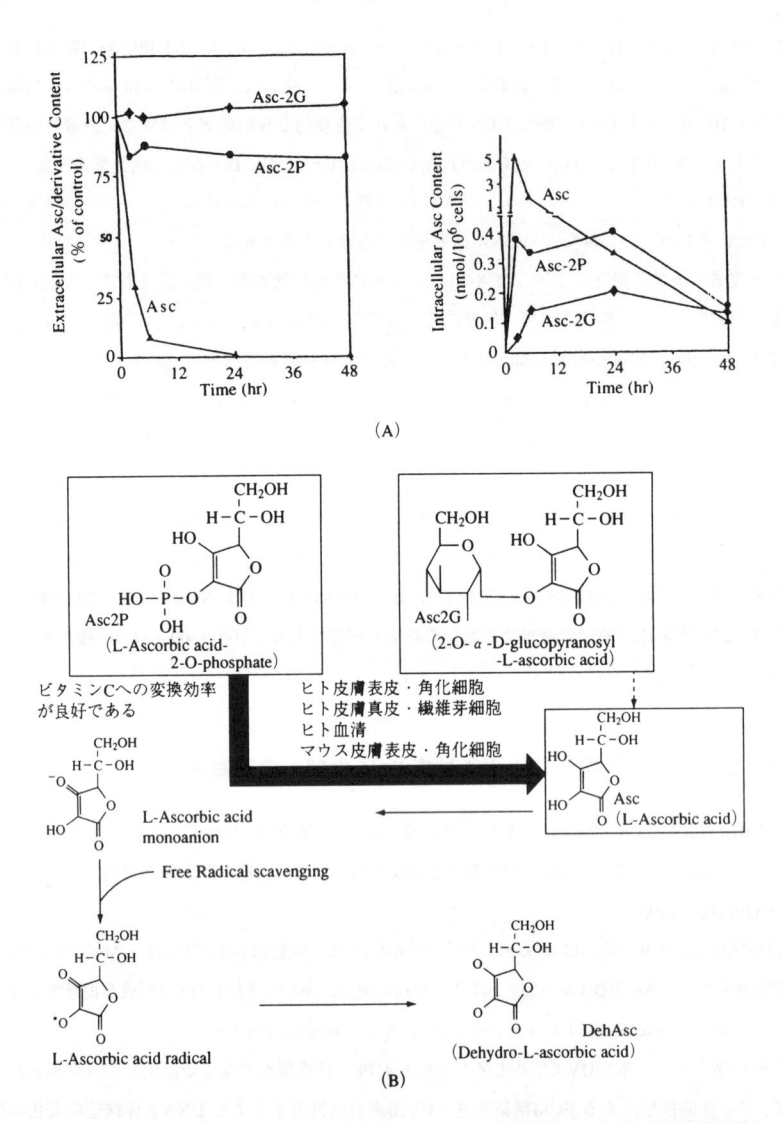

図5 ビタミンC前駆体のAsc2PとAsc2GからビタミンCへの変換率，および，細胞内取り込み
A：正常ヒト皮膚表皮の角化細胞NHEK-Fへの細胞内取り込み量（200 μ M投与）は24 hr以内の投与時間ではAsc2PがAsc2Gを1.7～8.9倍に凌駕していた（Tsuchiya et al., 1999）。正常ヒト皮膚繊維芽細胞でも同様な結果だった。
B：Asc2Gはラット心臓・肝臓ではビタミンC変換率が優れると推測されるが，ヒト皮膚ではAsc2Pの方がAsc2GよりもビタミンC変換率と細胞内取り込みとに優位であった。

第3編　各種食品・薬物による老化予防と機構

9　血管細胞の加齢に伴うテロメア短縮化への防御効果

真核細胞の染色体DNA複製機構ではDNAの3'末端を完全複製できず(End Replication Problem)複製の度に一定長のテロメアDNAを失う。

3種の正常ヒト細胞（脳毛細血管内皮細胞 HBME，臍帯静脈内皮細胞 HUVE，皮膚角化細胞 NHEK-F）のうちHUVE細胞では，Asc2P投与によってPDL_{max}（細胞分裂通算回数の最大値）が約1.5倍に伸びた（図6）[11]。対照細胞はPDL進行に伴って細胞径が増大したが，Asc2P投与細胞は細胞増大が抑制された。PDL進行に伴って見られるTRF（全テロメア長含有DNA断片）短縮がAsc2P投与で抑制された[11]。細胞内grossperoxideはAsc2Pにより50%に抑制された。130μMのAsc2Pは同じ投与量のAscよりも約3.9倍多くAsc_{in}高濃度化を果たした。低いながらも認められるテロメラーゼ活性は，PDL進行に伴って活性低下の傾向が見られたが，Asc2P投与によって活性維持が認められた[11]。

他の2細胞でも，Asc2P投与によるPDL_{max}延長が見られた。

このようにテロメア短縮化は発生不可避の細胞内活性酸素によって加速され，テロメア部域のDNA損傷は非テロメア部域よりも修復されにくいことが知られており，Asc_{in}高濃度化による酸化ストレスの軽減によるテロメア短縮化の抑制は細胞寿命の延長を果たすのに有効であることが示された。DNAレベルで老化予防効果が実証された機能食品は未だなく，ビタミンC前駆体の経口投与による各種臓器のテロメア短縮化への予防効果が期待できる。

10　大動脈血管内皮細胞のフリーラジカル傷害への防御効果

ウシ大動脈血管内皮細胞 BAE-2は，過酸化剤のt-BuOOH（$tert$-butylhydroperoxide）やNDE（2,4-nonadienal）で細胞膜の破綻やミトコンドリア脱水素酵素（Mt-deHase）の活性低下を受ける。t-BuOOHによる細胞障害はAsc_{in}高濃度化で防御されるが，NDEによる細胞障害は防御できない[12]。

過酸化傷害の防御に必要なAsc_{in}は3.5～4.5 mMほどの高濃度化が必要であり，この達成にはAsc継続投与かAsc2P（50～200μM）単回投与が不可欠である。Asc単回投与では細胞内Ascは0.40～0.65 mMに止まり，過酸化傷害を防御できない。

Ascは細胞内水相に高濃度に局在化して活性酸素を消去するため，accessibleな水相に分布するBuOOHによる過酸化障害は防御するが，油溶性のNDEによる過酸化障害には不充分であると示唆される。

HUVE細胞を低酸素（1% O_2, 2 hr）—再酸素化（21% O_2）処理を行なうと，再酸素化後1～

老化予防食品の開発

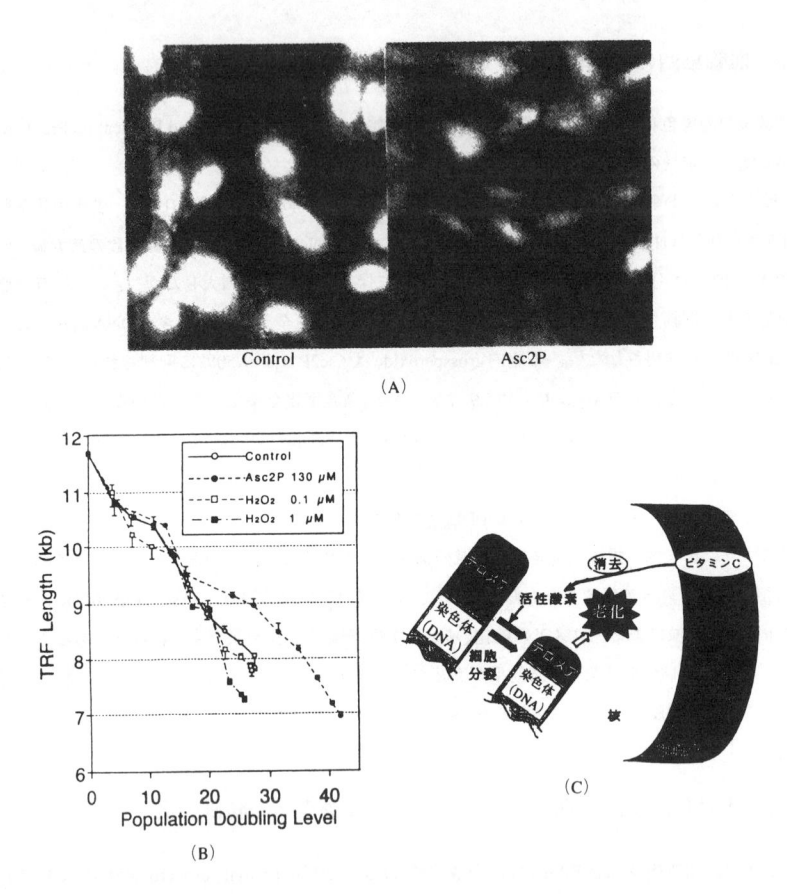

(A) Control / Asc2P

(B) グラフ: TRF Length (kb) 対 Population Doubling Level
凡例: Control, Asc2P 130 μM, H_2O_2 0.1 μM, H_2O_2 1 μM

(C) テロメア／染色体(DNA)／細胞分裂／活性酸素／消去／ビタミンC／老化

図6 細胞加齢に伴うヒト静脈由来の血管内皮 HUVE 細胞のテロメア短縮化に対する Asc2P の防御効果
A：Asc2P（130 μM）を HUVE 細胞に投与すると，細胞内パーオキシド（過酸化物）が減少する。パーオキシドに反応して蛍光（黄色）を発する指示薬 CDCFH を用いて検出した。
B：Asc2P によって細胞加齢（図中横軸の PDL に相当）に伴うテロメア長（図中縦軸の TRF に対応）の短縮化が抑制された（Furumoto et al., 1998）。
C：テロメア短縮化は DNA 複製に伴う不可避の要因の他に，活性酸素による染色体末端に特異的な DNA 傷害とその低効率な DNA 修復，および，テロメラーゼ遺伝子への傷害が関与し，これが Asc2P 投与による細胞内 Asc 高濃度化を介して防御されると考えられる。

2分で急激に細胞外$O_2\cdot^-$が増え, 2分後に最大値に達した (Cyt. c 還元／吸光法)。再酸素化の後2〜5分で$O_2\cdot^-$は急減し, それ以降60分まで最大値の53〜63％の範囲内で$O_2\cdot^-$が細胞外放出される。H_2O_2発生はやや遅れて再酸素化5分後で最大量に達した (スコポレチン法) が, これら活性酸素が低酸素／再酸素化に伴う細胞死の主因であろう。低酸素の前のAsc2P投与はHUVE細胞の細胞死を防ぐが, Asc_{in}が再酸素化の直後に細胞内に生じる活性酸素を消去するためと考えられる。

一方, 血管内皮BAE-2細胞は培養器底に付着した状態で増殖するが, 3 hr低酸素 (95% N_2, 5% CO_2) 処理した後に再酸素化 (20% O_2, 5% CO_2) 処理すると, 浮遊する細胞数は再酸化後42時間で3.3倍 (当初に付着していた細胞の総数の26％) になる。浮遊細胞はその後に細胞溶解に至る運命にあるが, 低酸素処理の前18 hr, Asc2Pを50〜200 μM投与すると, 細胞浮遊が抑制された[12]。Asc2Pのこの防御効果は, 活性酸素の消去作用とともに, Collagen構築による細胞接着強化作用を介すると考えられる。

Asc2Pは血管内皮細胞シートへのECM構築効果がある (FITC-デキストラン透過法) が, Ascのように細胞死の防御に不可欠なECM構築作用のある抗酸化剤は希少価値があり, 他の多くの植物由来の抗酸化剤と一線を画する。

11 ビタミンC前駆体による肝臓の虚血－再灌流障害への防御効果

ラット門脈の30分結紮で肝臓の68％の部域が虚血となり, 肝細胞に変性を引き起こしてGPT, GOTが血中漏出する。この細胞死は, Asc2Gを再灌流5分前に大腿静脈から投与すると防御される (図7) (Eguchi *et al.*, 1999)。

Asc2Gは血中glucosidaseでAscに変換され, 再灌流で生じる活性酸素を消去した結果, AscR (Ascorbyl radical) に変換される。再灌流後15〜60分にかけて特に活性酸素が急増するが, この時はAscRの実測値が相当に小さくなる。よって, $O_2\cdot^-$を含めた活性酸素がAsc→AscR→酸化分解の反応を進行させている。非虚血ラット肝では, AscRの計算値と実測値とのずれはなく, 活性酸素は極少量しか生じないと示唆される。

虚血／再灌流処理したラットの肝臓破砕液をDMPO/ESR法で測定すると,

①AscRは虚血肝の再灌流の後, 即座に出現するが, 6分後にはほぼ検出できなくなる。

②$O_2\cdot^-$とHO$\cdot$の産生は再灌流後6分でピークに達し, その後徐々に減少して, 40分後にはほぼ検出不可能となる。

③HO$\cdot$は$O_2\cdot^-$より遅く産生され始め, 一過性に消失するが, $O_2\cdot^-$より産生量は多い。

④これら3種のラジカルの産生量は虚血時間に応じて増加し, 60分間の虚血で最大となる。

よって，活性酸素の産生量は虚血時間と関係し，虚血肝の再灌流後の初期に生じる活性酸素を持続的な Asc 投与で消去すると傷害防御に有効であることを示唆する。

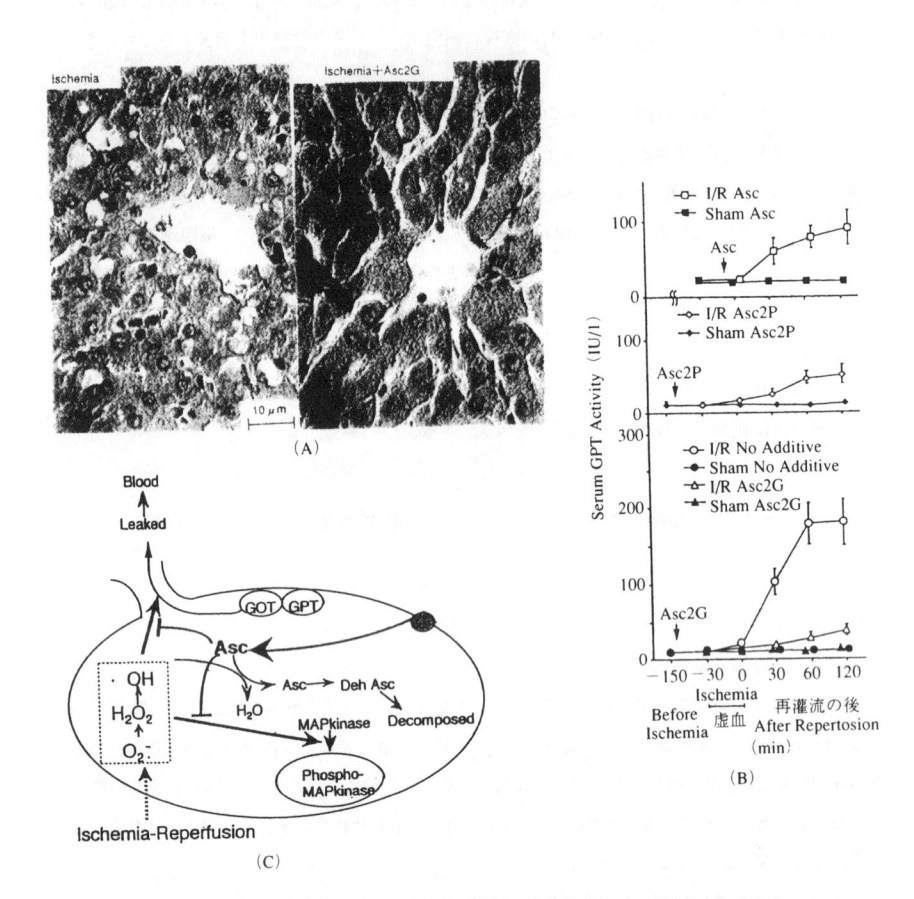

図7 ラット肝臓の虚血－再灌流傷害に対する Asc2G の防御効果
A：肝動脈を30分間クランプ（結紮）し，次いで血流を再開させると，毛細血管の周囲で肝細胞の空胞化や断片化が起こる。Asc2G を虚血20分前に投与しておくと，この細胞変性が防御された（Eguchi et al., 1999）。
B：肝細胞の破壊に伴って細胞内酵素 GPT/GOT が血中へ放出されるが，Asc2G 投与の場合は抑制された。
C：Asc2G から徐放された Asc が肝細胞に取込まれて，虚血－再灌流に伴って生じた細胞内フリーラジカルを消去したと考えられる。ラット摘出心臓でも同様の防御効果が見られた。この時，酸化ストレスに応答する細胞内シグナル伝達因子の MAPkinase が活性化され，細胞質から核内への移行が見られたが，ビタミンC前駆体によって抑制された（Fujiwara et al., 1997）。

12 皮膚の細胞外マトリックス構築効果

改変 Bronaugh 二重拡散／垂直型セルで，ヒト皮膚摘出片では，真皮のコラーゲン合成（wet tissue wt 当たり）は表皮の 3.0 〜 5.2 倍多いが，真皮・表皮を問わず Asc2P 投与でコラーゲン合成は 62 〜 64％増えた（[^{3}H] proline 取り込み法）（図 8）（Kondoh et al., 1999）。

ヒト皮膚片からの分泌 MMP 活性は，Asc2P 添加皮膚片では，無添加に比して 44 〜 73％に抑制されていた。一方，Asc 添加皮膚片では 95 〜 96％とほとんど増減せず（Zelatin/Zymography），主に間葉系由来型の MMP-2（72 kDa）だった。

皮膚への Asc2P 含有ローションの塗布によって尋常性ざ瘡の治癒が促進される（Ikeno et al., 1999）が，皮膚深部へ浸透した Asc2P から徐々に変換された Asc が皮膚の 80％（dry wt）を占めるコラーゲンの構築を昂進させたと示唆された。

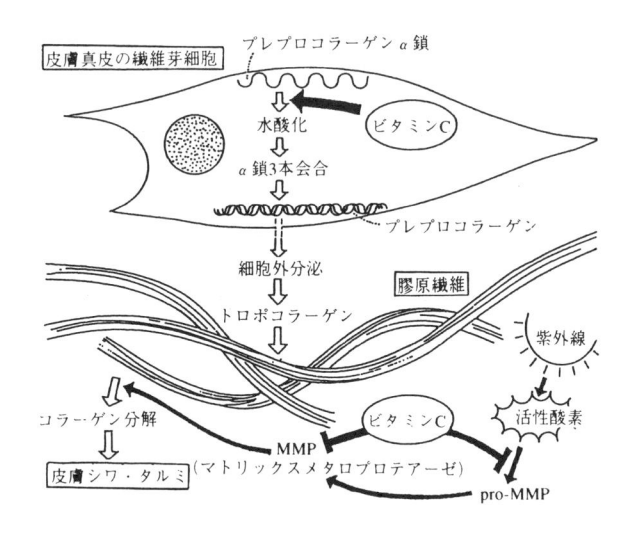

図 8 Asc2P によるヒト皮膚のコラーゲン合成の促進，および，MMP-2 活性の抑制

ヒト摘出皮膚片を用いて，Asc2P に，皮膚の 80％（dry wt.）を占めるコラーゲンの合成促進，および，コラーゲン分解抑制の両面効果があることが示された（Kondoh et al., 1999）。シワ・タルミといった皮膚老化を防御する食品としてのビタミン C 前駆体の有望性が期待できる。

13 皮膚のメラニン産生への抑制効果

従来のビタミンC親油性誘導体は単品状態で粉末であり、これを界面活性剤によって乳化して化粧品や皮膚疾患治療剤として投与していたが、この分子分散性が不良なため皮膚内浸透率に劣ることが多かった。

著者らは、皮脂に多量に含まれる低融点の分枝鎖脂肪酸 (Miwa et al., 1996,1997) に着眼し[13]、このモデルとして 2-hexyldecanoylester で Asc 分子内の4つ総ての OH 基を修飾したビタミンC液状誘導体 VC-IP（Asc-tetra-isopalmitate）(M. Matoba et al., 1999) を合成した。Pam212細胞に VC-IP を投与すると、2 hr 後には細胞内に取込まれて Asc に変換され、Asc_{in} は 7.0〜11.4 pmole/106 細胞に達し、同濃度の Asc 投与に比し 2.7〜2.9倍凌駕した。440〜890 μM の VC-IP 投与は、ヒト皮膚色素腫細胞 HM-3-KO で theophylline によって誘導的合成されるメラニンを 84%〜25% に激減させた（図9）。

速効性に優れた VC-IP、および、持続性に優れた Asc2P を併用すると、有効性の高い皮膚防御が期待できる。

14 おわりに

従来のビタミンC研究の大部分は不安定な Asc の単回投与による薬理効果を観測していたので、本来の Asc の機能が看過されていた。この break through として、Asc を gradual release するビタミンC前駆体を投与すると、本章で記載した各種の生物効果が見出された。これは人為的であるとは限らず、Asc 自体であっても、その持続的な多数回摂取によってもたらされる効果と類似していると考えられる。

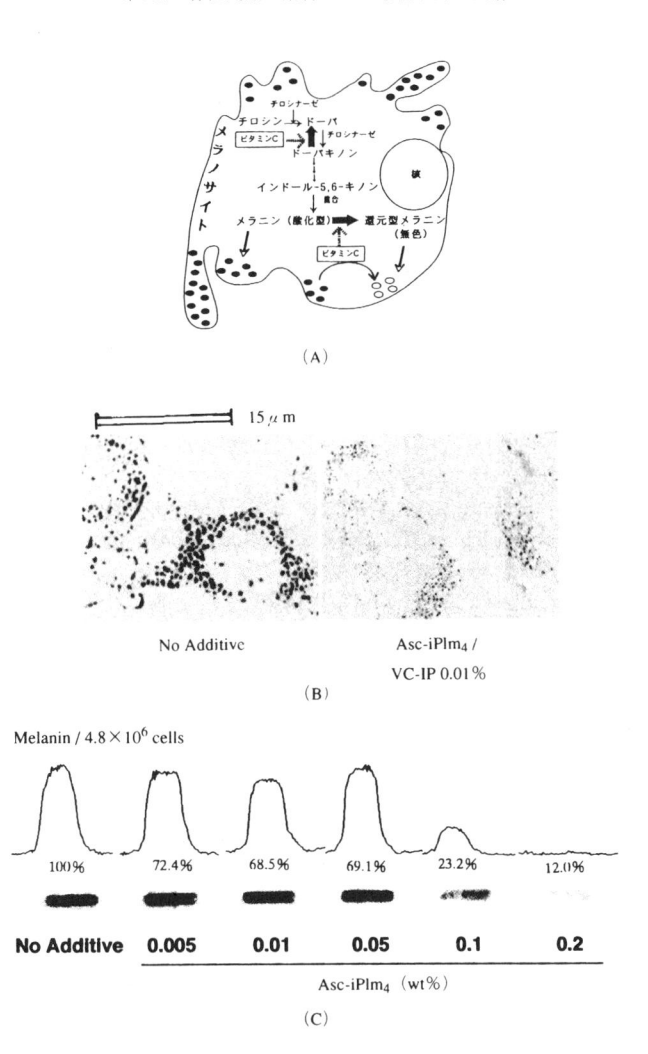

第3編　各種食品・薬物による老化予防と機構

(A)

(B) No Additive / Asc-iPlm$_4$ / VC-IP 0.01%

Melanin / 4.8×10^6 cells

| | 100% | 72.4% | 68.5% | 69.1% | 23.2% | 12.0% |

| No Additive | 0.005 | 0.01 | 0.05 | 0.1 | 0.2 |

Asc-iPlm$_4$ (wt%)

(C)

図9　液状ビタミンC親油体VC-IP (L-ascorbic acid-2,3,5,6-O-tetraisopalmitate) およびAsc2Pによる皮膚の美白効果
A：ビタミンCはメラニン合成の初期段階を阻害するとともに，形成されたメラニンを還元して無色化する効果も示される。
B：ヒト皮膚由来のメラニン産生細胞 (melanoma HM-3-KO) のメラニン産生はVC-IPによって抑制される。
C：このメラニン量をスロットブロッター／レーザーデンシトメーターで測定した (Kaneko *et al.*, 1999)。
細胞内Asc取り込みが2 hrで効力を示す速効性のVC-IP，および，投与後24hrでも効力を維持する持続性のAsc2Pを併用すると，美白効果に好ましい。投与後48 hrという長いスパンではAsc2Gの細胞内取り込みが増加してくる。

老化予防食品の開発

文　献

1) 三羽信比古・編著，"バイオ抗酸化剤　〜老化・細胞死・ガンを防ぐ化粧品・機能食品・医薬への応用〜"，pp.1-311，フレグランスジャーナル社（1999）
2) 三羽信比古，"ビタミンCの知られざる働き"，（フロンティア・テクノロジー・シリーズ第33巻），丸善，pp.1-172（1992）
3) 伊東 忍，小方英二，化学と工業，52, 694-698（1999）
4) 金子久美ら，日本香粧品科学会誌，24, 68（1999）；日本臨床, in press（1999）
5) N. Miwa et al., Biochem. Biophys. Acta, 972, 144-151（1988）; Anticancer Res., 6, 1033-1036（1986）; Exptl. Cell Biol., 54, 245-249（1986）; I. Yuasa et al., Biochem. Int., 18., 623-629（1989）
6) Y. Saitoh et al., Mol.Cell.Biochem., 173, 43-50（1997）
7) N. Nagao et al., submitted（1999）; Vitamins, 71, 211-212（1997）
8) K. Kageyama et al., Cancer Biochem. Biophys., 14, 273-280（1995）; J. Cancer Res. Clin.Oncol., 122, 41-44（1996）; Int. J. Hyperthermia 7, 85-91（1991）
9) T. Kanatate et al., Cell.Mol.Biol.Res., 41, 561-567（1995）; Biomed. Gerontol., 19, 78-81（1995）
10) M. Sugimoto et al., submitted（1999）: Vitamins, 70, 199-200（1996）
11) K. Furumoto et al., Life Sci., 63, 935-948（1998）
12) M. Fujiwara et al., Free Radical Res., 27, 97-104（1996）
13) N. Miwa et al., Anticancer Res., 16, 2479-2484（1996）; Cancer Biochem. Biophys., 15. 221-233（1997）; S. Nakamura, et al., ibid., 12, 113-121（1994）

第10章　ビタミンE

阿部晧一*

1　はじめに

　ビタミンEは1922年にEvansとBishopによりラットの妊娠に必要である食事因子Xとして報告され，1924年にSureによりビタミンEと命名された。その後，1938年にFenholzによりその構造が決定され，1956年にはGreenにより8つのビタミンE同族体が発見された。最近になり，さらに2つの同族体の構造が決定された。

　ビタミンEは抗酸化作用を有することから，フリーラジカルにより引き起こされるフリーラジカル病に有効であり，老化を防ぐ「若さのビタミン」などとも呼ばれている。ビタミンEの抗酸化作用に加えて，最近になり，beyond antioxidant function（抗酸化作用では説明できない働き）も明らかになり，種々の疾患の予防・治療との関連性が解明されつつある。

　70数年前に発見されたビタミンEに関連する研究は，なお，年々増加し，幅広い領域で驚くべき良好な成績が報告されている。これらの背景には，抗酸化剤とbeyond antioxidant functionをもつビタミンEの研究が発展しているとともに，ヒトの疾患の予防・治療，皮膚障害，過度の運動など老化と切り離せない領域で，多くの解決すべき課題のいくつかが，解決されつつあることが挙げられる。また，基礎試験で得られた素晴らしい効果を臨床試験で裏付けている段階とも考えられる。

　ビタミンEについては，従来から，優れた総説，出版物[1-4]などが多く公表されているので，ここでは，簡単な基礎知識と最新の研究成果をまとめることとする。

2　ビタミンEの種類と生物活性

　ビタミンEは自然界に存在し，4種のトコフェロールと4種のトコトリエノールの計8種類の同族体が知られている。最近，パーム油[5]と魚卵[6]の抽出物から2種の新規トコモノエノールが発見されている（図1）。

　ビタミンEは，穀物，緑葉植物，海草類，野菜，植物油，魚類，肉類など自然界に広く分布し

＊　Kouichi Abe　エーザイ㈱　ビタミンE技術室

```
α-Toc    ; 5,7,8-Trimethyl tocol
α-Toc-3  ; 5,7,8-Trimethyl tocotrienol
β-Toc    ; 5,8-Dimethyl tocol
β-Toc-3  ; 5,8-Dimethyl tocotrienol
γ-Toc    ; 7,8-Dimethyl tocol
γ-Toc-3  ; 7,8-Dimethyl tocotrienol
δ-Toc    ; 8-Methyl tocol
δ-Toc-3  ; 8-Methyl tocotrienol
Tocomonoenol-1(パーム油抽出物)
Tocomonoenol-2(魚卵抽出物)
```

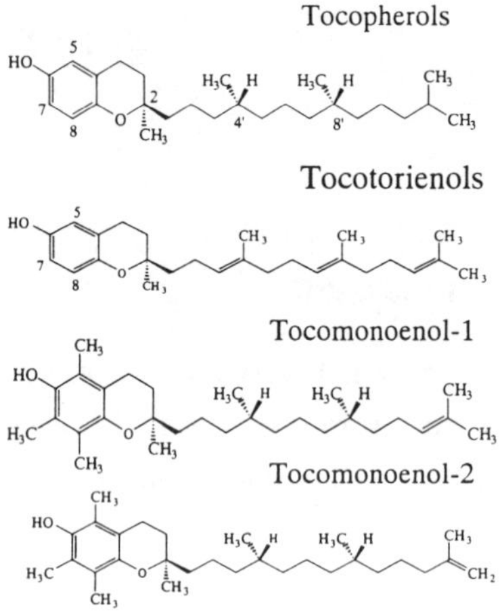

図1　自然界に存在する Tocopherols, Tocomonoenols および Tocotrienols

ている。その同族体の生物活性はα-トコフェロールを100とすると，β-トコフェロールが30～50，γ-トコフェロールが10，δ-トコフェロール2以下である（表1）。α, β, γ, δ-トコフェロール（トコトリエノール）の構造上の相違はクロマン環についているメチル基の数と位置に依っている。またトコフェロールは側鎖に二重結合がないが，トコトリエノールは3個の二重結合，トコモノエノールは1個の二重結合がある。

トコフェロールの構造には3個の不斉炭素（図1の2, 4', 8'位）が存在するが，天然のトコフェロールの絶対構造は全て R 配位であり，RRR-α, β, γ, δ-トコフェロール（または d-α, β, γ, δ-トコフェロール）と命名されている。一方，量産するために，合成イソフィトールとトリメ

表1　ビタミンEの生物活性

(S. Kijima, 1993)

ビタミンE	ラット胎児吸収（％）	ラット溶血試験（％）	ニワトリ筋ジストロフィー試験（％）	相対活性
α-Toc	100	100	100	100
β-Toc	25～40	15～27	12	30～50
γ-Toc	1～11	3～20	5	10
δ-Toc	1	0.3～2	—	<2
α-Toc-3	29	17～25	—	—
β-Toc-3	5	1～5	—	—

チルハイドロキノンの縮合反応により作られた合成ビタミンE (α-トコフェロール) が存在する。合成ビタミンEは，3個の不斉炭素の絶対配位が*RS*配位であり，8種類の立体異性体がそれぞれ12.5％の割合で含まれており，all-rac-α-トコフェロール (または*dl*-α-トコフェロール) と呼ばれる。各立体異性体の生物活性は，2位が*R*配位である異性体が生物活性が高い傾向があり，その中で*RRR*-α-トコフェロールが最も高い。

従来，トコフェロールの単位は，合成のα-トコフェロールの酢酸エステル (酢酸all-rac-α-トコフェロール) を1国際単位 (IU) とし，all-rac-α-トコフェロールを1.10IU，天然の*RRR*-α-トコフェロールの酢酸エステル (酢酸*RRR*-α-トコフェロール) を1.36 IU，*RRR*-α-トコフェロールを1.49IUとし，天然体と合成体との比を1.36としている。しかしながら，ヒトにおける血清・血漿中の濃度に基づく生体内利用率の成績から，天然体の生物活性は合成体に比べて2〜3倍高いことが明らかになりつつある[7-9]。一方，ヒトにそれぞれのα-トコフェロールを投与し，血中LDL (Low Density Lipoprotein) の易酸化性を調べたところ，同等であるという成績もあり[10]，天然体と合成体の活性比は今後のさらなる検討が必要なところである。

ビタミンEの単位に関しては，従来，IUを用いていたが，最近になり，天然α-トコフェロールを基準とする天然α-トコフェロール換算量としてα-TE (*RRR*-α-トコフェロール換算量) で示す場合が多くなっている。

一般的には，ビタミンEというと，トコフェロール同族体の中でも最も活性の高いα-トコフェロールおよびそのエステル，またはトコフェロール同族体を示す場合が多い。α-トコフェロールおよびそのエステル並びにトコフェロール同族体は医薬品，食品，食品添加物，飼料などに利用されている。

3　ビタミンEの分析

ビタミンEの定量法としては，Emmerie-Engel法が報告されて以来，種々の方法が確立されており，それぞれに長短がある。現在ではHigh Performance Liquid Chromatography (HPLC) による分析が汎用されている。食品や生体試料から有機溶媒による直接抽出またはケン化抽出して，その抽出液をそのまま，カラムに注入すれば，ビタミンE同族体を分析できる。

HPLC法は前操作が簡便であり，蛍光検出または電気化学検出を用いると特異性は高い。キラルカラムを用いればビタミンEの立体異性体を分離することもできる[11]。

また，Gas Chromatography-Mas Fragment (GC-MS) 法[12]を用いて，ビタミンEの重水素ラベル体を投与すれば，内因性と外因性のビタミンEを同時に定量でき，ヒトへの適用も可能である。

4 ビタミンEの吸収，分布，排泄

摂取されたビタミンEは，胆汁酸などによってミセルにされて，腸管からリンパ管を経由して吸収される。吸収されたビタミンEはカイロミクロンに取り込まれる。ビタミンEを含むカイロミクロンはリポプロテインリパーゼによりカイロミクロンレムナントになり肝臓に取り込まれる。肝臓に取り込まれたビタミンEは α-トコフェロール輸送タンパク質（以下，α-TTP と略す）により，再度，血液に輸送され，VLDL（Very Low Density Lipoprotein）に取り込まれる。VLDLがLDLに変換された後，ビタミンEは組織に分布される[13]（図2）。

組織への分布に関して，1974年に，Shiratoriにより，ラットに投与された *dl*-α-トコフェロールが，皮下脂肪に多く分布することを報告している[14]。最近では，血漿リン脂質輸送タンパクが血中から内皮細胞への α-トコフェロールの移行を促進することが報告されている[15]。

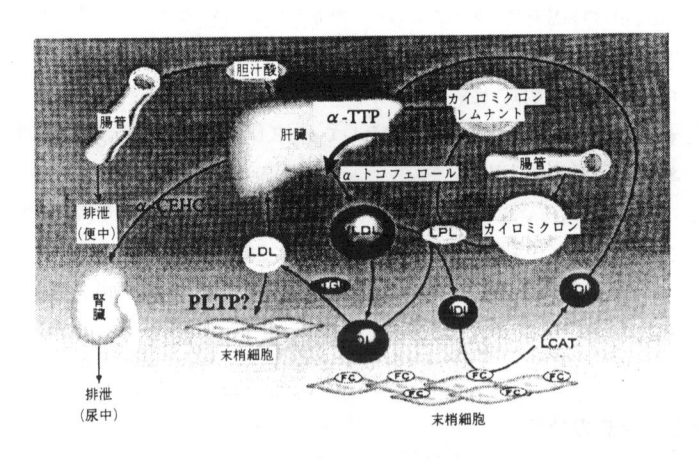

α-TTP；α-トコフェロール輸送タンパク質
PLTP；リン脂質輸送タンパク質

図2 ビタミンEの体内動態

天然にはビタミンE同族体が存在し，そのうち，γ-トコフェロールが最も多くある。腸管からのビタミンE同族体の吸収率はほぼ同等であるので，生体内にはγ-トコフェロールが主として存在していいはずである。しかし，生体中のビタミンEは，大半が α-トコフェロールとして存在する。この理由は，肝臓に取り込まれた *RRR*-α-トコフェロールが優先的に α-TTPと結合し[16]（表2），肝臓内を輸送され，血中に運搬されることによる。また，γ-トコフェロールが α-トコ

第3編　各種食品・薬物による老化予防と機構

表2　ビタミンE同族体とα-TTPとの親和性

(A. Hosomi et al., 1997を改変)

ビタミンEと関連物質	相対親和性
RRR-α-Toc	100
SRR-α-Toc	10.5±0.4
α-Toc-3	12.4±2.3
RRR-β-Toc	38.1±9.3
RRR-γ-Toc	8.9±0.6
RRR-δ-Toc	1.6±0.3
α-Toc ace	1.7±0.1
α-Toc Quinone	1.5±0.1

フェロールよりも代謝されやすいことも知られている[17]。

BurtonとTraberら[8,17,18]はヒトに安定同位体標識のα-トコフェロールを投与し、その分布・排泄に関して次のようなことを明らかにしている。

①新たに吸収されたα-トコフェロールが従来、血漿・組織中に存在したα-トコフェロールと置き換わるようなホメオスタシスがある。

②吸収された合成α-トコフェロール（all-rac-α-トコフェロール）は肝臓中のα-TTP輸送を経由しない別の経路で血漿から速やかに分布・排泄される。この際、合成α-トコフェロールは、天然α-トコフェロール（RRR-α-トコフェロール）に比べて、側鎖が酸化されたα-CEHC（α-Carboxyethylhydroxychromane）に多く代謝され、尿中に排泄される。

③ヒトにおける天然α-トコフェロールの体内動態はラットおよびモルモットと似ている。

④γ-トコフェロールは、筋肉や皮膚に分布される。これはカイロミクロンから直接的に分布されている可能性が高い。

⑤天然α-トコフェロールと合成α-トコフェロールとの生理活性比は2：1と推測される。

⑥50～150 mgの用量範囲内における天然α-トコフェロールの血漿中濃度は用量依存的線形に増加する。

RRR-α-トコフェロールを経口投与した際の、喫煙者の血中α-トコフェロール濃度は、非喫煙者に比べて、低値を示している[19]。これは喫煙による酸化ストレスに晒されたときにはα-トコフェロールの利用率は低下することを示している。従って、喫煙者には、より多くのビタミンEが必要となると考えられる。

また、ヒトの尿中からNa利尿ホルモン様物質を探索している研究から、γ-トコフェロールの代謝物であるLLU-α（γ-CEHC）がその作用を有していることが明らかになっている[20]。

ビタミンEのヒト組織中の分布は、コレステロールやリン脂質と同様に、ほとんどの臓器に分

布されている[1]。正常人の場合，約3gのビタミンEが体内で保有されている。主な貯蔵臓器は，皮下脂肪，筋肉，肝臓，骨などである。組織1gあたりの濃度としては，脂肪組織，副腎，脳下垂体，睾丸などが高値を示す。

尿におけるビタミンEの代謝物を示すと図3のようであり，現在では，従来，いわれていたTocopheronolactoneではなく，側鎖が酸化された代謝物（$\alpha, \gamma, \delta^{21}$-CEHC）が主であるとされている。

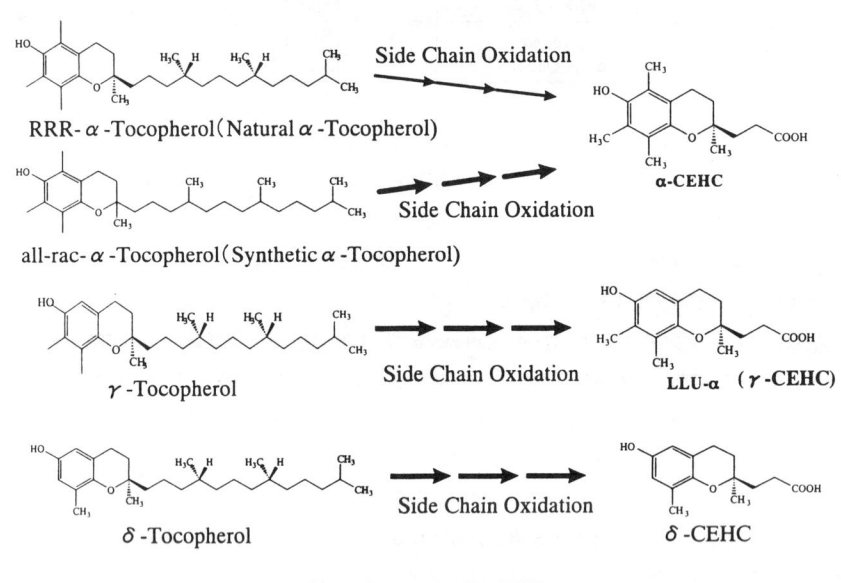

図3 ビタミンEの尿中代謝物

5 ビタミンE欠乏と生体内障害

ビタミンE欠乏に関しては，多種多様のビタミンE欠乏症状が確認され，動物種により異なることが知られている[1]（表3）。ヒトにおけるビタミンE欠乏は，abetalipoproteinemiaや脂肪吸収不全患者などでの脂溶性物質の吸収・分布不全として認められている。

さらに，最近になり，肝臓でα-TTPが同定・精製され，cDNAがクローニングされており[22-24]，ラット脳ではプルキンエ細胞周辺のバーグマングリア細胞で発現することと，ヒトのプルキンエ細胞にも存在することが明らかになっている[25,26]。そして，このα-TTPの遺伝的欠損・異常に

第3編　各種食品・薬物による老化予防と機構

表3　動物におけるビタミンE欠乏

組織	欠乏症状・障害	動物種
筋肉		
骨格筋	壊死性筋症	サル，ブタ，ラット，イヌ，ウサギ，モルモット，
心筋	壊死性筋症	ウマ，ウシ，ヒツジ，ニワトリ，サケなど
		ブタ，ラット，イヌ，ウサギ，モルモット，ウシ，ヒツジなど
砂のう	壊死性筋症	ターキー
生殖器		
胎盤	胎児死・吸収	ブタ，ラット，マウス，モルモット，ウシ，ニワトリなど
子宮	リポフスチン沈着	ラット
睾丸	上皮変形	サル，ブタ，ラット，ウサギ，モルモット，イヌ，ニワトリなど
消化器		
腸	リポフスチン沈着	イヌ
胃	胃潰瘍	ブタ
脂肪組織	リポフスチン沈着	ブタ，ラット，マウスなど
血管系		
血管	滲出性病変	チキン，ターキー，サケなど
赤血球	貧血	サル，ブタ，ラット，ウサギ，サケなど
	溶血	
血小板	増加	サル，ブタ，ニワトリ
眼	白内障	ラット
神経組織		
脳	脳軟化	ニワトリ
神経	軸策異常	サル，イヌ，マウス，モルモットなど
	リポフスチン沈着	ラット，マウス
肝臓	壊死性筋症	ブタ，ラット，マウス

　よる家族性ビタミンE欠乏症（Familial isolated Vitamin E deficiency, FIVE）が報告されている。
　FIVEは，腸管からの脂肪の吸収は正常であるが，肝臓からのVLDLへのビタミンEの運搬が欠如している疾患であり，チュニジア，イタリアなどの数十の家系で報告されている。その臨床症状は，深部反射消失，運動失調，間隔障害，筋力低下などで，Fiedreich遺伝性運動失調症と類似しており，単独性ビタミンE欠乏症（Avitamin E deficiency, AVED）と名づけられている。既に，27家系で13個の遺伝的変異があることが知られているが，現在でも，新たな家系が見つかっている[27]。
　AVED患者に毎日，800mg RRR-トコフェロールを投与すれば，血中のビタミンEが正常域まで上昇し，神経症状などが改善することが知られている。

6 ビタミンEの生理作用

6.1 抗酸化作用

　生体膜には過酸化されやすい高度不飽和脂肪酸が豊富に含有されており，常に過酸化反応の危険性にさらされているが，抗酸化物質や抗酸化酵素が有機的に情報を交換するネットワークを形成して[28, 29]，過酸化脂質の形成を防止したり，その修復処理を素早く行っている。そのため，通常では脂質過酸化反応で生体膜が大きく壊れて，その機能が損傷されることはない。

　しかし，内的要因および外的要因により酸化ストレスが増し，過酸化反応が異常に亢進すると，生体で脂質の過酸化反応を処理しきれなくなる。その結果，過酸化脂質・フリーラジカルが生体膜を攻撃して，種々のフリーラジカル病を発症させる。生体膜中の脂質が過酸化されるので，その反応を阻害する中心的役割を示すものは強力な脂溶性抗酸化物質であるビタミンEと考えられるし，事実，抗酸化ネットワークの中核をなすと考えられている[28]。

　ビタミンEは，図4に示すラジカル連鎖反応においてパーオキシラジカル（ROO・）をROOH，ROOEなどの反応性の弱いものに変化させて過酸化反応を停止している。トコフェロールの抗酸化活性を自動酸化の誘導時間を指標にして測定すると，その濃度，溶媒の不飽和度，反応温度などで変化する。10^{-4}M以下では，その抗酸化活性は用量依存的に線形性をもって増加するが，それ以上ではその作用は弱まる。一般にトコフェロールは酸化される物質の不飽和度が高くなるほど，その抗酸化活性は強くなる。

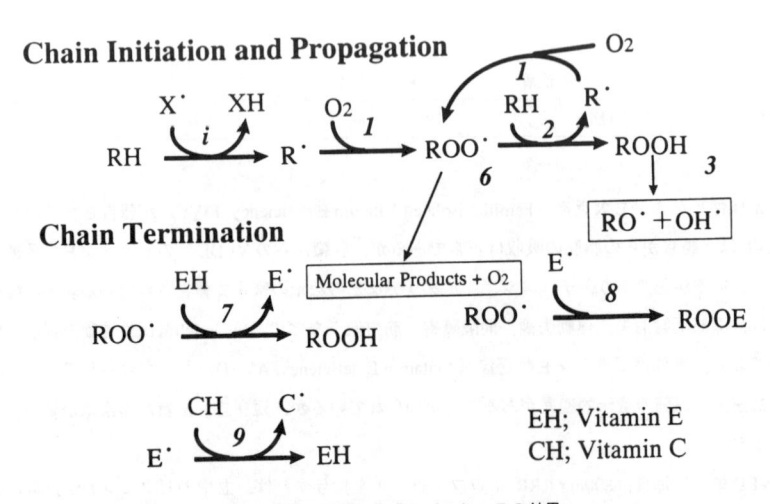

図4　過酸化脂質の生成とビタミンEの効果

第3編　各種食品・薬物による老化予防と機構

　ROO˙からラジカルを引き抜いて自分自身がクロマノキシラジカル（ChO˙）となる図4の第7の反応の反応定数（k_7）は dilinolenoyl phosphatidylcholine の2重膜のリポゾームで$(3〜4)×10^3 M^{-1}・s^{-1}$であり，$CCl_3O_2˙$の場合は$5×10^8 M^{-1}・s^{-1}$である。生体膜ではリン脂質とトコフェロールとの比は1000：1であり，ROO˙が常にトコフェロールの周囲にある状況である。k_7は$α$-トコフェロールが最も大きく，ついで，$β$-トコフェロール≒$γ$-トコフェロール＞$δ$-トコフェロール＞tocolの順である。EPR（電子スピン共鳴）により，$α$-トコフェロール＞$β$-トコフェロール＞$γ$-トコフェロール＞$δ$-トコフェロール＞tocolの順でChO˙が生成されやすい。このことから，ROO˙との反応性は$α$-トコフェロールが最も高いことがわかる。
　また，ROO˙との反応性にはクロマン環のメチル基が関与し，フィチル側鎖は関与していない。トコフェロールとROO˙との反応の活性化エネルギーは12〜15kJ/molとBHTに比べて小さく，トコフェロールはROO˙と容易に反応することが報告されている[30]。$α$-トコフェロールはROOHに直接的に作用しないと考えられているが，ROOHをROHに変換する酵素活性を有するヘモグロビンの作用を増強する[31]。この増強作用はBHT，グルタチオンやビタミンCよりも強い。
　ビタミンEは，脂質酸化を防ぐ際に，自分自身がラジカルになる。このビタミンEラジカルは，生体内でビタミンC（図5），システインのような水溶性抗酸化物質によりリサイクリングされ，元のビタミンEに戻り，再び抗酸化作用を示す。つまり，ビタミンEと水溶性の抗酸化剤は相乗的に抗酸化作用を発揮する[32]。
　試験管内では$α$-トコフェロールのプロオキシダント（酸化促進）作用が報告されているが，生体内では，$α$-トコフェロールのラジカルは他の抗酸化剤によりリサイクリングされ，$α$-トコフェロールに戻るため，ほとんど起こり得ないと考えられている。事実，多くの臨床試験や疫学調査ではプロオキシダント作用を示唆するような結果はほとんどない。

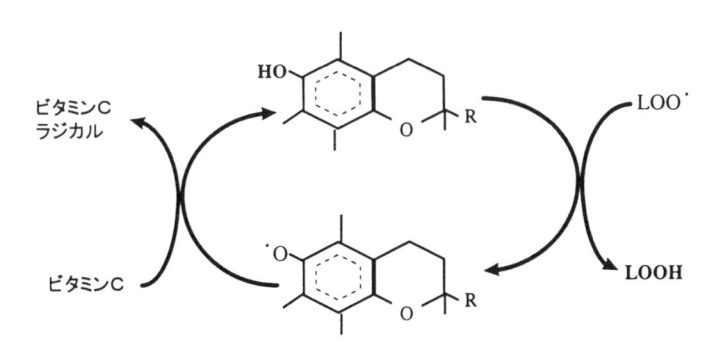

図5　ビタミンEとビタミンCとの電子のやり取り

6.2 生体膜安定化作用

ビタミンEは抗酸化作用を介して生体膜を保護するが，直接的に生体膜を安定化させる作用がある。膜中のアラキドン酸の二重結合のポケットにビタミンEの側鎖のメチルがうまく入り込み，コンプレックスを形成し，膜を安定化している[33]とされているが，クロマン環のメチル基が脂肪酸の安定化に関与しているという報告[34]もある。

さらに，コンピューター・シミュレーションにより，側鎖は曲がっており，アラキドン酸とコンプレックスを形成する可能性が少ないという説もある[35]。

6.3 Beyond antioxidant function

TraberとPackerらは，抗酸化作用では説明できないビタミンEの作用をBeyond antioxidant functionと命名している。

α-トコフェロールはProtein Kinase C（PKC）を抑制するが，一方，β-トコフェロールはこの作用を拮抗する[36,37]。両者とも抗酸化作用を有しているので，抗酸化作用によるとは考えられず，Beyond antioxidant functionと言われる。また，5-oxylipooxygenaseの活性抑制[38]，免疫の賦活化[39]，ジアシルグリセロールキナーゼの活性化[40]，遺伝子転写調節因子NF-κBの核内移行の抑制[41]なども抗酸化作用では説明がつかない作用である。

抗酸化作用と同様に，Beyond antioxidant functionもビタミンEの疾患の予防・治療に大きく関与している可能性がある。

7 病気の予防と治療

ビタミンEは心疾患，免疫，アルツハイマー病をはじめ，各種の慢性疾患の予防に対して有用である。表4にフリーラジカルに起因する主たる慢性疾患に対するビタミンE，ビタミンCおよびβ-カロテンの効果を示す[42]。

7.1 アルツハイマー病（AD）の進行抑制作用

ADについては，いくつかの原因説があるが，脳における酸化ストレスの亢進説も有望である。事実，AD患者の脳の過酸化脂質を新規マーカーであるイソプラスタンで測定すると，パーキンソン病や精神分裂病の患者並びに正常人に比べて高く，脂質過酸化が亢進している[43]。

疫学調査により，ビタミンE200〜800IUまたはビタミンC500mgの摂取により，アルツハイマー病の発症が低減すること[44]（図6），アルツハイマー病患者の血漿[45]および脳脊髄液中[46]ビ

第3編　各種食品・薬物による老化予防と機構

表4　慢性疾患に対する抗酸化ビタミンの効果

(J.G. Elliot, 1999)

疾患	ビタミンE	ビタミンC	β-カロテン
心臓疾患	+++	+	+
ガン	++	++	+
白内障	++	++	++
免疫	+++	++	++
関節炎	+	+	+
アルツハイマー病	++	−	

+++：Excellent evidence of relationship
++：Good evidence of relationship
+：Some evidence of relationship
−：Little or no evidence of relationship

VE：200〜800IU, VC：500mg, マルチビタミン
：VE(30IU), VC(60mg), 4.3年間の追跡期間

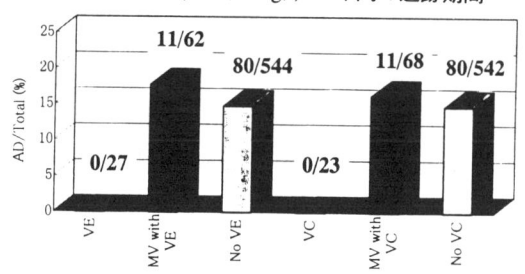

A/B; Probable Alzheimer Disease/Total　MV; Multivitamin

図6　ビタミン剤服用とアルツハイマー病との関連
(Morris et al., 1998)

タミンE量が低いことなどが明らかになっている。プラセボ対照二重盲検試験で, dl-α-Tocの高用量投与(2000IU/day, 2年間)がアルツハイマー病の進行を有意に抑制することが証明されている[47]。

ビタミンEのAD予防に関するメカニズムについては, いくつかの試験管内実験や動物試験で示唆されている。ビタミンEは, 低酸素/再灌流[48]や高酸素下[49]による神経細胞のアポトーシスを抑制するし, AD患者の老人斑に含有されるアミロイドβ-ペプチドで上昇する海馬中イソプラスタンを減少させる[50]し, アミロイドβ-ペプチドによる記憶・学習障害を軽減する[51]。また,

表5 アルツハイマー病に対する薬物治療

(Sloane P.D., 1998)

Vitamin E	800～2000IU/day
Donepezil	5～10mg/day
Tacrine	10mg×4/day,
	6 weeks intervals 40mg×4/day
Ibuprofen	400mg×2～3/day
Conjugated esterogens	0.625mg/day

記憶に関連性の大きいムスカリンアセチルコリン受容体に内因性阻害物質が結合するのを抑制する[52]。

ADとの関連で，ビタミンEはアセチルコリンエステラーゼ阻害剤のアリセプトと異なった観点から大いに注目されている。アルツハイマー病治療に対する種々の薬物の1つとしてビタミンEが推奨されている[53] (表5)。

7.2 血管障害の予防

ビタミンEと酸化LDLとの関係をまとめると図7のようになる。酸化されたLow Density Lipoprotein (酸化LDL) はマクロファージのスカベンジャー受容体を介して取り込まれて泡沫細胞が生成され，動脈硬化に至る。ビタミンEはLDLの酸化を抑制し，動脈硬化を予防すると考えられている。また，酸化LDLによる内皮細胞のアポトーシスに対する阻止作用，血小板の吸着抑制作用やPKC阻害活性も，ビタミンEの抗動脈硬化作用に関与している可能性がある[54-56]。

最近，脂質の過酸化物である酸化Phosphatidyl Choline[57]やイソプラスタン[58]も，酸化LDLと同様に動脈硬化を起こす引き金であることが知られている。

コレステロールを負荷した実験動物やApo Eノックアウトマウス[59]にビタミンEを投与すると，動脈硬化の進行を抑制する。この理由として，ビタミンEの血中コレステロール低下作用も関与している可能性があるが，酸化LDLやイソプラスタンの生成を抑制する抗酸化作用が主であると考えられる。実際，ビタミンEを投与すると，酸化LDLによるNO依存性血管弛緩の低下を防止するし，内皮－単球の接着を抑制し，さらに血小板の粘着・凝集を抑制する。また，血管壁細胞のアポトーシスを抑制し，平滑筋の増殖を抑制する。これらの作用が有機的に機能し，ビタミンEは動脈硬化の進展を抑制することが知られている。

さらに，ラットにビタミンEを投与すると，中大動脈の閉塞による脳の梗塞巣を軽減する[60]。

ヒトにおいて，ビタミンEの摂取が冠動脈疾患の危険率を低減することは多くの試験で報告されている。WHO/MONICA Studyで，血漿中 α-トコフェロール濃度は虚血性心疾患の死亡率と逆

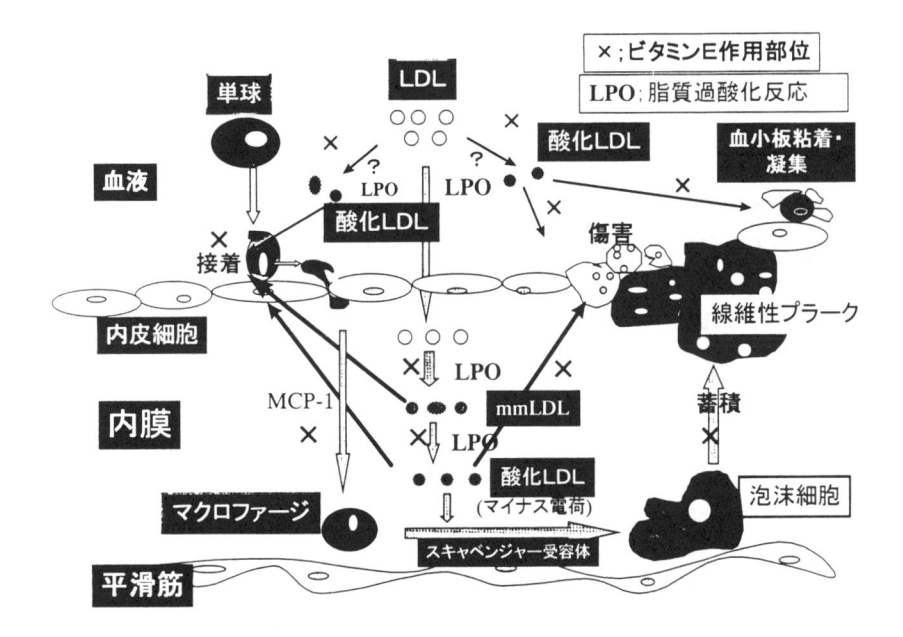

第3編　各種食品・薬物による老化予防と機構

図7　Fatty Streak 生成とビタミンEの関係

相関している[61]し，α-トコフェロールの摂取量と心疾患の死亡率は負の関連性があり，ヨーロッパ・パラドックス[62]といわれている。Nurse Health Study[63] と Health Professinals Follow-up Study[64] では，ビタミンEの最高摂取群は最低摂取群に比べて，非致死性の心筋梗塞や心事故による死亡率を 30～40％低減しており，1日 100～250IU の摂取を推奨している。CLAS （the Cholesterol lowering Atherosclerosis Study）において，ビタミンEの100IU/日の摂取は，コレステロールの低下と無関係に冠動脈の進行を抑制している[65]。虚血性心疾患患者を対象に行われた CHAOS（Cambridge heare Antioxidant study）では，RRR-α-トコフェロール 400 または 800 IU/日投与により，プラセボ投与群に比べて非致死性心筋梗塞の発症率が77％低減している[66]。酢酸 dl-α-トコフェロール（300mg／日）を冠攣縮性狭心症患者に投与すると，血漿中TBARSは低下し，内皮依存性の血管拡張障害が改善される[67]。

なお，ニトロ剤とビタミンEとを併用すると，ニトロ剤の耐性が抑制できる[68]。

7.3　ガンとビタミンE

活性酸素・フリーラジカルがガンのイニシエーションとプロモーション過程で関与していること

とから，ガン予防に抗酸化剤が注目されている。また，ガンの発症に免疫低下が関連していることから免疫増強剤が注目されている。

ビタミンEは抗酸化作用を有すると同時に免疫賦活作用があり，ガンの発症予防と進展を抑制することが期待されている。総じて，基礎試験や疫学調査・臨床試験から，ビタミンEはガンの危険性を減少させる傾向がある。

培養ガン細胞試験や実験動物の発ガン実験で，ビタミンEはガンを抑制するという報告が多い。

大部分の疫学調査で，ビタミンEの摂取によりガンのリスクが減じることや，ガン患者では血中のビタミンE値が低いことが報告されている。中国で行われた栄養介入試験では，抗酸化物質（ビタミンE，β-カロチンおよびセレニューム）を補給した群は，無補給群に比べて，ガンの発症が13%減少し，胃および食道ガンによる死亡率が10%減少している[69]。フィンランドの男性喫煙者で行われたATBC試験においては，ビタミンE（50mg／日，5〜8年間）の摂取で肺ガンの発症率は減少しなかった[70]が，そのフォローアップ試験で，前立腺ガンの発症は，ビタミンEを摂取しない群に比べて，32%減少している[71]。

7.4 その他の疾患とビタミンE

ビタミンE投与（dl-α-トコフェロール，200mg,800mg／日，235日間）は，老化に伴い低下した免疫力を賦活する[72]。α-インターフェロン抵抗性のC型肝炎患者にビタミンE（RRR-α-トコフェロール，800IU／日，12週間）を投与すると，投与期間だけGOT,GPTが低下し，肝機能が改善する[73]。ビタミンEとビタミンCはHIV患者に対して酸化ストレスを和らげ，ウィルス量を低下させる傾向がある[74]。また白内障の予防にも効果がある。

8 皮膚障害とビタミンE

皮膚は紫外線，オゾン等による酸化ストレスを直接に被っているので，抗酸化作用をもつビタミンEが皮膚保護の化粧品や医薬品などに汎用されている。ビタミンEは，その安定性のためにエステル体が使用される場合が多い。

酢酸α-トコフェロールの皮膚への浸透性はα-トコフェロールの皮膚への浸透性と変わらない。通常では皮膚におけるエステルの加水分解速度は遅いが[75]，UV照射により皮膚中のエステラーゼの活性が上昇し，エステル体からα-トコフェロールへ変換し易くなる[76]。ビタミンE（d-α-トコフェロール，α-トコトリエノール，γ-トコトリエノールを含むパーム油のtocotrienol-rich Fraction（TRF），5% Polyethyleneglycol溶液）は，ヘアレスマウスへの局所投与すると，皮膚に速やかに浸透する[77]。

ビタミンE (d-α-トコフェロール, 5mg/cm^2 または5%TRF) を塗布すると, 抗酸化ネットワークを作用させ, 皮膚を酸化ストレスから庇護する[78]。また, UVによる皮膚免疫の低下を防止し, ランゲルハンス細胞の減少を防ぐ[79]。

9 過度の運動とビタミンE

ラットに運動を負荷するとフリーラジカル産生が増加し, 筋肉中のビタミンE量が低下する[80]。この際, ビタミンEを投与すると, フリーラジカルは増加せず, 組織障害を抑制する。

ヒトにおいては, ビタミンEを投与すると, 運動後のクレアチンキナーゼの回復が早く, 運動によるDNA損傷を抑制している[81]。また高度で作業をする登山家に, ビタミンEを補給すると, 過酸化脂質や呼気中のペンタンの上昇を抑え, 運動遂行度を改善している[82]。また, 赤血球の流動性も改善している。

10 食品とビタミンE

植物油は泡立ち, 色沢, 味などのためにビタミンEを油滓として除去するが, 不飽和脂肪酸を多く含むので, 貯蔵や料理の段階で, 酸化されやすい。そこでビタミンEを再添加して酸化を防止する。ラードやマーガリンにも, 酸化を抑制するためにビタミンEを添加する。

さらに, ビタミンE添加飼料で飼育された牛, 豚および鶏の肉および肉製品は, 不飽和脂肪酸が安定化され, 異味異臭が軽減され, ドリップロスも少ない[83-85]。また, ビタミンEは家畜の免疫力を上げて感染症に罹りにくくする[86]。

表6 抗酸化ビタミンの添加推奨量

(J.G. Elliot, 1999)

摂取量	ビタミンE (α-TE)*	ビタミンC (mg)	β-カロテン (mg)
USDA/NCIガイドラインによる理想的な1日摂取量 (Lacharance, 1994)	17～20	217～225	5.2～6.0
臨床試験から有効である1日摂取量	133～533	250～1000	10～50
1回当り最低推奨量 (1日4回)	10	60	1.5

* α-TE : RRR-α-トコフェロール換算量 (mg)

日本人の栄養所要量に関して第6次改訂がなされ、ビタミンEについては、1日の適正摂取量（Adequate Intake）が男性で10mg α-TE（RRR-α-トコフェロール換算量）、女性で8mg α-TEとなり、許容上限量（Tolerable Upper Intake Level）が600 mg α-TEとなっている。米国のCRN（Council for Responsible Nutrition）では、ビタミンEの無副作用量といわれるNOAEL（No Observed Adverse Effect Level）を800mg α-TE（1200IU）と定めている[87]。Elliottらは、ビタミンEに関して、栄養学的に推奨できる摂取量、臨床試験成績から推奨できる投与量および最低摂取量を報告している[42]（表6）。

11 ビタミンEの安全性

ビタミンEの安全性に関しては、包括的な総説[88,89]がいくつか報告されており、これらの結論では200～2400 IU／日（栄養所要量のおよそ13～160倍）を4.5年間摂取しても安全であるとしている。短期間ではあるが、3200 IU（2148mg α-TE）の投与量でも、有意な副作用を示していない。

また、ビタミンEは血液凝固能を低下させる可能性が懸念されているが、ビタミンE 1200 IU／日（800mg α-TE）の高用量の摂取で凝固能に変化はなく、通常の用量では影響がないと考えられる。

ヒトでのビタミンEに関して、次々と臨床試験・疫学調査が発表されているが、現在までのところ、副作用が問題となったことはない。このような背景から、米国では、NOAELを800mg α-TE（1200IU）と定められたと推察できる。

12 おわりに

ヒトの老化というと、動脈硬化、アルツハイマー病、しわ・しみ・そばかす、運動能力の低下などを連想するが、これらはいずれもフリーラジカルの関与の可能性がある。ビタミンEは内的・外的要因により誘導された脂質過酸化反応を抑制し、種々のフリーラジカル病を予防・治療をし、身体のフリーラジカル障害を軽減し、さらに低下した免疫力を賦活化する。

つまり、ビタミンEは老化を予防し、若さをとり戻し、健康を維持する栄養素であり、医薬品でもある。また食品の抗酸化添加物としても重要な役割を果たしている。

第3編　各種食品・薬物による老化予防と機構

文　献

1) L. J. Maclin, Vitamin E, "Handbook of Vitamins", (eds by L. J. Maclin), Marcel Dekker Inc., pp99-144 (1991)
2) 浦野四郎；ビタミンE研究の進歩，ファルマシア，31, 27-31 (1995)
3) A. T. Diplock et al.; Functional Food Science and Defense against Reactive Oxidative Species, Brit. J. Nutr., 80, S77-S112 (1998)
4) 福澤健治；健康・栄養とビタミンE：最近の研究のシンポ，医学と薬学，40, 53-68 (1998)
5) 松本晃ら；植物油中の新規ビタミンEの確認，油化学，44, 593-597 (1995)
6) 山本順寛ら；魚の卵から見いだされた新しいビタミンE化合物，"ビタミンE研究の進歩 VI"，(ビタミンE研究会編)，共立出版，pp34-37 (1996)
7) C. Kiyose et al.; Biodiscrimination of α-Tocopherol Stereoisomers in Humans afteroral Administration, Am. J. Clin. Nutr., 65, 785-789 (1997)
8) G.W. Burton et al.; Human Plasma and Tissue α-Tocopherol Concentrations in Response to Supplementation with Deuterated Natural and Synthetic vitamin E, Am. J. Clin. Nutr., 67, 669-684 (1998)
9) R. V. Acuff; Vitamin E: Bioavailability and Function of Natural and Synthetic Forms, Am. J. Nat. Med., 5, 10-13 (1998)
10) S. Devaraj, B. Adams-Huet, C. J. Fuller and I. Jialal; Dose-Response Comparison of *RRR*-α-Tocopherol on LDL Oxidation, Arterioscler.Thromb. Vasc. Biol., 17, 2273-2279 (1997)
11) K. Abe and A. Matsumoto; Quantitative Determination of Tocopherols, "Vitamin E－Its Usefulness in Health and in Curing Diseases", (eds by M. Mino et al.), Japan Sci. Soc. Press, pp13-19 (1993)
12) M. G. Traber et al.; *RRR*- and *SRR*-α-Tocopherols are Secreted without Discrimination in Human Chylomicrons, but *RRR*-α-Tocopherol is Preferentially Secreted in Very Low Density Lipoproteins, J. Lipids Res., 31, 675-685 (1990)
13) M. G. Traber and H. Sies; Vitamin E in Humans: Demand and Delivery, Annu. Rev. Nutr., 16, 321-347 (1996)
14) T. Shiratori; Uptake, Storage and Excretion of Chylomicra-Bound ^{3}H-αTocopherol by the Skin of the Rat, Life Sci., 14, 929-935 (1974)
15) C. Desrumaux et al.; Plasma Phospholipid Transfer Protein Prevents Vascular Endothelium Dysfunction by Delivering α-Tocopherol to Endothelial Cells, FASEB J., 13, 883-892 (1999)
16) A. Hosomi et al.; Affinity for α-Tocopherol Transfer Protein as a Determinant of the Biological Activities of Vitamin E Analogs, FEBS Lett., 409, 105-108 (1997)
17) M. G. Traber et al.; Synthetic as Compared with Natural Vitamin E is Preferentially Excreted as α-CEHC in Human urine: Studies Using Deuterated α-Tocopheryl Acetates, FEBS Lett., 437, 145-148 (1998)
18) M. G. Traber et al.; Vitamin E Dose-Response Studies in Humans with Use of Deuterated *RRR*-α-Tocopherol, Am. J. Clin. Nutr., 68, 847-853 (1998)
19) L. H. Munro et al.; Plasma *RRR*-α-Tocopherol Concentrations are Lower in Smokers than in Non-smokers after Ingestion of a Similar Oral Load of This Antioxidant Vitamin, Clin. Sci., 92, 87-93 (1997)
20) E. D. Murray et al.; Endogenous Natriuretic Factors 7: Biospecificity of a Natriureteic γ-Tocopherol

Metabolite LLU- α . *J. Pharmacol Exp. Ther.*, 282, 657-662 (1997)
21) S. Chiku et al.; Novel Urinary Metabolite of d- δ -Tocopherol in Rats, *J. Lipid Res.*, 25, 40-48 (1984)
22) G. L. Catignani et al.; Rat Liver α-Tocopherol Binding Protein, *Biochim. Biophys. Acta*, 497, 349-357 (1977)
23) Y. Sato et al.; Purification and Characterization of the α-Tocopherol Transfer Protein from Rat Liver, *FEBS Lett.*, 288, 41-45 (1991)
24) M. Arita et al.; Human α -Tocopherol Transfer Protein: cDNA Cloning, Expression and Chromosomal Localization, *Biochem. J.*, 306, 437-443 (1995)
25) R. P. Copp et al.; Localization of α -Tocopherol Transfer Protein in the Brains of Patients with Ataxia with Vitamin E Defieciency and other Oxidative Stress Related Neurodegenerative Disorders, *Brain Res.*, 822, 80-87 (1999)
26) A. Hosomi et al.; Localization of α -Tocopherol Transfer Protein in Rat Brain, *Neurisci. Lett.*, 256, 159-162 (1998)
27) Cavalier et al.; Ataxia with Isolated Vitamin E Deficiency: Heterogeneity of Mutations and Phenotypic Variability in a Large Number of Families, *Am. J. Hum. Genet.*, 62, 301-310 (1998)
28) N. Haramaki et al.; Networking Antioxidants in the isolated Rat Heart are Selectively Depleted by Ischemia-Reperfusion, *Free Radi. Biol. Med.*, 25, 329-339 (1998)
29) M. Lopez-Torres et al.; Topical Application of α -Tocopherol Modulates the Antioxidant Network and Diminishes Ultraviolet-Induced Oxidative Damage in Murine Skin, *Brit. J. Dermatol.*, 138, 207-215 (1998)
30) E. B. Burlakova et al.; The Role of Tocopherols in Biomembrane Lipid Peroxidation, *Membr. Cell. Biol.*, 12, 173-211 (1998)
31) Y. Bao and G. Williamson; α-Tocopherol Enhances the Peroxidase Activity of Hemoglobin on Phospholipid Hydroperoxide, *Redox Rep.*, 3, 325-330 (1997)
32) N. Noguchi and E. Niki; Dynamics of Vitamin E Action against LDL Oxidation, *Free Rad. Res.*, 28, 561-572 (1998)
33) C. A. Lucy; Structural Interactions between Vitamin E and Polyunsaturated Lipids, *World Rev. Nutr. Dietetics*, 31, 184-189 (1978)
34) S. Urano, N. Shichita and M.. Matsuo; Interaction of Vitamin E and its Model Compounds with Unsaturated Fatty Acids in Homogenous Solution, *J. Nutr. Sci. Vitaminol.*, 34, 189-194 (1988)
35) I. L. Shamovsky et al.; Influence of Fatty Acid Composition on the Structure and Stability of Fatty Acid Complexes with Vitamin E. *J . Mol. Stru.* (*Theochem.*), 253, 149-159 (1992)
36) A. Fazzio, D. Marilley and A. Azzi; The Effect of α -Tocopherol and β -Tocopherol on Proliferation, Protein Kinase C Activity and Gene Expression in Different Cell Lines, *Biochem. Mol. Biol. Inter.*, 41, 93-101 (1997)
37) R. Ricciarelli et al.; α -Tocopherol Specifically Inactivates Cellular Protein Kinase C α by Changing its Phosphorylation State, *Biochem. J.*, 334, 243-249 (1998)
38) S. Devaraj and I. Jialal; α -Tocopherol Decreases Interleukin-1βrelease from Activated Human Monocytes by Inhibition of 5-Lipoxygenase, *Arterioscler. Thromb. Vasc. Biol.*, 19, 1125-1133 (1999)
39) S. Sakai and S. Moriguchi; Long-Term Feeding of High Vitamin E Diet Improves the Decreased Mitogen Response of Rat Splenic Lymphocytes with Aging, *J. Nutr. Sci. Vitaminol.*, 43, 113-122 (1997)

第3編　各種食品・薬物による老化予防と機構

40) M. Kunisaki et al.; Vitamin E Normalizes Diacylglycerol-Protein Kinase C Activation Induced by Hyperglycemia in Rat Vascular Tissues, *Diabetes*, 45, S117-S119 (1996)
41) W. Erl et al.; α-Tocopherol Succinate Inhibits Monocytic Cell Adhesion to Endothelial Cells by Suppressing NF-κB Mobilization, *Am. J. Physiol.*, 237, H634-H640 (1997)
42) J. G. Elliott; Application of Antioxidant Vitamins in Foods and Beverages, *Foodtechnology*, 53, 46-48 (1999)
43) D. Pratico et al.; Increased F2-isoprostanes in Alzheimer's Disease: Evidence for Enhanced Lipid peroxidation *in vivo*, *FASEB J.*, 12, 1777-1783 (1998)
44) M. C. Morris et al.; Vitamin E and Vitamin C Supplement Use and Risk of Incident Alzheimer Disease. *Alzheimer Disease Assoc. Disorder*, 12, 121-126 (1998)
45) A. J. Sinclair et al.; Altered plasma antioxidant Status in Subjects with Alzheimer's Disease and Vascular Dementia, *Intern. J. Geriat. Psychi.*, 13, 840-845
46) F. J. Jimenez-Jimenez et al.; Cerebrospinal Fluid Levels of α-Tocopherol (Vitamin E) in Alzheiner's disease., *J. Neural Transm (Budapest)*, 104, 703-710 (1997)
47) M. Sano et al.; A Controlled Trial of Selegiline, Alpha- Tocopherol, or Both as Treatment for Alzheimer's Disease, *N. Eng. J. Med.*, 336, 1216-1222 (1997)
48) M. Tagami et al.; Vitamin E Prevents Apoptosis in Cortical Neurons during Hypoxia and Oxygen Reperfusion, *Lab. Invest.*, 78, 1415-1429 (1998)
49) H. Takahashi et al.; α-Tocopherol Protects PC12 Cells from Hyperoxia-Induced Apoptosis, *J. Neurosci. Res.*, 52, 184-191 (1998)
50) R. J. Mark et al.; Characterization of 8-Epiprostaglandin F2α as a Marker of Amyloid β-Peptide- Induced Oxidative Damage. *J. Neurochem.*, 72, 1146-1153 (1999)
51) K. Yamada et al.; Protective Effects of Idebenone and α-Tocopherol on β-Amyloid-(1-42)-Induced Learning and Memory Deficits in Rats: Implication of Oxidative Stress in β-Amyloid-Induced Neurotoxicity *in vivo*, *Eur. J. Neurosci.*, 11, 83-90 (1999)
52) H. D. Venters et al.; Heme from Alzheimer's Brain Inhibits Muscarinic Receptor Binding via Thiyl Radical Generation, *Heme Res.*, 764, 93-100 (1997)
53) P. D. Sloane; Advances in the Treatment of Alzheimer's Disease, *Am. Family Phys.*, 58, 1577-1586 (1998)
54) A. Sevanian and H. Hodis; Antioxidants and Atherosclerosis: an Overview, *BioFactors*, 6, 385-390
55) S. Parthasarathy et al.; Oxidized Low-Density Lipoprotein, a Two- faced Janus in Coronary Artery Disease, *Biochem. Pharmacol.*, 56, 279-284 (1998)
56) 阿部皓一，東川徹，麻生雅是；動脈硬化（ビタミンE），BIO Clinica, 13, 86-92 (1998)
57) H. Itabe: Oxidized Phosolipid as a New Landmark in Herosclerosis, *Prog. Lipid Res.*, 37, 279-284 (1998)
58) C. Patrono and G.A. FitzGerald; Isoprostane: Potential Markers of Oxidant Stress in Atherothrombotic Disease, *Arteriosler. Thromb. Vasc. Biol.*, 17, 2309-2315 (1997)
59) D. Practico et al.; Vitamin E Supresses Isoprostane Generation *in vivo* and Reduces Atherosclerosis in ApoE-Deficient Mice, *Nature Med.*, 4, 1189-1192 (1998)
60) M. Stohrer et al.; Protective Effect of Vitamin E in a Rat Model of Focal Cerebral Ischemia, *Z. Naturforch*, 53C, 273-278 (1998)
61) K. F. Gey et al.; Plasma Vitamin E and A Inversely Correlated to Mortality from Ischemic Heart Disease

62) M. C. Bellizzi et al.; Vitamin E and Coronary Heart Disease: the European Paradox, *Eur. J. Clin. Nutr.*, 48, 822-831 (1994)
63) M. J. Stampfer et al.; Vitamin E Consumption and the Risk of Coronary Heart Disease in Women, *N. Eng. J. Med.*, 328, 1444-1449 (1993)
64) E. B. Rimm et al.; Vitamin E Consumption and the Risk of Coronary Heart Disease in Men, *N. Eng. J. Med.*, 328, 1450-1456 (1993)
65) H. N. Hodis et al.; Serial Coronary Angiographic Evidence that Vitamin Intake Reduces Progression of Coronary Artery Atherosclerosis, *JAMA*, 273, 1849-1854 (1995)
66) N. G. Stephens et al.; Randomized Controlled Trial of Vitamin E in Patients with Coronary Disease: Cambridge Heart Antioxidant Study(CHAOS), *Lancet*, 347, 781-786 (1996)
67) T. Motoyama et al.; Vitamin E Administration Improves Impairment of Endothelial-Dependent Vasodilation in Patients with Coronary Spastic Angina, *J. Am. Coll. Cardiol.*, 32, 1672-1679 (1998)
68) H. Watanabe et al.; Randamized Double-Blind, Placebo-Controlled Study of Supplemental Vitamin E on Attenuation of the Development of Nitrate Tolerance, *Circulation*, 96, 2545-2550 (1997)
69) W. J. Blot et al.; Nutrition Intervention Trials in Linxian, China: Supplementation with Specific Vitamin/Mineral Combinations, Cancer Incidence and Disease-Specific Mortality in the General Population, *J. Natl. Cancer Inst.*, 85, 1483-1492 (1993)
70) The Alpha-Tocopherol, Beta Carotene Cancer Prevention Study Group ; The Effect of Vitamin E and Beta Carotene on the Incidence of Lung Cancer and Other Cancers in Male Smokers, *N. Engl. J. Med.*, 330, 1029-1035 (1994)
71) O. P. Heinonen et al.; Prostate Cancer and Supplementation with α-Tocopherol and β-Carotene: Incidence and Mortality in a Controlled Trial, *J. Natl. Cancer Inst.*, 90, 440-446 (1998)
72) S. N. Meydani et al.; Vitamin E Supplementation and *in vivo* Immune Response in Healthy Elderly Subjects, *JAMA*, 277, 1380-1386 (1997)
73) A. Herbay et al.; Vitamin E Improves the Aminotransferase Status of Patients Suffering from Viral Hepatitis C:A Randamized, Randomized, Double-Blind, Placebo-Controlled Study, *Free Rad. Res.*, 27, 599-605 (1997)
74) J. P. Allard et al.; Effect of Vitamin E and C Supplementation on Oxidative Stress and Viral Load in HIV-Infected Subjects, *Aids*, 12, 1653-1659 (1998)
75) G. M. J. Beijersbergen et al.; Hydrolysis of *RRR*-α-Tocopheryl Acetate (Vitamin E Acetate) in the skin and its UV Protecting Activity (an *in vivo* study with the rat), *J. Photochem. Photobiol., B: Biology*, 29, 45-51 (1995)
76) K. Kramer-Stickland et al.; Effect of UVB on Hydrolysis of α-Tocopherol in Mouse Skin, *J. Invest. Dermatal.*, 111, 302-307 (1998)
77) M. G. Traber et al; Penetration and Distribution of α-Tocopherol, α- or γ-Tocotrienols Applied Individually onto Murine Skin, *Lipids*, 33, 87-91 (1998)
78) C. Weber et al.; Efficacy of Topically Applied Tocopherols and Tocotrienols in Protection of Murine Skin from Oxidative Damage Induced by UV-Irradiation, *Free Radi. Biol. Med.*, 22, 761-769 (1997)
79) G. M. Halliday et al.; UVA-Induced Immunosuppression, *Mutation Res.*, 422, 139-145 (1998)
80) M. Kanter; Free Radicals, Exercise and Antioxidant Supplementation, *Proc. Nutr. Soc.*, 57, 9-13 (1998)

81) A. Hartman et al.; Vitamin E Prevents Exercise-Induced DNA Damage, *Mut. Res.*, 346, 195-202 (1995)
82) I. Simon-Schnass and L. Korniszewski; The Influence of Vitamin E on Rheological Parameters in High Altitude Mountaineers, *Intern. J. Vit. Nutr. Res.*, 60, 26-34 (1990)
83) S. K. Sanders et al.; Vitamin ESupplementation of cattle and Shelf-Life of Beef for the Japanese Market, *J. Animal Sci.*, 75, 2634-2640 (1997)
84) D. J. Burckley et al.; Influence of Dietary Vitamin E on the Oxidative Stability and Quality of Pig Meat, *J. Animal Sci.*, 73, 3122-3130 (1995)
85) R. L Patterson and H. Stevenson; Irradiation-Induced Off-Odour in Chicken and its possible Control, *Bri. Poul. Sci.*, 36, 425-441 (1995)
86) J. M. Finch and R. J. Turner; Effect of Selenium and Vitamin E on the Immune Response of Domestic Animals, *Res. Vet. Sci.*, 60, 97-106 (1996)
87) CRN; Vitamin and Mineral Safety: A Summary Review, (eds by J. Borzelleca et al.), CRN, pp15 (1997)
88) P. Weber et al.; Vitamin E and Human Health: Rationale for Determining Recommended Intake Levels, *Nutrion*, 13, 450-460 (1997)
89) H. Kappus and A. T. Diplock; Tolerance and Safety of Vitamin E: A Toxicological Position Report, *Free Radi. Biol. Med.*, 13, 55-74 (1992)

第11章　グルコサミンの関節痛改善効果と食品への応用

坂本廣司[*]

1　概　要

　グルコサミンはヘキソサミンの一種で，天然の代表的なアミノ糖であり，動物体内では軟骨や結合組織などにムコ多糖の構成成分として広く分布する。製造面では工業的にはカニ，エビなどの甲殻に多量に含まれるキチン質から抽出される。日本ではキチンを塩酸で加水分解されたグルコサミンが食品添加物[1]として認められている。

　グルコサミンは生体成分でもあり，あまりにもポピュラーな素材ゆえに医学・食品学的な用途に注目されなかった存在であった。医学分野でのこの30年を振り返ってみると，Karzelら（1971）[2]は，マウス胎児軟骨より分離した線維芽細胞の培養液へグルコサミンを加えるとムコ多糖の分泌を促進することを観察した。また，Kimら（1974）[3]は，ニワトリ胎児の軟骨細胞を用いて，グルコサミンがコンドロイチンやヒアルロン酸の合成を促進することを確認している。

　1980年代に入り，ヒトの変形性関節症治療にグルコサミンを応用した臨床試験が本格的に実施され始め，多くの報告があり，同時に薬理学的な研究もなされている。ただし，これらの研究はヨーロッパの医薬品メーカーRotta社が関係するもので，そこで使用されたグルコサミンは，その誘導体であるグルコサミン硫酸塩に関するものに限られている。この時点で生理活性は同等と考えられたグルコサミン塩酸塩の利用は忘れ去られた感があった。

　医薬品としてのグルコサミン硫酸塩がヨーロッパで認識された後，動物用では馬を中心に利用されていたようであるが，ヒトに対しては1997年初頭，アメリカでJ.Theodosakisら[4]が変形性関節症の治療法としてグルコサミンを紹介したのを機に，栄養補助食品（Food Suppliment）として脚光を浴びるようになった。

　グルコサミンはその性質上，遊離の形での製品は存在しない。海外では医薬用は硫酸塩が用いられているが，食品用としては硫酸塩と塩酸塩の両方が使用されている。両物質とも生体に入ると同等の効力をもつことは*in vitro*の研究から推測されていたが，食品マーケットの最前線では，このことが商品の差別化と絡んで議論の的になっていた。

---

[*]　Kouji Sakamoto　甲陽ケミカル㈱　技術開発部長

しかしながら最近，日本で梶本ら (1998)[5] によるグルコサミン塩酸塩の経口投与時の変形性膝関節症の痛みに対する有効性がヒトで確認され，これらの議論に終止符が打たれた。今後，高齢化社会に向かい増加する変形性関節症の予防，改善に対して，天然の機能性素材としてグルコサミン塩酸塩の幅広い活用が期待される。

グルコサミンは，キトサン製造工程で生じるキチンを塩酸で加水分解して製造されている。キトサンは主として日本，中国を中心とした東南アジアで製造され，欧米に輸出されているが，グルコサミンもまたこれらの地域で製造され欧米に輸出されている。

わが国はグルコサミンの生産国であり，食品添加物に指定されているにもかかわらず，ほとんど利用されてこなかった。しかしながら今後，変形性関節症対策として，その用途が逆輸入される形で普及する可能性が高まっている。

2 変形性関節症とは

中高年の骨関節疾患の中で，腰痛と並んで最も多いのが膝関節痛であり，その大部分は変形性関節症とされている。関節軟骨の摩耗が主たる病態であり，突然発症する疾患ではなく，長い年月をかけて悪化していく加齢現象でもある。変形性関節症はどの滑膜関節にも発症するが，足，膝，股，脊椎，指関節などに多く発症する。

関節軟骨は，軟骨細胞と，その間を埋めるマトリックスにより構成されている。このマトリックスの中に，コラーゲンなどのタンパク質とともにプロテオグリカンが含まれている。この関節軟骨の変性または損傷によって，強い痛みを伴う変形性関節症 (Osteo-arthritis) が進行する。原因は加齢による軟骨成分の合成系と分解系のバランスが崩れ，合成能力が衰えること。これに加え，肥満や過度の機械的ストレス，性差なども要因になっていると考えられており，人間以外にも牛，豚をはじめとする家畜，ペットなどにも発生し，長命で関節に負荷のかかる動物にとっては宿命的な疾病である。

疫学的には，欧米での調査では，65歳以上の人々では63～85%に症状が認められているとされている。日本では厚生省患者調査[6] (図1) によると，1993年時点で日本における変形性関節症および類似症の総患者数は約50万1千人と推計され，人口の約0.4%が本疾病で医療機関にかかっていることになる。受療者率を性・年齢別にみると，男性11万4千人，女性38万7千人と女性の罹患率が高く，男女ともに50歳前後から増加し，70歳台後半がピークとなっている。治療に至らないまでも，関節の痛みを訴えるヒトは中高年に多く，潜在的な変形性関節症例はさらに多いと推定される。

関節機能の悪化は生活の質を低下させるのみならず，個人および国家の医療費の増加にも結び

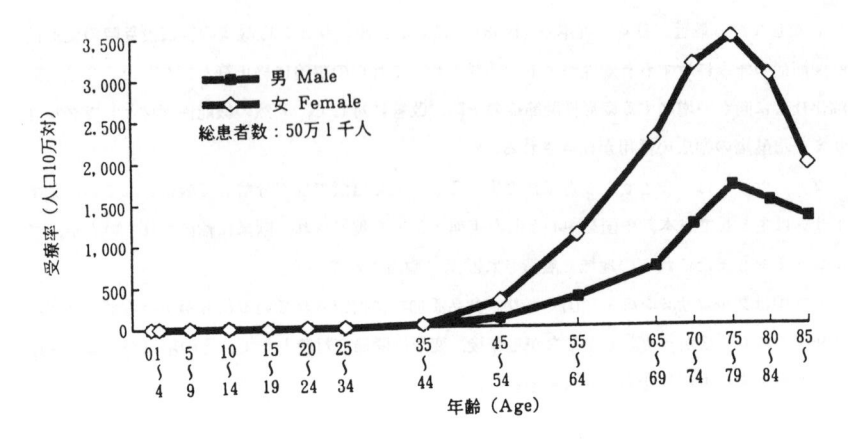

図1 変形性関節症および類似症の性・年齢別受療者率

つく。今後，高齢化社会の到来とともにさらに患者の増加が予想されるところであり，日本においても予防と進行防止に力を入れなければならない重要な疾病の一つである。

3 変形性関節症の治療法

関節には相互の潤滑を良くし，衝撃を吸収するために軟骨が存在する。関節軟骨の表面は平滑で，関節液で潤され，通常は非常に滑りが良い。しかし，何らかの原因で異状が生じると関節軟骨は摩耗し，最終的には消失する。一方で軟骨は合成もされているが，加齢により合成能が消耗量に追いついていけなくなっているのが本疾病の基本的な原因といえるであろう。

変形性関節症の治療には，以下のような対症療法が一般的に行われているが，日本においては経口的に症状の軽減や予防を目的とする薬剤はないのが現状である。

①化学療法
　関節内注入療法：ステロイド剤，ヒアルロン酸ナトリウム
　鎮痛剤：アセトアミノフェン，非ステロイド消炎剤（NSAID）
②外科療法
　人工膝関節置換術
③理学療法
　筋力増強訓練，温熱療法

第3編　各種食品・薬物による老化予防と機構

4　グルコサミンとは

　グルコサミンは生体内では糖タンパク質の成分として存在し，その代表的なものはプロテオグリカンであり，結合組織や軟骨に多く分布する。プロテオグリカンはヒアルロン酸を軸にコンドロイチン硫酸，ケラタン硫酸，ヘパリン，ヘパラン硫酸，デルマタン酸といった，いわゆるグリコサミノグリカンが結合したコアタンパク質の集合体で，コラーゲン線維，水分などと組み合って各器官の強度，柔軟性，弾力性に寄与している。このグリコサミノグリカンを構成している主な成分がグルコサミンである。

　動物はグルコサミンを生体内ではグルコースからフルクトースを経て生合成しており，必須栄養素ではない。ヒトはグルコサミンを食品として魚，肉などに含まれるプロテオグリカンから摂取しており，その一部が腸内細菌などによって分解され，体内に入ると考えられている。結晶グルコサミンを摂取した場合，塩酸塩，硫酸塩のいずれでも急速に吸収され，血液中に移行する。吸収されたグルコサミンはグリコサミノグリカンとして軟骨組織に取り込まれることになる。

　プロテオグリカンは通常は生体内で常に合成・分解が行われているが，加齢と共にその合成能が衰え，特に軟骨組織が消耗する。このような場合，グルコサミンを経口的に補給することは有益である。

　グルコサミンについて，医療分野では，その硫酸塩の経口および注射による投与が急性および慢性の関節炎の治療に有効なことはよく知られており，ヨーロッパにおいては変形性関節症の治療薬として広く使用されている。さらに欧米の食品業界においては，栄養補助食品として硫酸塩

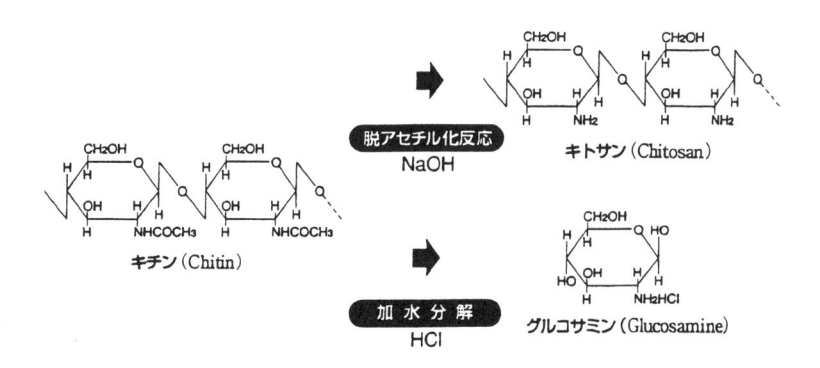

図2　グルコサミン，キトサンの製造方法

と塩酸塩の両方が活用され，特に米国の健康食品界ではトップクラスの商品になっている。

グルコサミンは，工業的にはカニやエビなどの殻を脱カルシウム，脱タンパクして得られたキチンを塩酸で加水分解して製造される（図2）。

5 グルコサミン塩酸塩の変形性膝関節症に対する有効性[6]

グルコサミン硫酸塩の変形性膝関節症に対する治験例は，ヨーロッパにおいて数多くの報告[7-10]がある。この中では膝のみならず，肩，肘，脊柱，腰などの変形性関節症にも有効なことが報告されている[9]。しかしながら，グルコサミン塩酸塩についての報告はない。

硫酸塩，塩酸塩いずれの化合物においても，生体に吸収されれば作用は同等と考えられる。しかも塩酸塩の方が分子量は小さく，投与量の面からも有利である。

ここでは，グルコサミン塩酸塩の経口投与時における変形性膝関節症に対する実証が最近国内で行われたので紹介する。特に，ここでの試料は栄養補助食品を意識して，1回の給与量が50ml量の飲料の形態で行われている。

5.1 方　法

変形性膝関節症の診断基準を満たす整形外科外来受診中の男女患者50名で試験を行った。各患者は年齢50歳以上90歳以下で，いずれも消炎鎮痛貼付剤または経口剤など医薬品の投与を受けていたが，それでもなお，安静時疼痛または運動時疼痛が認められる患者を対象とした。

供試食品形態は，50ml／本の飲料とし，その中にグルコサミン塩酸塩を0g，0.5g，0.75g/50ml配合とし，投与方法はプラセボとのダブルブラインド・クロスオーバー法を用いた。50名の被験者を無作為抽出法で20名ずつ2群，10名を1群とし3種類の供試品を1日当たり2本宛，グルコサミン塩酸塩として0g，1.0g，1.5g/day 8週間投与した。評価は投与期間中2週間ごとに主治医が診察して経過を観察し，日本整形外科学会制定の「変形性膝関節疾患治療成績判定基準」に従い判定した。さらに，日常生活動作，夜間自発痛，圧痛についても評価した。

5.2 結　果

グルコサミン塩酸塩1.5g/dayおよび1.0g/dayの投与で，プラセボに比して

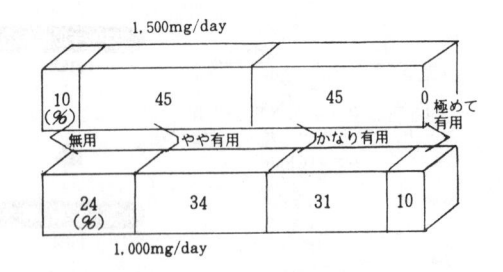

図3　グルコサミン1.5g/dayと1.0g/day投与の全般有用度

1,500mg/day: 無用 10(%) ｜ やや有用 45 ｜ かなり有用 45 ｜ 極めて有用 0
1,000mg/day: 24(%) ｜ 34 ｜ 31 ｜ 10

有意な関節疼痛，夜間自発痛の軽減や歩行能の改善が認められた。

①投与開始4週間で有意な改善効果を認め，8週間目にはさらに改善率が高くなることから，比較的速やかに作用し，かつ長期的に効果が持続することが示された。

②1.5g/dayでは1.0g/dayに比して，いずれの症状においても改善率が高い傾向があり，この範囲において用量依存的であることが示唆された。

③投与医師による患者別有用度判定では，1.0g/day投与で全症例の76％，1.5g/dayでは90％に有用性が示されたことから，変形性膝関節症の治療の補助的食品として医療の現場においても非常に利用価値の高いことが示された（図3）。

④グルコサミン塩酸塩投与中，症状の悪化はみられず，血液検査においても異状は認められず，安全性も高いことが実証された。

6 グルコサミンの生体吸収と分布

ヒトは，グルコサミンを構成成分とするグルコサミノグリカンからなるプロテオグリカンを食品成分として摂取するが，これらの高分子はヒトの消化酵素では分解されないとされており[14, 15]，その一部が腸内細菌により分解された後，体内に入ると考えられる。

結晶グルコサミンをイヌおよびヒトに投与して，その動態が調べられている[11, 12]。イヌにおいては^{14}Cで標識されたグルコサミン硫酸塩，ヒトでは標識されていないグルコサミン硫酸塩を使用して，静脈投与または経口投与時の臓器分布，代謝，排泄が調べられた。

イヌでは静脈投与後，直ちに放射能が血漿に認められ，各臓器や組織に拡がり，血液中では，投与20〜30分後にタンパクに結合した放射能が認められ，8時間でピークに達し，その後，半減期2.9日の速度で減少した。投与した放射能の34％以上が尿として，1.7％が糞便として排泄された。さらに呼気中の二酸化炭素としても放出された。肝臓，腎臓，関節組織や他の多くの組織にも放射能が認められた。経口投与の場合は，^{14}Cグルコサミン硫酸塩は消化管から急速に吸収され，その代謝，組織への分布，排泄の動態は静脈投与の場合と一致していた。その一部の成績を表1に紹介する。

さらに，日本においても，ヒトでグルコサミン塩酸塩およびグルコサミン硫酸塩を経口投与した時の吸収性が調べられているが，いずれの化合物も投与15〜30分でグルコサミンとして血中濃度にピークが認められ，塩の種類にかかわらず生体に利用されることが示唆されている[13]。

7 グルコサミンの変形性関節症に対する有効性のメカニズム

動物はグルコサミンを生体内で生合成していることを4項で述べたが，Karzelら[2]はマウス胎児軟骨より分離した線維芽細胞の培養液にグルコサミン塩酸塩を添加してムコ多糖量を測定した。その結果，グルコサミン塩酸塩は，グルコサミンやグルコサミン硫酸塩と同程度のムコ多糖の分泌を促進することを観察した。また，Kimら[3]は，ニワトリ胎児の軟骨細胞を用いて，グルコサミンがコンドロイチンおよびヒアルロン酸の合成を促進することを確認している。

生体内では，グルコサミンはグルタミンをアミノ基供与体としてフルクトース-6-リン酸から合成される。さらにグルコサミンのエピメル化によりガラクトサミンが生成される。これらのアミノ糖が素材となりヘパリン，ヘパラン硫酸，ヒアルロン酸，ケラタン硫酸，コンドロイチン，デルマタン酸などのグリコサミノグルカンが生成され(表2)，軟骨，皮膚，

表1 ^{14}C グルコサミンの体内分布

臓器名	経口（2hr後）		静注（2hr後）	
	1,000dpm/g	%[a]	1,000dpm/g	%[a]
肝臓	467	19.3	861	44.8
腎臓	137	1.1	273	26.1
甲状腺	31	0.05	36	0.010
脳	31	0.45	111	0.93
心臓	13	0.20	17	0.30
肺	25	0.36	43	1.10
子宮	25	0.045	135	0.14
卵巣	38	0.008	325	0.04
睾丸	10	0.04	18	0.076
軟骨[b]	12		170	
筋肉	7		70	
脾臓	27	0.11	270	0.43
胸骨	14	0.040	24	0.60
膵臓	4	0.076	14	0.60
骨髄	21		29	
目	11	0.02	5	0.012
皮下脂肪	5		9	
組織脂肪	10		12	
皮膚	5		13	
胃（腺部）	14	0.056	19	0.079
胃（粘膜部）	11	0.17	12	0.17
小腸	68	4.4	52	
血漿	12		13	

a) 全臓器に対する投与% (I. Setniker *et al.*, 1986)
b) 大腿骨端を測定

表2 グリコサミノグリカンを構成するアミノ糖の反復単位

---
① α-ヘパリン：(*N*-sulfo-D-glucosamine-6-sulfate + L-iduronic acid-2-sulfate. D-glucuronic acid)ₙ
② ヘパラン硫酸：(*N*-sulfo-D-glucosamine + *N*-acetyl-D-glucuronic)ₙ
③ ヒアルロン酸：(*N*-acetyl-D-glucosamine + D-glucuronic acid)ₙ
④ ケラタン硫酸Ⅰ：(*N*-acetyl-D-glucosamine-6-sulfate + D-galactose)ₙ
　ケラタン硫酸Ⅱ：(*N*-acetyl-D-galactosamine-6-sulfate + D-galactose-6-sulfate)ₙ
⑤ コンドロイチン：(*N*-acetyl-D-galactosamine-D-glucuronic acid)ₙ
　コンドロイチン4-硫酸：(*N*-acetyl-D-galactosamine-4-sulfate + D-glucuronic acid)ₙ
　コンドロイチン6-硫酸：(*N*-acetyl-D-galactosamine-6-sulfate + sulfate + D-glucuronic acid)ₙ
⑥ デルマタン硫酸：(*N*-acetyl-D-galactosamine-4-sulfate + L-iduronic acid)ₙ

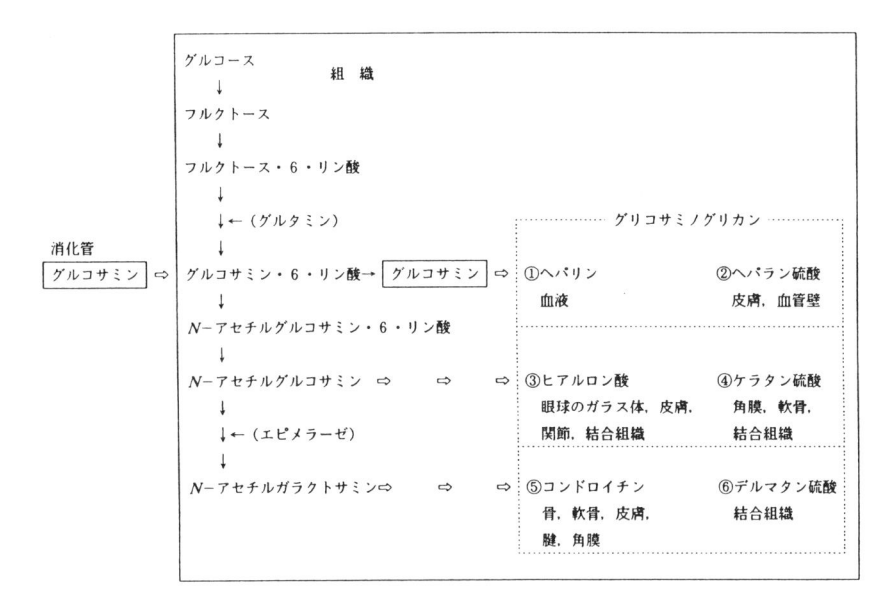

第3編　各種食品・薬物による老化予防と機構

```
グルコース
  ↓              組　織
フルクトース
  ↓
フルクトース・6・リン酸
  ↓
  ↓←（グルタミン）                    グリコサミノグリカン
消化管  ↓
グルコサミン ⇒ グルコサミン・6・リン酸 → グルコサミン    ①ヘパリン       ②ヘパラン硫酸
  ↓                                       血液           皮膚，血管壁
N-アセチルグルコサミン・6・リン酸
  ↓
N-アセチルグルコサミン  ⇒  ⇒   ③ヒアルロン酸      ④ケラタン硫酸
  ↓                            眼球のガラス体，皮膚，  角膜，軟骨，
  ↓←（エピメラーゼ）           関節，結合組織      結合組織
  ↓
N-アセチルガラクトサミン ⇒  ⇒   ⑤コンドロイチン    ⑥デルマタン硫酸
                                骨，軟骨，皮膚，    結合組織
                                腱，角膜
```

図4　グルコサミンの代謝経路

血管，腸管，脳，結合組織などのプロテオグリカンに分布する。特に変形性関節症と関連する軟骨組織にはコンドロイチン硫酸，ケラタン硫酸が多く含有されている。

したがって，経口的に摂取されたグルコサミンはコンドロイチンなどのグリコサミノグリカンに合成され，軟骨組織にも取り込まれることになる。その代謝経路[16,17]を図5に示す。

8　グルコサミンの安全性

グルコサミンは天然物であり，生体の構成成分でもある単分子のアミノ糖である。経口的に給与された結晶グルコサミンは急速に吸収されて代謝を受け，生体の各組織に分布する。

グルコサミン塩酸塩のラットにおける急性毒性値は5g/kg以上[18]である。また，微生物を用いた変異原性試験[19]においても安全なことが確かめられている。

グルコサミン硫酸塩は，医薬品では関節炎の治療用として経口剤および注射剤として長年使用されていること，しかもその用途は患者に対して長期間投与する薬剤でもあること，さらには，欧米では栄養補助食品としても大量のグルコサミンが使用されてきたこと，などの使用経験からして安全性は高いものと考えられる。

9 今後の課題と展望

　グルコサミンの利用について，産業的に，現状では食品に応用することが最も規模は大きいと考えられる。グルコサミン塩酸塩は甘味と塩味の両方の味を有する無臭で水溶性の白色粉末であり，安全性や安定性が高く，しかも味などの面からも食品原料として活用し易い天然素材である。この塩味に多少の注意を施せば，甘味料やアミノ酸と同じような感覚で飲料をはじめ各種食品に活用できる。一般の食品，特定保健用食品，病者用食品，医療用食品，栄養補助食品および健康食品など幅広い活用が考えられる。

　これからの高齢化社会において，加齢に伴い生体内合成で不足するグルコサミンを日常的な食品に添加して補給することは，変形性関節症の予防および進行防止，QOLに寄与でき，有意義なことである。

　グルコサミンは，関節軟骨以外にも皮膚，血管，体を支える組織などにグリコサミノグリカンの形で広く分布している。現状はグリコサミノグリカンの一種コンドロイチンやヒアルロン酸，あるいはタンパク質のコラーゲンなどの高分子生体成分が低分子化されて，美容や医療の補助食品として利用されている。グルコサミンをこれら素材と併用することは，生体メカニズムの上からも有用と考えられる。したがって，グルコサミンを単独あるいは他成分と併用して日常の食品に応用することにより，肌の健康維持，血管系の強化，肢体の強化用などに利用できる可能性もあり，今後の幅広い応用研究が俟れるところである。

文　　献

1) 既存添加物名簿収載品目リスト，平成8年(1996)5月23日，衛化第56号厚生省生活衛生局長通知
2) K. Karzel et al., *Pharmacology*, 5, 337〜345(1971)
3) J. J. Kim et al., *J. Biol. Chem.*, 249(3), 3091〜3097(1974)
4) J. Theodosakis et al., "The Arthritis Cure", St. Martin's Press, New York(1997)
5) 梶本修身ほか，日本臨床栄養学会誌，20(1), 41〜47(1998)
6) 日本の疾病別総患者数データブック：1993年厚生省患者調査，(財)厚生統計協会，東京(1995)
7) A. Drovanti et al., *Clinical Therapeutics*, 3(4), 260〜272(1980)
8) G. Crolle et al., *Current Medical Reserach and Opinion*, 7(2), 104〜109(1980)
9) M. J. Tapadinhas et al., *Pharmatherapeutica*, 3, 157〜168(1982)

第3編　各種食品・薬物による老化予防と機構

10) A. L. Vaz, *Current Medical Reserach and Opinion*, 8(3), 145～149(1982)
11) I. Setnikar *et al.*, *Arzneim.-Forsch/Drug Res.*, 36(1), Nr.4, 729～735(1986)
12) I. Setnikar *et al.*, *Arzneim.-Forsch/Drug Res.*, 43(11), Nr.10, 1109～1113(1993)
13) 高森吉守ほか，キチン・キトサン学会誌，4(2), 160～161(1998)
14) 岡本匡代ほか，第51回日本栄養・食糧学会大会(1997)
15) 真嶋光雄ほか，第52回日本栄養・食糧学会大会(1998)
16) 上代淑人監訳，"ハーパー・生化学"(原著23版)，丸善(1996)
17) 日本生化学会編，"細胞機能と代謝マップ，Ⅰ. 細胞の代謝・物質の動態"，東京化学同人(1997)
18) Acute Oral Toxicity in the Rat, Safe Pharm Laboratories(1997)
19) 変異原性試験報告書，㈱ビー・エム・エル(1997)

第12章　ピクノジェノール

平松　緑*

1　ピクノジェノールの背景

　北米インディアン達は，松樹皮から得られた一種の浸出茶と常緑樹の針状葉が壊血病に有効であることを見いだした。壊血病はビタミンCの不足から生じる。針状葉はビタミンCを含んでいるが，樹皮はフラボノイドを含んでいる。

　ケベック大学の客員教授であったジャック・マスケリエ教授は，フランスに帰国後，南フランスに人工的に植林されている松の一種 Pinus maritima の樹皮にフラボノイドが多く含まれていることを見い出し，その後，抽出物はプロアントシアニジンの混合物であることを明らかにした。現在，ホーファーリサーチ社（Horphag Research Ltd., ジュネーブ，スイス）が国際的研究ならびに開発を行っている。

2　ピクノジェノールの成分

　ピクノジェノールは，フランス南西部のボルドー地方とピレネー山脈の間の大西洋沿岸の松の木（French maritime pine ; Pinus pinaster Ait）からの水抽出エキスである。

　その主な成分はフェノール化合物であり，大きく単体と複合体に分類される。単体はカテキン，エピカテキン，およびタキシフォリンであり，複合フラボノイドはプロアントシアニジン／プロシアニジンである。主に flavan-3-ol とカテキンが結合し，2量体から6量体を形成している（図1，2）。

　その他にフェノールカルボン酸すなわち，カフェイン酸，フェルリン酸，p-ヒドロキシ安息香酸を含んでいる（図3）。またフラボノールや安息香酸の glucopyranosid 誘導体が少量含まれている。

　量的にはプロアントシアニジンが60％以上，カテキン，エピカテキンおよびカフェイン酸等のフェニルカルボン酸が32％以下，および水分が8％以下である。

---

*　Midori Hiramatsu　㈶山形県テクノポリス財団　生物ラジカル研究所　医学薬学研究部

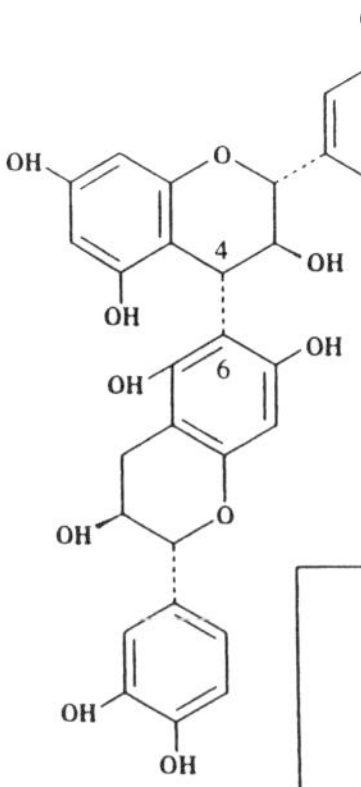

第3編　各種食品・薬物による老化予防と機構

図1　プロアントシアニジンの多量体の化学構造式

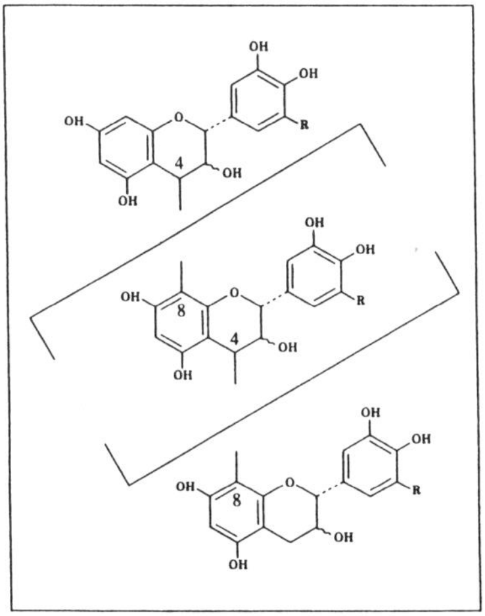

老化予防食品の開発

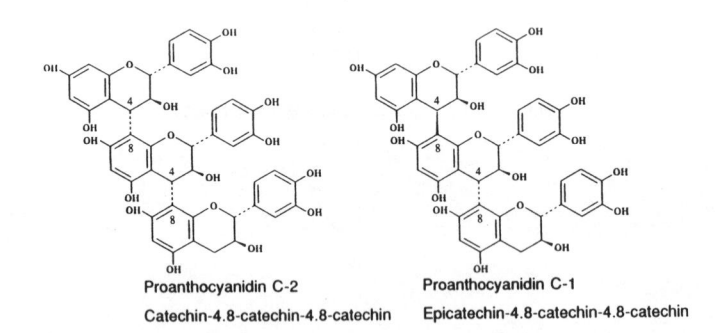

Proanthocyanidin B-1
Epicatechin-4.8-catechin

Proanthocyanidin B-3
Catechin-4.8-catechin

Proanthocyanidin B-6
Catechin-4.6-catechin

Proanthocyanidin B-7
Epicatechin-4.6-catechin

Proanthocyanidin C-2
Catechin-4.8-catechin-4.8-catechin

Proanthocyanidin C-1
Epicatechin-4.8-catechin-4.8-catechin

図2 プロアントシアニジンの2および3量体

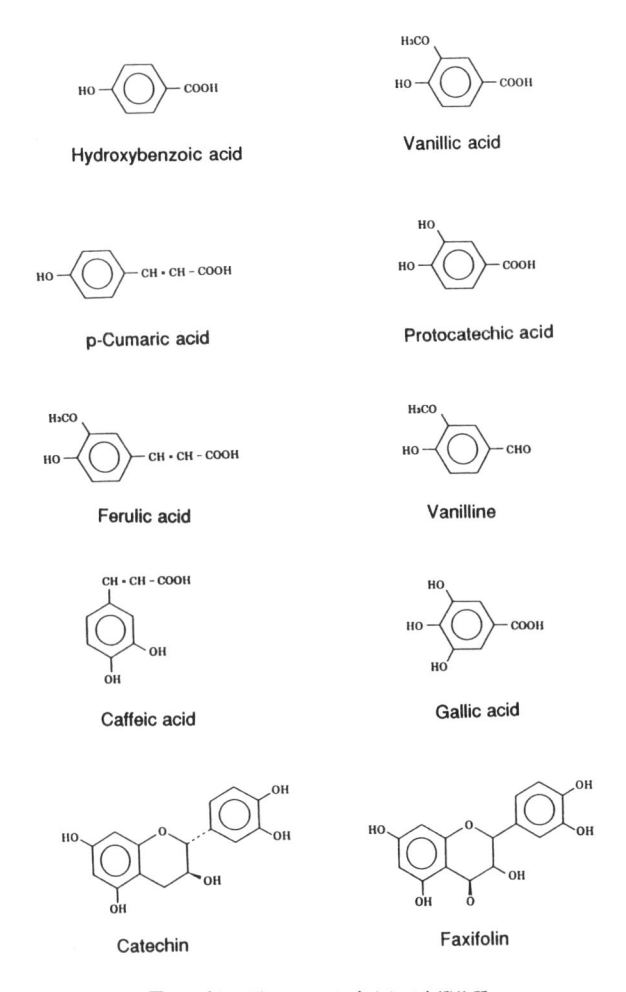

第3編 各種食品・薬物による老化予防と機構

図3 ピクノジェノールに含まれる有機物質

3 ピクノジェノールのフリーラジカル消去作用

　ピクノジェノールは，脂溶性Nラジカルの1,1-ジフェニル-2-ピクリルヒドラジルラジカルを消去することが報告されている[1]。またピクノジェノールはスーパーオキシドを消去することが認められている[2,3]。

Virgili et al.[4] はスーパーオキシドとヒドロキシルラジカルの消去作用を電子スピン共鳴装置を用いて明らかにしている。彼らは，アスコルビン酸オキシダーゼを加えても消去活性は変化しないことから，これらの消去作用はビタミンCによるものではないとしている。そして，ピクノジェノールの消去作用はその他の植物性化学物質や植物抽出液よりも大きい（図4, 5）。

Blazso et al.[2] は，oligomeric procyanidins を含むフラクションが最もスーパーオキシドを消去することを，ニトロブルーテトラゾリウム（NBT）を用いて認め，抗炎症効果との相関を示している。

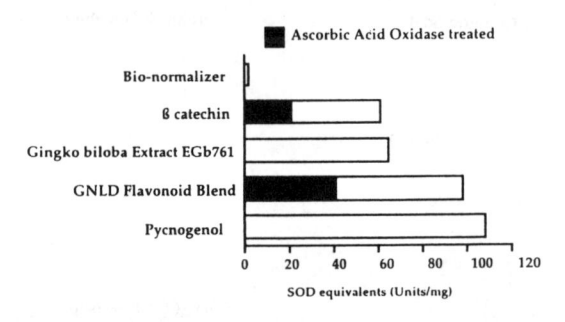

図4 ESR 法により測定されたピクノジェノールのスーパーオキシドの消去活性とアスコルビン酸オキシダーゼ添加後の影響
　　　■はアスコルビン酸オキシダーゼ添加後の消去活性を示す。
　　　値は抽出液 mg 当りに相当する SOD 活性を示す。
（Virgili et al.:"Antioxidant Food Supplements in Human Health", 1999, pp.323-342）

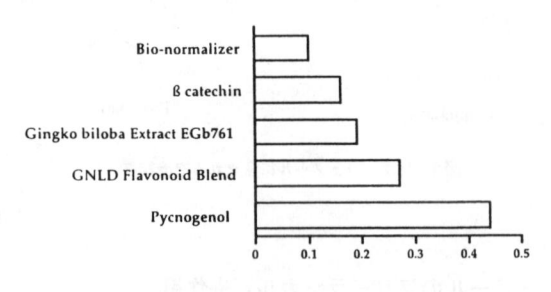

図5 ESR 法により測定されたピクノジェノールのヒドロキシルラジカルの消去活性
　　　種々の植物抽出液との比較を示す。
　　　値は抽出液 mg 当りに相当する EPC-K 濃度で示す。
（Virgili et al.:"Antioxidant Food Supplements in Human Health", 1999, pp.323-342）

第3編　各種食品・薬物による老化予防と機構

Elstner and Kleber[3]は，松の皮のprocyanidinsがヒドロキシルラジカルおよび一重項酸素と反応することを認めている。これらの結果は，ピクノジェノールには活性酸素とフリーラジカルの消去作用があることを示している。

また，Virgili et al.[4]は，ニトロプルシッドによる亜硝酸塩の蓄積をピクノジェノールが抑制することを明らかにし，ピクノジェノールは一酸化窒素（NO）のスカベンジャーであることを示唆している。

そのほかに，フリーラジカル消去作用についてはRohdewaldの総説[5]に数多く記されている。これらの結果は，ピクノジェノールがフリーラジカルのスカベンジャーであることを明確にしている。

4　ピクノジェノールの抗酸化作用

Nelson et al.[6]は，ヒト血漿中の低比重リポタンパク質（LDL）の銅イオンによる酸化をピクノジェノールが抑制し，その最小有効濃度は2 μg/mlであることを認めている。さらに，彼らは鉄／アスコルビン酸によるDNA損傷をピクノジェノールが抑制することを認めている。

Rong et al.[7]は，培養肺動脈内皮細胞（PAEC）の tert-butylhydroperoxideによる過酸化脂質の生成と細胞障害をピクノジェノールが抑制することを明らかにしている。さらに同じ培養系において，スーパーオキシド産生系によるスーパーオキシドと過酸化水素の生成をピクノジェノールが抑えることを報告している[8]。そして，その抑制はグルタチオン酸化還元状態に依存しているとしている。

ピクノジェノールは，またザイモサンによるラットマクロファージからの過剰な酸化的burstを抑える[5]。Ueda et al.[9]は，ピクノジェノールが網膜の鉄イオンによる脂質過酸化を抑制し，α-トコフェロールによる抑制をさらに強化することを認めている。

ピクノジェノールをラットに与えると，心臓のα-トコフェロール量は増加するが，ビタミンCには影響を及ぼさない[1]。Balszo et al.[10]は，ピクノジェノールのアンギオテンシン変換酵素を介した抗血圧作用を認めている。Rohdewald[11]はピクノジェノールがタバコによる血小板の凝集を抑制することを報告している。

5　NOへの影響

NOは，NO合成酵素によりL-アルギニンから生成される。NO合成酵素（NOS）には，脳や血管内皮細胞に存在する構成型NOS（cNOS）とマクロファージなどの食細胞に存在する誘導型NOS (iNOS)とが存在する。iNOSは正常状態では発現せず,過酸化水素,エンドトキシン(LPS),インターフェロンなどのサイトカインにより数時間で誘導され,抗酸化剤やグルココルチコイドなどにより誘導が阻止される。放出されたNOの多くは赤血球中のヘモグロビンと直ちに反応し,NO_2^-やNO_3^-となって尿中に排出される。

Virgili et al.[4]は,ピクノジェノールがLPSとγ-インターフェロン(IFN-γ)によりマクロファージ(murine RAW 264.7 cell line)から誘導されるiNOSに影響を及ぼすことを見出している。すなわち,少量($10\,\mu g/ml$)でiNOS活性を増加し,多量($50\sim 200\,\mu g/ml$)では抑制する(図6)。

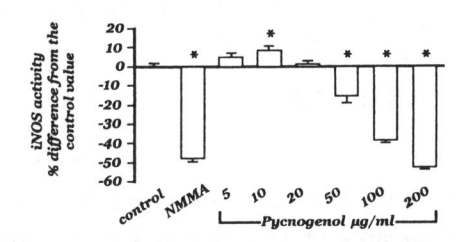

図6 iNOSの酵素活性に対するピクノジェノールの効果
iNOS酵素はRAW 274.7単一細胞-マクロファージにLPSとIFN-γを加え,24時間後に得た。比較に$50\,\mu$M NMMA(N-monomethylarginine)を用いた。各値は3回測定値の平均値を示す。
*はANOVA testによりcontrolに対して有意である($p<0.05$)
(Virgili et al.:"Antioxidant Food Supplements in Human Health", 1999, pp.323-342)

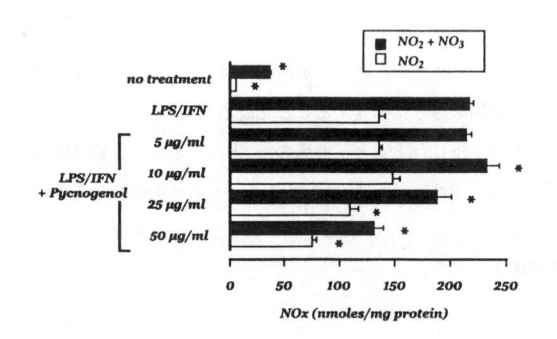

図7 RAW274.7単一細胞-マクロファージからLPSとIFN-γにより
生成するNO_2^-とNO_3^-へのピクノジェノールの効果
LPSとIFN-γは$10\,\mu$g/mlと5U/mlをそれぞれ用いた。24時間後に
NO_2^-とNO_3^-をVirgili et al.(1998)[12]の方法により測定した。
(Virgili et al.:"Antioxidant Food Supplements in Human Health, 1999", pp.323-342)

また，LPSとIFN-γによりマクロファージで生成するNO_2^-とNO_3^-に対しても，ピクノジェノールは同じ2相性の作用を示している（図7）。

また，ピクノジェノールは，LPSとIFN-γによるマクロファージのiNOS転写因子のNF-κBとAP-1には作用を示さない。しかし，活性化されたマクロファージのiNOS mRNAの発現はピクノジェノールにより抑制されている[12]。

6　神経細胞死の抑制

Amyloid β-proteinは40個のアミノ酸から成るペプチドで，中枢神経系に神経原線維変化を作り，アルツハイマー病を特徴づけている。Amyloid β-proteinをラットの培養神経細胞に加えると神経毒性が生じて細胞死が起こるが，ピクノジェノールを加えると細胞死は抑制される（図8）。

また，過剰のグルタミン酸により神経細胞死が生じることが知られている[13]が，ピクノジェノールの添加により細胞死は抑制されることが認められた（図9）。

ピクノジェノールはフリーラジカルスカベンジャーばかりでなく，成分のプロアントシアニジンやポリフェノール酸が細胞膜を通じて細胞内に入り，何らかの作用をして，これらの細胞死を抑制していることが想定されている[5]。

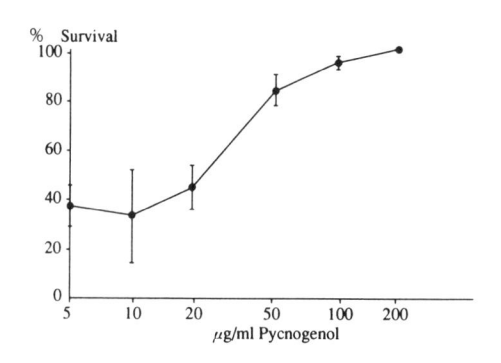

図8　1μM Amyloid-β-protein添加後のラット脳細胞の
　　　毒性に対するピクノジェノールの効果
　　　各値は3回の実験値の平均値と標準誤差を示す。

(Rohdewald et al.: "Flavonoids in Health and Disease", Marcel Dekker, Inc., 1998, pp.405-419)

%　Survival

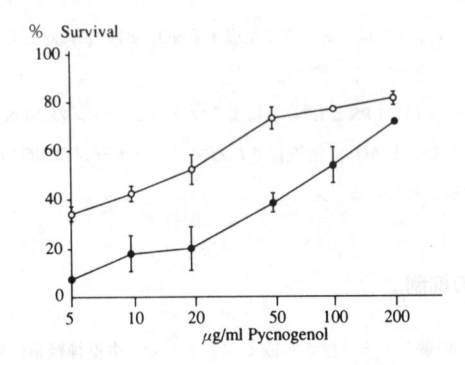

図9　過剰量のグルタミン酸（○ 5mM，● 10mM）添加により生ずるマウス
海馬の神経細胞の毒性に対するピクノジェノールの予防効果
各値は3回の実験値の平均値と標準誤差を示す。
(Rohdewald et al.: "Flavonoids in Health and Disease, Marcel Dekker", Inc., 1998, pp.405-419)

7　免疫の調整

ネズミがLP-BM5レトロウイルスに感染すると免疫機能は低下する。ヒトがHIV感染した場合と同様に，T-cell と B-cell の機能が低下する[14]。T-helper 1 cell は減少し，T-cell は分化し，IFNは増加するが，T-helper 2 cell により IL-6 と IL-10 は増加する[15〜18]。

ピクノジェノールを水溶液で与えると，レトロウイルスに感染したマウスの免疫機能の低下は改善され，IL-2分泌は増加し，IL-6とIL-10は減少した。ピクノジェノールによる最も大きな影響は natural killer cell が正常レベルにまで増加したことである[19]（図10）。

8　毛細血管の抵抗性の増加

毛細血管からの血液の洩れは浮腫や微小出血を招くが，ピクノジェノールは毛細血管の抵抗性を高める。それはおそらくタンパク質との高親和性によるものと思われる。

動物実験において，病態的に毛細血管の抵抗性が低いラットにピクノジェノールを投与すると8時間以上にわたって抵抗性が増加した[20]。

Single-blindテストにおいて，老婦人が360mgのピクノジェノールを摂取すると，横になっていた時からすわった状態になった時にみられる下肢の浮腫が軽減した。Placeboに比べて下肢の浮腫は50%に減少した。

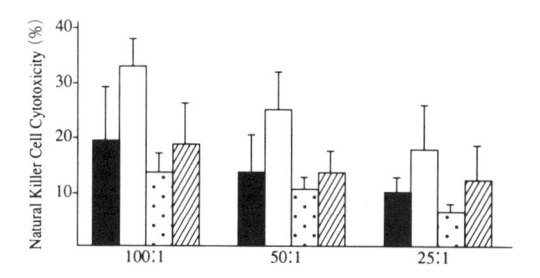

第3編　各種食品・薬物による老化予防と機構

図10　正常マウス■，レトロウイルス感染マウス□，ピクノジェノール投与後の正常マウス□およびピクノジェノール投与後のレトロウイルス感染マウス▨のナチュラルキラー細胞毒性
標的細胞（YAC-1-cells）に対する効果を示した細胞との比で示す。
各値は3回の実験値の平均値と標準誤差を示す。
(Cheshier et al., Life Sci., 1996, 5, 87-96)

Open studyにおいては，45～90 mgのピクノジェノールを3～12週間摂取すると，100人の患者中77.4％で痙攣，痛み，重圧感の症状が改善し，下肢の周囲が30％に減少した[21]。

9　抗免疫作用

アラキドン酸の代謝において，ピクノジェノールは5-lipoxygenaseを抑制するが，cyclooxygenaseは抑制しない[22]ので，ロイコトリエンは生成されない。

ピクノジェノールはいくつかの動物モデルに抗炎症効果を示している。クロトン油により生じるマウスの耳の浮腫はピクノジェノールの腹腔内投与により抑制される[2]。また，経口投与により，ピクノジェノールはクロトン油によるマウスの耳の浮腫とカラゲニンによるラット足蹠部の浮腫を抑制した[23]。さらに，ピクノジェノールは，UV照射による皮膚損傷を局所塗布により減じた[24]。

また，ピクノジェノールは，UV-B照射によるヒト皮膚の線維芽細胞の細胞毒性を減少させている。

10　心臓血管系の安定化

10.1　血小板凝集の抑制

ピクノジェノールはヒト血小板のエピネフリンによる凝集を抑制する[11]。

老化予防食品の開発

ストレスとタバコは血小板の凝集を促進するが，ツーソンとミュンスター大学の喫煙者の調査によると，100mgのピクノジェノールを1回摂取したのち，血小板の凝集は著しく減少した。500mgのアスピリンを摂取すると，さらに減少した。アスピリンは出血を長引かせるが，ピクノジェノールは出血を増強しない[25]。アスピリンとピクノジェノールを一緒に服用すると，アスピリンによる出血は抑えられる。

10.2 アンギオテンシン変換酵素の抑制

アンギオテンシン変換酵素は血圧調節の大事な鍵である。ピクノジェノールはアンギオテンシン変換酵素を $IC_{50} = 35\ \mu g/ml$ で抑制する[10]。

ただし，captoril® (0.005 μ g/ml) と比較すると，作用は非常に弱いので，抗圧作用はあるけれども抗圧剤とはならない。

10.3 血管の弛緩作用

血管の弛緩作用は NO/cyclic GMP 系を介して内皮細胞で生じる。これは NO 合成酵素の抑制剤である N-methyl-L-arginine により抑制される。さらに phenylephrine による収縮はピクノジェノールにより抑制される。

ピクノジェノールは内皮細胞由来の弛緩作用を有し，血小板の凝集抑制とアンギオテンシン変換酵素活性の抑制により心臓血管系を安定化している。

11 おわりに

ピクノジェノールはプロアントシアニジンを60％以上も含んでいるので抗酸化作用を強く示すものと思われる。その結果，免疫機能の改善，神経細胞死の抑制，血管系の安定化に影響を及ぼしているものと想定される。

最近の日本での臨床知見により，ピクノジェノールは五十肩，肩こり，椎間板ヘルニアに有効性を示している。また，子宮内膜症例に対して重度の月経痛および骨盤痛を軽減することが認められている。抗酸化物としてのピクノジェノールの，加齢に伴う諸疾患に対する，さらなる臨床知見が期待される。

第3編　各種食品・薬物による老化予防と機構

文　献

1) H. van Jaarsveld, J. M. Kuyl, D. H. Schulemburg and N.M. Wiid, Effect of flavonoids in the outcome of myocardial mitochondrial ischemia /reperfusion injury, *Res. Commun. Mol. Pathol. Pharmacol.*, 91, 65-75 (1996)

2) G. Blazsó, M. Gábor, R. Sibbel and P. Rohdewald Anti-inflammatory and superoxide radical scavenging activities of procyanidins containing extract from the bark of *Pimus pinaster* Sol. and its fractions. *Pharm. Pharmacol. Lett.*, 3, 217-220 (1994)

3) E. F. Elstner and E. Kleber Radical scavenger properties of leucocyanidine. "Flavonoids in Biology and Medicine III, Current Issues in Flavonoid Research", (N.P. Das ed.), pp.227-235. Natl. Univ. of Singapore Press, Singapore (1990)

4) F. Virgili, H. Kobuchi, and L. Packer, Procyanidins extracted from *Pinus marittima* (Pycnogenol): Scavengers of free radical species and modulators of nitrogen monoxide metabolism in activated murine RAW 264.7 macrophages, *Free Rad. Biol. Med.*, 24, 1120-1129 (1998)

5) P. Rohdewald, Pycnogenol. "Flavonoids in Health and Disease", (C.A. Rice-Evans and L. Packer L. eds), Marcel Dekker, Inc., pp.405-419 (1998)

6) A. B. Nelson, B. H. S. Lau, N. Ide and Y. Rong, Pycnogenol inhibits macrophage oxidative burst, lipoprotein oxidation and hydroxyl radical induced DNA damage, *Drug Dev. Indust. Med.*, 24, 1-6 (1998)

7) Y. Rong, L. Li and B. H. Lau Pycnogenol protects vascular endothelial cells from *t*-butyl hydroperoxide induced oxidant injury, *Biotechnol. Ther.*, 5, 117-126 (1994-1995)

8) Z. Wei, Q. Peng and B. H. S. Lau Pycnogenol enhances endothelial cell antioxidant defences, *Redox Rep.*, 3, 147-155 (1997)

9) T. Ueda, T. Ueda and D. Armstrong Preventive effect of natural and synthetic antioxidants on lipid peroxidation in the mammalian eye, *Ophtalmol. Res.*, 28, 184-192 (1996)

10) G. Blazsó, R. Gáspár, M. Gábor, H.-J. Rüve and P. Rohdewald ACE inhibition and hypotensive effect of a procyanidins containing extract from the bark of *Pinus pinaster, Sol. Pharm. Pharmacol. Lett.*, 6, 8-11 (1996)

11) P. Rohdewald Method for controlling the reactivity of human blood platelets by oral administration of the extract of the maritime pine (Pycnogenol), U.S. Patent No. 5,720,956, US. (1998)

12) F. Virgili, H. Kobuchi, Y. Noda, E. Cossins and L. Packer, Procyanidins from *Pinus marittima* Bark: Antioxidant activity, effects on the immune system, and modulation of nitrogen monoxide metabolism, "Antioxidant Food Supplements in Human Health", Academic Press, pp.323-342 (1999)

13) D. Schubert, H. Kimura and P. Maher Growth factors and vitamin E modify neuronal glutamate toxicity, *Proc. Natl. Acad. Sci. USA*, 89, 8264-8268 (1992)

14) A. S. Fauci, Multifactoral nature of human immunodeficiency virus disease: implications for therapy. *Science*, 262, 1011-1018 (1993)

15) W. G. Bradly, N. Ogata, R. A. Good and N. K. Day, Alteration of *in vivo* cytokine gene expression in mice infected with a molecular clone the defective MAIDS virus. *J. Aids.*, 7, 1-9 (1993)

16) A. Sher, R. T. Gazzinelli, I. P. Oswald, M. Clerici, M. Kullberg, E. J. Peace, J. A. Berzofsky, Mosmann T. R., S. L. James, H. C. Morse and G. M. Shearer, Role of T-cell derived cytokines in the down regulation

of immuno responses in parasitic and retroviral infection, *Immunol. Rev.*, 127, 183-204 (1992)

17) Y. Wang, D. S. Huang, P.T. Giger and R. R. Watson The kinetics of imbalanced cytokine production by Tcells and macrophages during the murine AIDS, *Adv. Biosci.*, 86, 335 (1993)

18) R. T. Gazzinelli, M. Makino, S. K. Chattopadhyay, C. M. Sna,pper, A. Sher, A.W. Hugin, H. C. Morse, Preferential activation of Th2 cells during progression of retrovirus-induced immunodeficiency in mice. *J. Immunol.*, 148, 182-188 (1992)

19) J. E. Cheshier, S. Ardestani-kaboudanian, B. Liang, M. Araghiniknam, S. Chung, L. Lane, A. Castro, R. R. Watson, Immunomodulation by Pycnogenol in retrovirus-infected or ethanol-fed mice. *Life Sci.* 5, 87-96 (1981)

20) I. Schmidtke and W. Schoop, Dashydrostatische Odem und seine medikamentose beeinflussung, *Swiss Med.*, 6, 67-69 (1984)

21) Feine-Haake, G.A. (1975) A new therapy for venous diseases with 3,3',4,4',5,7-hexadihydro-flavan. *Allgemeinmedizin.*, 51, 839.

22) H.-J. Rüve, Identifizierung und quantifizierung phenolischer inhaltsstoffe sowie pharmakologisch-biochemische untersuchungen eines extraktes aus der rinde der meereskiefer pinus pinaster ait, Ph. D. dissertation, Westfalische Wilhelms-Universitat, Munster, Germany (1996)

23) G. Blazso, P. Rohdewald, R. Sibbel, M. Gabor, Anti-inflammatory activities of procyanidin-containing extracts from Pinus pinaster, Proc. Int. Bioflavonoid Symposium, Vienna, Austria, 231-238 (1995)

24) G. Blazso, M. Gabor and P. Rohdewald, Antiinflammatory activities of procyanidins containing extracts from *Pinus pinaster* Ait. after oral and cutaneous application, *Pharmazic*, in press (1997)

25) J. D. Folts and F. C. Bonebrake The effects of cigarette smoke and nicotine on platelet thrombus formation in stenosed dog coronary arteries: inhibition with phentolamine, *Circulation*, 65, 465-470 (1982)

第13章　ウコン（ターメリック）の機能性

大澤俊彦[*]

1　はじめに

　われわれの研究グループは，長年，ウコン（ターメリック）に注目して研究を進めてきた。沖縄では，「ウコン茶」とか「ウッチン茶」と呼ばれ伝統的に愛用されてきたが，世界的には「ターメリック」としてインド料理をはじめとする香辛料としての役割のほうがよく知られている。われわれの研究グループが「ウコン（ターメリック）」に注目したのは，主成分である黄色色素「クルクミン」の生体内代謝物である「テトラヒドロクルクミン」の持つ強力な抗酸化性であった。われわれの進めている「酸化ストレス予防食品開発」の基盤的研究には，「生研機構」からのサポートもあり，また，世界的にも大きな注目を集めつつある。このように抗酸化食品が注目された背景には，「活性酸素・フリーラジカルは「諸刃の刃」であり，われわれの体は一般に酸化—抗酸化のバランスがとれているのであるが，何らかの原因で過酸化側の方にバランスが崩れたときに「酸化ストレス」が生じ，この「酸化ストレス」による酸化傷害を予防することで，がんをはじめとする生活習慣病を予防できるのではないか，との熱い期待がある[1,2]。

　一般に，われわれが日常口にする食品は，量的にはバラツキがあるもののほとんどすべての食品中に何らかの抗酸化成分が含まれており，しかも，その多くは植物由来である。例えば，油糧種子や穀類，植物のリーフワックスやハーブなど多種多様な植物素材があげられているが，特に注目されるのは，強い光に晒され，また厳しい酸素ストレスのもとで生育している植物に含まれている抗酸化成分である。すなわち，高温に晒され，しかも，強力な紫外線のもとでたくましく生育する沖縄に独特の植物には，自分自身を守り，また，生命を次世代に受け継ぐために，植物体内に抗酸化物質を持っているのではないか，との考えである。しかも，このような植物中の抗酸化成分は，植物自身の酸化的障害からの保護に重要な役割を果たすと共に，そのような抗酸化成分をわれわれ人間が摂取することにより老年病を予防し，老化制御への道を探ることができるのではないかと考えたわけである[3,4]。

　沖縄で一般的に飲まれている「ウッチン（ウコン）茶」の素材は「アキウコン」であり，また，「ターメリック」としてインド料理には不可欠の香辛料でもある。沖縄には多くの注目すべき伝

---

　[*]　Toshihiko Ohsawa　名古屋大学大学院　生命農学研究科　教授

統的な食素材が存在しているが，沖縄で最も広く広まり，また，この「ウコン」の持つ新しい機能性，特に，「がん予防効果」には世界中の研究者が熱い視線を向けており，例えば，京都府立医大の西野教授は，「ウコン」の黄色色素「クルクミン」こそ，新しいがん予防の戦略物質である，と強調されている。沖縄の長寿食として数多くの食品素材があげられるが，筆者が長年研究に携わってきている「ウコン」は，沖縄伝統の食素材のなかで最も研究が進んでいるもので，また，世界的にみても，がんをはじめとする疾病の予防の最有力のフードファクターとして期待され，また，個人的にも，沖縄滞在を通じて「ウッチン茶」を飲む習慣が沖縄の長寿の原因の一つと言われていることを身を持って体験したものとしても，本稿では，特に，この「ウコン（ターメリック）」に焦点をあてて最近の話題を紹介して行きたい。

2 「ウコン」のきた道[5]

「ウコン」はどこで生産され，日本で香辛料として用いられる「ターメリック」はどのような経路を経てやってくるのであろうか？　亜熱帯に育った「ウコン」は零下の世界では生きて行けないので，日本ではほとんど栽培されず伝統的に沖縄のみで生産されてきた。江戸中期時代には，「ウコン」はかつてはシャムから多くきたが，今は琉球から江戸へ多く運ばれ，木綿や紙を染色する目的で多く用いられた，と記載されている。「ウコン」は，沖縄では単に染色用だけでなく，当時特効薬のなかった結核，肋膜，喘息といった病気に効果を示すものとして，珍重され，さらに，ウコン茶（ウッチン茶）や発酵ウコン茶など，スパイスとしてよりもお茶の素材として伝統的に用いられてきたのである。しかしながら，世界的に見ると「ウコン」の最大の生産国はインドであり，ほとんどが香辛料「ターメリック」として利用されている。毎年10万トン以上が生産されるが，95％は国内で消費され，インド以外では，中国南部の広東省でも生産され，ごく一部であるが台湾でも栽培され日本へ輸出されている。

この「ウコン」は，日本名がアキウコンとも呼ばれており，この名前の由来は，秋（8～11月）に花を咲かせることに由来するが，ターメリックの近縁な植物としてハルウコンが知られている。ハルウコンというのは，同じショウガ科クルクマ属の *Curcuma aromatica Salisb.* で，インド原産であると共に沖縄でも自生している。このハルウコンは，名前の通り，4～6月ごろ，葉のでる前か同時に開花し，主として生薬として用いられ，あまり食用には用いられない。ハルウコンは，別名，キョウオウと呼ばれ，見た目にはアキウコンによく似た植物体で花も似ているので区別はつきにくいが，アキウコンの葉の裏側がつるつるしているのに比べてハルウコンの葉の裏には毛があり，ざらざらした感触がある。しかし，最も異なるのは，ハルウコンの根茎には黄色色素の含量が少ないために薄い黄色である。また，同じ近縁の植物として，シロウコンとかムラサキウ

コンと一般的に呼ばれる日本名が「ガジュツ」(Curcuma zedoaria Rosc.)も，形態はアキウコンやハルウコンと似ており，ハルウコンと同じように春に紫がかった白色をした花を咲かせる。ガジュツの根茎は紫がかった白色で，インド原産であるがスリランカやインドネシアで栽培され，ベンガルや南インドではカレーの賦香料としても用いられ，また，根部のデンプンを食糧に用いられる場合もあるが，強い苦みを持ち，主として薬用に用いられている。

このように，近縁のウコンにはいくつか種類があるが，どうもその名称には若干の混乱も生じてきている。例えば，生薬では大先輩の中国では，一般に鬱金（ウコン）といわれているのはハルウコン(Curcuma aromatica Salisb.)であり，逆に欟黄（キョウオウ）と称されているのが Curcuma longa L. である。しかしながら，なぜ，このように生薬の薬物名と植物名が中国と日本とは全く逆になったのか，その理由は不明である。

「ウコン」の主成分といえば，黄色色素のクルクミンである。いや，正確に言えば，3種類のクルクミン類縁体の混合物である。この鮮やかな黄金の色が太陽の色として「ウコン」の最も重要な役割であった。もちろん，クルクミンが主成分であり，色素成分の80％以上を占めている。香辛料としての「ターメリック」の品質の評価には，このクルクミンの含量が重要な指標となる。「クルクミン」の利用として特によく知られているのは，沢庵漬けの黄色である。沢庵の黄色は，塩分と微生物による自然の発色は，どうしても黄色になり難く，黄色を強めるためには塩分を加えるという問題点があった。低塩化が叫ばれる今，沢庵漬にクルクミンは必須となっている。その他にも，ウインナーソーセージの羊腸の外側を染める目的で用いられたり，クリやリンゴなどのシロップ漬けにも利用されている。もちろん，ターメリックは他の数多くのスパイスと混合され，カレーパウダーとして用いられる場合が最も多く，インドでは，ターメリックをほとんど毎日のように料理に用いられ，特に芳香性や辛味効果を期待するために，調理の前にターメリックをはじめ10数種のスパイスをブレンドしてカレーパウダーを作る，ということはそれぞれの各家庭に伝統的な味が引き継がれている。このように，沖縄では「ウコン茶」や「ウッチン茶」としての利用が圧倒的に多い「ウコン」であるが，世界的には圧倒的に，香辛料，「ターメリック」として用いられている。著者自身，この「ウコン」の機能性に関する研究に携わって10年弱になるが，最近の「ウコン」に対するマスコミの取り上げ方は，時には異常とも思えるほどである。

3　肝機能と「クルクミン」

最近，筆者の長年の友人である台湾大学医学部林教授が中心になって，ウイルス性肝障害の患者を対象に，がん予防物質として「ウコン」の黄色色素である「クルクミン」の投与研究が始められた。このような人を対象にして，ある食品成分を投与する研究は「介入研究」と呼ばれ，一

老化予防食品の開発

般に5年以上かかり莫大な費用のかかる大規模な研究である。われわれは、「クルクミン」が本当にヒトのレベルで肝炎ウイルス由来の肝硬変、最終的には肝臓がんを予防できるかどうか、結果が期待されている。1999年12月での「国際フードファクター学会」に林教授の招待講演が予定されており、中間報告ではあるが、研究の詳細を知ることができるものと楽しみにしている。最近の「ウコン」の肝機能に対する研究成果としては、東京薬科大学の糸川秀治教授のグループを中心に、肝炎や肝障害に対する有効性を示した動物試験の結果や、胃酸や胆汁の分泌を著しく促進し、胃腸の働きを高める効果などのデータが示されている。このような「ウコン」の持つ生理機能の中心は、黄色色素である「クルクミン」であろうと考えられているが、「ウコン」、すなわち「ターメリック」には多くの成分が存在しているので、これらの作用のことも頭に入れておくべきであろう。肝臓がんは日本でも増加し続けており、いずれは、がん死亡率の第1位を占めるようになるのではないか、と警告されている。その原因は、肝硬変を経て肝臓がんに至る肝障害であるが、世界的に見てみると、アジア諸国は欧米に比べてウイルス性肝障害が圧倒的に多く、欧米では逆にアルコール性の肝障害が圧倒的に多い。ウイルス性肝障害の原因となる肝炎ウイルスは、A型、B型、C型、D型、E型の5種類が存在している。A型肝炎は経口感染で、日本では、上下水道の完備と共に減少しているが、衛生状態の良くない東南アジアやインド、中近東やアフリカ、南アメリカなどで生水や氷、生カキなどから感染する場合が多い。しかし、問題となるのは、B型肝炎、C型肝炎である。これらは、血液や唾液など、体液を介して感染する場合が多く、しかも慢性化し、最終的には肝硬変を経て肝臓がんに至る、という訳である。日本での肝硬変の患者の数は約11万人といわれ、その多くは、B型やC型肝炎ウイルスによるものであるが、一方、欧米では肝硬変の大部分がアルコール性肝障害によるものである。アルコールを飲み続けると、まず、アルコール性脂肪肝になり、さらに飲酒量が増えるとアルコール性肝炎となり、最終的に肝硬変にいたってしまう。沖縄で有名な「エイサー」という、本土でのお盆にあたるお祭りがある。「エイサー」では、泡盛を浴びるほど飲み続け、3日間、踊り続けるのである。この時に重要なのが「ウコン」である。二日酔いの朝に、「ウコン」を摺って水と味噌を加え、それを飲み干すことが最善の策であるといわれている。

実際、沖縄のマーケットを歩いてみると、至る所でウコンが売られ、また、「ウッチン茶」が店先に並べられている。特に、最近注目を集めているのが「発酵ウコン茶」である。この「発酵ウコン茶」は、琉球大学農学部本郷富士弥教授と琉球バイオリソース（株）により商品化され、発酵により「ウコン」の持つ特有の土臭さと苦みがやわらいで、飲みやすいお茶となっている。実は、「発酵」という伝統的な食品加工法には、われわれの研究グループ、特に、椙山女学園大学の江崎秀男助教授を中心に興味ある研究結果を発表してきている。日本の伝統的な発酵大豆食品である納豆や味噌、また、インドネシアの伝統的な発酵大豆食品のテンペなどは、いずれも、

原料である蒸し大豆に比べて強力な抗酸化性を有するようになることを明らかにしてきている。納豆は、枯草菌、味噌は麹菌、また、テンペはクモノスカビ、と用いる微生物が異なっているので、それぞれ、特徴のある味や香りを持ち、また、抗酸化性分も異なっていることを発表してきた。「発酵ウコン」というのは、乳酸菌を利用している点で特徴があり、「琉球バイオリソース」とわれわれの研究室との共同研究で、やはり、強力な抗酸化性を示すようになることを見出している。実際に、沖縄の勝山病院では、80歳以上の老人に、この発酵ウコンの粉末を毎日2g、12週間投与することにより、DNA酸化傷害マーカーとしてわれわれが最近開発したモノクローナル抗体を利用したELISAによる測定の結果、尿中に排泄される8-OH-dGの量が減少することを明らかにし、酸化ストレスに対する予防効果が期待された。「酸化ストレス」が、成人病や生活習慣病と呼ばれる疾病の大きな原因の一つであり、この「発酵ウコン茶」の新しい機能性がこれから次々と明らかにされてくるものと、期待されている。

4 がん予防と「ウコン」

「ウコン」は漢方でも止血剤や健胃剤としては用いられ、また、インドやマレーシア、インドネシアなどで、特に、女性はターメリックを皮膚に塗る習慣があることは、既に紹介した通りである。「ウコン」には抗菌作用や抗炎症作用があることは、古くから知られており、単に化粧として塗られるだけでなく、経験的にこのような効能を利用し、紫外線による傷害や皮膚感染などを予防したものであろう。この「ウコン」の研究が世界的に進められたのは「ウコン」の主要な黄色色素である「クルクミン」であり、特に、がん予防効果である。がんの発生のメカニズムとして一般的には「発がん多段階説」が受け入れられており、初期段階である「イニシエーション」、促進過程の「プロモーション」、悪性化の段階の「プログレッション」という少なくとも3段階が存在する[6]。最近、アメリカと日本で、この「クルクミン」に強力な発がんプロモーションの抑制作用が見出され大きな注目が集められた。発がん研究で最も良く用いられる動物モデルが「皮膚がん」のモデルである。皮膚がんの動物実験は、ハツカネズミ（マウス）を用いて皮膚に発がんを起こさない量の発がん剤や紫外線をあてておく。そこに、発がん促進剤と呼ばれる物質、例えば、TPAと呼ばれる桐科の植物油「クロトン油」から得られた物質を塗ると皮膚がんを起こす、という実験である。TPAと共に「クルクミン」を塗ることにより、がんの促進化を抑えた、というデータが、アメリカ、ニュージャージー州立のラトガース大学がん研究所のコーニー所長らが最初に明らかにした。これらの皮膚がんに対するクルクミン誘導体の抑制効果は「クルクミン」が最も強力であった。その抑制機構については、京都大学大東教授のグループが研究を進め、発がん促進過程で生成されたフリーラジカルの捕捉能との間に大きな相関性があることを報告して

いる[7]。また，日本では，京都府立医科大学の西野輔翼教授は，「β-カロテンのがん予防効果に疑問がでている今，世界的に最も注目されるがん予防戦略物質はクルクミンである」と述べている。また，つい最近では，γ線照射したラットの乳腺での発がん促進過程でクルクミンが強く抑制したことも報告されており[8]，今後，クルクミンの研究は，益々注目されてくるであろう。

5 「テトラヒドロクルクミン」の隠された機能

　「クルクミン」は，皮膚に塗る場合と食べる場合とで同じ効能が考えられるのであろうか。ここで登場するのが「テトラヒドロクルクミン」という物質である。最近，この「クルクミン」も経口で摂取すると腸管の部分で「テトラヒドロクルクミン」という強力な抗酸化物質に変わることを明らかにすることができた。「テトラヒドロクルクミン」というのは，腸の細胞で吸収されるときに「クルクミン」が変化してできる物質で，われわれが「クルクミン」を食べると吸収される時に「テトラヒドロクルクミン」に変換され，体の中で実際に効果を示すのはこの「テトラヒドロクルクミン」である，という訳である。

　われわれが，最初に「テトラヒドロクルクミン」を生み出したのは，ユーカリ葉のリーフワックス中の強力な抗酸化物質として存在を明らかにすることができたβ-ジケトンタイプの抗酸化物質の研究であった。すなわち，「クルクミン」自身は黄色色素としての利用も考えられ，実際，日本ではタクワン漬けに多く用いられているが，食品用の抗酸化剤として広く利用するためにはこの黄色は逆に汎用性という面ではマイナスではないかと考え，この「クルクミン」を接触還元することでβ-ジケトン構造を導入することを考えた。実際に，主成分である「クルクミン」と共に微量にしか存在しない2種類の「クルクミン類縁体」を接触還元により3種類のテトラヒドロ体を得ることができ，抗酸化性を測定したところ，いずれも抗酸化性が増強され，特に，「テトラヒドロクルクミン」に最も強い抗酸化性が見出された(図1)。そこで，まず最初に，この「テ

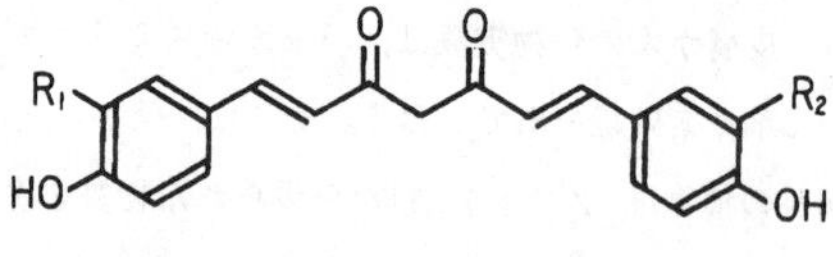

	R_1	R_2
Curcumin (U1)	OCH_3	OCH_3
U2	H	OCH_3
U3	H	H

図1　ウコン（*Curcuma longa* L.）中に存在するクルクミン類縁体

第3編　各種食品・薬物による老化予防と機構

トラヒドロクルクミン」の食品用抗酸化剤としての応用の可能性を探っていたところ，興味ある結果を得ることができた。すなわち，「クルクミン」を動物に投与したところ，血中には「クルクミン」は存在せず，「テトラヒドロクルクミン」に変換される，という結果であった（図2）。実際に，培養細胞を用いても，この「クルクミン」から「テトラヒドロクルクミン」の変換を観測することができ，この結果は，「クルクミン」を摂取したときの主要な代謝物は「テトラヒドロクルクミン」であることを示している。

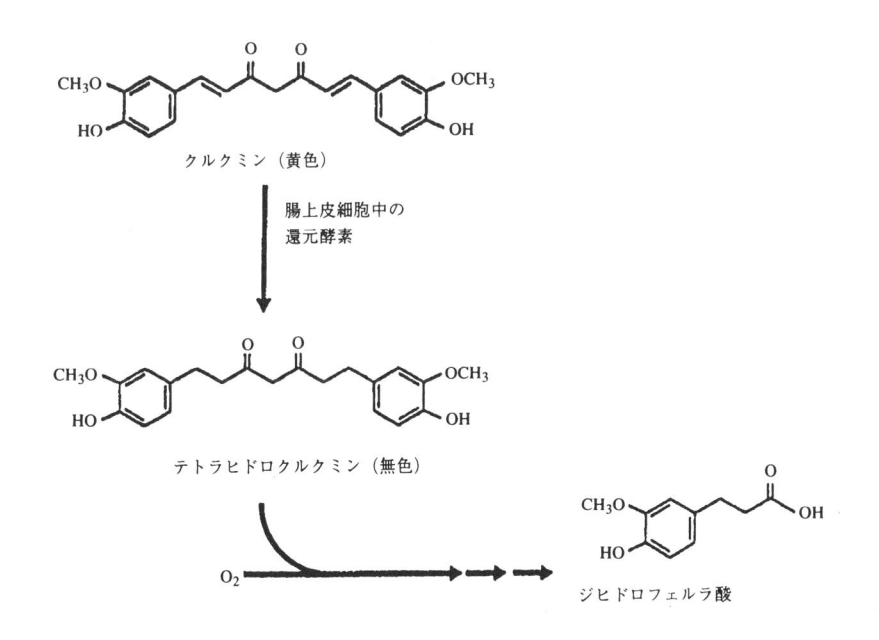

図2　クルクミンの生体内変換と抗酸化性発現機構

そこで，まず，国立がんセンターの津田化学療法部長のグループとの共同研究により大腸がんの予防効果の検討を行うことにした。ジメチルヒドラジン（DMH）で誘導された大腸がんの前がんのマーカーでACF（Abberant Crypt Foci）を指標に「クルクミン」と「テトラヒドロクルクミン」の抑制効果の検討を行ったところ，「テトラヒドロクルクミン」の方が「クルクミン」よりも強く抑制することが明らかにできた。この研究から，図3に示したように，クルクミンが体の中で効果を示すのではなく，強力な抗酸化物質「テトラヒドロクルクミン」に変換されてがん予

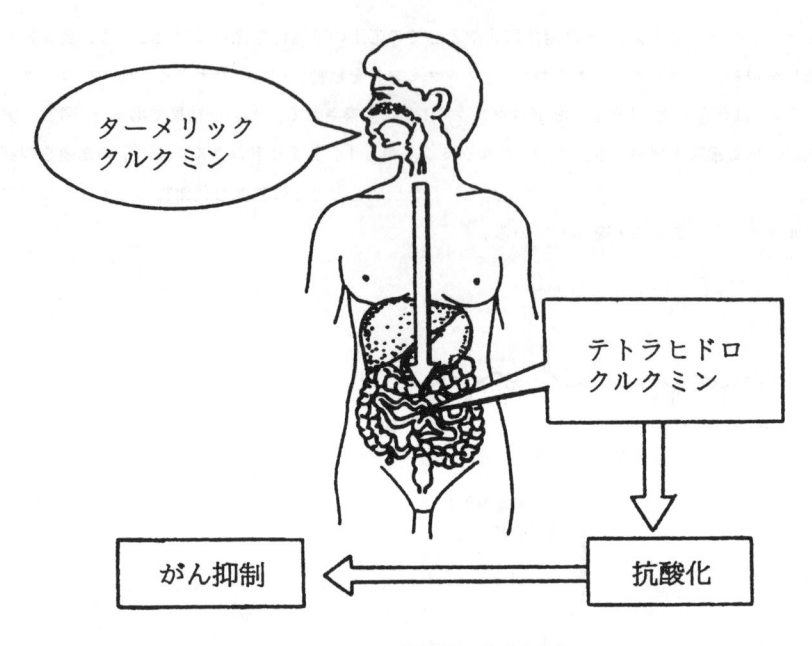

図3 クルクミンの経口摂取の生体内変化

防効果を示す、ということを明らかにできた[9]。最近、この「テトラヒドロクルクミン」が強力な腎臓がん予防作用も持つのではないか、と期待されている。鉄のキレート化合物であるFe-NTAをマウスに腹腔内注射すると腎臓がんが誘発され、その原因としてフリーラジカルの生成が証明されている。あらかじめ、「クルクミン」と「テトラヒドロクルクミン」を経口でマウスに与えておき、その後にFe-NTAで酸化傷害を誘導した際の防御効果の検討を行ったところ、やはり「テトラヒドロクルクミン」の方に強い防御効果が見出されている[10]。また、肺がん予防効果も期待されるなど「テトラヒドロクルクミン」のもつがん予防効果の期待は益々高まってきているが、最近、特に注目されているのが、解毒酵素誘導作用である。

われわれは、ニンニクをはじめとする香辛料や香辛野菜に高い「解毒酵素」誘導作用があることを見出している。すなわち、「発がん物質」など「毒性物質」が体内に入ると、肝臓でまず第一相の薬物代謝系による活性化を受け、続いての第二相で「抱合反応」とよばれる「高水溶性代謝物」に変換され、最終的には体外へ排泄されることが知られている。詳細は省略するが、特に、われわれが注目した解毒酵素は「グルタチオン-S-トランスフェラーゼ」で、最近、発現のメカ

ニズムの遺伝子レベルからの解明にも成功している。この解毒酵素の誘導には，ニンニクやワサビをはじめとするアブラナ科の香辛料や野菜に高い効果がみられ，現在，有効成分の単離・精製を進めているが，「クルクミン」，特に「テトラヒドロクルクミン」に強力な解毒酵素誘導作用があることが見出されている。

このように摂取された食品成分はまず唾液の作用を受け，消化器官系を経て行く過程で様々な酵素作用を受け，さらに腸内では腸内細菌の作用を受けながら消化吸収されていくわけであるが，食品は様々な成分の複合系であるために，代謝の研究はビタミンEを除いてほとんど研究例がなく，「クルクミン」を食べた後の体のなかでの変化が分子レベルで明らかにされてきたことは，現在，多くの研究者から注目されている。

6 「ウコン」の効能への期待

このように，「ウコン」は，インドでは，伝統的に「アーユルヴェーダ」の医療に用いられ，利胆薬として肝臓障害や胆道炎，健胃，利尿，虫下し，腫れ物などに対する薬効が知られ，また，化粧としてヒンドゥー教の結婚式や儀式にも不可欠であった。「クルクミン」をはじめとする色素や精油成分をはじめ，豊富なミネラル類，カルシウムやカリウム，マグネシウムやセレンなどの成分により様々な薬効が期待されている。最近，われわれのグループは，「クルクミン」の糖尿病の合併症に対する予防効果に関する研究も進めている。最近の厚生省の発表では，糖尿病は予備軍も含めて1,370万人という，予想をはるかに超えた人数であった。糖尿病で怖いのは，腎不全や白内障，神経障害や動脈硬化などの合併症である。しかも，日本人に圧倒的に多いのは「インシュリン非依存型糖尿病」とよばれる，老化と共にじわじわと進行するタイプ，「Ⅱ型糖尿病」である。特に，最近興味を持たれているのが，この日本人に大多数を占める「Ⅱ型糖尿病」が日系アメリカ人に多発することである。その理由として，本来「農耕民族」である日本人が肉や乳製品を中心とする高カロリーな「狩猟民族」型の食生活をすることでカロリー過剰となり，これが「Ⅱ型糖尿病」をさらに促進する，とされている。すなわち，糖尿病の合併症の原因に酸化ストレスが重要な役割を果たしており，この活性酸素・フリーラジカルを抗酸化物質で制御することが大きく期待されている[11]。このような背景からも，「クルクミン」，なかでも，強力な抗酸化性を持つ「クルクミン」の代謝物「テトラヒドロクルクミン」に対する期待は大きなものである。このように，古来から多くの伝承と逸話を生んできた「ウコン」の魅力は，今後，世界的に益々高まって行くと確信されているので，科学的に十分納得できるようなデータをもとに「フードファクター」の持つすばらしい，魅力ある機能を時間はかかるが一つ一つ証明して行きたい。

老化予防食品の開発

文　　献

1) 大澤俊彦，食品によるフリーラジカル消去，フリーラジカルと疾病予防(吉川敏一，五十嵐脩，糸川嘉則　責任編集)，日本栄養・食糧学会監修，建帛社，p.67-88 (1997)
2) 大坂，井上，大澤，荒金共著(高柳，大坂編)，活性酸素，丸善 (1999)
3) Ohigashi,H., Osawa, T., Terao,J., Watanabe,S., Yoshikawa,T.eds., Food Factors for Cancer Prevention, p.39-46, Springer-Verlag Tokyo (1997)
4) Shibamoto, T., Terao, J. and Osawa, T., Functional Foods for Disease Prevention I and II, American Chemical Society, Washington (1998)
5) 大澤俊彦，井上宏生，スパイスには病気を防ぐこれだけの効果があった，廣済堂出版 (1999)
6) 大澤俊彦，がん予防食品の開発(大澤俊彦監修)，シーエムシー (1997)
7) Nakamura, Y., Ohta, Y., Murakami, A., Osawa, T. and Ohigashi, H., Inhibitory Effects of Curcumin and Tetrahydrocurcuminoids on the Tumor Promoter-induced Reactive Oxygen Species Generation in Leukocytes *in vitro* and *in vivo*, *Jpn. J. Cancer Res.*, 89, 361-370 (1998)
8) Inano, H., Onoda, M., Inafuku, N., Kubota, M., Kamada, Y., Osawa, T., Kobayashi, H. and Wakabayashi, K., Chemoprevention by Curcumin during the Promotion Stage of Tumorigenesis of Mammary Gland in Rats Irradiated with gamma-ray, *Carcinogenesis*, 20, 1011-118 (1999)
9) Kim, J. M., Araki, S., Kim, D. J., Park, C.B., Takasuka, N., Baba-Toriyama, H., Ohta, T., Nir, Z., Khachik, F., Shimidzu, N., Tanaka, Y., Osawa, T., Uraji, T., Murakoshi, M., Nishino, H. and Tsuda, H., Chemoprevention Effects of Carotenoids and Curcumins on Mouse Colon Carcinogenesis after 1,2-Dimethylhydrazine Initiation, *Carcinogenesis*, 19, 81-85 (1998)
10) 岡田邦彦，チャンティマー・ワンプントラグーン，田中智之，豊国伸哉，内田浩二，大澤俊彦，酸化ストレスに対するクルクミノイドの防御機構について，第6回がん予防研究会(東京)，1999.7
11) 二木鋭雄，吉川敏一，大澤俊彦監修，成人病予防食品の開発，シーエムシー (1998)

第4編　植物由来素材の老化予防機能と開発動向

第1章 フラボノイド

寺尾純二[*]

1 はじめに

フラボノイドはジフェニルプロパン構造（C_6-C_3-C_6）をもつフェノール化合物の総称であり，4000種類以上が天然に存在する。野菜や果実などの植物性食品に含まれるポリフェノール類の大部分はフラボノイド化合物である（表1）。その多くは糖がフェノール性水酸基に置換した配糖体（グリコシド）であり，遊離の化合物（アグリコン）として存在することは少ない。

表1 食品に存在する主要なフラボノイド

フラバノール	緑茶，紅茶，赤ワイン
エピカテキン	
カテキン	
エピガロカテキン	
エピカテキンガーレート	
エピガロカテキンガーレート	
フラバノン	柑橘類（果実果皮）
ナリンジン	
タキシフォリン	
フラボノール	
ケンフェロール	ニラ，ブロッコリ，ダイコン，グレープフルーツ，紅茶
ケルセチン	タマネギ，レタス，ブロッコリ，リンゴ果皮，イチゴ，オリーブ，茶，赤ワイン
ミリセチン	クランベリー，ブドウ，赤ワイン
フラボン	
クリシン	果物果皮
アピゲニン	セロリ，パセリ
アントシアニジン	
マルビジン	赤ブドウ，赤ワイン
シアニジン	サクランボ，キイチゴ，イチゴ，ブドウ
アピゲニジン	果物（果実果皮）

[*] Junji Terao　徳島大学　医学部　栄養学科　食品学講座　教授

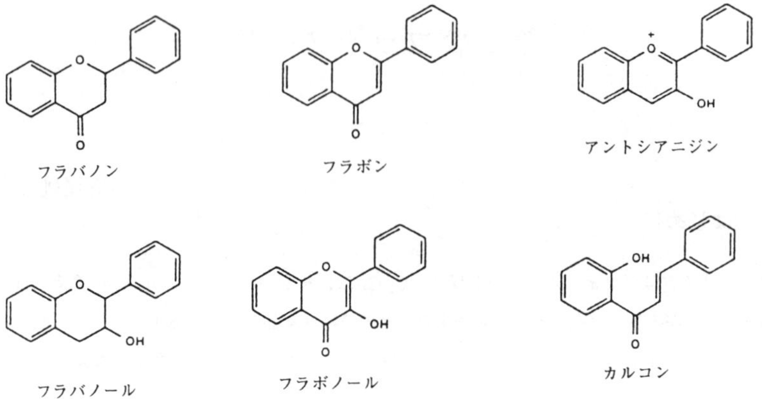

老化予防食品の開発

フラバノン　フラボン　アントシアニジン

フラバノール　フラボノール　カルコン

図1　フラボノイドの主要なグループ

　フラボノイドは，A環とB環で挟まれたC環の部分構造からカルコン類，フラボン類，フラバノン類，フラバノール類，フラボノール類，アントシアン類に分類される（図1）。
　ヒト1日当たりの摂取量は25mg程度に見積もられているが[1]，これは主要な5つのフラボノール型フラボノイドの測定値に過ぎず，植物性食品から摂取する全体のフラボノイド量は1日当たり〜数百mg程度になるであろう。これは，抗酸化ビタミンとしてよく知られているビタミンEの〜数mgやビタミンCの〜数10mgよりもかなり多い量である。
　1936年，高名な生化学者であるSzent-Györgyiは，柑橘類に含まれる2つのフラボノイド類（ヘスペリジンとルチン）が毛細血管の浸透性増加を抑制する因子であることを発見し，ビタミンPと命名した[2]。しかし，欠乏症が認められなかったことや，生体への吸収に疑問がもたれたことから，その後，ビタミンの範疇からは外された。
　ところが，最近，フラボノイドの抗酸化活性が疾病予防の観点から再び注目され，老化や老化にともなう疾病を予防するバイオファクターであると期待されている[3]。例えば，フラボノイド摂取量と冠動脈心疾患リスクの間に逆相関があるとの報告がある[4]。いわゆるフレンチパラドクスは飽和脂肪の高摂取にも関わらず冠動脈心疾患が少ないことをいうが，その理由としてフラボノイドに富むワインの摂取が挙げられていることは有名である[5]。
　さて，フラボノイド一般の抗酸化性や生体への作用については，別の書籍「成人病予防食品の開発」[6]ですでに紹介した。そこで，ここでは，代表的なフラボノール型フラボノイドであるケルセチンについて，その抗酸化活性と生体作用に関する最新の知見を我々の研究成果を含めて紹介したい。

2 ケルセチンの構造と抗酸化活性

ケルセチンはC環の3位以外にA環の5位，7位とB環の3'位，4'位にもフェノール性の水酸基をもつフラボノールであり（図2），野菜や豆類などに含まれる配糖体では3位にグルコースやルチノースなどの糖が結合したものが多い。タマネギなどネギ科の野菜には，ケルセチン4'-グルコシド（Q4'G）やケルセチン3,4'-グルコシド（Q3,4'G）などの珍しいタイプの配糖体が含まれている。

1977年，植物性食品中のありふれた成分であるケルセチンに変異原性が認められたことから大きな問題となった[7]。しかし，多くの動物実験の結果では，ケルセチンに発ガン性はなく，むしろ発ガン抑制作用があることがわかった。現在では，ケルセチンの抗酸化機能に基づくガン予防機能が期待されるようになっている[8]。

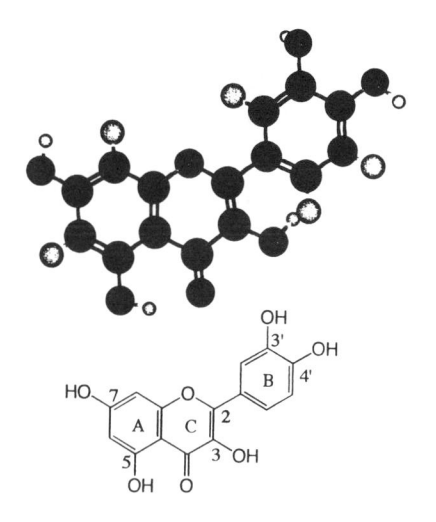

図2 ケルセチンの構造

さて，フラボノイドが生体内で抗酸化作用を発揮する機構として，ラジカル捕捉作用と金属イオンキレート作用が考えられる。ラジカル捕捉作用とは，酸化的障害をもたらす原因であるヒドロキシラジカル，スーパーオキシドアニオン，脂質ペルオキシラジカルなどの酸素ラジカル種に，水素原子あるいは電子を供与することにより，これらを捕捉する作用をいう。フェノール性水酸基は電子供与性である。したがって，フェノール性水酸基を複数もつポリフェノールは複数のラジカルを捕捉消去できるはずである。

安定ラジカルであるDPPH（1,1-diphenylpicryl-2-hydrazyl）を用いてケルセチンやその関連化合物1分子が何個のラジカルを捕捉できるかを測定した結果を図3に示した。B環のo-ジヒドロキシ構造が修飾されたQ4'Gやイソラムネチンを除いて，いずれも7～9個のラジカルを捕捉できることが明らかであった。

ラジカル捕捉に必要なフラボノイドの構造として，①B環のo-ジヒドロキシ構造，②4-オキソ基と共役した2,3-二重結合，③3と5位の水酸基の存在が重要であることが報告されている[9]。特に①のo-ジヒドロキシ構造はフラボノイドがラジカル捕捉作用を発揮するために最も重要な部位とされている。今回の結果は，複数のラジカルを捕捉するためにもo-ジヒドロキシ構造が重要

老化予防食品の開発

[グラフ: ケルセチン関連化合物のDPPHラジカル捕捉数]
縦軸: 捕捉ラジカル数
横軸: ケルセチン, Q7G, Q3G, Q4'G, イソラムネチン (Isorhamnetin), ラムネチン (Rhamnetin)

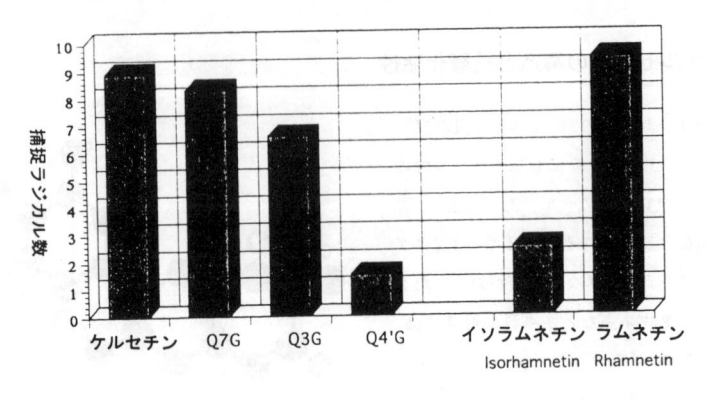

Quercetin aglycon

Isorhamnetin
(3'-O-methyl quercetin)

Rhamnetin
(7-O-methyl quercetin)

Quercetin 3-O-β-D-glucopyranoside (Q3G)

Quercetin 4'-O-β-D-glucopyranoside (Q4'G)

Quercetin 7-O-β-D-glucopyranoside (Q7G)

図3 ケルセチン関連化合物のDPPHラジカル捕捉数

であることを示している。

一方、キレート作用については、B環のo-ジヒドロキシ構造(3',4'位)、C環の3位の水酸基と4位のオキソ基、4位のオキソ基と5位の水酸基間のキレートが考えられるが、最も重要なのはやはりo-ジヒドロキシ構造と推定されている (図4)[10]。

血管の老化といわれるアテローム性動脈硬化症の発症には血漿リポタンパクの酸化変性が関与し、低比重リポタン

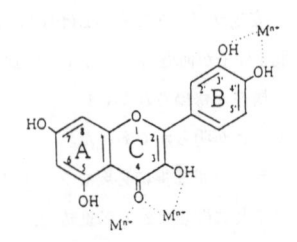

図4 ケルセチンの金属イオン
(M^{n+}) との結合部位

第4編　植物由来素材の老化予防機能と開発動向

パク質（LDL）の酸化が泡沫細胞形成の引き金になることが明らかになってきた。そこで，LDLの酸化を抑制できる食品抗酸化成分には動脈硬化抑制機能が期待できるために，抗酸化活性をもつフラボノイドに関しても多数の報告がなされている[11]。

我々は，LDL酸化のメカニズムのひとつとして注目されているリポキシゲナーゼによるヒトLDL酸化に対するケルセチン配糖体の活性を検討し，o-ジヒドロキシ構造を有する配糖体に強い活性があることを認めた[12]。さらに，銅イオンあるいはアゾラジカル発生剤でLDL酸化を誘導した場合でも，o-ジヒドロキシ構造を有する配糖体に強い活性があり，本構造が糖置換やメチル化されると活性が大きく低下することがわかった[13]（図5）。

以上のことから，ケルセチンが生体内で効率よく抗酸化活性を発揮するためには，生体内での代謝変換後もo-ジヒドロキシ構造が保持されることが必要であると結論できる。

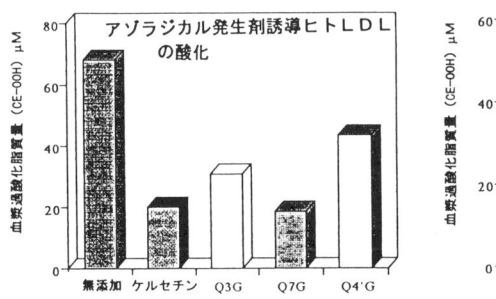

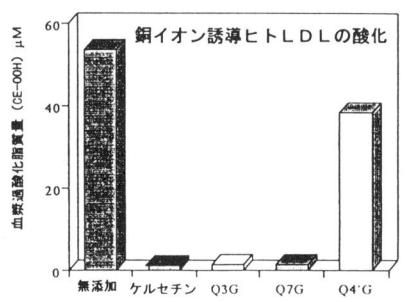

図5　ヒト低比重リポタンパク（LDL）の酸化に対するケルセチン関連化合物の抑制作用

3　ケルセチンの吸収と血漿への蓄積

1975年に，Guglerら[14]はケルセチンのヒト経口投与実験を行い，わずか1％以下しか体内へ吸収されないことを報告した。一方，Uenoら[15]はケルセチンのラット経口投与実験において，摂取したうちの20％が消化管から吸収され，48時間以内に胆汁や尿中にグルクロン酸や硫酸抱合体として検出されることを明らかにした。この相違は種差というよりも投与方法の違いによるものではないかと考えられた。

そこで，我々は，ケルセチンの腸管吸収や血中蓄積量の効率に対するケルセチン混合媒体について検討した[16]。ケルセチンアグリコンはほとんど水には溶解しないが，ラットにケルセチンを与える方法として，プロピレングリコールに溶解させて投与した場合とプロピレングリコールと水の混合物に懸濁させて投与した場合の両者の血漿への蓄積パターンを比較した（図6）。その結

老化予防食品の開発

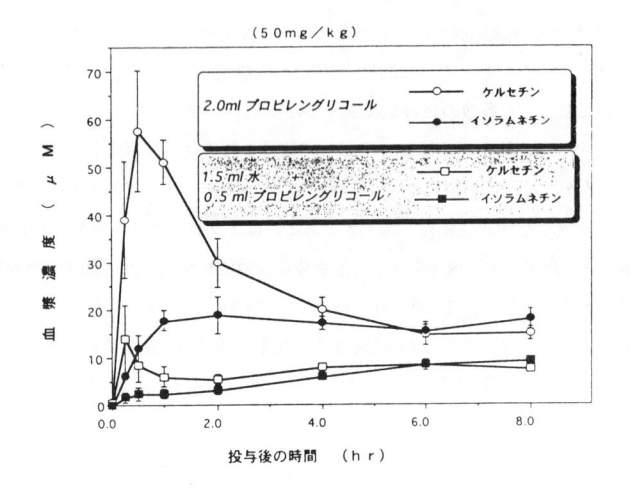

図6 ケルセチンのラット経口投与後の血漿ケルセチン代謝物の変動

果，ケルセチンの吸収効率は投与する媒体への溶解性に大きく影響することが明らかとなった。すなわち，フラボノイドの吸収には胆汁酸ミセルへの溶解性が重要であるが，溶解度の高いアルコールに溶けた状態のケルセチンは，吸収効率が高いことが示唆された。

さて，ケルセチンは植物性食品素材には通常，配糖体として存在するから，食事由来のケルセチンの生理機能を評価するためには，ケルセチン配糖体について研究する必要がある。一般に，配糖体は水溶性が高く，胆汁酸ミセルに溶解しにくいため，小腸では吸収されにくいと考えられている。しかし，大腸では腸内細菌のβ-グルコシダーゼ活性により加水分解され，アグリコンとなって脂溶性が高まるために吸収されるといわれる[17]。事実，ラットでは，ケルセチンよりも，その配糖体であるルチンの吸収が遅いことが報告された[18]。

しかし，食事に含まれるケルセチン配糖体のヒトへの生体吸収については相反する報告があり，一致していない。Holmannら[19]は，ヒトではケルセチンアグリコンよりも配糖体の方が吸収されやすいことを報告した。Papangaら[20]とAzizら[21]はケルセチン配糖体がヒト血漿に蓄積することを主張した。しかし，Manachら[22]はヒト血漿へケルセチン配糖体がそのまま蓄積することに疑問を呈しており，食品から摂取したケルセチン配糖体は全て抱合体に代謝された形で蓄積すると主張した。摂取したケルセチン配糖体が直接吸収されるのか，あるいは消化管で加水分解および代謝を受けて吸収されるかは明確ではない。

一方，ラットの小腸粘膜組織がβ-グルコシダーゼ活性をもつことを我々は既に報告した[23]。その後，ヒト小腸粘膜にも基質特異性の広いβ-グルコシダーゼ活性が存在することが報告され

た[24]。したがって，ヒトにおいて，ケルセチン配糖体は小腸での吸収過程で脱グルコシル化する可能性が高いと思われる。

次に，我々は，ごくありふれた食品から摂取したフラボノイドがどのようにヒトの生体へ吸収蓄積されるかを明らかにすることを試みた[25]。すなわち，ボランティア7名に，ケルセチン配糖体（主にG4'Gと3,4'G）に富むタマネギを1週間連続摂取させた（260〜360g／kg／日，68〜94mgケルセチン相当量／日）。その結果，10時間絶食後の血漿には0.08〜1.87 μM（平均0.63 ± 0.72 μM）のケルセチン抱合体が存在することがわかった。したがって，ケルセチンに富む食事を連続的に摂取することにより，ヒト血漿には0.1〜1.0 μM程度のケルセチンが蓄積すると結論できる。さらに，ヒト血漿中に蓄積するケルセチンは遊離型や配糖体ではなく，代謝物である抱合体であることも明らかとなった。

4 ケルセチンの代謝変換経路

腸管から吸収されたフラボノイドは門脈やリンパを介して肝臓に輸送され，肝臓でメチル化，水酸化などの変換反応とともに，硫酸抱合体およびグルクロン酸抱合体化反応を受けるとされている。抱合体の一部は肝臓から胆汁にも移行し，さらに十二指腸から消化管に排泄された代謝物は大腸の細菌叢で加水分解や開裂反応を受けて，一部がさらに再吸収される（腸肝循環）（図7)[26]。したがって，摂取したフラボノイドの相当量は腸肝循環により，代謝物や分解物として血流に存在することになる。

我々は，すでにラット各臓器での代謝酵素活性を測定し，メチル化酵素や硫酸抱合体酵素活性が肝臓で強いのに対して，グルクロン酸抱合体化酵素（UDP-glucuronyl transferase）活性は小腸や

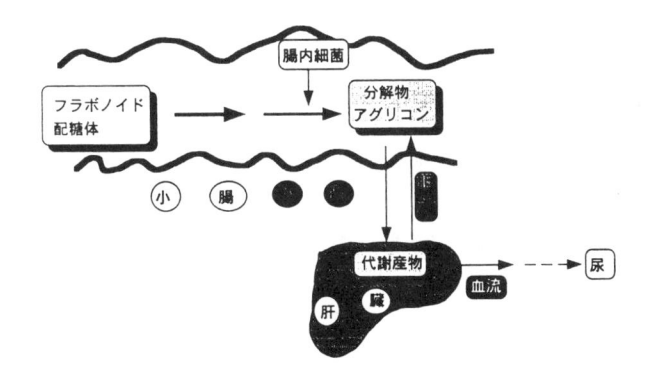

図7 フラボノイドの吸収と代謝経路の推定

大腸で強いことを認めた[27]。したがって，通常，摂取されたケルセチン配糖体は小腸吸収時において加水分解されてアグリコンとなって，粘膜内のUDP-glucuronyl transferase活性により抱合体へ代謝された後，肝臓に輸送されると思われる。

我々はヒト結腸ガン由来の培養細胞株であるCaco-2細胞を用いてケルセチンの吸収代謝実験を行い，ケルセチンは細胞にとりこまれると同時に抱合体化することを確認した[28]。また，ケルセチンアグリコンに比べて，その配糖体は細胞に取り込まれにくいことも認めた。

したがって，食品から摂取したフラボノイド配糖体の大部分は腸管吸収の過程で糖が遊離し，代謝変換された後に生体内へ移行すると思われる（図8）。

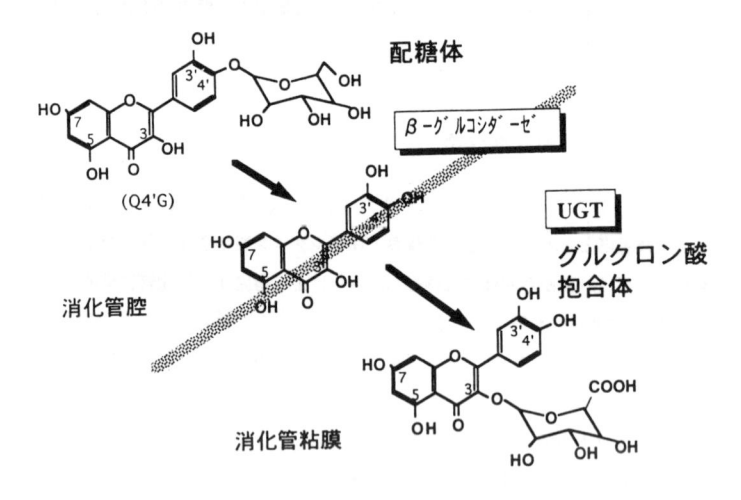

図8 ケルセチン配糖体の小腸からの吸収経路の推定

5 ケルセチン代謝物の抗酸化作用

食品として摂取したケルセチンは吸収の過程で代謝され，抱合体などの代謝物として血漿中に存在することが，上述したように明らかになってきた。したがって，ケルセチンの生体内抗酸化機能を評価するためには，代謝物の抗酸化活性を測定する必要がある。

そこで，我々はケルセチン（10mg/kgおよび50mg/kg体重）を投与したラットから血漿を採取し，代謝物の蓄積量と血漿抗酸化活性の変動を測定した[29]。その結果，投与1時間および6時間後のラット血漿の銅イオン誘導過酸化反応において，明らかにケルセチン投与量に依存した抗酸化活性の上昇がみられた（図9）。これらの血漿にケルセチンは存在せず，ケルセチンおよびイ

第4編　植物由来素材の老化予防機能と開発動向

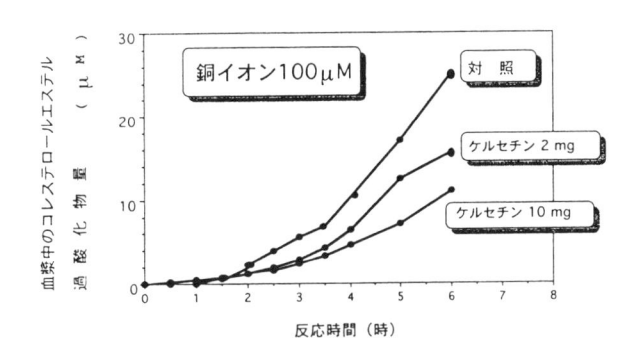

図9　ケルセチン投与によるラット血漿の抗酸化活性上昇
経口投与1時間後のラット血漿の抗酸化活性を比較した

表2　ラットへ経口投与したケルセチンの血漿への代謝物蓄積量

抱合体	投与後の時間			
	1時間		6時間	
投与量2mg*	ケルセチン(μM)	イソラムネチン(μM)	ケルセチン(μM)	イソラムネチン(μM)
遊離型	0	0	0	0
硫酸抱合体	0.38	0	0	0
グルクロン酸抱合体	6.14	0	1.33	0
硫酸グルクロン酸抱合体	3.13	4.22	2.88	4.88
全体	9.64	4.22	4.21	4.88
投与量10mg*	ケルセチン(μM)	イソラムネチン(μM)	ケルセチン(μM)	イソラムネチン(μM)
遊離型	0	0	0	0
硫酸抱合体	10.4	0	0.4	0
グルクロン酸抱合体	14.0	0	1.03	2.44
硫酸グルクロン酸抱合体	44.6	20.4	18.0	13.56
全体	69.0	20.4	19.3	16.00

*投与量；体重200g当たりのケルセチン量

ソラムネチン（3'-O-メチルケルセチン）の抱合体がケルセチン摂取量に応じて蓄積した（表2）。
　したがって，これら抱合体の少なくとも一部が血漿抗酸化活性の上昇に寄与したことが明らかであり，食品から摂取したフラボノイドによる生体内抗酸化システムへの寄与は，その代謝物によるところが大きいと判断できる。2項で述べたケルセチンの抗酸化に関する構造から考えると，B環のo-ジヒドロキシ構造が保存された数種の抱合体が生体内抗酸化活性に寄与すると推測される。
　現在，血漿中のケルセチン代謝物を構造解析中であるが，少なくとも2種類のo-ジヒドロキシ

構造を有すると思われるグルクロン酸抱合体が存在することを認めている。

6 まとめ

ケルセチンなどのフラボノイドは，界面でのフリーラジカル捕捉作用[30]や金属イオンキレート作用などユニークな活性をもつことから，酸化ストレスに対する防御機能が十分に期待される物質である[31]。食品成分として摂取した場合，その多くは代謝物に変換され，最終的にはその活性が失われるであろう。しかし，全ての活性が失われるのではなく，一部の抱合体は生体内で抗酸化機能を発揮すると思われる（図10）。

抗酸化物質（antioxidant）は酸化促進物質（prooxidant）にもなりうる両刃の剣である。生体にとって抱合体化反応は生体異物の解毒過程であるが，フラボノイドの場合には，活性を制御しつつ抗酸化物質として有効に利用するためにこの反応が行われているのではないだろうか。

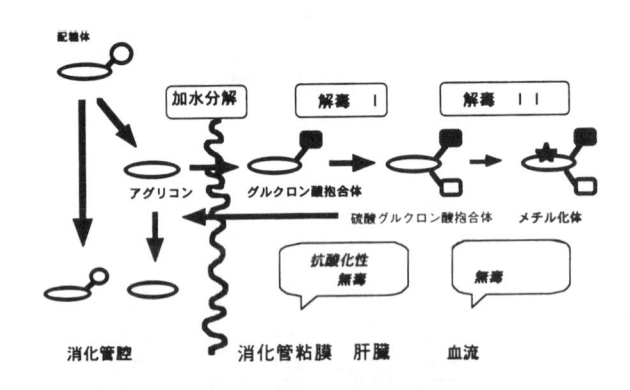

図10 食事由来ケルセチン配糖体の代謝経路

文　献

1) M. G. L. Hertog, P. C. H. Holmann, M. N. Katan, *Nutr. Cancer*, 20, 21 (1993)
2) S. Rusznyak, A. von Szent-Györgyi: *Nature*, 138, 798 (1936)
3) M. G. L. Hertog and P. C. H. Holmann : *Eur. J. Clin. Nutr.*, 50, 63 (1996)
4) P. Knekt, R. Jarvinen, A. Reunanen, J. Maatela : *Br. Med. J.*, 312, 478 (1996)

5) S. Renaud, M. deLorgeli : *Lancet*, 339, 1523（1992）
6) 寺尾純二，"成人病予防食品の開発"，シーエムシー，p.205(1998)
7) L. F. Bjeldans and G. W. Chang : *Science*, 197, 577（1977）
8) B. Stavric : *Clin. Biochem.*, 27, 245（1994）
9) W. Bors, W. Heller, C. Michel : *Methods Enzymol.*, 7, 66（1996）
10) J. Brown, H. Khodar, R. Hider and C.A. Rice-Evans : *Biochem. J.*, 330, 1173（1998）
11) M. Katan : *Am. J. Clin. Nutr.*, 65, 1542（1997）
12) E. L. DaSilva, T. Tsushida, and J. Terao : *Arch. Biochem. Biophys.*, 349, 313（1998）
13) N. Yamamoto, J-H. Moon, T. Tsushida, A. Nagao and J., Terao 投稿中
14) R. Gugler, M. Leschik, H. J. Dengler : *Eur. J. Clin. Pharmacol.*, 9, 223 （1975）
15) I. Ueno, N. Nakamura, I. Nirono : *Japan J. Exp. Med.*, 53, 41（1983）
16) M. Piskula and J. Terao : *J. Agric. Food Chem.*, 46, 4313（1998）
17) A. M. Hackett: "Plant Flavonoids in biology and medicine: biochemical, pharmacological and structure-activity relationship", (V. Cody, E. Middleton, J. B. Hardorne eds.), Aran Press, New York, pp177-194 (1986)
18) C. Manach, C. Morand, O. Taxier, M. C. Farier, G. Agullo, C. Demigne, F. Rederat, C. Remesy : *J. Nutr.*, 125, 1911 (1995)
19) P. C. H. Holmann, J. H. M. Vries, S. D. Van Leeuwen, M. J. B. Mengelers, M. B. Katan : *Am. J. Clin. Nutr.*, 62, 1276(1995)
20) G. Paganga and C. A. Rice-Evans : *FEBS Lett.*, 401, 78(1997)
21) A. Aziz, C. A. Edwards, M. E. J. Lean, A. Crozier : *Free Radical Res.*, 29, 257 (1998)
22) C. Manach, C. Morand, V. Crespy, C. M. Demigne, O. Texier, F. Regerat, C. Remesy : *FEBS Lett.*, 426, 331 (1998)
23) K. Ioku, Y. Pongpiriyadacha, Y. Konishi, Y. Takei, N. Nakatani, J. Terao : *Biosci. Biotechnol. Biochem.*, 62, 1428 (1998)
24) A.J. Day, M. S. Dupont, S. Ridley, M. J. C. Rhodes, M. R. A. Morgan, G. Williamson : *FEBS Lett.*, 436, 71 (1998)
25) 文斉鶴，中田りつ子，寺尾純二：未発表データ
26) J. Terao : "Antioxidant Food Supplements in Human Health", (L. Packer, M. Hiramatsu, T. Yoshikawa eds.), Academic Press, San Diego, 255 (1999)
27) M. K. Piskula, J. Terao : *J. Nutr.*, 128, 1172 (1998)
28) 室田佳恵子，清水寿恵，北山真弓，寺尾純二：未発表データ
29) E. L. DaSilva, M. K. Piskula, N. Yamamoto, J.-H. Moon, J. Terao : *FEBS Lett.*, 430, 405 (1998)
30) J. Terao, M. Piskula, Q. Yao : *Arch Biochem Biophys* 308, 278 (1994)
31) J. Terao, M. K. Piskula :" Flavonoids in health and disease", (C. A. Rice-Evans, L. Packer eds.) Marcel Dekker Inc., New York, pp277-293 (1998)

第2章 カロテノイド類：天然カロテノイドによるがん予防

村越倫明[*1]，西野輔翼[*2]

1 はじめに

緑黄色野菜などに多く含まれているβ-カロテンは，近年の成人病予防研究／老化予防研究において，ヒトへの応用を前提に，最も重要な化合物の一つとして注目されてきた。

米国の国立がん研究所（NCI）では，約14万人ものヒトを対象として10年以上にわたってβ-カロテンを用いた大規模ながん予防介入試験を行ってきた。ところが最近発表された4つの結果報告で[1-4]，中国で行われた試験において胃がんの危険率が低下したのを除き，全く期待していた効果が認められなかったことが明らかにされた。逆に，喫煙者などのハイリスク層に対しては肺発がんを促進する可能性を示唆する知見が得られ，これまでの見解に疑問が投げかけられるようになってきた。

この問題は，がん予防の分野に限らず，老化予防の分野も含めて広く影響を及ぼすものであり重要であるので，本章で詳しく述べることにする。

2 β-カロテンの大規模介入試験

表1に，米国の健常男性医師を対象としたPhysician's Health Study（PHS），フィンランドの男性喫煙者を対象としたAlpha-Tocopherol Beta-Carotene Cancer Prevention Study（ATBC），米国の喫煙者／アスベスト曝露者を対象としたCarotene And Retinol Efficacy Trial（CARET），そして胃がん・食道がんによる死亡率が米国の100倍も高い中国の林縣地方の一般住民を対象としたLinxian Studyの結果をまとめた[1-8]。

PHSでは，β-カロテン投与は，肺がん危険率に対して全く無効であった。ATBC，CARETでは，それぞれ20％，28％，肺発がんの促進が認められた。また，この3つの試験において，肺が

[*1] Michiaki Murakoshi　ライオン㈱　研究開発本部　主任研究員
　　　　　　　　　　　京都府立医科大学　生化学教室　研修員
[*2] Hoyoku Nishino　京都府立医科大学　生化学教室　教授

第4編　植物由来素材の老化予防機能と開発動向

表1　β-カロテンを用いた大規模臨床試験(介入試験)のまとめ:肺がんの危険率と血中β-カロテン濃度,喫煙率の関係

研究名称: 対象者 (試験期間)	投与栄養素	肺がん危険率 (血中β-カロテン濃度 投与前→投与後 ;μg/ml)	被験者の喫煙率と肺がん危険率			備考
			喫煙者率 (危険率)	前喫煙者率 (危険率)	非喫煙者率 (危険率)	
PHS: 22,071人の米国 男性医師を対象 (82年開始,95年まで)	β-カロテン 50mgと アスピリン 325mg 隔日投与	0.93 (0.15→1.2)	11% (0.90)	39% (1.00)	49% (0.78)	12年間の追跡でβ-カロテンの効果なし。害もなし。
ATBC: 22,071人のフィンランド男性喫煙者を対象 (85~88年開始,93年まで)	β-カロテン 20mgと ビタミンE 50mg 毎日投与	1.20 (0.17→3.0)	100% (1.20)	0%	0%	5~8年間の追跡で他に虚血性心疾患死亡率11%,脳血管疾患死亡率20%上昇。
CARET: 18,314人の米国喫煙者とアスベスト曝露者を対象 (88~94年開始98年まで予定)	β-カロテン 30mgと レチノール 25,000IU 毎日投与	1.28 (0.15→2.1)	60% (1.42)	39% (0.82)	0%	平均4年間の追跡で肺がんのリスク上昇のため途中で投与中止。
Linxian Study: 29,584人の中国 一般住民を対象 (86年開始,91年まで)	以下の4群に分け毎日投与:(A)レチノール+Zn,(B)リボフラビン+ナイアシン,(C)ビタミンC+Mo,(D)β-カロテン+ビタミンE+Se	(D)群の胃がん危険率 0.79 (0.059→0.86)				β-カロテンの投与量は15mg。5年間の追跡で(D)群は他に全がん,脳血管疾患死亡率低下。
Women's Health Study:約40,000人の 米国女性保健職を対象 (92年開始)	βカロテン 50mg, ビタミンE 600IU, アスピリン 100mg 隔日投与					PHS,CARETの結果を受けてβ-カロテン投与を中止し,ビタミンE,アスピリンの投与のみを継続中。

ん危険率と喫煙には顕著な相関がみられた。β-カロテン投与は、PHSでは、喫煙者、前喫煙者に対して無効であったが、非喫煙者に対しては22%危険率の低下が認められた。CARETにおいては、β-カロテン投与で喫煙者は危険率が42%増大したが、前喫煙者は18%の低下が認められた。またデータは記載していないが、ATBCでは、ヘビースモーカー(毎日20本以上の喫煙者)は、より危険率が増大する傾向が認められている。

以上の結果より、少なくとも喫煙者に対しては1日20mg以上のβ-カロテンを服用すると肺がんのリスクが上昇する可能性が極めて高いと考えられる。これらの結果を受け、米国の女性保健職を対象としたWomen's Health Studyでは、β-カロテンの投与を中止し、ビタミンEとアスピリンの投与のみを継続して進行することにした。

一方、Linxian Studyでは唯一β-カロテンの効果がみられ(β-カロテン15mg、ビタミンE 30mgとSe 50μgの複合投与)、胃がんの危険率が21%低下した。

このような結果となった原因の一つとして、β-カロテンの投与量が高すぎたことが挙げられ

る。表1に示したように、がんの危険率と被験者の血中β-カロテン濃度には、明らかな相関関係が認められる。健常人のβ-カロテン血中濃度は0.05〜0.5μg/mlであるが、ATBCやCARETの被験者の血中濃度は、投与前の15倍以上に上昇している。日常生活における1日のカロテノイド摂取量は日本人で2.5mg、米国人で1.5mgと言われている

$$BC\ +R\cdot\ \Rightarrow\ R-BC\cdot\ \ \ (\text{I})$$
$$R-BC\cdot+R\cdot\ \Rightarrow\ R-BC-R\ \ \ (\text{II})$$
$$R-BC\cdot+O_2\ \Leftrightarrow\ R-BC-OO\cdot\ (\text{III})$$

図1　β-カロテンとラジカルの反応

β-カロテンは生体内でラジカルを（I）（II）のプロセスで消去する。しかしながら高酸素状態等では（III）が進行して新たなラジカルが産生され、プロオキシダントとして働く可能性がある。

が、介入試験では、その10〜20倍量のβ-カロテンを長期投与したため、他の抗酸化成分とのバランスが崩れて、喫煙者等の高酸化ストレス状態ではプロオキシダントとして働いた可能性がある。

　β-カロテンは生体内で、図1[9]に示したように、（I）（II）のプロセスでラジカルを消去する。しかしながら過剰なβ-カロテン存在下、喫煙による高酸化ストレス状態では（III）が進行し、新たなラジカルが産生されるものと予測される。事実、最近の報告で、β-カロテンの過剰投与＋喫煙による酸化ストレスにより、肺に前がん病変が発生し、細胞増殖を制御する因子に影響が認められること[10]、発がん物質の解毒酵素が異常に活性化されること[11]等が動物実験により証明されている。

　一方、Linxian地方の住民は果物や肉類等の摂取量が少ないため、投与前の血中β-カロテン濃度が極めて低く、投与後の血中濃度も健常人の2倍程度に留まっていた。結果的に"不足分を補う"ようなβ-カロテン投与となったことが良い結果につながったのではないかと推察される。

　また、日常摂取している食品中には100種類以上のカロテノイドが含有されているにもかかわらず、介入試験ではβ-カロチンのみに注目した点にも疑問がある。

　β-カロテンのがん予防効果は、図2[12]に示したような疫学研究の結果を根拠としている。β-カロテンを多く含む食品を摂取すると、肺を始め様々な部位のがんに対して予防効果があることが報告されてきた[13,14]。β-カロテンの主な摂取源は緑黄色野菜類や果物類、海草類であるが、しかしながら、これらの中にはα-カロテン（ニンジン、カボチャ等に多く含まれる）、リコペン（トマト等に多い）、ルテイン（ブロッコリー、ほうれん草、キャベツに多い）、ゼアキサンチン（ほうれん草等に多い）やクリプトキサンチン（カボチャ、柑橘類に多い）など他のカロテノイドもβ-カロテンと同様に含まれている（表2）。また、ヒトの血中や臓器中にも、β-カロテンとともに、これらカロテノイドが蓄積しており、その分布パターンは臓器により異なっている[15,16]。

　我々はβ-カロテンと挙動をともにしている様々な天然カロテノイドにも、それぞれの生理的

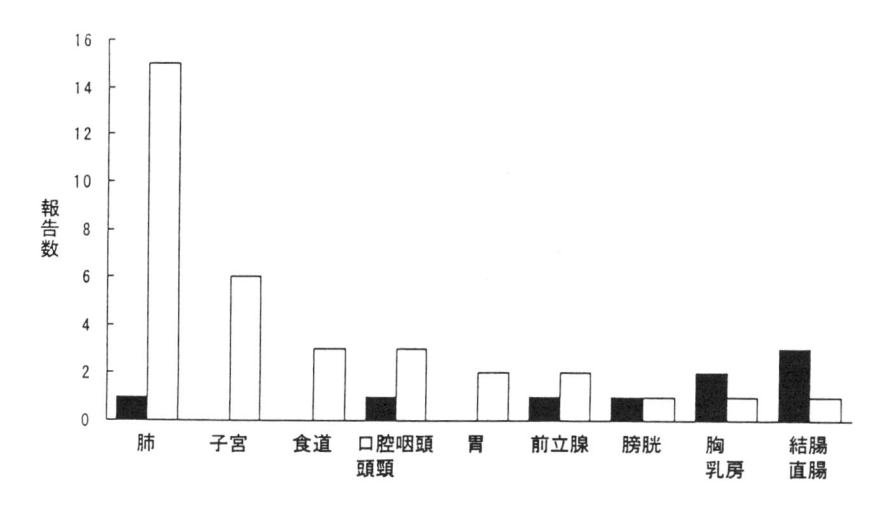

第4編　植物由来素材の老化予防機能と開発動向

```
縦軸: 報告数 (0, 2, 4, 6, 8, 10, 12, 14, 16)
横軸: 肺, 子宮, 食道, 口腔咽頭頭頸, 胃, 前立腺, 膀胱, 胸乳房, 結腸直腸
```

□ 食物からのカロテン摂取不足とがん発生率との間に関係が認められた報告数
■ 食物からのカロテン摂取不足とがん発生率との間に関係が認められなかった報告数

図2　β-カロテンのがん予防効果に関する疫学的研究のまとめ

役割／がん予防に貢献する重要な機能があるのではないかと考え，検討をしてみることにした。

3　パームフルーツカロテン

前述したように食品中には多くのカロテノイドが存在しているにもかかわらず，特にβ-カロテンが注目されてきたことには2つの理由がある。一つには，哺乳類におけるカロテノイドの役割が，単にビタミンAの前駆体（プロビタミンA）であると信じられていたことにある。すなわち，経口的に摂取されたカロテンは，腸管から吸収される際，β-カロテン中央開裂酵素（β-carotene15,15'-dioxygenase）により分子の中央で開裂し，ビタミンAとなって生物活性を示すと理解されていた。したがって，カロテノイドのなかで最もビタミンA活性の高いβ-カロテン（1分子から2分子のビタミンAが生成する）が注目されてきた訳である（表2）。

もう一つの理由としては，β-カロテンがカロテノイドの中で唯一，数十年前から工業的に合成され，安価で動物試験や臨床試験に必要な量を入手可能であったことも挙げられる。

我々は天然カロテノイドの研究を開始するに当たり，合成β-カロテンと同様に汎用性が期待できる天然素材を検索した結果，パーム油のカロテンに注目した。

表2 植物中に多く含まれるカロテノイドの構造とビタミンA活性

名　称	構造式	分子式	ビタミンA活性
α-カロテン		$C_{40}H_{56}$	50～54
β-カロテン		$C_{40}H_{56}$	100
γ-カロテン		$C_{40}H_{56}$	42～50
リコペン		$C_{40}H_{56}$	0
ルテイン		$C_{40}H_{56}O_2$	0
ゼアキサンチン		$C_{40}H_{56}O_2$	0
β-クリプトキサンチン		$C_{40}H_{56}O$	50～60

カロテノイドは不鹸化脂質の1つであり,天然色素(黄～橙～赤～紫色,稀にタンパク質と結合して青色)として自然界に広く分布している。通常はC_{40}のテトラテルペンであるが,炭素数の異なるものもある。カロテノイドのうち,炭化水素化合物をカロテン,酸素分子を含むものをキサントフィルと総称する。自然界には約600種類のカロテノイドが存在し,食物中にも微量なものを含めると約100種類が含有されている。代表的なカロテノイドの食品中の含量は,USDA-NCIのCarotenoid Database(http://www.nal.usda.gov/fnic/foodcomp/Data/Carot/)を是非参照していただきたい。ビタミンA活性はβ-カロテンを100として表記した。

　パーム油は,代表的なカロテン摂取源であるニンジンの約10倍量ものカロテンを含有しており,原産国ではカロテンを含んだまま摂取されてきた食経験の長い植物油である。また,単位面積当たりの収穫量が植物油中で最も高い上,赤道付近南北10°以内に生育しているため,台風の被害も受けずに安定供給されている。21世紀には年間2000万トンを越える生産量が見込まれ,現在世界最大の生産量を誇る大豆油を凌駕すると言われている。ヒトへの応用を考える際,資源的に非常に有利な素材であると考えられる。そして何よりも魅力的なのは,ニンジンに近いカロテノイド組成で,約60%のβ-カロテンの他に約30%のα-カロテン,数%のγ-カロテン,リコペン等を含有していることである。

そこで我々は，パーム油よりカロテノイド試料を抽出精製し（パームフルーツカロテン：共同研究者のミネソタ大学医学部Lee Wattenberg教授の命名），動物実験により，がん予防効果を調べてみた。

4 マウス皮膚2段階発がんの抑制効果

まず始めに，代表的な発がんモデルであるマウス皮膚2段階発がん系を用いて，発がんプロモーション過程に対するパームフルーツカロテンの効果を調べた。

実験にはICR系雌マウスを1群16匹として用いた。マウスの背中の毛をバリカンで剃り，イニシエーターとしてDMBA（7,12-dimethylbenz[a]anthracene）を100 μg塗布した。その1週間後からプロモーターとしてTPA（12-O-tetradecanoylphorbol-13-acetate）を1 μgずつ週2回塗布した。実験群には，パームフルーツカロテンをTPAと同時に170nmole塗布した。

図3に示したように，パームフルーツカロテン塗布群において，TPAによる発がんプロモーションが完全に抑制された。通常，この程度強い活性を持つ化合物は毒性を示し，体重減少が見られる場合があるが，コントロール群に対する有意差は認められなかった。この結果より，パームフルーツカロテンは大変有望ながん予防効果を持つことが示唆された。

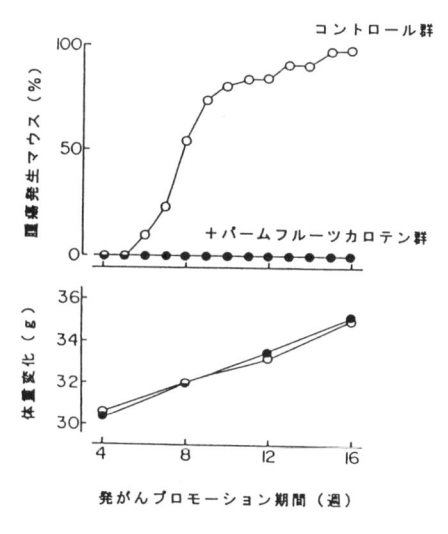

図3 パームフルーツカロテンのマウス皮膚2段階発がん抑制効果

実験群には170nmoleのパームフルーツカロテンをTPAと同時に塗布した。

パームフルーツカロテン群では発がんが完全に抑制された。コントロール群と体重変化に差もなく，毒性に問題はない。

パームフルーツカロテンの主成分はα-カロテンとβ-カロテンである。そこでパームフルーツカロテンからα-カロテンを精製して，合成β-カロテンと効果を比較した。

実験群には，200または400nmoleの2水準濃度のα-またはβ-カロテンをTPAと同時に塗布した。その他の条件は前回と同様である。

その経時変化を図4に示した。実験終了時の20週目にはコントロール群の腫瘍発生マウスの割

合が約70％に達していたのに対して，カロテンを塗布した群はいずれも顕著に発がん率が低下し，濃度依存性も認められた。そして大変興味深いことに，α-カロテンの抑制効果はβ-カロテンより強いことが明らかになった。また1匹当たりの腫瘍数もα-カロテン群の方が有意に少なかった。

これらの結果より，α-カロテンはβ-カロテンより，強い発がんプロモーション抑制効果をもつことが明らかになった。

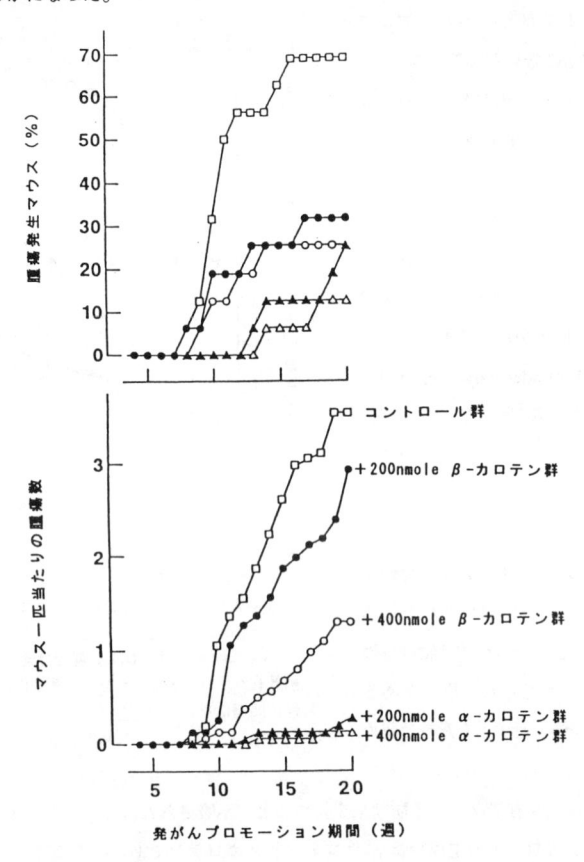

図4 α-カロテンとβ-カロテンのマウス皮膚2段階発がん抑制効果

実験群には200nmoleまたは400nmoleの2水準濃度のα-カロテンまたはβ-カロテンをTPAと同時に塗布した。

α-カロテンとβ-カロテンともに抑制効果が認められたが，大変興味深いことにα-カロテンの方がβ-カロテンより有意に強い効果を示した。

第4編　植物由来素材の老化予防機能と開発動向

5　マウス肺2段階発がんの抑制効果

　図2に示したように，疫学調査においてカロテンの発がん予防効果が最も期待できるといわれているのは肺がんである。そこで次に，4NQO（4-nitroquinoline 1-oxide）をイニシエーター，グリセロールをプロモーターとするマウス肺2段階発がん系におけるα-カロテンとβ-カロテンの発がんプロモーション抑制効果を比較してみた。

　ddY系雄マウスに体重1kg当たり10mgの4NQOを背中に皮下注射してイニシエーションをかけ，その5週間後よりグリセロールを飲料水中に10％の濃度となるように添加して25週間経口投与してプロモーションを継続すると，肺に特異的に4～5個の腫瘍が発生することが知られている。この実験系を用いて，グリセロールとともに乳化したα-カロテン，またはβ-カロテンを，それぞれ飲料水中に0.05％の濃度で添加してマウスに自由摂取させ，発がんプロモーション過程に対する抑制効果を調べた。コントロール群の動物には乳化基材のみを添加した飲料水を与えた。

　表3に結果をまとめた。β-カロテン投与群では，コントロール群と比較して発がん率（腫瘍発生マウスの割合），1匹当たりの腫瘍数とも抑制効果が見られなかった。これに対してα-カロテンは，この実験でも有意な抑制効果が認められた。飲料水の摂取量は各群で差は見られなかったので，α-カロテンとβ-カロテンの摂取量に差はない。また体重変化も差がなかった。以上の結果より，肺がんの予防においてもα-カロテンは有効であることが示唆された。

　β-カロテンに関して動物実験系で肺がんの抑制効果が認められた報告は少ない。例えば，NCIが肺がん予防のスクリーニング系として用いているMNU（N-nitrosomethylurea），またはDEN（N-nitrosodiethylamine）によるハムスターの肺発がんモデルでも，β-カロテンは効果が認められなかったことが報告されている[17]。本実験系において，α-カロテンの効果が証明されたことは，カロテノイドによるがん予防における重要な知見となると考える。

　最近，フィンランドにおける疫学調査で，喫煙者の肺がんリスクに対して，α-カロテンの摂

表3　α-カロテンとβ-カロテンのマウス肺2段階発がん抑制効果

実験群	腫瘍発生マウスの割合（％）	マウス1匹当たりの平均腫瘍数	有意差
コントロール群	94	4.06	
α-カロテン投与群	73	1.33	$P<0.001$
β-カロテン投与群	93	4.96	NS

実験群には乳化したα-またはβ-カロテンを飲料水中に0.05％添加し，経口摂取させた。コントロール群には乳化基材のみを添加した飲料水を与えた。
β-カロテン投与群ではコントロールに対して有意な抑制効果がみられなかったが，α-カロテン群ではマウス1匹当たりの腫瘍数がコントロールの約30％に抑制されており，有意な抑制効果が認められた。

取が β-カロテンより強い逆相関が認められたことが報告された[18]。今後 α-カロテンの肺がんに対する予防効果を大いに注目していくべきであると考える。

6 おわりに

我々は、α-カロテンばかりでなく、パームフルーツカロテン中に含有されているリコペン、γ-カロテン、フィトエンなどにも強い発がん予防効果が認められること、またこれらのカロテノイドには相乗効果があることを動物実験により確認している[19-21]。現在さらに広範囲な食用素材に注目し、有効な天然カロテノイドの検索を続けており、既に in vitro におけるスクリーニング試験、動物試験において有効性が証明されたものがいくつもある[22-26]。これらのうち、特に日常的に摂取量の多い α-, β-カロテン、リコペン、ルテイン、ゼアキサンチン、α-, β-クリプトキサンチン、アスタキサンチン（甲殻類、サケに多い）、フコキサンチン（ワカメ、ひじきなど海草類に多い）に注目し、がん予防効果の評価プロジェクトを現在進行中である。

これらのカロテノイドを横並びで評価してみると、その効果には、やはり臓器特異性があるようである。例えば皮膚がんでは、リコペン、フコキサンチン、肝がんでは、アスタキサンチン、フコキサンチン、肺がんではリコペン、α-カロテン、大腸がんではリコペン、ルテイン、α-カロテンが特に有効である結果が得られている（投稿準備中）。今後さらに多くの共同研究グループの協力を得て、作用スペクトルを調べて行く予定である。

また、メカニズムについては、特に発がん関連遺伝子の発現調節にカロテノイドが重要な役割をしていることを示唆するデータが得られており[27]、現在詳細な検討を行っている。カロテノイドの生物活性は、これまで抗酸化能を中心に議論されることが多かった[28-30]が、効力の臓器特異性とその臓器へのカロテノイド蓄積量に必ずしも相関はなく、抗酸化能力のみで説明できない点が多々ある。現在のところ哺乳類のカロテノイド代謝に関する研究も驚くほど例が少ない[31]。各々のカロテノイドは、①どのような吸収制御を受けているのか？②どのような代謝制御を受けているのか？③魚類や鳥類で見出されているような、カロテンからキサントフィル類への酸化反応や、その逆の還元反応、さらにエピマー化やアイソマー化が起こるか？等の問題も解明して行かなければならない。免疫系への影響等も含めて、今後より多くの専門分野の方に研究に参加して頂き、多面的にメカニズム解析をしてみたいと考える。

さらに、各カロテノイドの至適投与量の検討も重要であると考える。例えば、リコペン等は、ラットの大腸がんに対して、低投与量の方が効力が強くなる例も確認されている[26]。

作用スペクトル、メカニズム、至適使用量の3つの面から、Dietary Carotenoid Mapを完成させ、がん予防のためのカロテノイド情報整備をして行きたいと考えている。

第4編　植物由来素材の老化予防機能と開発動向

　緑黄色野菜や果物などを多く摂取すると，がんのリスクが低減する，というのは普遍的な事実であり，使いこなしを間違えなければ，β-カロテンや他の天然カロテノイドは，がん予防に貢献できる可能性が必ずあるはずである。

　カロテノイドは食品・食品添加物としての基本的な安全性が充分確認されており[32,33]，生体防御に貢献している重要な食物抗酸化成分であることは言をまたない。しかしながら，抗酸化物質である以上，使い方によっては酸素と同様に生体にとって両刃の剣となる。有用性に関する研究と並行して，どのくらいどのように使えば危険であるかを見極め，有効な使いこなしを提案して行くことが，我々カロチノイド研究者に課せられた今後の課題であると考えている。

　本章では，がん予防という面からカロテノイドについて述べたが，老化予防から見た場合にも課題となる点は同じである。特にフリーラジカル理論の立場から老化予防を論じる場合，代表的な抗酸化物質であるカロテノイドは重要性が高い。したがって，カロテノイドを有効かつ安全に使いこなすための基礎データをそろえることは極めて重要である。

　(謝辞：御指導を賜りました国立がんセンター研究所化学療法部の津田洋幸部長，高須賀信夫先生，ならび京都府立医科大学生化学教室の德田春邦先生，里見佳子先生，増田光治先生をはじめ共同研究者の方々に心より感謝申し上げます。)

文　　献

1)　Alpha-Tocopherol Beta-Carotene Cancer Prevention Study Group, *N. Engl. J. Med.*, 330, 1029 (1994)
2)　G. S. Omenn et al., *N. Engl. J. Med.*, 334, 1150 (1996)
3)　C. H. Hennekens et al., *N. Engl. J. Med.*, 334, 1455 (1996)
4)　W. J. Blot et al., *J. Natl. Cancer Inst.*, 85, 1483 (1993)
5)　G. S. Omenn et al., *J. Natl. Cancer Inst.*, 88, 1550 (1996)
6)　D. Albanes et al., *J. Natl. Cancer Inst.*, 88, 1560 (1996)
7)　N. Fotouch et al., *Am. J. Clin. Nutr.*, 63, 553 (1996)
8)　S. T. Omaye et al., *Fundam. Appl. Toxicol.*, 40, 163 (1997)
9)　D. C. Liebler et al., *Chem. Res. Toxicol.*, 9, 8 (1996)
10)　X. D. Wang et al., *J. Natl. Cancer Inst.*, 91, 60 (1999)
11)　M. Paolini et al., *Nature*, 398, 760 (1999)
12)　S. Gaby, "Vitamin intake and Health", Marcel Dekker, New York (1991)
13)　R. Peto et al., *Nature*, 290, 201 (1981)
14)　T. Hirayama., *Nutr. Cancer*, 1, 67 (1979)

15) F. Khachik et al., "Methods in Enzynology, (L.Packer ed.), Vol.213A", p205, Academic Press, New York (1992)
16) L. A. Kaplan et al., Clin. Physiol. Biochem., 8, 1 (1990)
17) W. F. Malone, Am. J. Clin. Nutr., 53, 305S (1991)
18) P. Knekt et al., J. Natl. Cancer Inst., 91, 182 (1999)
19) M. Murakoshi, H.Nishino et al., Cancer Res., 52, 6583 (1992)
20) J. Okuzumi et al., Oncology, 49, 492 (1992)
21) D. J. Kim et al., Cancer Letters, 120, 15 (1997)
22) 西野輔翼, 岩島昭夫, ビタミン, 67, 531 (1993)
23) J. Okuzumi et al., J. Kyoto Pref. Univ. Med., 100, 551 (1991)
24) H. Nishino et al., Anti-cancer Drug, 3, 493 (1992)
25) M. Tsushima et al., Biol. Pharm. Bull., 18, 227 (1995)
26) T. Narisawa et al., Cancer Letters, 107, 137 (1996)
27) Y. Satomi and H.Nishino, Abstracts for 12th Int. Carotenoid Symposium, 6A-5, Cairns, Australia, July 18-23 (1999)
28) P. DiMascio et al., Arch. Biochem. Biophys., 274, 532 (1989)
29) 寺尾純二, ビタミン, 72, 395 (1998)
30) N.Krinsky, Annu. Rev. Nutr., 13, 561 (1993)
31) R. S. Parker, Euro. J. Clin. Nutr., 51, 86S (1997)
32) R. Heywood et al., Toxicology, 36, 91 (1985)
33) M. Masuda et al., J. Toxicological Sciences, 20, 619 (1995)

第3章 アントシアニン

津田孝範[*]

1 はじめに

　老化は，成熟期以後，時の経過とともに進行する不可逆的な退行変化とされている。現在，老化学説には二つあり，その一つは「寿命プログラム説」で，老化が遺伝子レベルで制御されているという説である。もう一つは，生物が種々の環境因子と関連して，生体内の種々の重要な分子の変性による障害により老化が起こるとする「生体障害説，障害蓄積説」である。この中で今日最も注目され，さかんに研究が行われているものの一つが，生体内において生じるフリーラジカルによる酸化が老化の原因であるとするフリーラジカル説である。

　老化学説についての詳細は他稿に譲るが，食品因子による老化制御を考えた場合，生体内における酸化傷害の抑制により達成できるのではないか。すなわち，生体内における酸化に対する抵抗性を高めることが老化の予防につながるものと考えられる。

　現在，抗酸化物質として多くの植物由来の成分が見出されており，これらの応用に関する研究が進められている。中でもアントシアニンは，近年，最も注目されている食品因子の一つである。

　しかし食品因子としてのアントシアニンの生理機能に関する研究は，古くから行われてきたわけではない。その理由としては，後で述べるように，アントシアニンがオキソニウムカチオン構造を持つことに由来する。一般にアントシアニンは，中性領域では不安定で速やかに分解，退色するため[1]，他のフラボノイド類と比較して多様な生理機能を有するとは認識されてこなかった。

　しかし，活性酸素，フリーラジカルと老年病との関係が明らかになるにつれ，食品因子によるがん等の疾病の予防効果が大いに注目されるようになった。そのため，これまで生理活性，老化予防の点から注目されなかったアントシアニンについても，多くの期待が寄せられるようになった。ここ数年にわたり，著者らのアントシアニンの研究の他，ブルーベリー由来のアントシアニンの抗潰瘍効果[2]，がん細胞に対する増殖抑制効果[3]が報告されるようになり，植物性食品成分としてアントシアニンが大いに注目されている。

　本章では，植物由来素材の中で，アントシアニンについて，酸化傷害の抑制の観点から検討した著者らの研究結果を概説し，老化予防の可能性について考えることにする。

---

　* Takanori Tsuda　東海学園女子短期大学　生活学科　講師

2 アントシアニンの化学と植物における存在

ブドウやリンゴ，イチゴ等の果実，ナス，シソ，マメ種子の美しい赤色や紫色はアントシアニンによるものである。また花の色も，その多くはアントシアニンを含み，我々の目を楽しませてくれる。そのため，アントシアニンについての研究は，食品化学の立場からは，果実類の加工保存中における色調の変化や天然着色料としての応用について行われてきた。また花の色という園芸面から興味がもたれ，その構造と色調，色の発現と安定化についての究明がなされた。近年では，植物のアントシアニン生合成系の遺伝子とその発現制御機構が明らかにされ，遺伝子工学的手法による花の色の変換についての研究も行われている。

アントシアニンは，一般には植物中では配糖体として存在し，色素本体であるアグリコンは，アントシアニジンと呼ばれる。図1[4]に主要なアントシアニジンを示したが，アントシアニンは，B環の置換基，結合糖の種類と数，アシル基の有無により多くの種類がある。また，その色調は，B環の置換基により異なり，水酸基の数が増加するに従い深色化し，メトキシル基の存在は浅色化をもたらす。

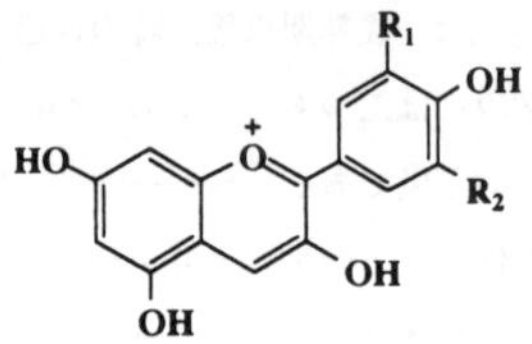

R_1	R_2	アントシアニジン
H	H	ペラルゴニジン
OH	H	シアニジン
OCH_3	H	ペオニジン
OH	OH	デルフィニジン
OCH_3	OH	ペチュニジン
OCH_3	OCH_3	マルビジン

図1 代表的なアントシアニジン[4]

アントシアニンは，強酸性では，フラビリウム型をとり，赤色を呈し，比較的安定であるが，弱酸性・中性領域では，水分子と反応して無色のプソイド塩基に変換する。

アントシアニンは，穀類，いも類，野菜類，豆類，果実類等，我々が常食している多くの植物に存在しているが，シアニジン系の分布が最も広く，デルフィニジン系がこれに次いでいる[5]。アントシアニンの含量は，植物や品種により大いに異なり，収穫時期によっても異なる[5]。

3 生体内抗酸化物質としてのアントシアニン

アントシアニンは，老化抑制という観点から考えて，酸化傷害の抑制を通して関与することが可能ではないかと推定される。ここではまず，著者らのアントシアニンの抗酸化性に関する研究を述べる。

3.1 アントシアニンの試験管レベルでの機能

　先に述べたように，アントシアニンは，他のフラボノイド類に比べると機能性に関するデータは乏しい。著者らがアントシアニンの生理機能に注目したのは，食用豆類の機能性を明らかにしたいという目的から，35種の豆類の抗酸化性のスクリーニングを行ったことからであった。

　スクリーニングの結果，強い抗酸化性を有する豆類の1つとしてインゲンマメを見出したが[6]，インゲンマメには様々な品種があり，中でも種皮の色は，白，赤，黒等バラエティに富んでいる。ここで興味がもたれるのは，種皮に含まれる色素が酸化ストレスに対して大きな役割を持つのではないかということである。これは豆に限らず，植物種子が次世代に子孫を残すため，貯蔵中は，将来の発芽に備えて過酷な酸化的傷害から身を守るための抗酸化的防御機構を有していると思われるからである。

　そこで，種皮の色が白，赤，黒の3種類のインゲンマメについて種皮および胚乳部分に分け，それぞれより調製した抽出物の抗酸化性を比較した。その結果，抗酸化性は，種皮の部分のみに認められ，種皮の色については，赤，黒の有色のものに強い抗酸化性が認められた[7]。そこで，これらの種皮に含まれる色素の単離を行い，その構造を検討した結果，これらの色素はいずれもアントシアニンであるシアニジン3-O-β-D-グルコシド（C3G），ペラルゴニジン3-O-β-D-グルコシド（P3G），デルフィニジン3-O-β-D-グルコシド（D3G）と同定された（図2）[7]。

　そこで，これらのアントシアニン配糖体およびそのアグリコンについて，抗酸化性と関連の生理活性を*in vitro*系で構造活性相関も含め検討した。その結果，リポソーム系では，いずれのアントシアニンもα-トコフェロールを上回る抗酸化性を示した[8,9]。ラット肝ミクロソーム系では，糖の有無とB環の水酸基の数により，その効果が異なることが明らかになった[9]。また脂質過酸化を指標にした紫外線（UVB）傷害の抑制効果を調べたところ，配糖体，アグリコンいずれの場

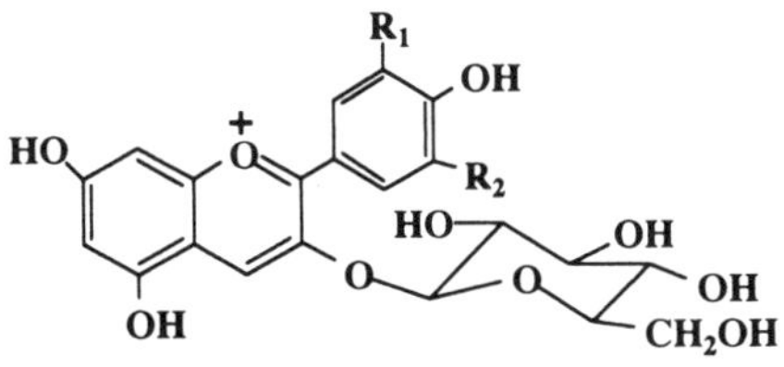

R_1=OH, R_2=H　　シアニジン　3-O-β-D-グルコシド（C 3 G）
R_1=H,　R_2=H　　ペラルゴニジン　3-O-β-D-グルコシド（P 3 G）
R_1=OH, R_2=OH　デルフィニジン　3-O-β-D-グルコシド（D 3 G）

図2　インゲンマメ種皮より単離したアントシアニン[4]

合もB環の水酸基の数に依存し，その数の増加とともに抑制活性は強くなった[9]。

さらに活性酸素捕捉活性について検討した結果，ヒドロキシルラジカル捕捉活性は，配糖体の場合は，3位の糖の存在の有無が活性に影響を与えており，アグリコンの場合は，その強弱はB環の水酸基の数に依存することが明らかになった[9]。一方，スーパーオキシド捕捉活性は，配糖体，アグリコンいずれの場合もB環の水酸基の数に依存しており，水酸基の数が増加するに従い，捕捉活性は強くなった[9]。またチロシナーゼ活性の阻害効果と抗酸化性との関連について検討した結果，配糖体，アグリコンいずれの場合も，B環に水酸基を2個持つC3G，シアニジン（Cy）に最も強い阻害活性が認められた。またC3GとCyの間の比較では，3位に糖を持たないCyの方が阻害活性が強く，他のアントシアニンでは，糖の有無は阻害活性に影響を与えなかった[10]。

さらに最近では，C3Gをはじめとするアントシアニンは，一酸化窒素由来のペルオキシナイトライトにより誘導される傷害マーカーとして考えられているタンパク質中の3-ニトロチロシンの生成を抑制することも明らかにしており，現在ペルオキシナイトライトとC3Gをはじめとするアントシアニンとの生成物についても検討を行っている。

3.2 個体レベルにおけるC3Gの抗酸化性

これまでの in vitro でのアントシアニンの抗酸化性やその機構についての結果を踏まえ，動物個体（ラット）レベルでのアントシアニンの抗酸化性を，C3Gを用いて検討した。

初めに正常個体におけるC3Gの抗酸化性を検討した。まずラットに0.2%のC3Gを含む飼料を2週間摂取させた。その結果，C3G食摂取群では，コントロール食摂取群と比較して，飼料摂取量の減少，体重増加の抑制，肝肥大を起こすことなく，血清の脂質過酸化が有意に抑制された（図3A）[11]。また得られた血清をラジカル発生剤（AAPH）や銅イオンで酸化を誘導し，比較したところ，C3G食摂取群より得られた血清は，酸化に対する抵抗性が有意に上昇することが明らかになり，C3Gが生体内においても抗酸化性を発揮することが示唆された（図3B,C）[11]。なお，この機構については，C3Gの摂取が内因性抗酸化物質の濃度には影響を与えないことから，吸収されたC3Gやその代謝物が抗酸化物質として生体内で機能しているのではないかと推測された。

次に酸化ストレス負荷時における傷害に対するC3G摂取による抑制効果の検討を行った。酸化ストレスのモデル系としては，ラットの肝臓の虚血—再灌流傷害を用いた。組織中への血流を遮断した後（虚血），再開（再灌流）すると，好中球の浸潤によるスーパーオキシド等，種々の要因による活性酸素の生成により，組織中の脂質過酸化をはじめとする種々の傷害が起こることが知られている。著者らは，対象臓器として肝臓を用い，門脈，総胆管，肝動脈を一括してクリップで止め，全肝虚血とした後，クリップをはずし，血流を再開させた。そして，その結果生じる酸化傷害に対して，C3Gの摂取が抑制しうるのかを検討した。

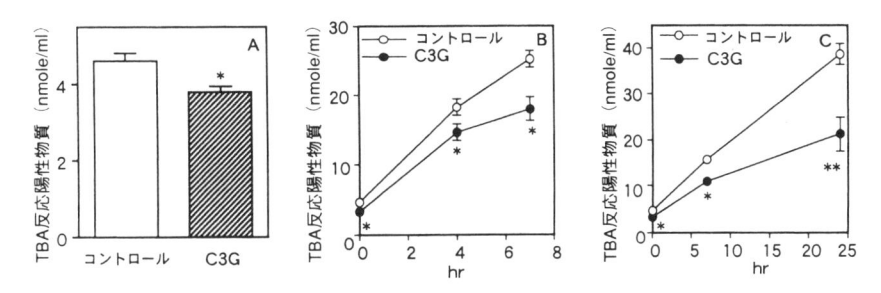

図3 ラットにおけるシアニジン3-O-β-D-グルコシド（C3G）摂取による抗酸化性[11]
(A) C3G摂取による血清脂質過酸化度の低下
(B) ラジカル発生剤で酸化を誘導した時の血清の酸化抵抗性の変化
(C) 硫酸銅で酸化を誘導した時の血清の酸化抵抗性の変化
　　＊ $P<0.05$ 　　＊＊ $P<0.01$

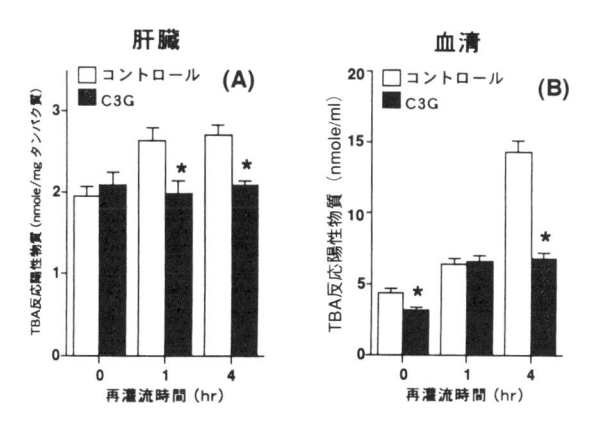

図4 ラット肝臓の虚血―再灌流による肝臓（A）および血清（B）のTBA反応陽性物質の上昇とシアニジン3-O-β-D-グルコシド（C3G）摂取による抑制[12]
　　＊ $P<0.05$

　その結果，C3Gを摂取したラットでは，虚血―再灌流による肝臓および血清の脂質過酸化や（図4）[12]，肝傷害マーカー酵素の血中への漏出を顕著に抑制した（図5）[12]。またC3G摂取群では，虚血―再灌流により引き起こされる肝臓中の還元型グルタチオン濃度の低下を抑制し，アスコルビン酸濃度の低下が速やかに回復していた。

　これらの結果より，C3Gの摂取が，肝臓の虚血―再灌流傷害を効果的に抑制し，酸化ストレス負荷時にも有効な抗酸化物質として機能することが明らかになった[12]。

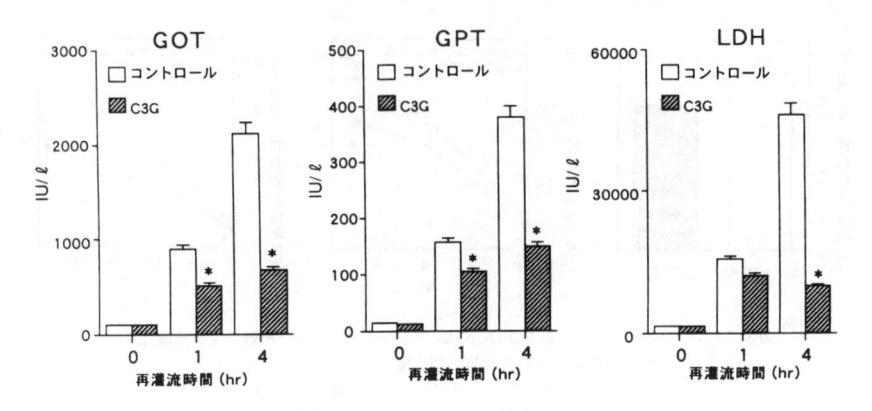

図5 ラット肝臓の虚血―再灌流による血清の肝障害マーカー酵素活性の上昇とシアニジン3-O-β-D-グルコシド(C3G)摂取による抑制[12]

* $P < 0.05$

4 C3Gの抗酸化性と体内動態

これまでに述べたように,アントシアニンは, in vitroのみならず,個体レベルでも有効な抗酸化物質として機能することが明らかになった。最近,茶カテキン類などを中心に,従来の栄養学においては見逃されてきたこれらの食品因子の機能に加えて,摂取後の吸収,代謝といった体内

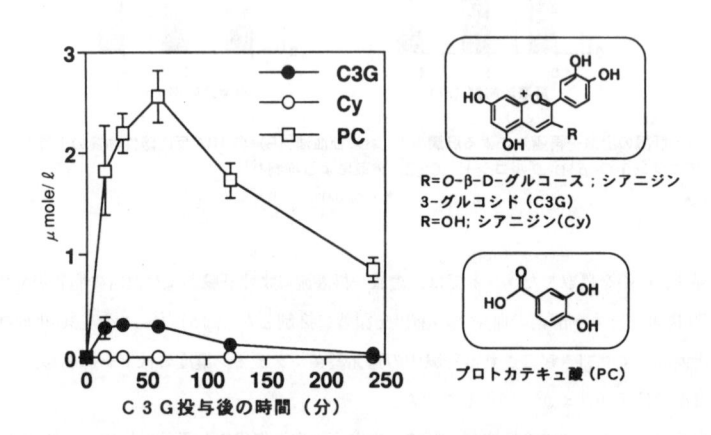

図6 ラットにおけるシアニジン3-O-β-D-グルコシド(C3G)投与時の血漿中のC3G,シアニジン(Cy),プロトカテキュ酸(PC)濃度の経時変化[13]

動態が重要視されている。しかし，アントシアニンについては，その機能の解析と同様，取り組みは遅れており，明らかではなかった。

そこで著者らは，C3Gの生体内での抗酸化能の発現機構を明らかにするため，ラットにおけるC3Gの体内動態を調べた。

実験としては，C3Gをラットへ経口投与し，経時的に血漿，各種臓器を取り出し，C3Gおよびその代謝物を検討した。その結果，C3Gは，フリーの状態で血漿において検出され，その濃度は投与後30分で最大となった（図6）[13]。しかしアグリコンであるシアニジン（Cy）は検出されなかった。また血漿中には，C3GあるいはCyの分解物と考えられるプロトカテキュ酸（PC）が検出され，その濃度は60分で最大となり，この時の濃度はC3Gの約8倍に達した（図6）[13]。空腸においては，C3GとともにアグリコンであるCyとPCの生成が確認された（図7）[13]。一方，肝臓では，C3Gはほとんど検出されず，Cyも検出されなかった。ところが肝臓では，C3Gの代謝物であり，アントシアニンと考えられるピークが存在しており，解析の結果，C3GのB環の水酸基がメチル化されたもの（methyl-C3G）であることが明らかになっ

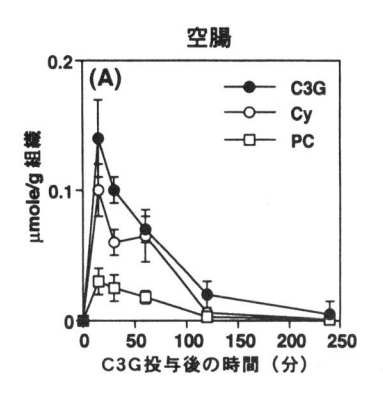

図7 ラットにおけるシアニジン3-O-β-D-グルコシド（C3G）投与時の空腸組織中のC3Gおよび代謝物の濃度の経時変化[13]

Cy；シアニジン，PC；プロトカテキュ酸

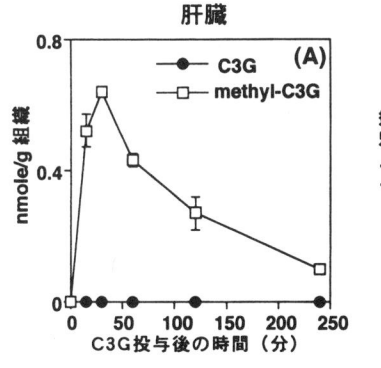

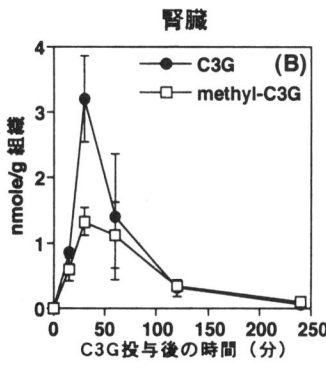

図8 ラットにおけるシアニジン3-O-β-D-グルコシド（C3G）投与時の肝臓（A）、腎臓（B）組織中のC3Gおよび代謝物の濃度の経時変化[13]

methyl-C3G；メチル化C3G

た（図8A）[13]。また腎臓においても，C3Gとともにmethyl-C3Gが生成し，これらはいずれも投与後30分で最大となり，その時の濃度は肝臓よりも高濃度であった（図8B）[13]。なお，methyl-C3Gは血漿や他の組織中では検出されなかった。

これらの知見を基に推定したC3Gの体内動態についての概略を図9に示す。摂取されたC3Gは，胃においてはほとんど変化を受けず，腸管へ移行し，ある部分はβ-グルコシダーゼによる加水分解を受け，Cyを生成し，またこれらより一部はPCが生成すると考えられる。その後，何らかの機構により吸収されたC3Gは，肝臓においては，メチル基転移酵素による代謝を受け，このような代謝を受けなかったC3Gが血中へ移行するものと推定している。また腎臓においても，C3Gが移行し，同様に酵素作用を受けていると思われる。一方，アグリコンであるCyは，腸管において生成するが，Cy自体が，中性領域ではC3Gに比べかなり不安定なため，血漿などではすでに分解し，PCを生成しているのではないかと考えられる。著者らは，Cyを血清とインキュベートすることにより，短時間で不可逆的に分解し，PCが生成することを確認している。

そして，著者らは，これらが，血漿や組織中で抗酸化性の発現に関与しているのではないかと推定している。ただし，これら以外にもまだ未同定のピークも認められるので，その関与については今後の検討課題である。

以上のようにアントシアニンの個体レベルにおける機能，体内動態について著者らの得た結果

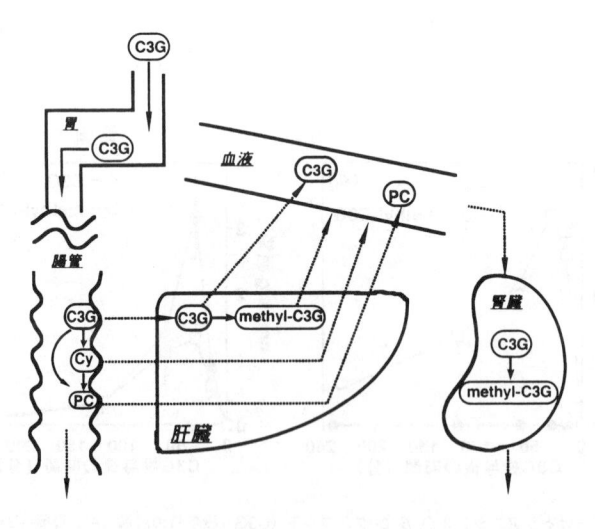

図9 ラットにおけるシアニジン3-O-β-D-グルコシド（C3G）の体内動態の推定[13]
Cy；シアニジン，PC；プロトカテキュ酸，methyl-C3G；メチル化C3G

を述べた。まだいくつかの課題はあるが、アントシアニンは、酸化ストレスに起因する疾病を予防する抗酸化食品素材として今後大いに期待される。

5 まとめと今後の課題―アントシアニンの老化予防因子としての可能性

アントシアニンは、著者らが検討した豆類のみならず、多くの植物素材に含まれている食品因子の一つである。しかしながら、これまではその化学構造や食用色素としての応用に関する研究が中心であり、その生理機能や体内動態に関しては、これまであまり話題にされなかった。これは、その構造の不安定さによるものと思われるが、近年、大いにその機能が注目されるようになってきた。今回紹介した著者らの結果は、アントシアニンを、単なる色素、着色料としてではなく、生理機能を兼ね備えた「機能性色素」という概念に基づいてとらえ、これまでの抗酸化物質とは差別化した新しい応用の基盤を提供できるものと考えている。

日常的に起こりうる酸化傷害を抑制することで、生活習慣病の予防、ひいては老化を制御し、健やかな生活をおくることは、長い食生活の過程でなし得るものである。抗酸化食品素材であるアントシアニンにより老化制御が可能かどうかは、まだ結論が出ていない。しかしアントシアニンは、今後も老化制御に関与できる重要な食品因子の一つとして大いに注目されることは間違いなく、その研究の発展が期待される。加えて、これまでの栄養学では検討されてこなかった、種々の疾病の予防、最終的には老化の抑制に対しての必要量(所要量)などが、確かな科学的根拠の下で明らかにされることも今後の重要な課題と考えられる。

文　献

1) R. Brouillard, "The Flavonoids", p. 525, Chapman and Hall, London (1988)
2) M. J. Magistretti et al., Arzneim-Forsch/Drug Res., 38, 686 (1988)
3) H. Kamei et al., Cancer Investigation, 13, 590 (1995)
4) 津田孝範, "成人病予防食品の開発", シーエムシー, p. 246 (1998)
5) 中林敏郎ほか, "食品の変色の化学", 光琳, p. 18 (1995)
6) T. Tsuda et al., Biosci. Biotech. Biochem., 57, 1606 (1993)
7) T. Tsuda et al., J. Agric. Food Chem., 42, 248 (1994)
8) T. Tsuda et al., J. Agric. Food Chem., 42, 2407 (1994)
9) T. Tsuda et al., Biochem. Pharmacol., 52, 1033 (1996)
10) T. Tsuda and T. Osawa, Food Sci. Technol. Int. Tokyo, 3, 82 (1997)
11) T. Tsuda et al., Lipids, 33, 583 (1998)
12) T. Tsuda et al., Arch. Biochem. Biophys., 368, 361 (1999)
13) T. Tsuda et al., FEBS lett., 449, 179 (1999)

第4章　リコピン

大嶋俊二[*1]，稲熊隆博[*2]

1　リコピンとは

　リコピン（リコペン，Lycopene）は，トマトに含まれる赤色のカロチノイド色素で，炭化水素カロチノイドに属する。1875年に，Millardetによってトマトから単離され，その後，1903年にSchunckによって，トマトの学名（*Lycopersicon esculentum* Mill.）にちなんでリコピンと命名された。リコピンの分子式は$C_{40}H_{56}$で，共役二重結合を11個有する非環式の構造をしている。β-イオノン環を有していないため，β-カロチンのようなプロビタミンA活性はもたない（図1）。

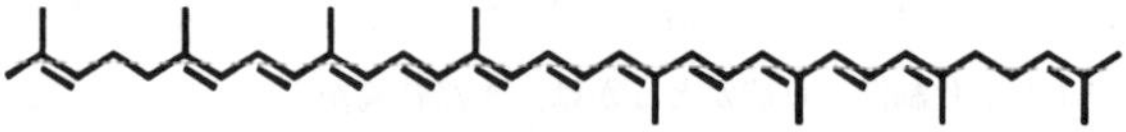

リコピン

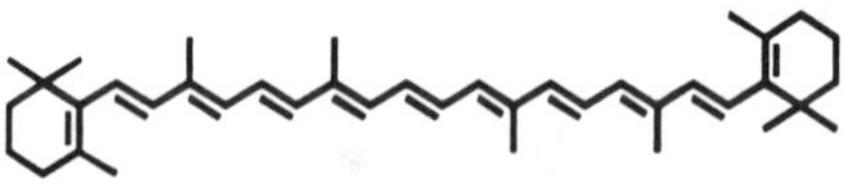

β-カロチン

図1　リコピンおよびβ-カロチンの構造式

　リコピンは極性基を有していないため，水には不溶，アルコールには難溶である。光に対して顕著に不安定で，リコピンを有機溶媒に溶解し，光を当てておくと，素早く退色してしまう。熱に対しては比較的安定であるが，一部はゲラニオールやシュードイオノンなどの揮発性物質に分解される[1]。また，熱による異性化反応も生じ，オールトランス体からシス体に変化することが

---

*1　Shunji Oshima　カゴメ㈱　総合研究所　基礎研究部
*2　Takahiro Inakuma　カゴメ㈱　総合研究所　基礎研究部　部長

第4編 植物由来素材の老化予防機能と開発動向

知られている[2]。

このようにリコピンは非常に不安定な性質を有しているが，植物組織中では極めて安定である。トマトジュースに熱を加えたり光を照射しても，リコピンの減少はほとんどおきない[3]。これらの知見は，リコピンの生理作用を期待する場合，サプリメントではなく，トマトから摂取することが望ましいことを示唆している。

リコピンは，トマト以外にもスイカや柿，ピンクグレープフルーツなどに含まれるが，最も含量の多いのはトマトである[4]。また，日本において，トマトは生食用（ピンク系）と加工用（赤系）に分類されるが，両トマト中のカロチノイド含量を測定すると，加工用トマトは生食用トマトよりもリコピンやβ-カロチン含量が顕著に多い。また，その他の栄養成分含量についても，加工用トマトの方が優れていることが判明した（図2）。

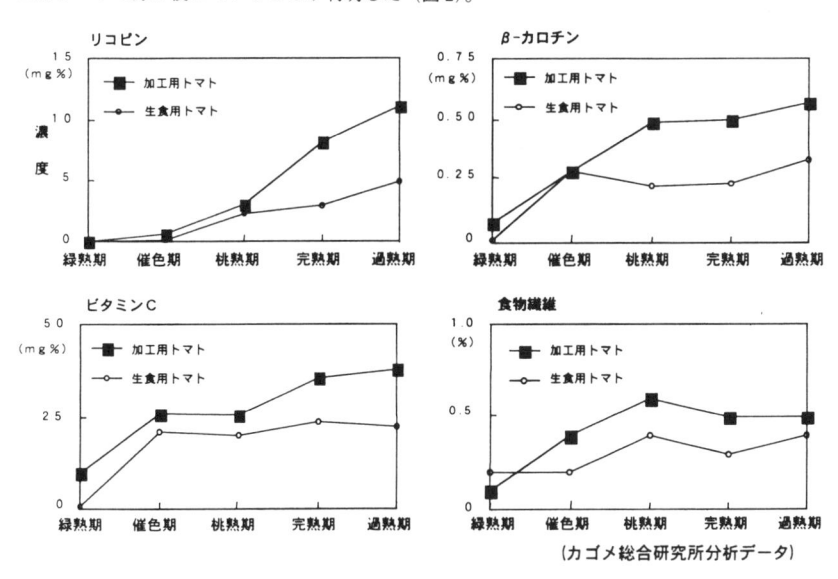

図2 加工用トマトと生食用トマトの熟度別栄養成分の違い

（カゴメ総合研究所分析データ）

2 リコピンの抗酸化作用

カロチノイドに脂質の過酸化を防ぐ，すなわち抗酸化作用があることは，1932年にMonaghanらによって初めて報告された[5]。その後，1968年にFooteらは，β-カロチンに一重項酸素の消去

活性があることを明らかにした[6]。さらに，Burtonらは β-カロチンのペルオキシラジカル捕捉活性は，生体内のような低酸素分圧下において増強されることを見出し，通常の抗酸化物質とは異なる特異な抗酸化物質であるとした[7]。

ところで，リコピンは，β-カロチンと同じ炭化水素カロチノイドであるが，プロビタミンA活性を持たないためか，ほとんど研究対象にされていなかった。しかし，リコピンの抗酸化活性に関して，1989年にDiMascioらによって，カロチノイドの中で一重項酸素消去能が最も強いというデータが報告され（表1）[8]，リコピンが注目されるようになった。

表1 主な抗酸化物質の一重項酸素消去速度定数

抗酸化物質	消去速度定数 kq （$10^9 \mathrm{M}^{-1}\mathrm{s}^{-1}$）
リコピン	31
γ-カロテン	25
アスタキサンチン	24
カンタキサンチン	21
α-カロテン	19
β-カロテン	14
ビキシン	14
ゼアキサンチン	10
ルテイン	8
クリプトキサンチン	6
クロシン	1.1
α-トコフェロール	0.3
レチノイン酸	活性なし

（文献8）より引用）

生体内において一重項酸素がどの程度発生しているかは不明であるが，光を直接受ける皮膚組織では光増感反応により生じると考えられる。また，ペルオキシラジカルの2分子反応で生成することや，好中球の産生する活性酸素種の2次的な反応により生成することも考えられる。

著者らは，リコピンの生体における抗酸化的な役割を明らかにすべく，まず，ヒト血漿や血漿リポタンパク質（リコピンなどのカロチノイドは血漿リポタンパク質中に存在している）を用いて，それらを一重項酸素に暴露させることで生成する過酸化脂質を指標とし，リコピン（他のカロチノイドも含む）の抗酸化活性を検討してみた。すると，特に低密度リポタンパク質（以下LDLと略す）において，リコピンをはじめとするカロチノイドが減少するとともに過酸化脂質の生成が生じ，カロチノイド消失後には過酸化脂質の生成速度が増すという結果が得られた（図3）[9]。

これは，リコピンなどのカロチノイドが，血漿あるいはLDLにおいても抗酸化的に作用していることを示すものである。

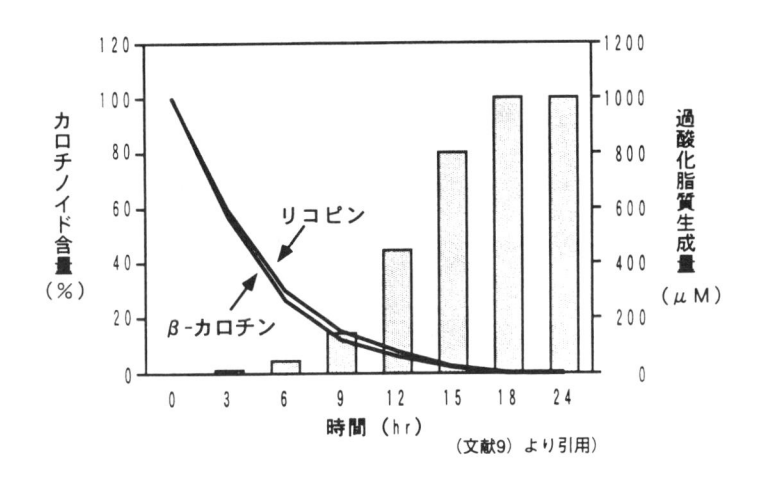

第4編 植物由来素材の老化予防機能と開発動向

図3 ヒト血漿への一重項酸素暴露によるカロチノイドの消失と過酸化脂質（CE-OOH）の生成

（文献9）より引用）

　血漿リポタンパク質の中でもコレステロールエステルリッチであるLDLは，近年，酸化されることでスカベンジャーレセプターを介してマクロファージに無制限に取り込まれ，それが動脈硬化発症の重要な要因の一つであることが明らかとなっている[10]。そこで，次に，リコピン含有食品であるトマトジュースを継続的に摂取することによる，LDLの被酸化性への影響について，ex vivo系での一重項酸素の暴露試験を行ったところ，トマトジュース摂取後のリコピンリッチなLDLの方が，摂取前のLDLに比して有意に過酸化脂質生成速度が遅くなることがわかった（図4）[11]。これより，リコピンを含むトマトジュースの継続的な摂取は，LDLの内因性リコピン含量を高めることで，その酸化を防御し，最終的には動脈硬化症の予防につながると考えられる。

　生体内におけるリコピンの抗酸化作用の発現を調べるためのマーカーとして，上記に示したような脂質過酸化物が一つに挙げられるが，その他にも，最近，2-デオキシグアノシンの酸化的修飾により8-OHdGが生成することが見出され，酸化ストレスのバイオマーカーとして用いられてきている。そして，リコピンをトマトジュースやオレオレジンから摂取することでDNA当りの8-OHdG生成量が低下することが最近報告されている[12]。

　これらの結果は，リコピンが，確かに生体内で抗酸化的な作用を発揮していることを示すものと考えられる。

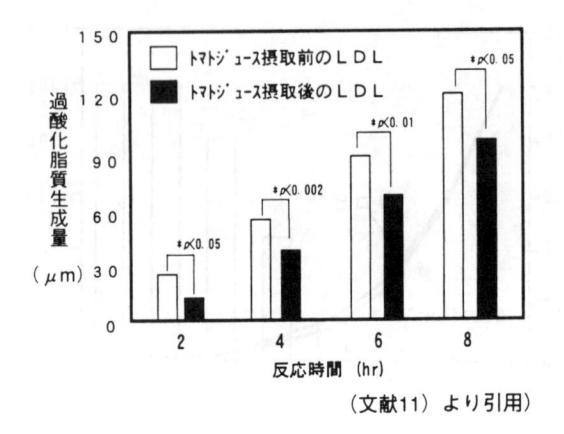

図4 トマトジュース摂取前後のヒト血漿LDLへの一重項酸素暴露による過酸化脂質（CE-OOH）の生成

3 リコピン（トマト）の発がん抑制作用

　カロチノイドの発がん抑制作用はβ-カロチンに関する研究が中心であったが，リコピンの抗酸化活性が明らかになることで，リコピンの発がん抑制に関する研究が行われるようになった。また，HPLCによる血清中カロチノイドの分別定量が可能となったことも，リコピンを含むカロチノイド研究の発展に大いに寄与した。

　これまでに，血清中リコピン濃度やトマトの摂取量と発がんとの関わりを検討した多くの症例対照研究やコホート研究などの疫学研究結果が報告されている。例えば，膀胱がんや膵臓がん患者の血清リコピン濃度が健常人に比して低いことや，トマトの摂取頻度が消化器系がんや前立腺がんの発症率と逆相関性のあることなどが報告されている[13-16]。最近になって，ハーバード大学のGiovannucciがリコピン，トマト（加工品）と発がんリスクに関して，上記の研究内容も含めこれまでにジャーナル等に発表された疫学研究論文72編をまとめたレビューを報告している[17]。その一覧を表2に示したが，52編の論文が血清リコピン濃度やトマト加工品の摂取頻度と発がんリスクの逆相関性を示し，35編は統計学的に有意なものであったとしている。部位別に見ると，前立腺，肺および胃において明瞭な効果が認められたとしている。

　さらに，米国がん学会において，前立腺がん患者へリコピン15mgを3週間投与することによって，前立腺がんの進展がある程度抑制されたとする研究報告がなされた。このように，リコピンは，がん予防物質としての効果の検証が臨床段階にまで進んできている。

表2 トマトの摂取頻度あるいは血中リコピン濃度とがん発症の相対危険度

研究の種類	報告数	相対危険度別の報告数（％）			
		≦0.6	0.61-0.8	0.81-1.0	>1.0
全体	74	36 (49)	13 (18)	11 (15)	14 (19)
コホート研究	16	10 (63)	0 (0)	1 (6)	5 (31)
ケースコントロール研究	58	26 (45)	13 (22)	10 (17)	9 (16)
トマト摂取頻度	59	27 (46)	12 (20)	11 (19)	9 (15)
リコピン濃度	15	9 (60)	1 (7)	0 (0)	5 (33)
両方	33	18 (55)	5 (15)	6 (18)	4 (12)
男性	20	10 (50)	6 (30)	2 (10)	2 (10)
女性	21	8 (38)	2 (10)	3 (14)	8 (38)

（文献17）より引用）

現在，上記に示したように，リコピンおよびトマトのがん予防の有効性に関しては，海外で急速に研究が進んでいる。それに対して，日本における疫学的な研究報告は，唯一地域住民の血清中のリコピン濃度と胃がんの発症率との関係を報告しているのみである[18]。

そこで，日本において疫学的知見を得るために，四国がんセンターと共同で，慢性肝疾患患者を対象に血清カロチノイド濃度について調べてみた。慢性肝疾患は，慢性肝炎，肝硬変から肝細胞がんへと移行する。調査結果より，慢性肝炎患者よりも，肝硬変，肝細胞がん患者においてリコピン濃度が有意に低下していることがわかった[19]。これより，リコピンの投与が肝細胞がんの予防に有効であることが期待され，現在，介入試験を進行中である。

また，順天堂大学と共同で，肺疾患患者（肺がん含む）を対象とした調査を行い，肺疾患患者では血清リコピン濃度が低下していることも見出した。

次に，疫学研究結果より強く示唆されたリコピン（トマト）の発がん抑制作用を実験動物で検証すべく，試験を試みた。メチルニトロソウレアを注腸投与することで大腸がん誘発処置をしたラットに，リコピンあるいはトマトジュースを自由摂取させた。その結果，リコピンおよびトマトジュース摂取群において，対照群（水摂取）と比べて発がん率が低下することを見出した[20]。また，リコピン単体とトマトジュースを比較すると，トマトジュースの抑制効果の方が強くなっていた(表3)。トマトジュース中には，リコピン以外にも発がん抑制作用を示すと考えられる物質が存在している（ビタミンC, Eなどの抗酸化ビタミンやβ-カロチン，食物繊維など）ので，それらの作用が加わったものと考えられる。

また，トマトジュース投与による発がん抑制作用は，大腸がん以外に膀胱がん[21]や肝臓がん[22]においても実験動物レベルで解明している。

表3 NMU誘導大腸発がんに対するリコピン，トマトジュースの抑制作用

実験群	ラット匹数	がん発生数	ラット当たりのがん個数
コントロール	24匹	13匹（54%）	0.6個
リコピン	24匹	8匹（33%）	0.4個
トマトジュース	24匹	5匹（21%）*	0.3個*

* コントロール群に対して$p<0.05$で有意差有り　　　　　（文献19）より引用）

　リコピンが発がん抑制作用を示す機序として，抗酸化作用以外に，これまで，ギャップ結合に関与する遺伝子やがん抑制遺伝子のアップレギュレーション，IGF-Ⅰ誘導細胞増殖の抑制などが報告されている[23]。今後，さらにリコピンのがん予防における作用機序の解明研究の進展に期待したい。
　以上より，リコピンを豊富に含むトマトは，がん予防食品としての役割を十分担うものであると考えられる。

4　リコピン（トマト）の老化抑制作用

　活性酸素・フリーラジカルは，これまで述べてきたがんや動脈硬化症だけでなく，老化にも深く関わっていることが最近の研究で明らかになりつつある。加齢による老化というのは避けることのできない現象であるが，抗酸化作用というキーワードで，老化の進行を遅らせたり，程度を軽減したりすることは可能であると考えられる。
　老化の度合を評価する一つの指標として，学習・記憶能力への影響が挙げられる。我々は，学習・記憶能障害のモデルとして，早期に老化現象が認められる老化促進マウス（Senescence-Accelerated Mice prone8：SAMP8）を用いて，トマト（リコピン）の投与が学習・記憶能に及ぼす影響について検討した。評価は，ステップスルー式行動測定装置を用いての受動回避試験により行った。その結果，母マウスの妊娠1週間目から仔マウスが3ヵ月齢になるまで，トマトを餌に混ぜて自由摂取させることで，受動回避試験において学習・記憶能の改善作用が認められた（図5）。
　これまでの報告では，脳組織にカロチノイドの存在は認められていないので，食物より摂取したリコピンが，血流を介し血液・脳関門を通過して脳に移行するか否か定かではない。しかし，トマトの摂取により学習・記憶能が改善されたという事実より，抗酸化物質であるリコピン（あるいは別の物質であるかもしれないが）が脳内へ移行することで作用を示したことが推測される。
　各国の平均寿命とトマトの摂取量には正相関が認められることから，トマトは長寿食，老化予

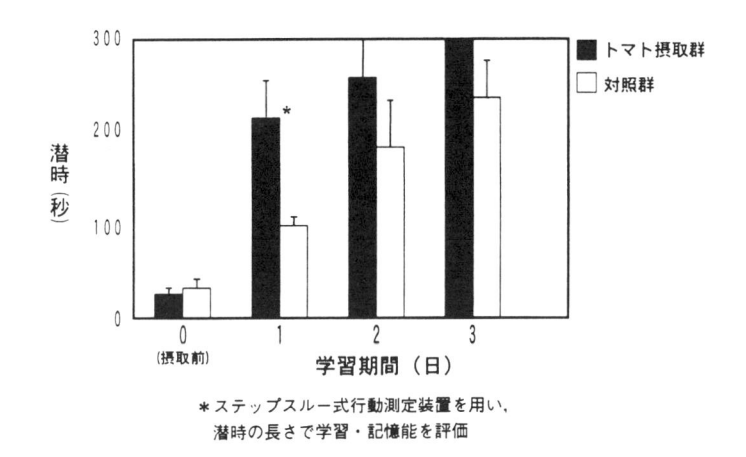

図5 トマト混餌投与による SAMP8 の学習・記憶能改善作用

＊ステップスルー式行動測定装置を用い，潜時の長さで学習・記憶能を評価

防食品としての機能が大いに期待される。

5　リコピンのヒトでの体内挙動

　我々はリコピンを含む食品（主にトマト）を日常的に摂取しているので，濃度に個人差はあるが，リコピンはヒト体内に常に存在している。リコピンの組織分布を死体を用いて検討したStahlらの報告[24]によると，大部分が肝臓に蓄積されている。しかし，組織親和性から見ると副腎や精巣の方が高く，また，これらの濃度はいずれも血清中の濃度よりも高くなっている（表4）。副腎や精巣はホルモン分泌や生殖機能に深く関わる組織であり，リコピンがこれら組織中において濃度が高いことは，その生理的意義を考えた場合，大変興味深い。

　血清中のリコピン濃度は様々な因子によって影響を受ける[25]。リコピンは体内で生合成されないので，その血液中の濃度を高めるにはリコピンを含む食品の摂取が必要不可欠である。日本人は，イタリアなど欧米諸国に比べてトマトの摂取量が顕著に少なく，血清中のリコピン濃度も欧米諸国に比べると低い。

　しかし，血中のリコピン濃度は単純にリコピンの摂取量のみと相関があるわけではない。例えば，血中リコピン濃度に顕著な影響を及ぼす因子の一つとして喫煙習慣が挙げられる。喫煙習慣のある集団は，ない集団と比較すると血中リコピン濃度が低いとする報告例は数多い。また，過度の飲酒習慣も肝機能障害をもたらすことで血中リコピンの濃度に影響を及ぼす。

　それでは，血中のリコピン濃度を効率良く高めるためにはどうすればよいのだろうか。

表4　各カロチノイドのヒト組織への分布

単位；血漿（μmol/ℓ），組織（nmol/g）

組織	総カロチノイド	リコピン	β-カロチン
血漿	1.1	0.29	0.42
肝臓	5.1	1.28	3.02
腎臓	0.9	0.15	0.55
副腎	9.4	1.90	5.60
脂肪	0.8	0.20	0.38
睾丸	7.6	4.34	2.68
卵巣	0.9	0.25	0.45
脳幹	<0.04	検出されず	検出されず

組織	α-カロチン	クリプトキサンチン
血漿	0.07	0.27
肝臓	0.51	0.32
腎臓	0.07	0.09
副腎	1.22	0.66
脂肪	0.13	0.08
睾丸	0.37	0.16
卵巣	0.08	0.08
脳幹	検出されず	検出されず

（文献23）より引用）

　リコピンの主な摂取源はトマトであるが，先にも述べたようにトマトには生食用と加工用があり，加工用の方がリコピン含量は約3倍ほど高い。よって，生食用トマトよりも，トマトジュースやケチャップなどのトマト加工品の方がリコピン含量は高く，より多くのリコピンを摂取できる。著者らは，これまでにトマトジュースの継続的な摂取が血清中リコピン濃度を有意に高めることを明らかにしている（表5）[26]。

　また，生トマトとトマト加工品とではリコピンの吸収性が異なっており，トマトペーストの方が生トマトよりも約3倍吸収性が高いという報告がある[27]。著者らも，生トマトとトマトジュースのリコピンの吸収性を比較したところ，ジュースの方が1.5倍程度吸収性が高いという結果を得ている。

　これより，リコピンを摂取する場合，例えば生トマトをサラダなどで食べるよりも，含量と吸収性の高いトマト加工品を食べるほうが明らかに効率が良いといえる。

　次に，リコピンの血中動態を詳細に調べるために，トマト加工品の摂取を約1ヵ月間控えてリコピン濃度を低レベルにした後，トマト加工品の単回摂取後の血漿中濃度推移を調べた。リコピンの血漿中濃度曲線の消失相より半減期を算出したところ，222時間（約9日）となった[28]。これより，リコピンは吸収後，血流中に極めて長くとどまることがわかった。これは，リコピンが

表5 トマトジュースの4週間連続摂取による血清中リコピン，β-カロチン濃度の変化

摂取		リコピン	β-カロチン
		(μg/dl)	
トマトジュース	摂取前	22.1 (9.1)	37.6 (10.1)
3缶／日	摂取後	68.2 (22.8)	68.4 (17.6)
トマトジュース	摂取前	12.7 (8.9)	32.8 (11.5)
2缶／日	摂取後	40.7 (15.2)	60.1 (21.1)
トマトジュース	摂取前	22.8 (9.9)	36.6 (9.9)
1缶／日	摂取後	43.3 (22.8)	44.3 (12.4)
アップルジュース	摂取前	23.8 (10.2)	30.8 (10.4)
	摂取後	13.8 (7.2)	34.4 (15.0)

値は平均値（標準偏差） （文献25）より引用）

比較的代謝されにくい物質であることを示している。

また，リコピンは，リンパ吸収され，キロミクロンに取り込まれて血流中に入るが，定常状態においては，特にリポタンパク質画分の中でもLDL画分に7割以上が分布していることがわかった（表6）。これより，リコピンはLDL内因性抗酸化物質として，LDLの酸化防御という役割が期待される。

リコピンの代謝産物に関する研究は少ない。著者らは，リコピンの酸化反応によりイリダン骨格を有する物質が生成することや，それらがトマトピューレ中に含まれていることを明らかにしている[29]。一方，Khachikらは，著者らが見出したリコピン酸化体が，血清中にも存在していることを報告している[30]。しかし，トマトピューレあるいは血清中のそれらの濃度は極めて低い。血清中に存在する酸化体が食品由来のものか，体内でのリコピンの代謝（酸化）によるものなのか不明であるが，リコピンの酸化体は，リコピンとは異なる生理作用を有することも十分考えられるので，今後，これらの物質を含めたリコピンの代謝（酸化）産物の構造およびその生理作用に関する研究に注目したい。

表6 リコピン，β-カロチンの各ヒト血漿リポタンパク質への分布率（％）

リポタンパク質	リコピン	β-カロチン
VLDL	5.8 (1.2)	6.0 (0.7)
LDL	73.9 (1.9)	70.0 (2.1)
HDL	20.3 (3.0)	24.0 (2.3)

値は平均値（標準偏差） （文献27）より引用）

以上の研究から，体内（特に血液中）のリコピン濃度を効率的に高いレベルに維持するために

は，生トマトよりもトマト加工品を毎日継続的に摂取することが必要である。

6 おわりに－老化予防食品をめざして－

　以上に示したリコピンの様々な生理作用から見て，リコピンを含むトマトは，老化予防食品の一つとして有望な素材である。日々，継続してトマトやトマト加工品を利用することは，今後さらに進むであろう高齢化社会には重要なことになると考える。

　ところで，リコピンに限ったことではないが，このような成分の効用が明確になることで，その単体摂取という考え方が主流を占めることには，反対である。なぜなら，フィンランドショックのような問題があるからである。すなわち，ヘビースモーカーの肺がん予防を目的として，フィンランドで合成のβ-カロチンの投与が行われたが，反対に肺がんの発生率が増加してしまい，この結果を受けて，天然のβ-カロチンだけでなく，β-カロチンを多く含むニンジンやパセリ等の野菜までが否定されるような報道が一部でなされてしまった。

　今後，リコピンの生理機能に関する基礎的な知見を得，最終的には介入試験を行うことでヒトでの効果を明確にする必要がある。しかし，その研究の中で，リコピン単体だけでなく，トマトとしての評価も含めて行っていくべきであると考える。

　一部の抗酸化物質は，ある条件下では酸化促進物質になる可能性も報告されている[31]。しかし，そのために，それ(ら)が含有されている野菜まで否定されてしまっていいものであろうか。トマトには，リコピン以外の抗酸化物質も多く含まれていることから，リコピンとトマトに含まれる他の成分との相互作用や相乗効果によって，さらに大きな効用が期待できる。効用効果の立証をあせるあまりの短絡的な試験は，絶対に行うべきでない。

　高齢化社会となっていく今後を考えた場合，科学的に効果が立証された老化予防食品の開発は極めて重要な課題であるといえる。一つ一つのステップを確実に踏んで行くことで，リコピンを含むトマトの老化予防食品としての機能を立証すべく，今後もさらなる研究を進めて行きたい。

文　　献

1) P. Kanasawud et al., J.Agric.Food Chem., 38, 1238 (1990)
2) 月田潔, ビタミン, 63, 67 (1989)
3) 三木登ほか, 日本食品工業学会誌, 18, 310 (1971)
4) A. R. Mangels et al., J.Am. Diet Assoc., 93, 284 (1993)

第4編 植物由来素材の老化予防機能と開発動向

5) B. R. Monaghan et al., *J. Biol. Chem.*, 96, 387 (1932)
6) C. S. Foote et al., *J. Am. Chem. Soc.*, 90, 6233 (1968)
7) G. W. Burton et al., *Science*, 224, 569 (1984)
8) P. DiMascio et al., *Arch. Biochem. Biophys.*, 274, 532 (1989)
9) F. Ojima et al., *J.Free Rad. Biol. Med.*, 15, 377 (1993)
10) 上田之彦ほか, *Molecular Medicine*, 33, 1360 (1996)
11) S. Oshima et al., *J. Agric. Food Chem.*, 44, 2306 (1996)
12) A. V. Rao et al., *Nutr. Cancer*, 31, 199 (1998)
13) K. J. Helzlsouer et al., *Cancer Res.*, 49, 6144 (1989)
14) P. G. J. Burney et al., *Am. J. Clin. Nutr.*, 49, 895 (1989)
15) S. Franceschi et al., *Int. J. Cancer*, 59, 181 (1994)
16) E. Giovannucci et al., *J. Natl. Cancer Inst.*, 87, 1767 (1995)
17) E. Giovannucci, *J. Natl. Cancer Inst.*, 91, 317 (1999)
18) S. Tsugane et al., *Environmental Health Perspectives.*, 98, 207 (1992)
19) 神野健二ほか, 臨床科学, 33, 952 (1997)
20) T. Narisawa et al., *Jpn. J. Cancer Res.*, 89, 1003 (1998)
21) E. Okajima et al., *Jpn. J. Cancer Res.*, 89, 22 (1998)
22) 村越倫明ほか, JsoFF学術集会抄録集, p.30 (1996)
23) A. V. Rao et al., *Nutr. Res.*, 19, 305 (1999)
24) W. Stahl et al., *Arch. Biochem. Biophys.*, 294, 173 (1992)
25) H. Gerster, *J. Am. Coll. Nutr.*, 16, 109 (1997)
26) 坂本秀樹ほか, 日本栄養・食糧学会誌, 50, 21 (1997)
27) C. Gartner et al., *Am. J. Clin. Nutr.*, 66, 116 (1997)
28) S. Oshima et al., *J. Nutr.*, 127, 1475 (1997)
29) T. Yokota et al., *Biosci. Biotech. Biochem.*, 61, 549 (1997)
30) F. Khachik et al., *J. Agric. Food Chem.*, 46, 4885 (1998)
31) K. Kondo et al., *Arch. Biochem. Biophys.*, 362, 79 (1999)

第5章 大豆サポニン

吉城由美子[*1]，大久保一良[*2]

1 はじめに

　大豆サポニンの研究は，構造の複雑さ，泡沫性による実験操作上の困難さ，植物マトリックス成分との結合性などから，1970年代になってようやく着手されたにすぎない。大豆は食糧資源として，また家畜の飼料として古くから世界的に用いられており，その重要性から見るといささか遅すぎたきらいがある。

　本章では，大豆サポニンの化学構造と生理活性を中心に述べ，その機能性について紹介する。また，近年その構造を明らかにしたDDMPサポニンに着目し，がんなどの様々な疾病，炎症，老化などに密接に関連する活性酸素との反応を通し，新たな大豆の機能性について述べたい。

2 グループAサポニン

2.1 化学構造

　大豆サポニンは化学構造上，グループA, B, E, DDMPサポニンの4グループに大別できる。グループAサポニンはolean-12-en-3β, 21β, 24-tetraol（soyasapogenol A）をアグリコンとし，アグリコンのC-3位とC-22位に糖鎖がエーテル結合した *bis-desmoside* サポニンである[1,2]。

　北川らが大豆サポニンに部分的にアセチル化されたアセチルサポニンの存在を示した第一人者である。これまで，北川らと大久保らにより8種類のアセチルグループAサポニンと6種類の脱アセチルグループAサポニンが明らかにされている（図1）。

2.2 生理活性

　大豆は他マメ科種子と比較し脂質，タンパク質に富み，カロリー計算比でそれぞれ37%と40%の高い含有率を示す。また疫学調査で大豆製品は糖尿病や高脂血症などの慢性病やがんの低リスク食品としても報告されていることから，大豆製品は牛乳や動物性タンパク食品の代用品とし

---

* 1　Yumiko Yoshiki　東北大学　大学院農学研究科　文部技官
* 2　Kazuyoshi Okubo　東北大学　大学院農学研究科　教授

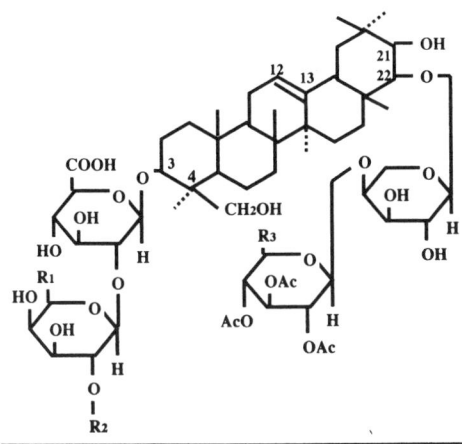

第4編　植物由来素材の老化予防機能と開発動向

	R₁	R₂	R₃
Soyasaponin Aa (A4)	CH_2OH	β-D-Glc	H
Soyasaponin Ab (A1)	CH_2OH	β-D-Glc	CH_2OAc
Soyasaponin Ac	CH_2OH	α-L-Rha	CH_2OAc
Soyasaponin Ad	H	β-D-Glc	CH_2OAc
Soyasaponin Ae (A5)	CH_2OH	H	H
Soyasaponin Af (A2)	CH_2OH	H	CH_2OAc
Soyasaponin Ag (A6)	H	H	H
Soyasaponin Ah (A3)	H	H	CH_2OAc

図1　大豆グループAサポニンの構造と種類

て推奨されている。

サポニンの一般特性としてエマルジョン活性，泡沫力，界面活性があり，特にacetylsoyasaponin Abでそれらの活性が強い[3,4]。大豆サポニンと他植物サポニンの自己凝集作用を比較すると，大豆サポニンの自己凝集作用はdimericと弱いものである。しかしながら，胆汁酸との凝集作用は極めて高く，ラット小腸粘膜の胆汁酸塩の吸収を減少させる。この胆汁酸との凝集作用が大豆サポニンの抗コレステロール作用，抗菌作用に起因する（図2）。

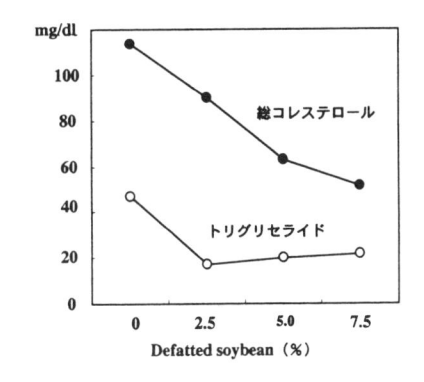

老化に伴う活性酸素生成の増加と活性酸素消去酵素活性の減少が報告されており，Richardsonらはラットの肝臓，脳，腎臓で老化

図2　大豆食の血中脂質濃度におよぼす影響

によるカタラーゼ活性の減少を報告している[5]。グループAサポニンの高い界面活性作用は，酸化した油脂などをミセル構造に巻き込むことによって，食事由来の活性酸素の吸収阻害に役立つ。消化管内残存サポニンも，老化により増加する活性酸素の細胞毒性の低減下に大きく貢献するものと考えられる。

また soyasaponin Ab, Bb, Bb' の抗酸化作用が報告されており，これら機構として①過酸化脂質生成の抑制作用，②脂質過酸化物の分解作用の2通りが考えられている[6]。大豆サポニンを高脂肪食摂取ラットに経口投与した群では血清中GOT, GPT, FFAがコントロール群と比較し有意に減少する。

高脂血症者の血漿リン脂質ヒドロペルオキシド量は健常者の約2倍の値を示し，アルツハイマー痴呆（老人性痴呆症）では赤血球膜へのリン脂質ヒドロペルオキシドの蓄積が特徴的に見いだされる[7,8]。大豆サポニンの抗酸化作用，血液中過酸化脂質の抑制作用は，老化と密接にかかわる糖尿病，脳卒中，動脈硬化，痴呆症などに伴う血中過酸化脂質濃度の改善，血中脂質濃度の調節因子として寄与することが期待される。

その他，グループAサポニンは甘草，朝鮮人参などの他マメ科植物サポニン同様，四塩化炭素による肝臓障害抑制作用を示すなど[9]，薬理学あるいは物理学的見地から有益な物質ではあるが，同時に「不快味」成分としての特徴を有し，大豆摂取を妨げる因子でもある[10]。

幸いにもグループAサポニンは大豆胚軸にのみ分布しており，遺伝学的にコントロール可能な物質である。これら特質を踏まえることにより，グループAサポニンの有益性，利用性をさらに高めることができるものと期待されている。

3 グループB, E サポニン

3.1 化学構造

グループB, E, サポニンは olean-12-en-3β, 22β, 24-triol（soyasapogenol B）と olean-12-en-3β, 24-diol-22-one（soyasapogenol E）をアグリコンとする mono-desmoside サポニンである[11,12]。北川らは soyasaponin I, II, III, IV, V の5種類のグループBサポニンを，また大久保らは soyasaponin Be, Bd の2種類のグループEサポニンをそれぞれ単離した。

現在，グループBサポニンに関して2通りの命名がある。ここではグループBサポニンをアグリコンC-3位の糖鎖に従いsoyasaponin Ba, Bb, Bc, Bb', Bc'と命名した大久保らの命名を用いる（図3）。

第4編　植物由来素材の老化予防機能と開発動向

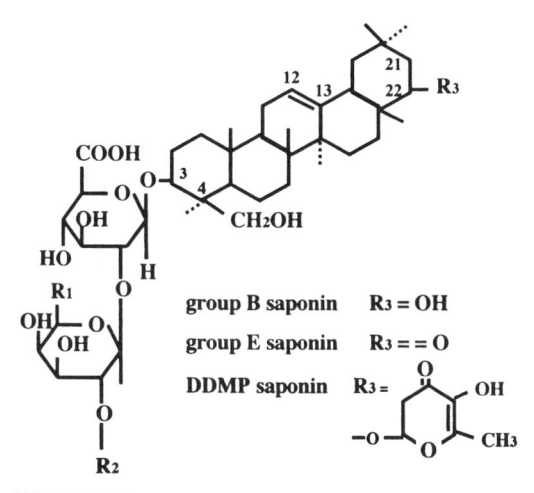

	group B	group E	DDMP	R_1	R_2
soyasaponin Ba (V)		Bd	α g	CH_2OH	β-D-Glc
soyasaponin Bb (I)		Bc	β g	CH_2OH	α-L-Rha
soyasaponin Bc (II)			β a	H	α-L-Rha
soyasaponin Bb' (III)			γ g	CH_2OH	H
soyasaponin Bc' (IV)			γ a	H	H

図3　大豆グループB, E, DDMPサポニンの構造と種類

3.2　生理活性

多くのトリテルペノイド配糖体成分が抗腫瘍作用を示すことが知られている。大豆サポニンもその例外ではなく，soyasaponin BeはTPA処理したEpstein-Barr virusの抗原活性の促進作用を示し，Raji cellの保護作用を示す[13,14]。一方，soyasaponin BbはTPA処理による腫瘍発現の遅延作用はあるが，抑制作用はない。しかしながらsoyasaponin Bbはイソフラボン（afromosin）と組み合わせることにより抑制効果を飛躍的に増加させ，劇的な腫瘍発現率の低下，腫瘍数の減少作用を示す。

イニシエーターとプロモーターが関与する二段階発がんは直接・間接的に活性酸素の生成に関連し，老化との関連性も大きい[15]。現在，活性酸素消去活性を含め，発癌を抑制する天然物質の研究が広範に行われているが，グループB，Eサポニンもそれら抗腫瘍作用を示す。特に共存するイソフラボン（大豆）や類似構造物質であるフラボノイド（野菜），アントシアニン（黒大豆，なす，ワインなど），カテキン（お茶）など，日常の食事由来抗酸化性物質との協奏効果が期待でき，興味深い。

(A) After 3 days

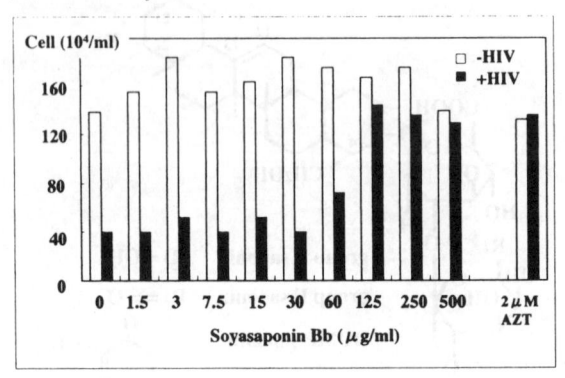

(B) After 6 days

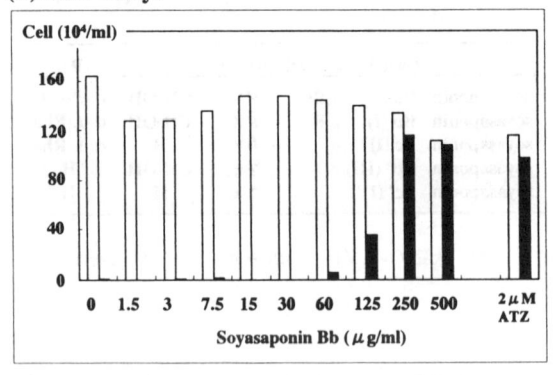

図4 グループBサポニンのHIV抑制作用

　老化は免疫力,抗細菌力が低下した状態にあり,したがって,感染性疾病への罹患率が増加する。グループA,B,EサポニンのHIV感染抑制効果を比較すると,グループBサポニンで他サポニンの数倍の抑制効果を示す[16]。特にsoyasaponin Bbでその抑制効果が高く,HIVに起因する細胞変性,virusの抗原発現をほぼ完全に抑制する(図4)。さらに大豆サポニンのHIV抑制作用を詳しく調べると,大豆サポニンにはHIV変性作用がないことから,HIVの逆転写活性を抑制する直接的作用ではなく,HIVとT4細胞との接触を防害することにあると考えられる。

　これらの結果は,大豆サポニンがHIVのみではなく,virusとその受感部位の接触妨害により広くvirus性疾病を抑制する可能性を示唆している。

　その他,グループB,Eサポニンでは,2.2項で述べた抗高脂血症作用,抗酸化作用,肝障害抑

第4編　植物由来素材の老化予防機能と開発動向

制作用などの生理活性も報告されている。

*In vitro*において様々な生理活性が報告されている大豆サポニンではあるが、その消化吸収実験では大豆サポニンの吸収が痕跡程度しか確認されておらず、実際の生理活性として作用するかどうかは疑問がもたれる[17]。しかしながら、大豆食品の摂取量と癌罹患率との高い逆相関性、サポニン摂取ラットにおける体脂肪の低減、血中脂質組成の改善、肝障害抑制効果など、*in vivo*でもその生理活性が確認されており、サポニンの生理活性発現機構の解明が待たれる。

4　DDMPサポニン

4.1　化学構造

温和な実験条件下で大豆サポニンを抽出、単離することにより、DDMPサポニンを得ることができる。DDMPサポニンはsoyasapogenol Bをアグリコンとし C-22位に2,3-dihydro-2,5-dihydroxyl-6-methyl-4*H*-pyran-4-one（DDMP）が結合したサポニンである（図3）。

これまで、著者らは大豆からsoyasaponin αg, βg, βa, γg, γaの5種類のDDMPサポニンを明らかにした[18]。いずれのDDMPサポニンも加熱することにより容易にグループB, Eサポニンとなることから、DDMPサポニンが、従来知られているグループB, Eサポニンの真正サポニンである。

4.2　生理活性

最近その構造を明らかにしたDDMPサポニンに関しては生物学的、薬理学的作用を調べた研究はほとんどない。しかしながら、

DDMP部位が反応性に富むenol-enone構造を有することから、*in vitro*での反応性が調べられている。DDMPの構造配置としてはC-2位のOH基がequatorialにある場合とaxialにある場合の2種類が考えられる。サポニン側への結合角度をϕ、DDMP側への結合角度をψとし、分子力場計算法により安定化エネルギーおよびその角度を求めた結果は、そのエネルギーにほとんど差がないことを示している。また求められる最低エネルギー角度からアグリコンとの相互作用がほとんどなく、従来のサポニンにDDMP部位が結合しても、アグリコンとDDMP部位が相互作用し、新しい生理活性を発現する可能性はない。そこでDDMP部位自体の反応性を調べるため分子軌道法でスピン密度を計算した。その結果、C-4位、ケトン基の酸素、C-6位に電子の局在性が見られ、活性酸素との反応が期待された[19]。

亜硝酸法によるsoyasaponin Bb（グループBサポニン）とsoyasaponin βg（DDMPサポニン）のスーパーオキシド消去能の比較は、この結果を裏付けるものであり、soyasaponin βgはマル

339

トール（遊離DDMP部位）がスーパーオキシド消去能を発現する濃度からその消去能を示す。

DDMPサポニンの反応特性は活性酸素消去能にあるが，なかでも特筆すべき作用はその協奏効果にある[20]。DDMPサポニンは単独でもスーパーオキシド消去能を示すが，gallic acidなどの水素供与体の存在下で消去能を協奏的に増加させる作用がある。同様の協奏効果はDPPHラジカル消去能でも，またリノール酸自動酸化系でも見られる（図5）。DDMPサポニンは水素引き抜き作用を有するため，それ自体はリノール酸の酸化を促進するが，水素供与体との共存により協奏的に抗酸化性を示す。このようなユニークな活性はDDMP部位の欠如したグループB, EサポニンAでは観察されず，DDMP部位に由来する特異的な反応である。

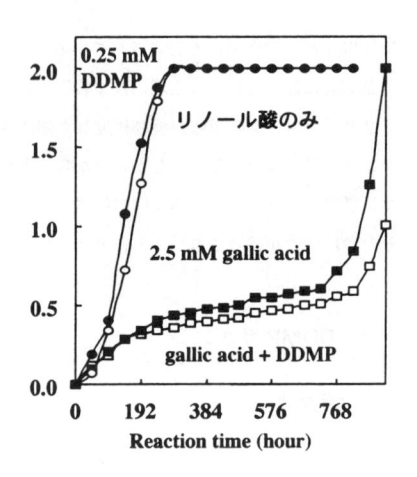

図5　DDMPサポニンの抗酸化性

近年，活性酸素消去機構の一つとして明らかにしたXYZ系微弱発光で，DDMPサポニンの活性酸素消去機構における役割を検討した結果，DDMPサポニンはZ種として，すなわち活性酸素消去を促進するmediatorとして作用する知見を得た。XYZ系微弱発光はX（reactive oxygen species），Y（hydrogen donor），Z（mediator）の3種存在下で生じ，多数の化合物間で広く観察される活性酸素消去反応である[21]。MediatorはXがYを消去する際の環境的因子（潤滑剤）である。

DDMPサポニンのmediatorとしての役割は，DDMP部位の不対電子に活性酸素が付加し，つづいてgallic acidなどの水素供与体と反応し，gallic acidを酸化した後，さらに生成した酸化体との反応を経て，従来のグループB, Eサポニンが生成する過程で発現するものと考えられる。これらの知見はDDMPサポニンが大豆活性酸素消去物質あるいは抗酸化物質（グループAサポニン，イソフラボン，ビタミンなど）と相互作用して活性酸素消去作用を増幅するというサポニンの新しい機能性を示すものである。

大豆サポニンのアグリコンはメバロン酸を中間体とし，スクアレンを経て合成されるトリテルペノイドに属する脂環式多環化合物である。同様の経路を経て合成されるものにステロイドがある。アグリコンの構造類似体であるステロイドのXYZ系微弱発光特性を調べると，いずれもmediatorとしての発光を観察することができる（図6）[22]。その発光強度はステロイドの構造により明確な差を生じ，コール酸，タウロコール酸ともにデオキシ型で発光強度が高いことからC-7位の水素が，またリトコール酸では発光が観察されないことからC-12位の水酸基およびC-20位

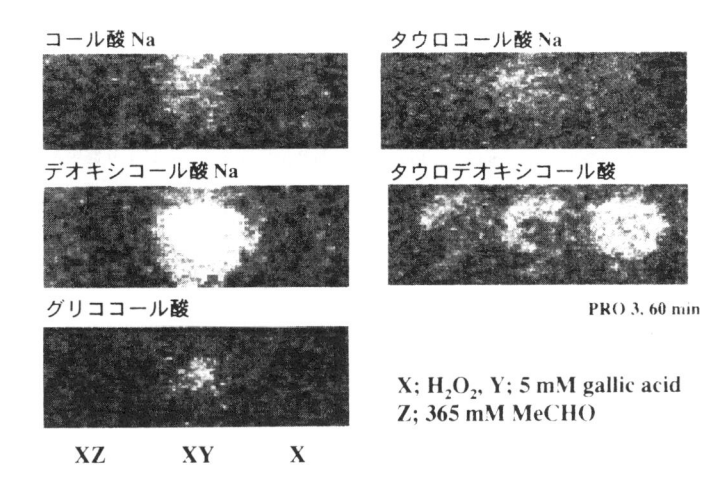

第4編　植物由来素材の老化予防機能と開発動向

図6　コール酸の微弱発光

の置換基が重要である。

　大豆サポニンのアグリンコンではC-7位に水素が結合しているが，C-12位は二重結合であり，アグリコン骨格によるmediatorとしての役割への寄与は少ないと考えられる。ステロイドのC-20位は大豆サポニンアグリコンのC-22位に相当し，DDMP部位の結合位置と一致している。デオキシコール酸Naを用いて微弱発光後の反応生成物をHPLCで分析すると，その9.3%（w/w）がデオキシコール酸に変化し，90%以上をデオキシコール酸Naとして単離することができる[22]。したがって，DDMPサポニンは活性酸素と反応してもほとんどアグリコン部分は構造変化せず，DDMP部位の脱離に伴い反応が進行すると考えられる。これらの結果はDDMPサポニンの活性酸素消去反応経路を裏付けるものである。

　活性酸素は紫外線照射，排気ガスなどの外的因子，ミトコンドリアによる電子伝達系や酸化分解反応，白血球による食作用などの内的因子により容易に発生するものであり，がん，炎症，老化などに関与する酸化的細胞障害を引き起こす原因物質である。DDMPサポニンには，これら活性酸素を消去する作用はもちろんのこと，他の活性酸素消去物質の活性酸素消去能を協奏的に増加させる内部環境因子（mediator）としての作用がある。

　食品素材として広く用いられ，また多年にわたり摂取することのできる大豆のmediatorとしての作用は，老化により罹患率の増加する，がん，動脈硬化，糖尿病，腎疾患の予防に対し，即効性のある薬剤より，その貢献度ははるかに大きいと考えられる。

5 おわりに

　動物とその進化・分化過程を異にする植物には，動物に存在しない様々な生理活性物質が存在している。大豆は食糧資源として世界的に用いられており，摂取することにより健康を維持，増強する医食同源的な作用を有する代行的な食品素材である。大豆は人間の生体内では合成できないサポニン，イソフラボンなどの様々な低分子生理活性物質を有している。さらなる大豆の機能性，新しい大豆食の方向性に期待したい。

文　　献

1) I. Kitagawa et al., *Chem. Pharm. Bull.*, 30, 2294-2297 (1982)
2) I. Kitagawa et al., *Chem. Pharm. Bull.*, 33, 598-608 (1985)
3) S. Gohtani et al., 日本農芸化学会誌, 64, 901-906 (1990)
4) S. Gohtani and Y. Yamano, 日本農芸化学会誌, 64, 139-144 (1990)
5) I. Semsei et al., *Biochem. Biophys. Res. Commun.*, 164, 620-625 (1989)
6) H. Ohminami et al., *Planta Medica*, 46, 440-441 (1984)
7) 宮澤陽夫，現代医療, 26, 1457-1462 (1994)
8) 五十嵐脩，水上茂樹，"活性酸素と栄養"，光生館, pp119-121 (1995)
9) J. Kinjyo et al., *Natural Medcine*, 50, 79-85 (1996)
10) K. Okubo et al., *Biosci. Biotech. Biochem.*, 56, 99-103 (1992)
11) I. Kitagawa et al., *Chem. Pharm. Bull.*, 36, 153-161 (1988)
12) M. Shiraiwa et al., *Agric. Biol. Chem.*, 55, 911-917 (1991)
13) T. Konoshima et al., *J. Nat. Prod.*, 54, 830-836 (1991)
14) T. Konoshima et al., "Saponins used in traditional and modern medicine", *Advances in Experimental Medicine and Biology*, 404, (G. R. Waller and K. Yamazaki eds.), Pelenum press, New York, pp.87-100 (1996)
15) G. Witz, *Soc. Exp. Biol. Med.*, 198, 675-681 (1991)
16) H. Nakashima et al., *AIDS*, 3, 655-658 (1989)
17) M. Yoshikoshi et al., *Acta Alimentaria*, 24, 355-364 (1995)
18) S. Kudou et al., *Biosci. Biotech. Biochem.*, 57, 546-550 (1993)
19) 吉城由美子，大久保一良，大豆サポニンの新しい機能, 化学と生物, 35, 839-844 (1997)
20) Y. Yoshiki et al., "Food Factors for Cancer Prevention", (H. Ohigashi et al. eds.), Springer-Verlag, Tokyo, pp.313-317 (1997)
21) Y. Yoshiki et al., *Photochem. Photobiol.*, 68, 802-808 (1998)
22) 吉城由美子 他, "ジャパンフードサイエンス"，日本食品出版, pp.50-54 (1999)

第6章 イチョウ葉エキス

吉川敏一[*1],一石英一郎[*2],吉田憲正[*3]

1 概　説

　イチョウは,欧米ではGinkgo biloba,中国では公孫樹,鴨脚子と呼ばれ,中国中南部の原産といい,中国,日本で主に栽培される。落葉性の大高木で,日本最大のものは樹齢千年以上,高さは50mに達するものがある。葉は長い葉柄があり,短い枝に密に互生する。葉は独特の扇形で先端は波形,中央で切れ込んでいる。秋の黄葉が美しいので街路樹,庭園樹として賞用される。雌雄異株であり,雄花は集合して松かさ状,雌花は長柄があり,先端に2個の心皮をつける。

　種子は径約3cmの球形で核果様,外種皮は黄色多肉で糞臭がある。外種子を除いた種子を白果または銀杏と呼んで食用とし,古くから民間療法や漢方にて白果仁と呼ばれ,鎮咳作用や夜尿症に効くとされていた(図1)。

　一方,葉に関しては,昔から凍瘡,喘息の治療などに用いられていた。しかし,このいわゆるイチョウ葉が世界中で脚光を浴びることとなったのは,日本のイチョウ葉をもとにドイツで抽出がなされてからである。その意味ではイチョウ葉はドイツ産の漢方薬といえるかもしれない。

　ヨーロッパでは既にドイツ,フランスおよびベルギーを中心にして数ヵ国で医薬品として認可され販売されている。一方,アメリカや日本では現在,健康食品として売られている。欧米での動向は詳しくは後に述べる。

図1　イチョウ葉(Ginkgo biloba)
(H. Christopher 編, "Gingo."　Elixir of Youth. Botanica Press より引用)

　本章では,日本生まれにして西洋の薬となったイチョウ葉について,その歴史,伝統的用法,

---

* 1　Toshikazu Yoshikawa　京都府立医科大学　第一内科学教室　助教授
* 2　Eiichiro Ichiishi　京都府立医科大学　第一内科学教室
* 3　Norimasa yoshida　京都府立医科大学　第一内科学教室　講師

近年の研究結果,今後の在り方並びに欧米の動向について解説する。

2 イチョウの歴史

イチョウは,地球上で最も古くから生息している植物の一種であり,1億5千万年前,中世代に恐竜が栄えていた頃から今の姿とほぼ変わりなく繁茂しており,その祖先は2億5千万年前にさかのぼる。世界各地方で太古のイチョウの化石が見つかっており,植物学界ではイチョウの木を"生きる化石"と呼ぶ学者もいる。その中の一つ,ワシントン・コロンビア川流域のVantage近郊に古代,広大なイチョウ木の森林があったようで,今でもその化石を森で見ることができる。

しかし,最後の氷河期においてイチョウはほぼ絶滅してしまい,わずか中国とアジアの一部のみにしか残存しなくなってしまった。約千年前にイチョウは日本で寺院の周辺に植樹されるようになり,それらが今でも日本各地で見られる[1]。

今日では,野生のイチョウ原木は絶滅したか,中国のわずか一部にしか現存していないといわれている。皮肉なことに森林伐採が進み,イチョウは現在,人手による植樹でしか保存されていないようであり,世界中で頑健な日よけ木として植えられている。イチョウは老木になっても害虫・ウイルスや大気汚染に強く,特に都会において好まれ栽培されている。

日本でも古くからイチョウの葉や実に関しては効用がいわれている。中でも有名なのが,甲斐地方,山梨県南巨摩郡の別名イチョウ寺,銀杏霊蹟上澤寺にまつわる縁起である[2]。鎌倉時代文永年間,日蓮上人が上澤寺に入山した折,以前より怨みに思っていた恵朝という僧が萩餅に毒を混ぜて上人に献上した。すると上人は何気なくそばに現われた犬にその餅をあたえた。犬はこれを口にしたがたちまちに苦悶して,ついにその場に倒れてしまった。恵朝はこのありさまを眼前に見て,上人の威徳と自分の邪心に深く懺悔し,弟子に加えてほしいと懇願する。恵朝は許され弟子となり,身代わりとなった犬に"毒消し秘妙符"なる薬を与え,再び生き返らせた。その後この犬は丁重に扱われ,やがて寿命のつきた犬は上澤寺境内に手厚く葬られた。また日蓮上人はこの犬をあわれみて,いつも手にしているイチョウ木の杖をその塚の上に墓標として植えた。不思議にもその杖はいつしか根が生え,枝を伸ばして,ついには大樹となり今日に至っている。

このイチョウは"毒消しイチョウ",また枝が垂れ下がってい

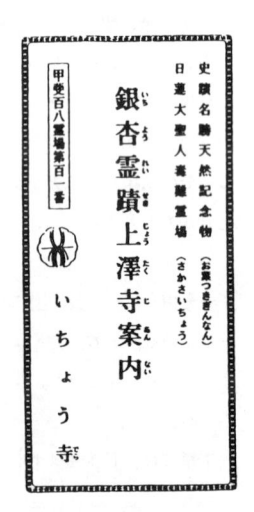

図2 銀杏霊蹟上澤寺(別名 イチョウ寺)
(上田本昌,銀杏霊蹟上澤寺案内より引用)

ることより"さかさイチョウ"と呼ばれ,多くの人々に今でも親しまれている。この寺では"毒消しイチョウ"の霊木から採れる葉と実を用い,薬用として,古来より信者はもとより一般の間でも重宝がられ"お薬の寺"としても広く知れわたっている。その中でも葉成分を素としたものに,毒消秘妙符(解毒に効果),寿量秘妙符(諸病,万病に効果,長寿を保つ),解熱妙符(抗炎症),安産秘妙符(産前産後の健康,乳児の発育等)があり,これらを服用すれば,速やかに苦悩を除きて,また衆の患なからん,と説いている。現在このイチョウ葉については科学的解明が急速に進み,その古来からの効用には頷けるところが多いと思われる(図2)。

3 イチョウ葉の伝統的用法

現代医学では主にイチョウの葉の成分に脚光が浴びせられているが,中国では実の部分に関しての文献が多く,五千年前からその用法に関して古典に記載がある。中国の伝統医学で,葉に関しては,実ほど用いられなかったようであるが,いくつか挙げてみる。

一つは,しもやけの治療で発赤,腫脹や痒みに効果があるとされていた。また葉を煎じた抽出物を,喘息の発作時に噴霧状に気管に散布することがなされていた。

後者に関して興味深いことは,現在イチョウ葉について研究が進む中,葉成分中のギンゴライドという物質が大気中の塵や埃に対してアレルギーがある患者の気道過敏性を軽減するという報告がある。ギンゴライドは血小板活性化因子(PAF)の働きを抑える作用があり,このPAFという物質は気道過敏性に伴ってアレルギー反応で上昇するケミカルメディエーターの一つとされている[1]。現在,抗アレルギー作用が期待されるPAF阻害薬の製品化が行われている。このように中国での古来からの用法にも科学的根拠が裏付けられつつある。

また,日本での伝統用法は,前項でふれたとおり,鎌倉時代の日蓮上人にまつわる話が有名で,解毒作用,抗炎症効果,安産や長寿を保てるといわれてきた。イチョウ葉中に多く含まれるフラボノイドは,緑茶成分中のカテキンと同じく抗菌作用をもつものがあり,また体に有害な種々のラジカル分子を消去する作用も報告されており,古来からの解毒効果も理解できるかもしれない。また動脈硬化の最も重要な原因ともいえる酸化LDLに関して,フラボノイドはその生成を抑えることが近年注目されており,老化を含めた動脈硬化を遅らせる期待がもたれており,古来からの用法通り長命長寿の朗報となるかもしれない。

このように,中国,日本でのイチョウ葉の伝統的用法については祈祷,呪術等による魔法的医術とは違って,古来からの確実な経験に基づく多くの人々の努力,試行錯誤がうかがえる。

4 現在のイチョウ葉の用法

4.1 イチョウ葉の化学

イチョウ葉の成分を分析するとquercetin,kaempferolやcatechin等のフラボノイド類，ginkgolideA,B,C,Mやbilobalide,ginkgetin等のテルペノイド類，バニリン酸，アスコルビン酸等の有機酸が含まれている。イチョウ葉エキスEGb761には24%以上のフラボノイド，6%以上のテルペノイドを含む。また他のイチョウ葉エキスであるLI1370, GBE24, Tebonin, Tanakanもほぼ同様の組成をもっている。

その中でも特徴的な物質として，ginkgolide（ギンゴライド）は独特の複雑な構造を持ち，その化学的特性も興味深く，血小板活性化因子（PAF）に拮抗することが知られている。現存している他の植物においてはギンゴライドは発見されておらず，タイプ別にA, B, C, J, M等があるが，-OH基の数と母核との結合部位にのみ違いがある。化学者にとってギンゴライドの合成は非常に難しいとされているが，有難いことにイチョウの木はいとも簡単にギンゴライドを生成してくれている[3]。

また，bilobalideもイチョウに特有の成分で，sesquiterpene lactoneの一種で独特の骨格を有し，虚血，低酸素時の血管内皮および神経細胞の生命維持に有効という報告がある。

このようにイチョウ葉の成分にはイチョウ特有の物質もかなり多く含まれており，イチョウの驚くべき生命力の強さと何か関連しているようにも思われる（図3）。

	R	R'	R"
Ginkgolide A	OH	H	H
Ginkgolide B	OH	OH	H
Ginkgolide C	OH	OH	OH

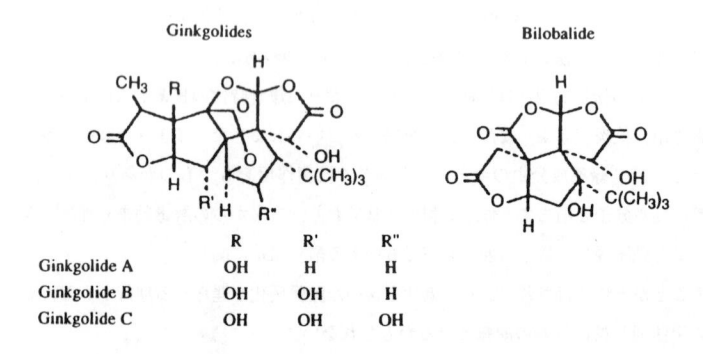

図3 ギンゴライド，ビロバライドの構造

4.2 イチョウ葉エキスの薬理学的動態

イチョウ葉エキスの体内動態としては，血中ピークが服用後約1.5時間，血中半減期は約3時

第4編 植物由来素材の老化予防機能と開発動向

間で,約20時間で消失する。またその活性物質は2%が体内に残存して,残りは尿中等に排泄される。また興味深いことにエキス服用72時間後には,その活性物は血中より海馬,線条体,視床下部,眼レンズ,甲状腺や副腎により多く蓄積されるようになる[4,5]。

このように組織選択的親和性がある意義は不明であるが,イチョウ葉がヨーロッパでは難聴,めまい,視力低下また痴呆に効果があるされている薬効は,その組織分布,親和性と関連があるかもしれない。

4.3 イチョウ葉の薬理作用と効能
4.3.1 ラジカル抑制作用

イチョウ葉エキスの種々のラジカル抑制作用の報告は以前より多くみられており,superoxide[6], hydroxy[7], peroxy[8], nitric oxide[9], DPPH radical[10] の in vitro でのラジカル消去活性が報告されているが,主にはフラボノイドのスカベンジ作用と考えられる。

フラボノイドは,その基本骨格であるフェニルクロマンにフェノール性水酸基を有するものが大部分を占め,フェノール性化合物群としての性格を持っているものがほとんどである。フラボノイド類のラジカル阻止作用機構としては,そのフェノール構造の水酸基からラジカル分子に水素を供与し,自らはフェノキシラジカルとなり共鳴混成体となって安定化し,連鎖反応を停止させるものが大部分を占める[11]。

フラボノイドの過酸化抑制の強さには,ラジカル連鎖反応抑制の際に生成するフラボノイドラジカル(フェノキシラジカル)の安定度が大きく関与するとみられる[12,13]。リノール酸メチルのラジカル連鎖自動酸化の,フラボノイドによる抑制効果の強弱についてもこれが認められ,B環に水酸基を2〜3個もち,C環の2,3位に二重結合,3位に水酸基をもつもののラジカルが安定で,かつ連鎖を強く停止させる[12]。

この点,イチョウ葉に多く含まれるquercetinは上記すべてを満たしており,強いラジカル消去活性を有すると考えられる。また同様に多く含まれるkaempferolも,B環の水酸基が1個のみであるが,hydroxylラジカ

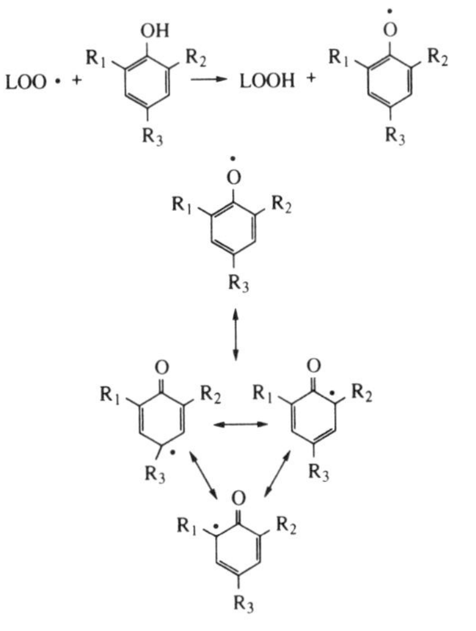

図4 フェノール化合物のラジカル阻止機構
(二木鋭雄,島崎弘幸,美濃真編,抗酸化物質,学会出版センターより引用)

347

老化予防食品の開発

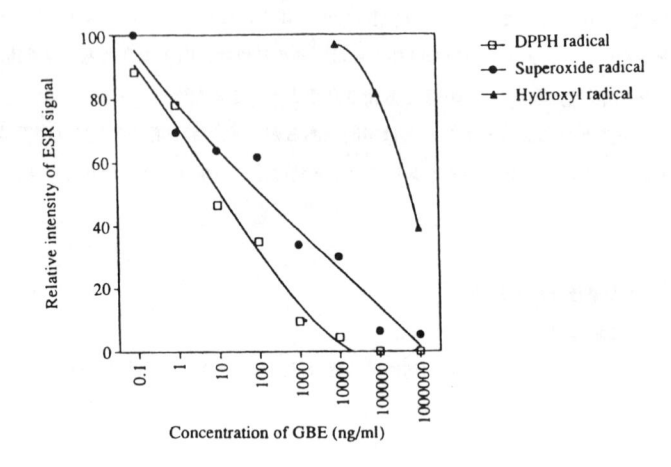

図5 イチョウ葉エキスEGb761を用いた各種ラジカル消去作用
イチョウ葉抽出物パウダー10gを100ml蒸留水に溶解後，100℃，15分間加熱処理。同溶液を遠心後，フィルター処理し，100mg/ml溶液として凍結保存し，用時調整して用いた。
(吉川敏一編，"フラボノイドの医学"より引用)

ル阻止活性が認められている[14]。またエキス中に含まれるアスコルビン酸は，このような反応系においてフラボノイドラジカルを容易に還元して，フラボノイドの再生を促進している可能性が考えられる[15](図4)。

またginkgolideやbilobalide等のテルペノイドに関しては，ラットの心血管灌流実験でテルペノイド経口投与または灌流時に，冠動脈流出液中のhydroxylラジカルの抑制がみられ，この現象はスカベンジ作用ではなく，ラジカルの生成を抑えているのだろうという報告がある[16]。

イチョウ葉エキスEGb761を用いた各種ラジカル消去作用の成績を図5に示す[17]。

4.3.2 抗動脈硬化作用

動脈硬化症の基本的病態は動脈壁の肥厚と血行障害であり，虚血性心疾患や脳血管疾患の基本病変をなしている。動脈硬化初期病変形成には酸化修飾を受けた低密度リポタンパク(酸化LDL)が深く関与している[18]。その機序として，血管内皮下に遊走したマクロファージが酸化LDLをスカベンジャーレセプターで取り込み，泡沫化して動脈硬化初期病変を形成していくことが考えられている[19]。

イチョウ葉に多く含まれるquercetin, kaempferolやcatechin等のフラボノイド類は，以前から不飽和脂肪酸に対する抗酸化能があることが知られていた。フラボノイドを多く含む*Vaccinium*

第4編　植物由来素材の老化予防機能と開発動向

myrtillus のエキスを用いた実験では，Cu^{2+}によるLDLの酸化を有意に抑制し，その効果はLDL中のビタミンE濃度で影響を受けることが報告されている[20]。またquercetinは酸化LDLのリンパ球培養細胞に対する毒性を抑え，抗酸化性だけでなく酸化LDLからの細胞保護作用も有しているといわれている[21]。

また，*in vivo* で，フラボノイドを経口摂取したときのLDLの酸化抑制についての報告は少ないが，寺尾らは，quercetinは経口摂取時，大部分がグルクロン酸抱合体に変化して血漿中に存在するが，このグルクロン酸変化体も十分に抗酸化性を発揮することをInternational Symposium on Antioxidant Food Supplements in Human Health（1997,山形）にて報告している。

このように，イチョウ葉エキス中に約24％以上含まれるフラボノイドは，動脈硬化初期病変形成予防に効果を発揮する可能性が示唆される。

4.3.3　血小板活性化因子（PAF）拮抗作用

前項でも度々ふれているが，イチョウ葉に特有のテルペノイドであるginkgolideはPAFに拮抗する作用をもつ。なかでもginkgolideBは強い阻害作用を示す[22]。

PAFとは，ホスホリパーゼA2とアセチルトランスフェラーゼ活性酵素により細胞膜から遊離するリン脂質であり，おもに血管内皮細胞，炎症細胞から産生，放出される。生理作用として，血小板凝集，好塩基球・肥満細胞の脱顆粒等を惹起する活性がある[23,24]。つまりPAFに競合的に拮抗することにより，血小板凝集・血栓形成の阻害，喘息等に伴う気管支収縮の抑制，アレルギー性鼻炎等，各種アレルギー疾患の軽減やショックの治療に期待が持たれる。

4.3.4　微小循環改善作用（細動静脈，毛細血管）

イチョウ葉エキス服用により皮膚内の血流が上昇[25]，爪部の毛細血管血流が上昇[26]したという報告がある。そのメカニズムとして血液粘度，可塑性が減少[27]，赤血球凝集能が低下[24]していた。また血管内皮の弛緩作用を促進する可能性があり，これはイチョウ葉中のフラボノイドのsuperoxide捕捉作用による可能性を示唆している[28]。

また最近，我々の研究室ではマイクロチャネル法を用いた微小循環改善作用をみているが，イチョウ葉エキス添加群において，PAF,FMLP刺激赤血球にて有意に微小循環が改善された。イチョウ葉エキスにはPAF拮抗作用があり，微小循環改善作用はPAF拮抗作用による経路が存在すると推測される。

4.3.5　神経系への影響

ヨーロッパでは，イチョウ葉エキスで頭痛，頭重感，めまいや痴呆が有意に改善したという報告が多い[29-31]。神経系に影響を与える因子としては，血流改善（前項参照），細胞内グルコース取り込み増加と，それに伴うATP量を増やす[32]，アセチルコリンのムスカリンreceptorへの結合能の増加[33]，ノルエピネフリン代謝の増加[34]等が報告されている。

4.3.6 その他

前述の細胞内グルコース取り込み増加と，それに伴いATP量を増やす現象は，脳だけでなく全身の各組織でみられる[35]。また，その薬理作用と関連付けて糖尿病患者の血糖値の改善が報告されている[36]。

その他，細菌やカンジダに対する抗菌活性があるという報告もみられる[37]が，これはフラボノイド類（カテキン等）の作用かもしれない。

5 イチョウ葉エキスの副作用

これまで伝統的にイチョウ葉を調理調整したものに関しては，数千年にわたり安全が保証されている。しかし高濃度に抽出されたエキスにおいては，従来の用法よりも強い活性が期待されるが，同時に副作用が問題になってくる。

2855人のイチョウ葉エキス服用者の中で3.7%に上腹部不快感が出現したが，投与中止により速やかに改善した[38]。また，8505人にイチョウ葉エキスを6カ月服用させたところ，副作用は0.4%（33人）であったが，大半は軽いもので，やはり上腹部不快感であった。高濃度のエキス服用においても，内分泌的異常はみられず[39]，造血器，肝腎機能にも長期服用で影響はないと報告されている[40]。

6 今後のイチョウ葉による健康，疾病予防

4回の氷河期を乗り越え，原爆の広島で最初に芽を吹き返したイチョウは，その驚くべき生命力に，日本のみならず，世界中で関心が持たれていた。そのイチョウ葉から抽出されたエキスには，これまで述べたように人間でも数多くの効用が認められている。

日本では，日蓮上人のイチョウ霊木から作られる寿量秘妙符は諸病に効果があるとされ，健康維持の意味も含まれていたと考えられる。さらに中国では数千年にわたり喘息，しもやけの治療に用いられていた。

また，欧米ではドイツ，フランスを中心に脳不全症（集中力，記憶障害，疲労，行動低下，不安，めまい，耳鳴，頭痛等）の治療に医薬品として認可され，現在処方されている。

このように，イチョウ葉はまさに古今東西を問わず長年人類に貢献してきたものであり，その歴史的経緯，用い方には若干違いがあるものの，古来東洋の経験と西洋，日本を含む科学的根拠の裏付けを生かして，今後のイチョウ葉による健康，成人病（生活習慣病）予防の展開が期待される。

7 欧米の動向

この Ginkgo という名称は，中国語で丘の杏，銀の実という意味を持つ Sankyo, Yinkuo という言葉からきているのであろうか。しかしイチョウの実は杏とはかなり違うものであり，ご存じのように，その実の臭いは腐ったバター様にも思える。

ドイツの外科医であり冒険者でもある Kaempfer は，西洋人では初めて1712年にイチョウについて，日本での名称である "Ginkyo"（ギンキョウ，銀杏）という言葉を用いて紹介している。もともとの中国名から比較すれば，現在の "Ginkgo" は Kaempfer がスペルを誤ったか，後世の翻訳家が間違って書き写したと考えるのが妥当であろう。

このラテン名である Ginkgo biloba という名称は1771年に，スウェーデンの有名な植物学者 Linnaeus によってつけられた。biloba という語は"2枚の葉"を意味しており，なるほどイチョウの葉は2枚の葉が重なったように見える。風致林としてイチョウは1754年にイギリス，1784年，アメリカにそれぞれ紹介されている[1]。

その後ヨーロッパ，中でもドイツにて，イチョウの幾度の氷河期を乗り越え驚くべき生命力を持つことが注目され，日本のイチョウ葉をもとにドイツにて抽出がなされた。それから続いてフランス，ベルギー等でも脚光を浴び，これらの国々を中心に盛んにイチョウ葉エキスについて化学分析，薬理作用などの基礎研究が行われた。

臨床研究においてもドイツ，フランスで，本格的な治験が行われ，イチョウ葉エキスが中等度の痴呆（アルツハイマー病および血管性痴呆）に対して効力をもつことがわかった。ドイツではイチョウ葉エキスEGb761を用いて，156名の痴呆患者（軽度から中等度のアルツハイマー病患者および血管性痴呆患者）に一日240mgエキス経口投与した群とプラセボ群にて，2年後に患者の症状や行動を比較したところ，エキス投与群において治療効果が顕著に認められた[41,42]（表1）。

また，ごく最近，アメリカにおいても Journal of the American Medical Association（JAMA）に

表1 イチョウ葉エキスの痴呆症に対する効用

検索項目	イチョウ葉エキス*群	偽薬群
臨床像 （改善，著しい改善）	25人（32%）	13人（17%）
痴呆テスト （>4点の改善）	30人（38%）	14人（18%）
老化観察尺度 （>2点）	26人（33%）	18人（23%）

イチョウ葉エキス*：EGb761

てイチョウ葉エキス (Egb761) の有効性を報告している[43]。JAMA study の結果は,世界中の他の施設のデータとほぼ一致し,イチョウ葉エキスは血管性並びにアルツハイマー性痴呆の治療並びに老化予防に重要であることが,改めて世界的に証明されたことになる。

このようにイチョウ葉の研究は欧米諸国がリードしてきた感が否めないが,もともと日本のイチョウ葉を用いていたという経緯上,本家本元として,より一層の研究成果を期待したい。

文　　献

1) Christopher H., The history of Ginkgo. Traditional Uses of Ginkgo. Gingo. Elixir of Youth. Botanica Press. 9-16 (1994)
2) 上田本昌,銀杏霊蹟上澤寺案内, 山梨県南巨摩郡身延町下山銀杏霊蹟上澤寺
3) Christopher H., Chemistry. Ginkgo, Elixir of Youth. Botanica Press, 11-6 (1994)
4) Moreau J. P., Eck J., McCabe J., Skinner S., Absorption, distribution et elimination de l'extrait marque de feulles de Ginkgo biloba chez le rat. *Presse Med.*, 15, 1458-61 (1986)
5) Driew K., *et al.*, Animal distribution and preliminary human kinetic studies of the flabonoid fraction of a standardized Ginkgo biloba extract (GBE 761). *Stud. Org. Chem.*, 23, 351-9 (1985)
6) Pincemail J., Dupuis M., Nasr C.,*et al.*, Superoxide anion scavenging effect and superoxide dismutase activity of Ginkgo biloba extract. *Experientia.*, 45, 708-12 (1989)
7) Gardes-Albert M., Ferradini C., Sesaki A., *et al.*, Oxygen-centered free radicals and their interactions with EGb 761 Or CP 202. In: Advances in Ginkgo biloba Extract Research. pp1-11 (1993)
8) Maitra I., Marcocci L., Droy-Lefaix MT., *et al.*, Peroxyl radical scavenging activity of Ginkgo biloba extract EGb 761. *Biochem. Pharmacol.*, 49, 1649-55 (1995)
9) Kobuchi H., Droy-Lefaix M. T., Christen Y., *et al.*, Ginkgo biloba extract EGb 761: Inhibitory effect on nitric oxide production in the macrophage cell line Raw 264.7. *Biochem. Pharmacol.*, 53, 897-903 (1997)
10) 市川寛,吉川敏一,宮島敬ら, *in vitro* におけるイチョウ葉エキスの抗酸化能の検討,日本脳研究会会誌, 20, 141-6 (1994)
11) 藤本健四郎,食品と抗酸化物質,抗酸化物質"フリーラジカルと生体防御"(二木鋭雄,島崎弘幸,美濃真編) 学会出版センター, 108-10 (1996)
12) 藤田勇三郎,戸川圭子,吉田隆志ら,タンニン及びフラボノイドによる抗酸化作用のメカニズム,和漢医薬雑誌, 2, 674-5 (1985)
13) 奥田拓男,薬物代謝, 抗酸化物質"フリーラジカルと生体防御"(二木鋭雄,島崎弘幸,美濃真編) 学会出版センター, 265-9 (1996)
14) Husain S. R., Cillard J., and Cillard P., Hydroxyl radical scavenging activity of flavonoids. *Phytochem.*, 26, 2489-91 (1987)
15) Takahama U. Inhibition of lipoxygenase-dependent lipid peroxydation by quercetin. *Phytochem.*, 24, 1443-6 (1985)

16) Pietri S., Maurelli E., Drieu K., et al., Cardioprotective and anti-oxidant effects of the terpenoid constituents of Ginkgo biloba extract (EGb 761). *J. Mol. Cell Cardiol.*, 2, 733-42 (1997)
17) 吉川敏一，内藤裕二，宮島敬，イチョウ葉，フラボノイドの医学 (1998)
18) Steinberg D., Antioxidants and atherosclerosis: a current assessment. *Circulation*, 84, 1421-25 (1991)
19) Henriken T., Interaction of plasma lipoproteins with endothelial cells. *Ann.N.Y.Acad.Sci.*, 232, 37-47 (1986)
20) Viana M., Barbas C., Bonet B., et al., In vivo effects of a flavonoid-rich extract on LDL oxidation. *Atheroscler.*, 123, 83-91 (1996)
21) Negre S. A., Salvayre R., Quercetin prevents the cytotoxicity of oxidized LDL on lymphoid cell lines. *Free Radic. Biol. Med.*, 12, 101-6 (1992)
22) Kleijnen J., Knipschild P., Ginkgo biloba. *Lancet.*, 340, 1136-9 (1992)
23) Chung K. F., Dent G., McCusker., et al., Effect of a ginkgo mixture in antagonising skin and platelet responses to platelet activating factor in man. *Lancet.*, 1, 248-51 (1987)
24) Braquet P., Hosford D., Ethnopharmacology and the development of natural PAF antagonists as therapeutic agents. *J. Ethnopharmacol*, 32, 135-9 (1991)
25) Kötringer P., Eber O., Lind P., et al., Mikrozirkulation und Viskoelastizität des Vollblutes unter Ginkgo-biloba-extrakt. Eine plazebokontrollierte, randomisierte Doppelblind-Studie. *Perfusion*, 1, 28-30 (1989)
26) Jung F., Mrowietz C., Kiesewetter H., et al., Effect of Ginkgo biloba on fluidity of blood and peripheral microcirculation in volunteers. *Arzneimittelforschung*, 40, 589-93 (1990)
27) Eckmann F., Himleistungsstörungen-Behandlung mit Ginkgo-biloba-Extrakt. *Fortscher Med.*, 108, 557-60 (1990)
28) Robak J., Gryglewski R. J., Flavonoids are scavengers of superoxide anions. *Biochem. Pharmacol.*, 837-41 (1988)
29) Schmidt U., Rabinovici K., Lande S., et al., eines Ginkgo-biloba-Spezialextraktes auf die Befindlichkeit bei zerebraler Insuffizienz. *Münch Med Wocherscher*, 133, S15-8 (1991)
30) Vorberg G., Schenk N., Schmidt U., Wirksamkeit eines neuen Ginkgo-biloba-extraktes bei 100 Patienten mit zerebraler Insuffizienz. *Herz Gefässe.*, 9, 936-41 (1989)
31) Eckmann F., Himleistungsstörungen-Behandlung mit Ginkgo-biloba-Extrakt. *Fortscher Med.*, 108, 557-60 (1990)
32) Le Poncin Lafitte M., Rapin J., Rapin J. R., Effects of Ginkgo Biloba on changes induced by quantitative cerebral microembolization in rats. *Arch Int Pharmacodyn Ther.*, 243, 236-44 (1980)
33) Taylor J. E., The effects of chronic, oral Ginkgo biloba extract administration on neurotransmitter receptor binding in young and aged Fisher 344 rats. In Agnoli, Effects of Ginkgo (1985)
34) Brunello N., Racagni G., Clostre F., et al., Effects of an extract of Ginkgo biloba on noradrenergic systems of rat cerebral cortex. *Pharmacol Res Commun.*, 17, 1063-72 (1985)
35) Schilcher H., Investigation on the quality, activity, effctiveness, and safety. Gingo biloba. *Zeit. f. Phytother.* 9, 119-27 (1988)
36) Krammer F., On the therapy of peripheral circulatory disorders with the new angioactivator Tebonin of plant origin. *Med Welt.*, 28, 1524-1528 (1966)
37) Watt J. M., et al., The medicinal and poisonous plants of southern and eastern Africa. Edinburgh and London: E. and S. Livingstone Ltd. (1962)

38) Warburton. Clinical psychopharmacology of Ginkgo biloba extract. 1988; In Fünfgeld, Rökan.
39) Felber J. P. Effect of Ginkgo biloba extract on the endocrine parameters. 1988; In Fünfgeld, Rökan.
40) Schilcher H., Ginkgo biloba: investigation on the quality, activity, effectiveness, and safety. *Zeit.f. Phytother* (1988)
41) 池田和彦, 痴呆とビタミンEとイチョウ, 臨床栄養, 91, 715-18 (1997)
42) Kanowski S., Hermann W. M., Stephan K., *et al.*, Proof of efficacy of the ginkgo biloba extract EGb 761 in outpatients suffering from mild to moderate primary degenerative dementia of the Alzheimer type or multi-infarct dementia. *Pharmacopsychiatry*, 29, 47-56 (1996)
43) LeBars P. L., Katz M. M., Berman N., *et al.*, A placebo-controlled, double-blind, randomized trial of an extract of Ginkgo biloba for dementia. *JAMA*, 278, 1327-32 (1997)

第5編　動物由来素材の老化予防機能と開発動向

第1章　牡蠣肉エキス

吉川敏一[*1]，内藤裕二[*2]

1　はじめに

　虚血性疾患，炎症性疾患をはじめとした多くの疾患病態に活性酸素の関与が指摘されている。老化機構についても活性酸素の関わりを指摘する報告は多い。CutlerがSOD，ビタミンE，尿酸，セルロプラスミンなどの抗酸化物と各種哺乳動物の最大潜在寿命が正比例することを報告して後，抗酸化物に老化防止の期待が集まってきた。つまり，フリーラジカルを消去する能力が大きいほど長寿であるならば，抗酸化物質を多く摂取すれば，老化を遅延させることができるはずであると考えたわけである。老化促進マウス（SAM）は老化モデル動物として京都大学竹田教授らによって開発された純系マウスであり，老化が早く進む系統（P系統）と正常な老化を示す系統（R系統）がある。P系，R系はそれぞれ寿命の長さ，つまり老化速度の異なる同種生物であり，このようなSAMを比較し，縦断的に研究したり，介入試験を行うことにより，老化の原因の解明につながる可能性があるものと考えられている。SAMを用いた介入試験としては，漢方薬（TJ-960[1)]，DX-9386[2)]），beta CATECHIN[3)]，ESRスピントラップ剤であるPBN（N-tert-α-phenyl-butylnitrone）[4,5)]などが検討されている。DX-9386は伝統的中国生薬であり，SAM-P8系に投与したところ，記憶障害の改善に有効であったが，学習能力には影響を与えず，増加した血清中，肝組織中過酸化脂質を減少させた。TJ-960はSAMP系マウスの大脳皮質の一酸化窒素合成酵素活性が増加するのを抑制することにより老化抑制に関与する。PBNは，生体内で短寿命のフリーラジカルを捕らえて長寿命のラジカルに変換するものであるが，3ヵ月齢SAMP系マウスに投与すると，雌雄に関係なく寿命を延長させることが見いだされており，50％平均生存率はコントロール群で42週，PBN群で56週と有意に寿命が延長した[5)]。最近では，副作用の少ないことから，抗酸化作用を有する食品類に同様の作用が期待されているが，科学的な証拠が乏しいものも少なくない。基礎的にも，臨床的にも牡蠣肉による老化予防効果は実験段階であり，本稿では，牡蠣肉由来のエキスを用いて得られた抗酸化作用に関する成績を紹介したい。

---

* 1　Toshikazu Yoshikawa　京都府立医科大学　第一内科学教室　助教授
* 2　Yuji Naito　京都府立医科大学　第一内科学教室　助手

2 牡蠣肉エキス

牡蠣（Oyster）は海のミルク，海のマナ（神から奇跡的に授かった神秘的な食物），海の玄米などと呼ばれ，古来より，洋の東西を問わず人類の貴重な食物として広く愛用されてきた。牡蠣肉エキス（*Crassostera gigas* extract: JCOE）は日本クリニック㈱（京都）によって製造された牡蛎肉エキスの純正抽出パウダーであるが，その保有する微量栄養素がガン予防，糖尿病，アドリアマイシンによる細胞傷害の予防に有効性であることを示唆する研究が開始されている。日本食品分析センターに依頼した成分分析の結果を表1に示すが，アミノ酸類を大量に含み，抗酸化活性の高いタウリンを5.11％含有し，微量元素類も豊富に含まれている。

表1 The ingredients *Crassosterera gigas* extract powder (JCOE)

Protein	
Amino acid	23.50%
Glutamic acid	2.78%
Proline	1.33%
Alanine	1.23%
Aspartic acid	1.20%
Glycine	1.10%
Lysine	0.54%
Arginine	0.53%
Threonine	0.51%
Leucine	0.45%
Serine	0.42%
Valine	0.37%
Phenylalanine	0.30%
Isoleucine	0.30%
Histidine	0.28%
Taurine	5.11%
Suggar	58.40%
Lipid	0.20%
Water	1.30%
Mineral, Vitamine	

2.1 活性酸素消去能の評価

活性酸素（スーパーオキシド，ヒドロキシルラジカル）に対する消去活性は，既報[6,7]に従いDMPOを用いたスピントラッピング法により測定した。スーパーオキシド産生系としてはヒポキサンチン-キサンチン酸化酵素系をヒドロキシルラジカルの産生系としてはDETAPAC-Fe-過酸化水素系を用いた。JCOEは，濃度依存性にDMPO-OOHあるいはDMPO-OHシグナル強度を抑制

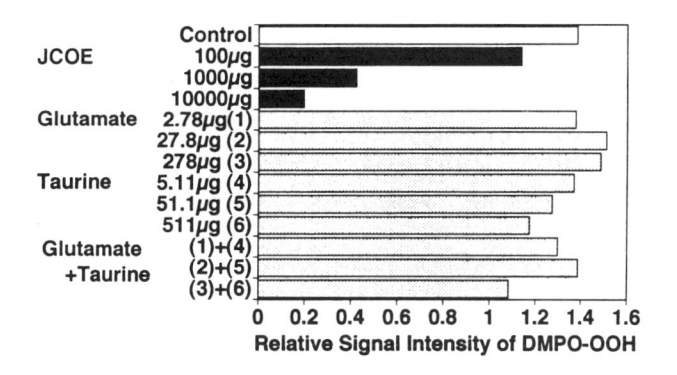

図1 JCOEのスーパーオキシド消去活性

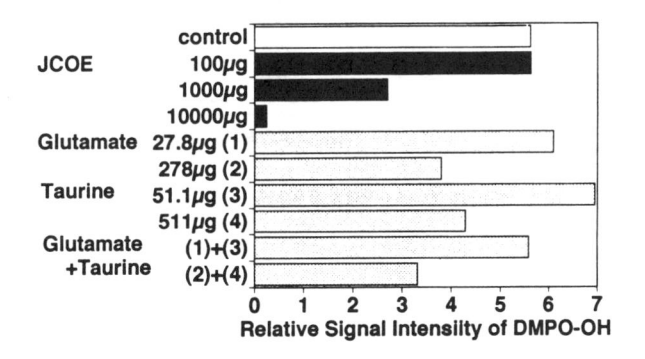

図2 JCOEのヒドロキシルラジカル消去活性

し，その効果をJCOEに含まれる当量のglutamateとtaurineと比較したが，JCOEの活性酸素はglutamateあるいはtaurineに依存するものではなかった（図1，2）[8]。

2.2 活性酸素による胃粘膜培養細胞傷害に対する効果

培養細胞としてラット胃粘膜上皮細胞株RGM-1（RCB-0846，理研細胞銀行）を用いた。RGM-1細胞はDMEM/F12混合（1:1）培地で，20％牛胎児血清，100U/mlペニシリン，100U/mlストレプトマイシン，0.25μg/mlアンフォテリシン添加のうえ培養した。96穴プレートに48時間，細胞を培養後，JCOEあるいは対照液を添加後，1あるいは24時間後に培養液をHanks balanced buffered solutionに置換後，過酸化水素あるいは一酸化窒素ドナーNOC5を添加し，細胞生存率を

評価した。細胞生存率はWST-1 assay（DOJIN Co.）により測定した。

過酸化水素添加4時間後に生存率を検討したが，濃度依存性（0.1～1 mM）に障害性を認めた。JCOE溶液（100，500，1000 μg/ml）による前処置では，0.1 M過酸化水素による細胞障害に1時間前処置では障害軽減作用は認めなかったが，24時間前処置では濃度依存性に障害を軽減し，1000 μg/mlによる24時間前処置では過酸化水素による障害はほぼ完全に抑制された（図3）[8]。

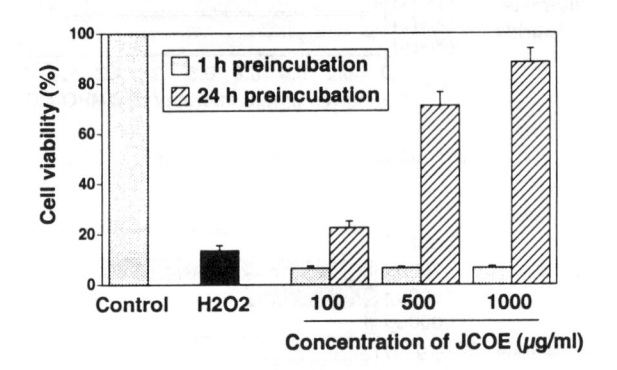

図3　過酸化水素による胃粘膜細胞障害に対するJCOEの効果

これらの結果は，JCOEのRGM-1細胞保護作用は，直接的な活性酸素消去作用によるのではなく，内因性抗酸化機構の増強作用による可能性が高いものと考えられた。また，JCOE抽出液のなかには抗酸化作用の比較的強いことが報告されているglutamic acidやtaurineなどが多く含まれるため，その影響を検討した。JCOE溶液（1000 μg/ml）中に含まれるglutamic acid（27.8 μg/ml）ならびにtaurine（51.1 μg/ml）の影響を検討したが，24時間前処置により過酸化水素による細胞障害性に影響を与えなかった。細胞保護作用の機構を検討するために，まず細胞内還元型グルタチオン（GSH）の関与を検討した結果，JCOE溶液による過酸化水素細胞障害抑制作用は，GSH合成の律速酵素であるγ-glutamyl cysteine synthetaseの選択的阻害剤であるbuthionine sulfoximine（BSO）（100 μM）の同時投与により完全に消失した。また，JCOEの前処置はRGM-1細胞のGSH濃度を増加させることも明らかとなった（図4）。

2.3　一酸化窒素による胃粘膜細胞障害に対する効果

一酸化窒素による細胞障害機構については不明な点が多いが，胃粘膜培養細胞に対してNOドナーNOC-5あるいはNOC-12を用いて検討した結果，NOC 100～1000 μMの濃度ではRGM-1細

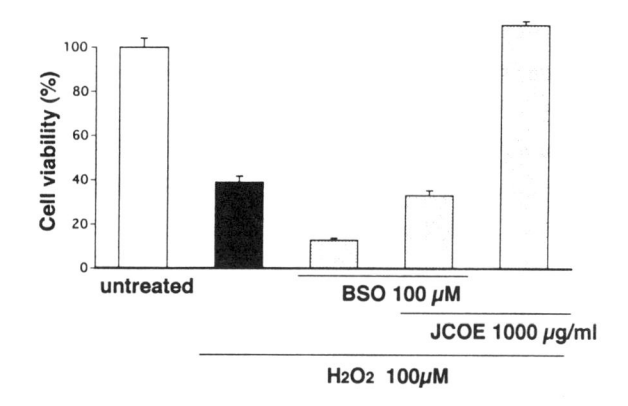

第5編　動物由来素材の老化予防機能と開発動向

図4　JCOEの細胞保護作用におけるγ-glutamyl cysteine synthetaseの選択的阻害剤(BSO)前処置の影響

胞にアポトーシスを誘導し，比較的高濃度（2～5 mM）ではネクローシスを惹起することが明らかとなった。たとえば，2～5 mMのNOC-5の添加は，濃度ならびに時間依存性にRGM-1細胞の生存率（Trypan blue dye排出試験，WST-1 assay）を低下させる。この生存率の低下は，Hoechst33342とpropidium iodide（PI）二重染色による検討では，細胞膜機能の低下が細胞死に先行しており，DNA fragmentationは検出されず，ネクローシスと判断できる。また，NO処理後細胞内還元型グルタチオン（GSH）は処理直後より著明に低下しており，DCFH-DAによる細胞内活性酸素量の測定でもDCF蛍光は増加しており，NO処理により酸化的ストレスが引き起こされていた。JCOEには細胞内GSHを増加させる作用があるために，JCOE24時間前処置の影響を検討したが，図5に示すように，JCOEはNOC-5惹起性の細胞死を抑制し，BSOによる同時前処置

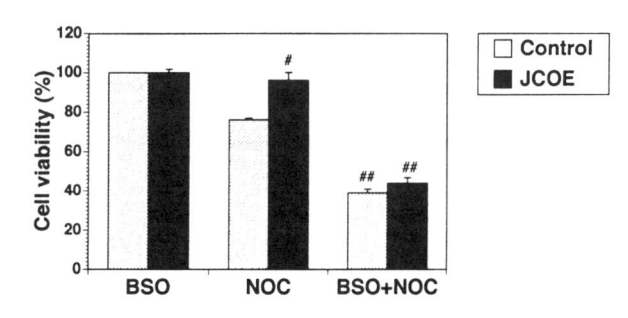

#p<0.05 vs Control, ##p<0.01 vs BSO alone or NOC alone

図5　一酸化窒素による胃粘膜細胞障害に対するJCOEの効果とBSO処理の影響

によりその細胞保護作用は消失した。細胞内GSHの測定においても，JCOE処理は細胞内GSHを増加させ，NOC-5添加後に消費されるGSHの低下を抑制していた。

2.4 低酸素再酸素化ストレスに対する効果

酸化ストレス誘導性血管内皮細胞傷害モデルにおいてもJCOEの影響を検討した。酸化ストレスはanoxia-reoxygenationにより誘導した。human aortic endothelial cells（HAEC）を96 wellに培養して，confluent monolayerとなったところでanoxic chamberによりanoxia（95%N_2 + 5% CO_2）を4時間負荷し，その後reoxygenationを行った。anoxia 4時間ではHAECのviability（WST-1 assay）に低下はみられなかったが，reoxygenation後viabilityは低下し，LDH遊離を伴っていた。本モデルに対してもJCOEの前処置（100 ～ 1000 μ g/ml）の影響を検討したが，24時間の前処置は有意にviabilityの低下を抑制した（図6）。anoxia-reoxygenationにより細胞内活性酸素産生量は増加し，GSHの低下を伴っており，本モデルにおいてもHAEC細胞障害に酸化ストレスの関与が明らかである。加えて，JCOE処理はこれらの変化に対しても抑制的に作用していた。

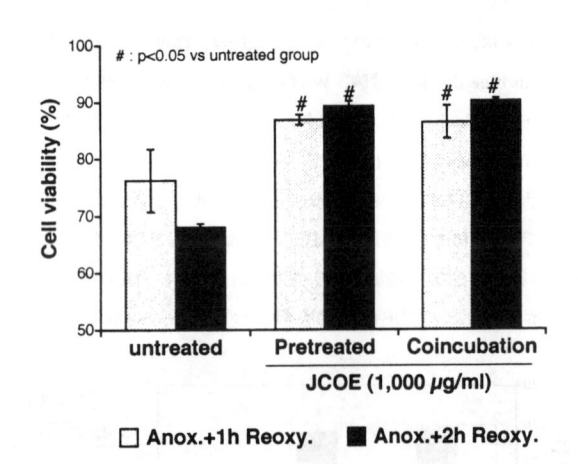

図6 低酸素-再酸素化に対する血管内皮細胞障害に対するJCOEの効果

3 考 察

JCOEは直接的な活性酸素消去作用を認めたが，その活性成分にはglutanic acidやtaurineによるものではなく，さらなる検討を要する。JCOEのGSH誘導作用は胃粘膜細胞，血管内皮細胞に

よる検討からも明らかであり,過酸化水素,一酸化窒素, anoxia-reoxygenationによる細胞障害抑制効果の主な作用機序と考えられた。GSH代謝に及ぼす効果については, Tapieroら[9]も同様の報告をしており,最近ではヒト健常ボランティアにより臨床薬理学的検討を示している[10]。それによると, 1週間のJCOEの服用後,赤血球のアゾ化合物による溶血反応が抑制され,抗酸化能が増加していた。また,グルタチオン合成が亢進した結果,血清中GSHは約1.5倍に増加していた。ラットにおいても同様の報告がある[11]。食品抽出液として投与されたものが,直接的な抗酸化薬理作用ではなく,生体の内因性GSH合成系を刺激した結果, GSH濃度を高める可能性が示されたわけで,今後その機序の詳細な検討と酸化ストレスの関与する疾患,あるいは本特集である老化への効果が期待される。

文献

1) K. Inada, I. Yokoi, H. Kabuto, H. Habu, A. Mori and N. Ogawa, Age-related increase in nitric oxide synthase activity in senescence accelerated mouse brain and the effect of long-term administration of superoxide radical scavenger. *Mech Ageing Dev.*, 89, 95-102 (1996)
2) N. Nishiyama, Y. Zhou and H. Saito, Ameliorative effects of chronic treatment using DX-9386, a traditional Chinese prescription, on learning performance and lipid peroxide content in senescence accelerated mouse. *Biol. Pharm. Bull.*, 17, 1481-4 (1994)
3) M. V. Kumari, T. Yoneda and M. Hiramatsu, Effect of "beta CATECHIN" on the life span of senescence accelerated mice (SAM-P8 strain). *Biochem. Mol. Biol. Int.*, 41, 1005-11 (1997)
4) D. A. Butterfield, B. J. Howard, S. Yatin, K. L. Allen and J. M. Carney, Free radical oxidation of brain proteins in accelerated senescence and its modulation by N-tert-butyl-alpha-phenylnitrone. *Proc. Natl. Acad. Sci. USA*, 94, 674-8 (1997)
5) R. Edamatsu, A. Mori and L. Packer, The spin-trap N-tert-alpha-phenyl-butylnitrone prolongs the life span of the senescence accelerated mouse. *Biochem. Biophys. Res. Commun.*, 211, 847-9 (1995)
6) T. Tanigawa, Determination of hydroxyl radical scavenging activity by electron spin resonance. *J. Kyoto Pref. Univ. Med.*, 99, 133-143 (1990)
7) T. Yoshikawa, Y. Naito, T. Tanigawa, T. Yoneta and M. Kondo, The antioxidant properties of a novel zinc-carnosine chelate compound, N-(3-aminopropionyl)-L-histidinato zinc. *Biochimica et Biophysica Acta*, 1115, 15-22 (1991)
8) T. Yoshikawa, Y. Naito, Y. Masui, T. Fujii, Y. Boku, S. Nakagawa, N. Yoshida and M. Kondo, Free radical-scavenging activity of Crassostera gigas extract (JCOE). *Biomed. Pharmacother.*, 51, 328-332 (1997)
9) H. Tapiero and K. D. Tew, Increased glutathione expression in cells induced by Crassostera gigas extract (JCOE). *Biomed & Pharmacother*, 50, 149-153 (1996)

10) H. Tapiero, L. Gate, S. Dhalluin, B. G. Nguyen, V. Soupramanien, J. Kouyate and K. D. Tew, The antioxidant effects of Crassostrea gigas extract (JCOE) in human volunteers. *In Vivo*, 12, 305-9 (1998)
11) L. Gate, M. Schultz, E. Walsh, S. Dhalluin, B. G. Nguyen, H. Tapiero and K. D. Tew, Impact of dietary supplement of Crassostrea gigas extract (JCOE) on glutathione levels and glutathione S-transferase activity in rat tissues. *In Vivo*, 12, 299-303 (1998)

第2章　コラーゲン

藤本大三郎*

1　コラーゲンとは[1]

　近年コラーゲン(あるいはその熱変性物であるゼラチン)が,いわゆる健康食品として注目を集めている。効能としては,「若返り栄養素である」,「肌にハリがでる」,「お年寄の腰痛やひざ痛が治る」などがうたわれている。つまり,老化・老人病防止食品である。

　実は人類は大昔からコラーゲンを食べてきた。というのは,ウシやブタやニワトリの肉を食べても,臓物を食べても,あるいは魚を食べても,それらの中には相当量のコラーゲンが含まれているからである。

　コラーゲンは人間をはじめいろいろな動物の体の中にある繊維状のタンパク質である。全身のあらゆる臓器に存在しているが,特に皮膚,骨,腱,軟骨,血管壁などに大量に存在している。たとえば,皮膚や腱では,有機物質の70～85％はコラーゲンである。骨や歯では有機物質の約90％がコラーゲンである。高等動物の全タンパク質のおよそ30％はコラーゲンであるという。動物の体に存在するタンパク質の中で,量が最も多いのがコラーゲンとされている。

　体の中でのコラーゲンの第1の役割は,いろいろな臓器あるいは体全体の枠組をつくったり,支えたり,結合したり,境界をつくることである。

　体の中でのコラーゲンのもう1つの役割は,細胞の足場になっていることである。細胞は特殊なものを除くと,生きるためには足場が必要で(足場依存性),コラーゲンがその役を担っている。

　近年,コラーゲンには20種類の分子種があることがわかってきた。皮膚,腱,骨などの主成分はⅠ型コラーゲンで,食品などに利用するのもこのⅠ型コラーゲンである。Ⅰ型コラーゲンは,体の中では繊維の状態で存在している。熱水で抽出すると,コラーゲンの立体構造がこわれ,溶け出してくる。これがゼラチンである。食品として利用されるときは,ほとんどがゼラチンの状態であるが,ここではコラーゲンとゼラチンの区別をせずにコラーゲンと呼ぶことにする。

　コラーゲンは病気や老化と深い関わりがある。コラーゲンが不足する病気(骨形成不全症,壊血病など)や,コラーゲンが多すぎる病気(肝硬変,肺繊維症など)がある。老化に伴っても,

---

*　Daisaburo Fujimoto　東京農工大学名誉教授

コラーゲンが不足したり，変質したりする。これが皮膚がたるんでしわができたり，骨がもろくなったり，血管の壁が硬くなったりする原因の1つと考えられる。

2 コラーゲンのアミノ酸組成

コラーゲンを食べると，そのまま体の中に吸収され，体のコラーゲンの補給になるようなことが，健康食品の解説文に書かれたりしているが，誤りである。

コラーゲンを食べたときは，他のタンパク質と同じように消化管内で酵素によって分解され，大部分はアミノ酸の形で吸収される。

コラーゲンのアミノ酸組成はユニークである。グリシンが全体の1/3を占める。次いでプロリン，ヒドロキシプロリン，アラニンが多く，この3つで，やはり全アミノ酸のおよそ1/3を占める。残りのアミノ酸はすべて合わせても1/3にすぎない。

ヒドロキシプロリンはコラーゲンとその近縁のタンパク質にしか存在しない特殊なアミノ酸である。

グリシン，プロリン，アラニン，ヒドロキシプロリンはいずれも必須アミノ酸ではない。一方，必須アミノ酸であるトリプトファンはコラーゲンには全く存在しない。メチオニン，ヒスチジンはごく少量しか含まれていない。リジン，フェニルアラニン，ロイシン，イソロイシン，トレオニン，バリンも多く含まれているとは言えない。つまり，必須アミノ酸の含量の点からは，コラーゲンは良質のタンパク質食品ではない。

実際にコラーゲンのみをタンパク質源としてラットを飼育すると，ただちにタンパク質欠乏の症状があらわれ，毛並の乱れから始まって，神経性の歩行障害が出現したという。

ところが近年になって，他のタンパク質と合わせてコラーゲンを食べると，いろいろな効用があることがわかってきた。

3 骨・関節の老人性疾患への効果

年をとると非常に多くの人が骨関節炎にかかり，手足の関節がこわばったり，痛みに悩まされるようになる。

ドイツやチェコなどヨーロッパの国々の研究者によって，コラーゲン（厳密にいうとゼラチンの酵素分解物）を骨関節炎の患者に投与すると，症状が軽減されることが報告された。

たとえば，チェコのAdamらは次のような報告をしている[2]。52人（男性28人，女性24人）に，1日10gのコラーゲンを2カ月間投与した。二重盲検法を採用し，プラシーボにはニワトリ

の卵のタンパク質を用いている。関節炎のさまざまな症状——こわばり,動かすときの痛み,夜間の痛みなど,たくさんの項目について,3段階評価で患者に評価してもらい,スコアの変化をみた。

表1に示すように,プラシーボを与えられた人の中には実験期間中に症状が悪化した人がかなりいたが,コラーゲン投与群にはいない。一方,症状が著しく改善された人(スコアが50%以上減少した人)の数は,コラーゲン投与群の方がプラシーボ投与群よりもずっと多い。

表1 コラーゲン投与の関節炎に対する効果[2]

痛みのスコア	コラーゲン投与	プラシーボ投与
増加した	0人	21人
減少した 　26%以下 　26～50% 　50%以上	 10 18 24	 19 7 5

また,コラーゲンが,やはり非常に多くの老人がかかりやすい病気である骨粗鬆症にも有効であるという。骨粗鬆症においては,骨の吸収が合成を上回って,骨量が減少し,その結果,骨が折れやすくなる。治療には骨の吸収を抑制するカルチトニンが用いられる。カルチトニンを投与している骨粗鬆症患者に,コラーゲンを1日10gずつ24週間投与したところ,カルチトニンのみを投与した患者に比べて,骨のコラーゲンの分解速度が有意に低下した。

4　毛髪への効果

アメリカのScalaらは,51人にコラーゲンを1日14gずつ,62日間にわたって投与し,毛髪の成長を測定した。季節の影響を考え,5月～9月と1月～4月の2回,実験を行った[3]。

結果は表2のようで,コラーゲンを投与した人の毛髪の直径は,2回の実験とも,約10%増加した。毛髪の長さの伸びる速度には,コラーゲン投与は影響を与えなかった。

実験には21～58歳の人が参加したが,コラーゲン投与の効果の大きさは年齢とは関係がなく,初めから毛髪の細い人ほど,大きな効果がみられたという。

コラーゲン投与をやめたところ,6カ月以内に毛髪の太さは元へ戻ってしまったそうで,確かにコラーゲン投与の効果であると結論している。

ちなみに,男性の毛髪が薄くなる主な原因は,毛髪の数の減少よりも,毛髪が細くなるためと

表2 コラーゲン投与の毛髪への影響[3]

	毛髪の直径（μm）		増加率（%）
	対照	コラーゲン投与	
実験1	62.1	67.9	＋ 9.3
実験2	60.0	66.8	＋11.3

いわれている。

5 皮膚への効果

　一般に皮膚は年齢の上昇とともに保水能力を失い乾燥してくる。また，表皮角質の代謝回転速度は遅くなる。真皮はコラーゲンの減少と変質によって弾力性を失い，たるみやしわを生ずる。

　イタリアのMorgantiとRandazzoは，コラーゲン食の表皮の保水能力に対する効果を調べた[4]。コラーゲン約1.7gとグリシン0.8gを毎日，2カ月間投与したところ，保水能力に向上がみられたという。

　日大薬学部の高橋らは，ラットを用いて実験を行った。若いラットを低タンパク質食で飼育すると，老化に似た状態（疑似老化）になる。すなわち，皮膚のコラーゲン合成速度は低下し，表皮の角質層の代謝回転速度も低下する。

　このような疑似老化ラットにコラーゲンを投与したところ，皮膚のコラーゲン合成能力（図1）[5]も，角質の代謝回転速度（図2）[6]も，正常なラットのレベルに回復した。

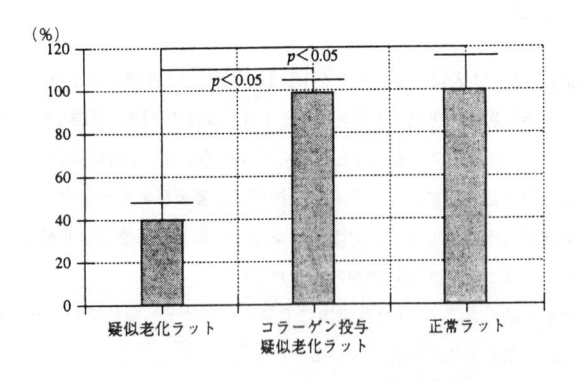

図1　コラーゲン投与がコラーゲン合成に及ぼす効果[5]

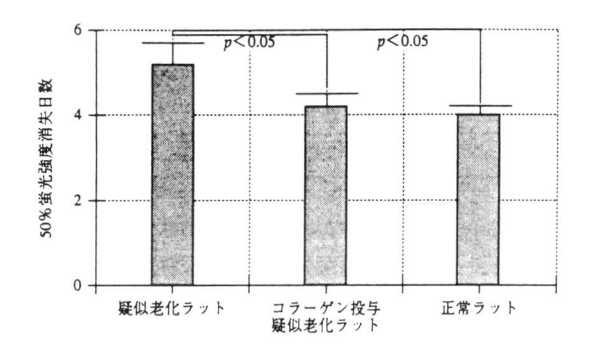

第5編　動物由来素材の老化予防機能と開発動向

図2　コラーゲン投与が角質層代謝回転に及ぼす効果[6]

6　その他の効果

コラーゲンを唯一のタンパク質源としてラットを飼育すると，良好な成長はみられず，障害が起こることを前に述べた。新田ゼラチンの梶原らは，コラーゲンをカゼインと組み合わせてラットに与えると，良好に成長することを観察している[7]。

また，アスピリンをラットに投与して胃に潰瘍を起こさせる実験で，コラーゲンを投与すると，びらんや潰瘍をかなり防ぐことができたという[7]。

7　作用メカニズム

前にも述べたが，食べたコラーゲンがそのまま体内に吸収され，体のコラーゲンの不足を補うとは考えられない。

食べたコラーゲンが分解して生じたアミノ酸が，体の中でコラーゲンを合成する材料として役に立つことはあるが，それほど重要なこととは思えない。コラーゲンは確かに体の中に大量に存在するタンパク質ではあるが，代謝回転は非常に遅い。成人の場合，1日に分解されるコラーゲンの量は1～2gと推定される。体の中のタンパク質全体では1日200～300gが分解されるという。分解して生じたアミノ酸の大部分はリサイクルされ，目減り分の約70gが食物から補給される。このようなタンパク質とアミノ酸全体の流れからみると，コラーゲンの合成・分解の量はわずかで，特別にコラーゲン合成のための材料を食べる必要はなさそうである。

コラーゲンにしかないアミノ酸——ヒドロキシプロリンなどを供給する意味があるのではと考える人がいるかもしれないが，コラーゲン中のヒドロキシプロリンは遊離のヒドロキシプロリン

が取り込まれるのでなく，ペプチド鎖に組み込まれたプロリンが酵素によって水酸化されて生成するので，食べる必要はない。

それに，注目すべきことは，コラーゲン食の効果は，コラーゲンを多く含む臓器にのみあらわれるわけではない。たとえば，表皮角質や毛髪には，実際上コラーゲンは存在しない。

それでは，コラーゲンを食べると，なぜ，さまざまな効用があるのだろうか。

結論からいうと，まだわからない。筆者は次のような可能性を考えている[8]。

1つの可能性は，コラーゲンが分解されて生じたペプチドの作用である。食品中のタンパク質は基本的にはアミノ酸にまで分解されて体内に吸収されるが，短いペプチドも体内に吸収されるという。量からいうとペプチドの形で吸収されるものは少量で，栄養素としては問題にならない。しかし，ペプチドはごく少量でも強い生理活性を示す例はたくさん知られており，食品由来のペプチドの生理活性はたいへん注目されている。

コラーゲンが分解して生成するペプチドの生理活性については，すでにいくつかの報告がある。そのうちのアンジオテンシン変換酵素阻害活性については後で述べる。

コラーゲン食の作用メカニズムのもう1つの可能性は，コラーゲンの分解により生じたアミノ酸の作用である。

コラーゲンのアミノ酸組成は大へん偏っている。グリシン，アラニン，プロリンなどが多く，とくにグリシンは全アミノ酸の1/3を占めている。コラーゲンを投与すると，分解されて大量のグリシンなどが生成され，体内に吸収され，体内の濃度が高くなると考えられる。

最近，いくつかのアミノ酸が，細胞に直接作用し，細胞の活動に影響を及ぼすことがわかってきた。細胞膜に存在するアミノ酸のトランスポーターを通じて，細胞内に情報が送り込まれるという仮説が提唱されている[9]。

コラーゲン食の効果は，体内のグリシンなど特定のアミノ酸の濃度の上昇による可能性がある。

8 血液循環改善作用の可能性

一方，見方を変えると，コラーゲン食のきわめて多彩な効果は，血液循環の促進による可能性がある。たとえば，毛髪の成長促進は，頭皮の血行の促進で説明できる。関節炎の痛みの軽減も，血液循環の改善で説明できそうである。実際，動き始めは血液不足のため痛みが激しいが，多少動かすと血液の供給がよくなり，痛みが軽減されることはよく知られている。胃潰瘍もまた胃粘膜の血行と関係がある。

コラーゲンを食べたときに生成する物質で，血液循環を促進する作用をもつものとしては，アンジオテンシン変換酵素（ACE）の阻害ペプチドが考えられる。

第5編　動物由来素材の老化予防機能と開発動向

　ACEは不活性なアンジオテンシンⅠのC末端のHis-Leuを切り離し，血管収縮などの作用をもつアンジオテンシンⅡを生成する。また，血管拡張作用をもつブラジキニンを分解する。それゆえ，ACE阻害物質は，血管を拡張し，血液循環を促進する方向へ働くと考えられる。

　さまざまなタンパク質の分解ペプチド中にACE阻害ペプチドが見出されている。コラーゲン（ゼラチン）についても，細菌コラゲナーゼによって分解したペプチドにACE阻害活性があることが報告されている[10]。

　われわれの研究室の大原は，ウシのコラーゲンをさまざまなタンパク質分解酵素で消化し，ACE阻害活性を比べた[11]。その結果，たとえばサーモライシンで消化して生成するペプチドは，コラゲナーゼ分解ペプチドよりもずっと強い活性をもつことを見出した（図3）。サーモライシン分解ペプチドの IC_{50} は約 180 μg/ml であった。

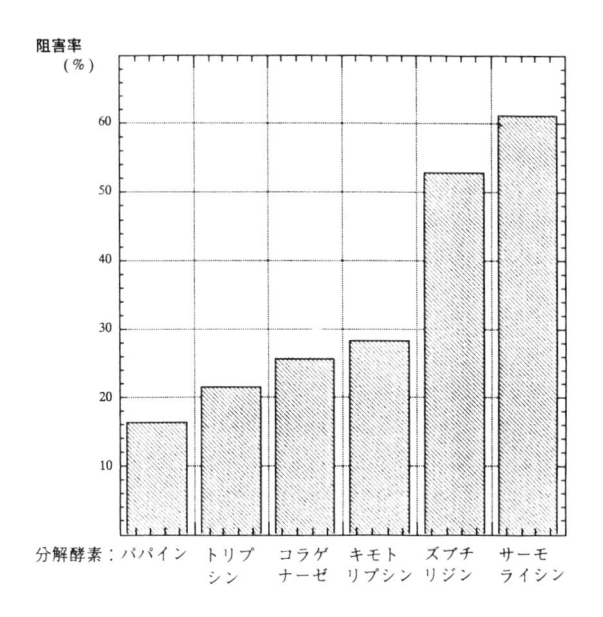

図3　種々のプロテアーゼを用いて調製したコラーゲン分解物のACE阻害活性[11]

　このことは，コラーゲンは切断のされ方によっては，強いACE阻害活性を持つ可能性があることを示唆している。食物として摂取された時に，どのように切断され，どのくらいの活性が発揮されるかは，今後の課題である。

　あるいは，血管拡張作用をもつ別のペプチドがコラーゲンから生ずる可能性もある。

老化・老人病防止食品としてコラーゲンは大へん興味深いが，今後研究すべき課題が多い。

文　　献

1) 藤本大三郎, "コラーゲン", 共立出版(1994)
2) M.Adam, *Therapiewoche*, 38, 2456(1991)
3) J. Scala *et al.*, *Nutr. Rep. Int.*, 13, 579(1976)
4) P. Morganti *et al.*, *J. Appl. Cosmetol.*, 5, 105(1987)
5) 目鳥幸一ほか，第48回日本栄養食糧学会総会，1994.5，福岡
6) 目鳥幸一ほか，日本薬学会第115年会，1995.3，仙台
7) 梶原葉子，フレグランスジャーナル，1997年7月号，p.58
8) 藤本大三郎, "コラーゲンの秘密に迫る", 裳華房(1998)
9) R. K.Singh *et al.*, *Medical Hypothesis*, 44, 195(1995)
10) G. Oshima *et al.*, *Biochim. Biophys. Acta*, 566, 128(1979)
11) 大原直木，東京農工大学卒業論文(1999)

第3章　DHA

矢澤一良[*]

1　はじめに　―　「魚食」と健康

　近年，高齢化が進むわが国において，食生活の欧米化に伴い，虚血性心疾患，脳梗塞血栓症，動脈硬化，痴呆症，アレルギー，がん等の生活習慣病が増加している。ある種の食品や栄養素を用いて，これらの予防，治療，食餌療法が試みられているが，なかでも魚油中に多く含まれるエイコサペンタエン酸（EPA）とドコサヘキサエン酸（DHA）が注目を浴びている。

　EPAとDHAはn-3系の高度不飽和脂肪酸の一種であり，魚油に豊富に含まれている。ヒト体内ではEPAとDHAの生合成はほとんどできず，またn-3系とn-6系の相互変換もできないとされており，ヒトの生体内に含まれるEPA・DHA量は，それらを含む食品，すなわち魚油（魚肉）の摂取量を反映していると考えられる。

　最近，平山[1]により「魚食」に関する膨大な疫学調査の結果が報告された。すなわち，約26万5千人という大集団の日本人について，予め食生活を調査した上で，それらの人々の健康状態を17年間という長年月調査するという大規模疫学調査研究が行われた。そして魚介類摂取頻度と総死亡率および各死因別死亡率との関係についてまとめた結果，ほとんどの成人病やその死亡率に関し，「魚食」により予防または低下させることができることが示唆されている。

　このような「魚食」や「魚油摂取」に関する疫学調査は，1970年代初期以来，枚挙の暇がないほどであるが，その成分であるEPAとDHAの研究には，その後20年が費やされてきた。先行したEPAに関する研究・開発の結果，1990年に，わが国で世界にさきがけて高純度EPAエチルエステル（当時，純度90％）が「閉塞性動脈硬化症」を適応症とした医薬品として上市された。1994年には，中性脂肪低下作用から「脂質低下剤」として薬効拡大の申請が認可されており，1997年には450億円のマーケットにまで成長した。本EPA製剤「エパデール」は，臨床医からは副作用の少ない使いやすい医薬品であるとの評価を得ている。

　一方，最近は，主としてEPAとの相違を認識したDHAに関する生理機能研究が極めて活発に行われるようになってきた。

---

[*]　Kazunaga Yazawa　㈶相模中央化学研究所　主席研究員

2　DHAの薬理活性

DHAは図1に示すような化学構造を持つn-3系の炭素数22, 不飽和結合6ヵ所を有する高度不飽和脂肪酸の一種であり, EPA同様, 化学的な合成による量産は不可能である。

DHAは, EPAと同様に海産魚の魚油中に含有されていること（通常EPA 10～16%, DHA 5～10%）が知られていた。しかし, イワシ油をはじめ, 複雑な脂肪酸組成を有する一般の魚油からDHAのみを選択的に抽出することは, 多段階の精製工程を経る必要があり, これまで極めて困難であった。1990年になり, マグロ・カツオの眼窩脂肪にDHAが高濃度に蓄積されていることが発見され, 以後, 工業化の道が開けた。

DHAは, ヒトにおいても脳灰白質部, 網膜, 神経, 心臓, 精子, 母乳中に多く含まれて局在していることが知られており, 何らかの重要な働きをしていることが予想される。以下に示すように, 現在までに薬理活性やその作用機作（メカニズム）に関しても研究進展が著しい。

ドコサヘキサエン酸
($C_{22:6, n-3}$, DHA)

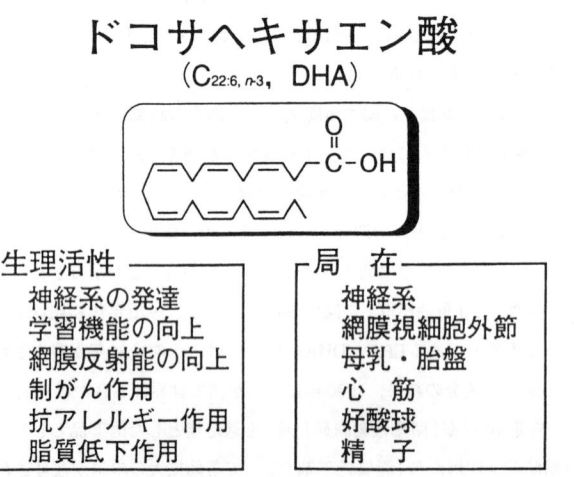

生理活性	局在
神経系の発達	神経系
学習機能の向上	網膜視細胞外節
網膜反射能の向上	母乳・胎盤
制がん作用	心筋
抗アレルギー作用	好酸球
脂質低下作用	精子

図1　DHAの化学構造

2.1　DHAの中枢神経系作用

奥山ら[2]が行ったラットの明度弁別試験法を用いた記憶学習能力の実験では, 投与した油脂はカツオ油, シソ油, サフラワー油の順で記憶学習能力が優れている結果が得られている。また, 藤本ら[3]のウィスター系ラットを用いた明暗弁別による学習能試験においても, 投与した油脂で

第5編 動物由来素材の老化予防機能と開発動向

DHAはα-リノレン酸よりも優れ，サフラワー油が最も劣る結果となった。

筆者らは，マウス胎児のニューロンおよびアストログリア細胞を高度不飽和脂肪酸添加培地にて培養したところ，DHAはよく細胞膜リン脂質中に取り込まれることを見い出している。

記憶学習能に関する報告として，Soderberg[4]らは，アルツハイマー病で死亡した人（平均年齢80歳）と他の疾患で死亡した人（平均年齢79歳）の脳のリン脂質中のDHAを比較した結果，脳の各部位，特に記憶に関与していると言われている海馬においては，アルツハイマー病の人ではDHAが1/2以下に減少していることを報告している。さらに，Lucas[5]らは300名の未熟児の7～8歳時の知能指数（IQ）を調べた結果，DHAを含む母乳を与えられたグループに比較して，DHAを含まぬ人工乳を与えられたグループではIQがおよそ10ほど低いことを報告している。ヒトの母乳中にはDHAが含まれており，魚食習慣のある日本人では欧米人よりもDHA含有量が2～3倍高く，そのため日本人の子供のIQが高いという推論を支持する論文と言える。

福岡大学・薬学部の藤原ら[6]は，脳血管性痴呆や多発梗塞性痴呆のモデルラットを用いて，DHAの投与による一過性の脳虚血により誘発される空間認知障害の回復を明らかにした。また海馬の低酸素による細胞障害（遅発性神経細胞壊死）や脳機能障害の予防も示唆しており，具体的な疾患に対するDHAの治療効果をある程度予測させるものと考える。その他，栄養学的にDHA食を与えた動物では記憶・学習能力が高い，という実験成績は多くの研究機関より報告されている。

一方，ヒトへの臨床試験として，群馬大学・医学部の宮永（神経精神医学教室）らと筆者の共同研究[7]により，老人性痴呆症の改善効果が得られた。カプセルタイプの健康食品レベルのものであるが，1日当たりDHAとして700～1400mgを6ヵ月間投与した結果，脳血管性痴呆13例中10例に，またアルツハイマー型痴呆5例中全例にやや改善以上の効果が現われ，その精神神経症状における，意思の伝達，意欲・発動性の向上，せん妄，徘徊，うつ状態，歩行障害の改善が認められている（表1，表2）。

さらに翌年，千葉大学・医学部の寺野（第二内科）ら[8]は，脳血管性痴呆症患者へのDHAカプセル投与による改善効果に関し，統計処理上明らかな有効性があることを示した（表3）。そのメカニズムについても推論し，DHA投与群における赤血球変形能および全血粘度において，統計的に有意改善がみられ，脳の微小血管における血行改善が示唆された（表4）。

表1　DHA投与による老人性痴呆症の改善度

診　断　名		改　善	やや改善	不　変	悪　化
脳血管性痴呆	($n=13$)	9 (69.2)	1 (7.7)	2 (15.4)	1 (7.7)
アルツハイマー型痴呆	($n=5$)	0 (0.0)	5 (100.0)	0 (0.0)	0 (0.0)

表2 DHA投与による精神・神経症状の改善項目

	脳血管性痴呆 ($n=13$)	アルツハイマー型痴呆 ($n=5$)
意思伝達 (協調, 会話)	4 (30.8)	1 (20.0)
意欲・発動性 (意欲低下)	3 (23.1)	3 (60.0)
精神症状 (せん妄)	2 (15.4)	0 (0.0)
(徘徊)	1 (7.7)	1 (20.0)
感情障害 (うつ)	1 (7.7)	0 (0.0)
歩行障害	1 (7.7)	0 (0.0)

表3 DHA投与群と非投与群における投与前後の痴呆スコアの変化

	長谷川式痴呆スケール		MMSE	
	投与前	投与6ヵ月後	投与前	投与6ヵ月後
DHA投与群	15.7 (7.9)	17.9* (8.3)	18.4 (6.6)	19.5 (7.2)
DHA非投与群	11.5 (8.3)	10.8 (9.1)	14.8 (8.0)	14.6 (8.2)

各群とも $n=16$, mean(SD), $*p<0.05$

表4 DHA投与群と非投与群における投与前後の赤血球, 血小板機能の変化

	赤血球変形能		全血粘度		血小板凝集能	
	投与前	6ヵ月後	投与前	6ヵ月後	投与前	6ヵ月後
DHA投与群	0.64 (0.15)	0.81** (0.18)	3.62 (0.36)	3.57* (0.37)	65 (2.8)	60 (7.7)
DHA非投与群	0.69 (0.12)	0.66 (0.19)	3.62 (0.38)	3.6 (0.38)	61 (9.0)	63 (7.6)

各群とも $n=16$, mean(SD), $*p<0.05$, $**p<0.01$

以上のことから, ヒトもDHAを摂取して, 記憶学習能力の向上が図れる可能性が高いと考えられる。

第5編　動物由来素材の老化予防機能と開発動向

　なお, n-3系脂肪酸のなかで血液脳関門を通過できるのはDHAのみである。またその作用機作の一つとして, 細胞膜リン脂質にDHAが取り込まれた細胞の膜流動性(可塑性)が高まり, そのため神経細胞の活性化や神経伝達物質の伝達性が向上すると推定されている。

　DHAはヒトの妊娠中の26～40週間に, 中枢神経系統の神経細胞に蓄積されるが, その半量は出産直前に脳に貯蓄され, あとの半量は出産後に蓄積されるといわれている。ヒトの母乳中にもDHAの存在が認められ, 日本人の母乳のDHA含有量は, 欧米人の母乳に比較して高いことが知られている[9]。これらのことなどから, ヒトの発育・成長期にDHAは必須な成分であると考えられるようになってきた。

　さらに, 老齢ラットにDHAを投与した結果, 脳内のDHA含有量が高められた実験も報告されている。n-3系脂肪酸の中でも神経系に対する薬理作用はDHAに特徴的であり, それは血液脳関門あるいは血液網膜関門を通過できることに由来すると考えられている。

　東北大学・医学部の赤池ら[10]のグループは, ラットの大脳皮質錐体細胞を用いて, 神経伝達物質の一つであるグルタミン酸を受け取るレセプターの中で記憶形成に重要とされるNMDA (N-methyl-D-asparagic acid) レセプターの反応がDHAの存在により上昇することを見い出した。また, 大分医科大学の吉田ら[11]は, n-3系脂肪酸食を与えたラットの海馬の形態学的構造と脳ミクロソーム膜構造の学習前後における違いを調べた。その結果, 海馬領域のシナプス小胞の代謝回転が影響を受け, またそれはミクロソーム膜のホスホリパーゼA_2 (PLA_2)に対する感受性の違いと考えられ, その結果としてラットの学習行動に差が現れた可能性が示唆された。

　これらのように, 記憶・学習能力に関する作用に関しては, 細胞レベル, 分子機構レベルでの解明が少しずつなされている。

　網膜細胞に存在するDHAは脂肪酸中の50％以上にものぼり, 脳神経細胞中を遙かに凌ぐことは良く知られている事実であるが, その機能と作用メカニズムには不明な点が多い。R. D. Uauyら[12]は, ERG (electroretinogram；網膜の活動電位を描写したもの) 波形のa波およびb波に関して81名の未熟児を調査し, その網膜機能を調べた結果, 母乳あるいは魚油添加人工乳を与えた場合に比較して, 植物油添加人工乳を与えた場合では正常な網膜機能が低下していることを示唆した。n-3系脂肪酸欠乏ラットではERG波形のa波およびb波に異常が見られること, また異常が見られた赤毛猿ではn-3系脂肪酸欠乏食を解除しても元に戻らない等の事実から, Uauyらは未熟児におけるn-3系脂肪酸の必要性を示唆している。

　Carlson[13,14]は, 未熟児の視力発達および認識力におけるn-3系脂肪酸の重要性を検討した。DHA 0.1％, EPA 0.03％を含む調整粉乳を与えた場合では, 視力と認識力が向上したが, EPAを0.15％と過剰に投与した場合では, やや生育が抑制されたことを報告した。これはEPAがアラキドン酸と拮抗するためと考えられ, したがって未熟児用の調整粉乳の場合にはDHA／EPA比の

なるべく大きい油脂を添加・強化することが有用であると考えられる。

一方，Koletzkoら[15]は，母乳または市販粉乳で生育した未熟児の血中リン脂質中の脂肪酸を分析したところ，同様に2週間および8週間後のDHAとアラキドン酸含有量は母乳児で有意に高値を示すことを報告した。このことは，少なくとも生後2ヵ月の内にDHAとアラキドン酸が必要であり，未熟児の期間だけではなく正常に成長を示す乳幼児にも両者が必要であることを示唆するものである。

これらを総合的に考えると，神経系や視力の適正な発達にとってDHAとアラキドン酸が必須であり，未熟児だけでなく正常に成長している乳幼児にも有効であることが強く示唆されている。

以上のように，DHAは脳や神経の発達する時期の栄養補給にとどまらず，広く幼児期から高年齢層の脳や網膜の機能向上にも役立つとの期待が持たれている。

2.2 DHAの発がん予防作用

発がんはプロスタグランジンを主体とするエイコサノイドのバランスが崩れたために生じる場合があり，このエイコサノイドバランスを正常化することにより，がん細胞を制御できるという考え方があり，DHAの摂取が重要であると言われている。

国立がんセンター・生化学部の江角らのグループ[16,17]は大腸発がんに対するDHAの抑制作用について検討した。体重1kg当たり20mgの発がん物質ジメチルヒドラジンを皮下投与したラットに，6週齢より4週間，週6回，0.7ml（約0.63g）のDHAエチルエステル（純度97％）の胃内強制投与を行った。コントロールラットには精製水を与えた。実験期間終了後，解剖して，消化管における病巣を調べた。

病巣は，前がん状態である異常腺窩を示した。通常，がんは前がん状態より移行するものであり，がんに至ったものについては強い治癒効果は期待できるものではないが，前がん状態で抑制することにより，より効果的に発がんを抑制することが期待できる。

ラット1匹あたりの病巣の数，ラット1匹あたりの消化管部位別異常腺窩の数，および1病巣あたりの平均異常腺窩数においては，DHAエチルエステルの経口投与により，いずれも有意に低下していた。また本実験の追試を，実験期間を8週間および12週間にして行った結果，いずれもほぼ同様の結果が得られた（表5）。以上の結果から，DHAは前がん状態である異常腺窩を抑制し，発がんを抑制することが示唆された。

また，同じく国立がんセンター・薬効試験部の西条らのグループは，筆者らの研究室で開発したDHAのアスコルビン酸誘導体およびコリン誘導体（いずれも親水性）が，ヒト腸がん細胞におけるレシチン特異性-ホスホリパーゼC（PC-PLC）を活性化し，一方，ホスホリパーゼA_2を阻害することを示した。さらにPC-PLCの活性化と共にダイグリセライド生成が増加し，それによ

第5編　動物由来素材の老化予防機能と開発動向

表5　前がん症状の発生数と平均サイズ

投与方法		前がん症状を有するラットの数	1匹あたりの前がん症状の発生数	前がん症状の平均サイズ
静注	経口			
DMH[1]	水	11/11	122.1±35.3 (100%)	1.88±0.22
DMH	DHA	10/10	42.4±18.7 ** (37.4%)	1.60±0.20 *

1)　ジメチルヒドラジン
 * ：0.1%以下の危険率で有意差あり
 ** ：1%以下の危険率で有意差あり

りプロテインカイネースCが活性化し，DNA合成の阻害が示された[18]。

成沢ら[19]は，化学発がん物質であるメチルニトロソ尿素を投与して発がん処置をしたラットの実験において，DHAエチルエステル（74%）の経口投与により，リノール酸およびEPAエチルエステルとは有意の差で大腸腫瘍発生が少なかったことを報告している。

また，胃がん，膀胱がん，前立腺がん，卵巣がんなどに効果・効能のある白金錯体のシスプラチンは，抗腫瘍薬耐性のためにその使用量に制限があるが，DHAを添加することにより，この耐性を低下できるといわれており，将来，DHAの抗がん剤との併用による副作用軽減や相乗効果を期待できることが示唆された。

2.3　DHAの抗アレルギー・抗炎症作用

筆者の研究室では，白血球系ヒト培養細胞による血小板活性化因子（PAF）産生の検討を行っているが，DHAがPAF産生を抑制していることを示し，DHAによるアレルギー作用の抑制の作用機序の一端を証明した[20]。そのメカニズムとして，DHAは細胞膜のリン脂質のアラキドン酸を追い出し，したがってPAFやロイコトリエン産生量が減少し，またリン脂質に結合したDHAはホスホリパーゼA_2（PLA_2）の基質となりにくいことも明らかにした。また，本作用機作における抗炎症，抗アレルギー作用はEPAよりも強力であることも推定された。さらに，特に炎症やアレルギーに関与する細胞性PLA_2により，アラキドン酸やEPAとは全く異なり，DHAホスファチジルエタノールアミンはDHAを遊離しないこと，また本化合物はより積極的に細胞性PLA_2を阻害することを見い出した[21]。

アラキドン酸代謝産物であるロイコトリエンB_4（LTB_4）の過剰生産は，アレルギー疾患の引き金となるばかりでなく，循環器系疾患にも関与すると言われている。富山医科薬科大学・第1内科グループ[22]は，トリDHAグリセロール乳剤のウサギへの静注により，同化合物がLTB_4の過

剰生産を抑制することを証明し,急激なLTB$_4$の上昇によって発生する各種疾患への有効性を示唆している。

2.4 DHAの抗動脈硬化作用

九州大学・農学部の池田ら[23,24)]は,食餌脂肪の飽和脂肪酸,単価不飽和脂肪酸,高度不飽和脂肪酸がそれぞれ1:1:1になるように調製(その多価不飽和脂肪酸の内訳として10%はn-3系,23.3%はn-6系)してラットを飼育した。n-3系高度不飽和脂肪酸としてDHA,EPA,α-リノレン酸の3種での比較を行った結果,ラットの摂食量および体重増加には3群間で差はなかったが,肝臓ミクロソーム中の脂質で,DHA投与群では他の2群に比較して,リン脂質当たりのコレステロール(CHOL/PL)値が低下した。一般に,CHOL/PL値はミクロソーム膜の流動性を示す指標となり,DHA投与によりCHOL/PL値が低下したことは,DHAが肝細胞膜の流動性を増加させたことを示すものである。さらに血漿中および肝臓中の脂質を測定した結果,DHA投与群では,血漿中のコレステロールとリン脂質,および肝臓中のコレステロール,リン脂質,中性脂肪がEPA投与群やALA投与群と比較して低値を示し,EPA投与群では,血漿中性脂肪がDHA投与群やALA投与群と比較して低値を示した(表6)。

これらのことは,n-3系脂肪酸の中でもDHAは,EPAやALAとは異なる特徴的な脂質代謝改善機能を有することを示唆する。

Subbaiahら[25)]はn-3系脂肪酸の抗動脈硬化作用のメカニズムの解明を目的として,ヒト皮膚細胞を用いて細胞膜流動性を検討した。その結果,細胞内に取り込まれたDHAは,EPAよりも有意に細胞膜流動性を増加させ,5'nucleotidaseやadenylate cyclase等の酵素活性やLDL receptor活性を上昇させることを示した。特にLDL receptor活性は25%も上昇したことから,DHAの抗動脈硬化作用のメカニズムをある程度推測できるかもしれない。

Leaf[26)]は循環器系,特にCaチャネルとの係わり合いにおいて,DHAの薬理作用を例示し,EPA

表6 血漿および肝臓脂質に及ぼすω3系高度不飽和脂肪酸投与の影響

群	血漿 (mmol/ℓ)			肝臓 (μmol/g湿重量)		
	総コレステロール	中性脂肪	リン脂質	総コレステロール	中性脂肪	リン脂質
α-リノレン酸	2.09±0.08	1.29±0.19	2.30±0.28	8.22±0.65	23.2±2.8	37.4±0.8
EPA	1.84±0.16	0.853±0.12	2.36±0.52	7.63±0.36	15.3±2.7	39.9±0.9
DHA	1.47±0.06	1.57±0.17	1.93±0.49	6.16±0.34	11.9±1.6	35.5±0.7

よりも DHA の方がより強く影響することを示唆した。Billman ら[27]は，イヌを用いた in vivo 実験で，魚油投与により不整脈を完全に予防することを報告している。Berg ら[28]はラットで，高純度EPA（95％）は中性脂肪低下作用を示すが，DHA（92％）では有意な低下が見られなかったことを示し，さらに，EPA は中性脂肪合成と VLDL 生成を抑制することを示した。

このように，DHA と EPA とは同じ n-3 系脂肪酸であり，化学構造的に極めて類似しているが，これまでにも知られていた BBB（血液脳関門）や BRB（血液網膜関門）の通過の差異のほか，両者の生理活性の明らかな相違を示す研究発表も多く，魚油あるいは n-3 系脂肪酸として DHA と EPA を一括して論ずることはできないことが強く示唆される。

2.5 その他の DHA の薬理作用に関する最新情報

化学的に二重結合の多い脂肪酸は酸化を受けやすく，生じた過酸化脂質の細胞障害性を指摘する議論もかつてはあったが，現在では，DHA はむしろフリーラジカルを消去する働きがあることが強く示唆されるようになってきた[29]。これまでに細胞膜流動性を高める化学構造に由来する物理化学的薬理作用，酵素阻害的に働く生物化学的薬理作用はよく理解されてきたが，すべての老化現象や生活習慣病の発症に関与するといわれているフリーラジカルの消去作用も有することが明らかとなってきた。

最近，アメリカやヨーロッパにおいても，DHA への注目度が高まっており，その理由の一つは，小学生児童における ADHD 症候群の原因について，栄養学的に DHA が欠乏しているためではないかと言われていることによる。ADHD（Attention Deficit Hyperactivity Disoder）とは，集中力が欠除して落ち着きがないという症候群（集中力欠損多動性障害）であり，これらの症状の子供達は，学校の授業において，落ち着きがなかったり，長時間集中できなかったりする。現在，アメリカでは児童の内の2割近くが ADHD と診断されるといわれており，このような児童は，少年～青年期において凶悪な犯罪を起こす可能性を持つとも言われている。このため，児童期スナック類に DHA を添加したものがすでに市販されている。

富山医科薬科大学・和漢薬研究所の浜崎智仁教授は，プラセボコントロール二重盲検法による臨床試験を行った結果[30,31]，DHA カプセルを摂取した学生と，偽薬（大豆油カプセル）を摂取した学生では，ストレス状況下において，ストレスに対する反応に違いが生じた。すなわち，偽薬を摂取した学生には非常にストレスがかかり，外部に対する攻撃性が現れたが，DHA カプセルを摂取した学生はストレスに強く，攻撃性（Extraggression）が抑えられた。「キレやすくなる」状態を抑えることができたことになる。

この結果から，DHA の栄養補助食品や DHA を食品に添加した DHA 強化食品を摂取すれば精神状態が安定する可能性が示唆される。わが国においても多動性児童が問題になりつつあるが，

精神安定作用，あるいは集中力を強化するという目的で，今後DHAはさらなる注目を集めることと予想される。

がん治療に使われている化学治療薬の副作用として化学療法誘導性脱毛症が知られているが，岡山大学の高畑京也教授は，第3回ISSFAL（国際脂肪酸・脂質学会，1998年，フランス・リヨン市）にて，動物実験（ラット）でのDHAによる脱毛の予防について発表した。すなわち，化学治療薬を投与した対照群の全てのラットは，完全に脱毛症となったのに対し，DHAを与えておいたグループのラットは，ほとんどが化学療法誘導性脱毛症を引き起こさなかった。教授は，DHAによるアポトーシスの抑制，すなわちフリーラジカル消去をそのメカニズムとしている。

ウオーミング大学・生物薬学部・代謝研究センターのMcLennanは，ストレプトゾトシンにより糖尿病化した雄のラットに，リノール酸添加合成餌，DHAおよびn-3（魚油）添加合成餌を与えて5週間観察した結果，全てのn-3系合成餌で，アラキドン酸が減少してDHAが増加し，不整脈が抑制され，はっきりした抗不整脈活性が現れた。これを基に臨床試験で急性心臓疾患患者の心拍数可変性を調べてみた結果，心拍数可変性に対するn-3系高度不飽和脂肪酸の有意な効果が証明されると共に，不整脈の予防効果をも示唆していることになる，と前記ISSFALにて発表している。

3 おわりに ― 「マリンビタミン」の効用

以上のように，近年，DHAの薬理作用に関し多くの研究成果が得られており，「魚食」や「魚油摂取」の疫学調査の裏付けとなる科学的データや作用メカニズムに関するデータが蓄積されてきている。そして，これらの結果が，医薬品や特定保健用食品，健康補助食品等の開発の一里塚となると考える。

一方，食品および飼料開発の分野においては，平成4年より開始された農林水産省・水産庁のナショナルプロジェクト「DHA高度精製抽出技術研究組合」と相まって，ここ数年来，食用DHA油，動物用DHA飼料や研究・医薬品開発用高純度DHAの供給が可能となってきた。これは，1998年のDHA・EPA協議会の発足へとつながり，さらに医薬部外品としての厚生省認可を取得した企業も出現しており，安定した市場を確保している。カプセル型の機能性健康補助食品以外にも多くのDHA添加・強化食品が開発されており，すでに200億円を越えるマーケットとなっているといわれる。また粉末化や乳化技術の向上により，これまで酸化や魚臭の問題で困難とされてきた各種食品への添加や飲料への応用も可能となってきており，今後も，ますます質量共に用途が広がって行くものと考えられる。

本章では，主にDHAにフォーカスを当てているが，海産物の中にはDHAやEPAに限らず，医

第5編　動物由来素材の老化予防機能と開発動向

薬品にも勝るとも劣らないような第3次機能を有する成分（機能性健康食品素材）がまだまだあると考えられる。それらは，まだ十分に一般の人達には理解されていない場合もあるが，今後の高齢社会に対応していく上では極めて重要な食品素材と考えており，ビタミンのような海産成分という意味で，それら一群の成分を「マリンビタミン」と呼んでいる。今後「マリンビタミン」の研究開発に期待している。

文　献

1) 平山　雄：中外医薬, 45, 157 (1992)
2) 奥山治美：現代医療, 26 (増I), 789 (1994)
3) 藤本健四郎："水産油脂―その特性と生理活性", （藤本健四郎編）, p.111, 恒星社厚生閣 (1993)
4) M. Soderberg, C. Edlund, K. Kristensson and G. Dallner：*Lipids*, 26, 421 (1991)
5) A. Lucas, R. Morley, T. J. Cole, G. Lister and C. Leeson-Payne：*The Lancet*, 339, Feb.1, 261 (1992)
6) M. Okada, T. Amamoto, M. Tomonaga, A. Kawachi, K. Yazawa, K. Mine and M. Fujiwara：*Neuroscience*, 71, 17 (1996)
7) 宮永和夫, 米村公江, 高木正勝, 貴船　亮, 岸　芳正, 宮川富三雄, 矢澤一良, 城田陽子：臨床医薬, 11, 881 (1995)
8) 寺野　隆, 藤代成一, 山本恭平, 伴　俊明, 野口義彦, 田中知明, 田村　泰, 平井愛山, 平山登志夫, 矢澤一良, 齋藤　康：脂質生化学研究, 38, 308 (1996)
9) 井戸田正, 桜井稔夫, 菅原牧裕, 松岡康浩, 石山由美子, 村上雄二, 守口浩康, 竹内政弘, 下田幸三, 浅井良輝：日本小児栄養消化器病学会雑誌, 5, 159 (1991)
10) M. Nishikawa, S. Kimura and N. Akaike：*J. Physiol.*, 475, 83 (1994)
11) S. Yoshida, A. Yasuda, H. Kawasato, K. Sakai, T. Shimada, M. Takeshita, S. Yuasa, Y. Fukamizu and H. Okuyama："Advance of Polyunsaturated Fatty Acid Research", (T. Yasugi, H. Nakamura and M. Soma Eds.), p.265, Elsevier Science Publ. (1993)
12) R. Uauy, E. Birch, D. Birch and P. Peirano：*J. Pediatr.*, 120, s168 (1992)
13) S. E. Carlson, S. H. Werkman, J. M. Peeples, R. J. Cooke, E. A. Tolley and W. M. Wilson："Essential Fatty Acids and Eicosanoids", (A. Sinclair and R. Gibson eds), Amer. Oil Chemists Press, p.192 (1992)
14) S. E. Carlson, S. H. Werkman, J. M. Peeples, R. J. Cooke, and E. A. Tolley：*Proc. Natl. Acad. Sci. USA*, 90, 1072 (1993)
15) B. Koletzko："Essential Fatty Acids and Eicosanoids", (A. Sinclair and R. Gibson eds), Amer. Oil Chemists Press, p.203 (1992)
16) M. Takahashi, T. Minamoto, N. Yamashita, K. Yazawa, T. Sugimura and H. Esumi：*Cancer Research*, 53, 2786 (1993)
17) 高橋真美, 源　利成, 杉村　隆, 江角浩安, 矢澤一良：消化器癌の発生と進展, 4, 73 (1992)
18) K. Nishio, T. Morikage, T. Ohmori, N. Kubota, Y. Takeda, S. Ohta, K. Yazawa and N. Saijo：*P. S. E. B.*

M., 203, 200 (1993)
19) 成沢富雄：医学のあゆみ, 145, 911 (1988)
20) M. Shikano, Y. Masuzawa and K. Yazawa：J. Immunol., 150, 3525 (1993)
21) M. Shikano, Y. Masuzawa, K. Yazawa, K. Takayama, I. Kudo and K. Inoue：Biochim. Biophys. Acta, 1212, 211 (1994)
22) N. Nakamura, T. Hamazaki, K. Yamazaki, H. Taki, M. Kobayashi, K. Yazawa and F. Ibuki：J. Clin. Invest., 92, 1253 (1993)
23) I. Ikeda, K. Wakamatsu, A. Inayoshi, K. Imaizumi, M. Sugano and K. Yazawa：Nutrition, 124, 1898 (1994)
24) I. Ikeda, K. Wakamatsu, H. Yasunami, M. Sugano, K. Imaizumi and K. Yazawa："Advance of Polyunsaturated Fatty Acid Research", (T. Yasugi, H. Nakamura and M. Soma eds.), p.223 (1993)
25) E. R. Brown, and P. V. Subbaiah：Abstract Book of 1st Internationl Congress of the ISSFAL, p.78 (1993)
26) A. Leaf：Abstract Book of 1st Internationl Congress of the ISSFAL, p.75 (1993)
27) G. E. Billman, H. Hallaq and A. Leaf：Proc. Natl. Acad. Sci. USA, 91, 4427 (1994)
28) A. Demoz, D. Asiedu, A. Aksnes, O. Lie and R. K. Berg：Abstract Book of 1st Internationl Congress of the ISSFAL, p.133 (1993)
29) 奥山治美：現代医療, 28(8), 2101 (1997)
30) T. Hamazaki, S. Sawazaki, M. Itomura, E. Asaoka, Y. Nagao, N. Nishimura, K. Yazawa, T. Kuwamori and M. Kobayashi：J. Clin.Invest., 97(4), 1129 (1996)
31) T. Hamazaki, S. Sawazaki, Y. Nagao, T. Kuwamori, K. Yazawa, Y. Mizushima and M. Kobayashi：Lipids, 33(7), 663 (1998)

第6編　微生物由来素材の老化予防機能と開発動向

第1章　キャベツ発酵エキス

柿野賢一[*1]，津崎慎二[*2]，高垣欣也[*3]

1　はじめに

　野菜というと緑黄色野菜の有効性が強調されてきたが，近年では，キャベツをはじめとする淡色野菜が注目されている。キャベツ発酵エキスは，このキャベツに，日本の伝統技術「発酵」を取り入れることにより，有効性をさらに高めた新規素材である。
　本章では，キャベツ発酵エキスの特性および機能性について解説する。

2　キャベツの機能性

2.1　デザイナーフーズ

　キャベツの有用性は海外でも注目されており，アメリカ国立ガン研究所（NCI）より公表されたガン予防効果が期待される食品「デザイナーフーズ」の中で，キャベツは，抗ガン寄与率が最も高いグループに位置付けられている（図1）[1,2]。
　また，キャベツをはじめとする淡色野菜には，アミノ酸加熱分解物等の変異原性物質の不活性作用[3]，発ガンプロモーション抑制作用[4]，TNF-α[5]，IL-1合成促進作用[6]等，ガン予防に関連する数多くの機能性が明らかにされている。

2.2　ビタミンU

　胃潰瘍，十二指腸潰瘍は，粘膜の粘液量や血流量等の防御因子と，胃酸やペプシン等の攻撃因子のバランスが崩れることにより発生する。キャベツに特徴的に含まれるビタミンU（MMSC；methylmethionine sulfonium chloride）は，防御因子である粘膜表層の粘液量，血流量を増加させることで，潰瘍性病変に対する予防効果を示す[7,8]。
　また，ビタミンUには，ヒスタミンの不活性化[9]，組織ムコ多糖成分の分解防止[10]，内因性PG

---

*1　Kenichi Kakino　㈱東洋新薬　研究開発部
*2　Shinji Tsusaki　㈱東洋新薬　研究開発部
*3　Kinya Takagaki　㈱東洋新薬　研究開発部

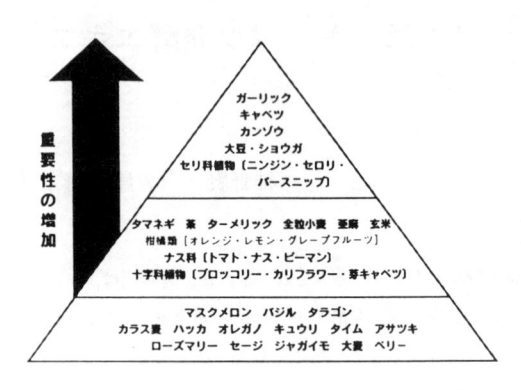

図1 デザイナーフーズリスト
(ガン予防の可能性のある食品と抗ガン寄与率のランキング)

を介する細胞保護[7],組織再生促進作用[11]も認められており,これらの相乗効果で優れた抗潰瘍作用を示すと考えられる。

2.3 イソチオシアナート

様々な生活習慣病の原因として,体内に発生する過剰な活性酸素が問題視されている。活性酸素は1969年に体内の存在が確認され,以後の研究で,ガン,糖尿病の合併症,動脈硬化等の病態を引き起こすことが明らかになってきた。

キャベツをはじめとするアブラナ科植物には,この活性酸素傷害を防ぐ抗酸化成分イソチオシアナート(ITC)が特徴的に含まれる[12]。中でも,ITCの一種であるフェネチルイソチオシアナート(PEITC)は,NBMA(N-nitrosobenzylmethylamine)誘導のラット食道ガンを抑制する[13]。

その作用機序の詳細は明らかでないが,PEITCの抗酸化作用により,NBMAの活性化に関与するcytochrome P-450のアイソザイムがマスクされ,NBMAの酸化的代謝が阻害されるためと考えられる。

2.4 S-メチルシステインスルフォキシド

キャベツには血中コレステロール濃度を下げる働きがあり,S-メチルシステインスルフォキシド(SMCS)がその活性を示す成分と考えられる。食餌性の高コレステロールラットにSMCSを250mg/kg経口投与すると,血清コレステロール値が有意に低下する。分画でみると,いわゆる善玉コレステロール(HDL)に変化はなく,悪玉コレステロール(VLDL, LDL)の減少のみが認め

られる[14]。

本作用機序は，肝臓中でコレステロールを胆汁酸に変換する際の酵素（cholesterol 7 α-hydroxylase）がSMCSにより活性化するためと考えられる。

3 キャベツ発酵エキスとは

3.1 乳酸発酵エキス

キャベツ発酵エキスはキャベツを乳酸発酵させることにより得られる。発酵とは「酵母・細菌・カビなどの微生物が，有機物を分解または酸化還元して有機酸類，アルコール，炭酸ガスなどに変えること」であり，いくつもの代謝経路が関与している。日本だけでなく，世界の至るところで利用される伝統的な食品加工技術である。

乳酸発酵食品にはチーズやヨーグルトをはじめ，日本では味噌，しょう油，納豆などがある。キャベツ発酵エキスをはじめとする発酵素材は発酵・熟成という過程で，乳酸菌の働きにより，さらに栄養価・風味が高められ，独自の機能性が付加される。また，乳酸菌自体も，腸内有害菌の抑制[15,16]，整腸作用[17,18]，発ガン性物質の不活性化[19,20]，免疫賦活作用[21,22]等の働きをもち，発酵素材の有効性を高めている。

3.2 栄養成分組成

キャベツを発酵させたキャベツ発酵エキスには，三大栄養素をはじめ，ビタミン，ミネラル，有機酸，そして遊離アミノ酸，中でも必須アミノ酸8種を全て含んでいることが特徴である（表

表1　キャベツ発酵エキス中の遊離アミノ酸

（100g中）

● バ　リ　ン	129mg	アスパラギン酸	203mg
● ロ イ シ ン	113mg	ア ラ ニ ン	192mg
● リ　ジ　ン	94mg	グルタミン酸	173mg
● イソロイシン	91mg	セ リ ン	134mg
● スレオニン	85mg	ヒスチジン	80mg
● フェニルアラニン	69mg	グ リ シ ン	51mg
● メチオニン	22mg	プ ロ リ ン	56mg
● トリプトファン	2mg	チ ロ シ ン	44mg
		ア ル ギ ニ ン	6mg

●は必須アミノ酸
（体内で合成できず外部からの摂取が必要）

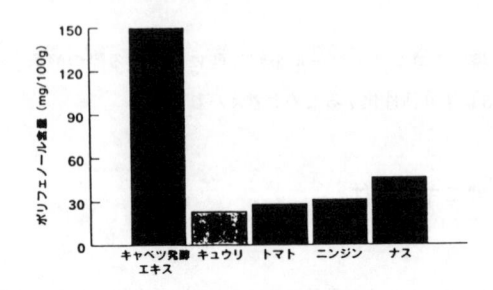

図2 キャベツ発酵エキス，各野菜のポリフェノール含量

必須アミノ酸は必要アミノ酸，不可欠アミノ酸とも呼ばれ，生体内で生成されないため，外から摂取することが必要となる。アミノ酸は同時に全てがそろって与えられなければならず，一部のアミノ酸が不足すると，他のアミノ酸の利用まで障害を受ける。したがって，必須アミノ酸の組成が重要になる。

上記の栄養成分に加え，キャベツ発酵エキスには優れた抗酸化成分，ポリフェノールが含まれている（図2）。1,1-diphenyl-2-picrylhydrazyl（DPPH）法を用いてキャベ

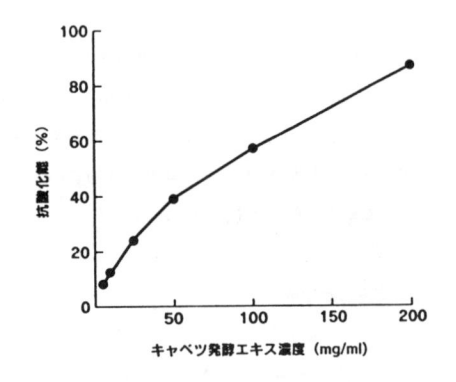

図3 キャベツ発酵エキスの抗酸化能

ツ発酵エキスの抗酸化能を測定すると，その値は濃度依存的に高まることが確認された（図3）。

また，キャベツの特徴的成分，ビタミンUも豊富に含まれており，発酵の過程を経ても安定している。

4 キャベツ発酵エキスの薬理作用と効能

キャベツ発酵エキスには，ビタミンUをはじめ，様々な有効成分が含まれており，これらの相乗効果から多くの機能性が期待される。その作用について，種々の実験系を用いて検討した結果を以下に示す。

4.1 キャベツ発酵エキスの胃潰瘍予防効果

水浸拘束ストレスによるラット胃潰瘍モデル[23,24]を用いて胃潰瘍予防効果を評価した。キャベツ発酵エキスをラットに10日間経口投与した後，ラットを水浸拘束ケージに収容して7時間ストレスを与えた。ラットを解剖して摘出した胃の粘膜面を観察し，潰瘍の長径の総和を潰瘍係数[25]として算出した。

その結果，図4に示すように，キャベツ発酵エキス投与群では，対照群に比べて有意に低い潰瘍係数を示し，その程度には用量相関性が認められた。また，病理組織学的にも，キャベツ発酵エキス投与群では粘膜の潰瘍性病変が軽減した。

本試験で用いた実験的胃潰瘍モデルの潰瘍発生機序としては，胃の収縮に伴う胃内圧上昇による循環障害[26]や胃粘膜血流の低下[27,28]が報告されている。キャベツ発酵エキスに含まれるビタミンUは粘膜再生，胃血流増加作用[29]を示し，乳酸菌の細胞壁多糖類にも胃潰瘍予防，治癒促進作用等[30]が認められる。さらに，潰瘍形成には，血流の低下とともに産生される脂質過酸化物質（TBA；thiobarbituric acid）が関与しており，その産生はSODやカタラーゼによって抑制される[27]ことから，キャベツ発酵エキスの有する抗酸化能も胃潰瘍予防効果に寄与していると考えられる。

4.2 キャベツ発酵エキスの免疫賦活効果

キャベツ発酵エキスの免疫系に対する効果は，自然免疫の代表的指標であるナチュラルキラー(NK)活性を指標にして評価した。密度勾配遠心法によりヒトの血液からリンパ球を分離してNK活性測定用細胞を調製した。標的細胞としては，ヒトリンパ腫由来細胞株であるDaudi細胞を用い，放射性のクロミウム（^{51}Cr）を予め取り込ませた後，調製したリンパ球と混合した。これにキャベツ発酵エキスを所定の濃度となるように添加し，5日間培養した。培養終了後，培養細胞を遠心分離し，得られた上清中の放射能を測定した。界面活性剤を加えて全てのDaudi細胞を破壊したものの上清中放射能を100％として，各培養の上清中放射能から破壊されたDaudi細胞の割合を算出し，NK活性とした。

その結果，キャベツ発酵エキスを添加したものは，添加していないものに比べて約2.5倍程度の高いNK活性を示した（図5）。

上述のような免疫賦活効果を示すキャベツ発酵エキスの有効成分は明らかではないが，キャベツを含む淡色野菜では白血球の活性化[6]やTNFの産生増強作用[5]が認められている。また，乳酸菌自体にもリンパ球の活性化[31]や免疫増強作用[22,23,32]が知られており，キャベツ発酵エキスはこれらの相乗作用により総合的な免疫賦活効果を発揮すると考えられる。

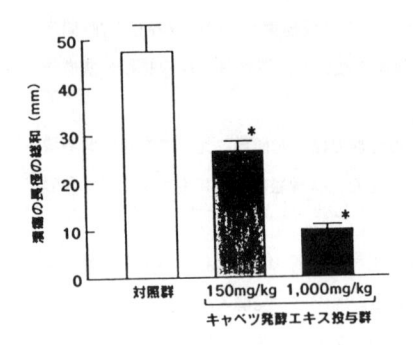

図4 ラットの胃潰瘍に対するキャベツ発酵エキスの効果
　　＊ P<0.01　対照群に対し有意差あり

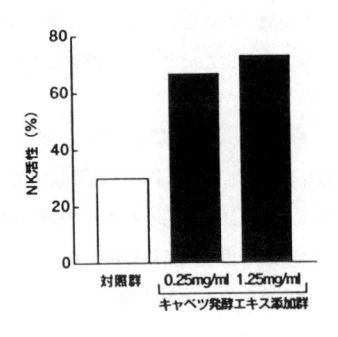

図5 NK活性に及ぼすキャベツ発酵エキスの効果

4.3 キャベツ発酵エキスの肝障害抑制効果

　キャベツ発酵エキスの肝障害に対する効果を，四塩化炭素投与によるラット急性肝障害モデル[33]を用いて評価した。キャベツ発酵エキスをラットに14日間経口投与後，さらに四塩化炭素を腹腔内に投与して急性肝障害を誘発させた。

　肝障害の指標として血清中のGOTおよびGPTを測定した結果，キャベツ発酵エキス摂食群では，対照群と比較して，これらの値が有意に減少した(図6)。また，病理組織学的には，キャベツ発酵エキス投与により小葉中心性の肝細胞壊死等が軽減した。

　四塩化炭素投与による肝障害は，肝細胞中のcytochrome P-450による四塩化炭素の代謝過程において，トリクロロメチルラジカルなどのフリーラジカルが発生し，これが肝小胞体膜脂質の変性による肝細胞壊死を引き起こすためとされている[34, 35]。したがって，キャベツ発酵エキスのもつ抗酸化作用が過剰なフリーラジカルを消去し，肝細胞壊死を伴う肝障害を抑制したものと考えられる。

　さらに，剖検時に採取した肝臓を用いてSOD活性を測定した結果，キャベツ発酵エキス摂食群では，対照群と比較して，その値が有意に高かった(図7)。このことから，キャベツ発酵エキスは自らの抗酸化作用だけでなく，生体内のSOD活性を賦活化させる働きも持ち合わせており，これが肝障害をさらに抑制していると考えられる。

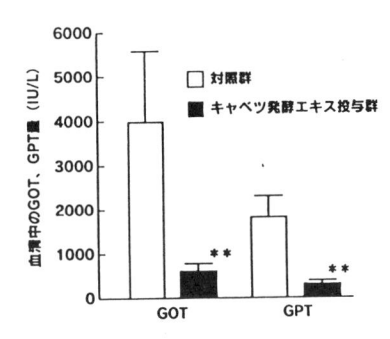

図6 四塩化炭素投与ラット血清中のGOT, GPT
量に対するキャベツ発酵エキスの効果
　＊＊ $P<0.01$　対照群に対し有意差あり

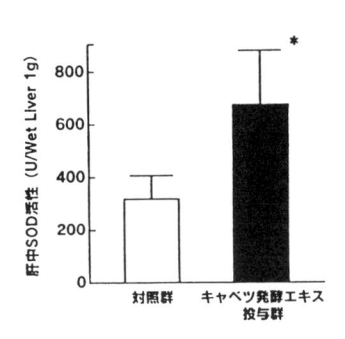

図7 四塩化炭素投与ラットの肝中
SOD活性に対するキャベツ発酵
エキスの効果
　＊ $P<0.05$　対照群に対し有意差あり

4.4 キャベツ発酵エキスの安全性

ラットを用いてキャベツ発酵エキスの単回経口投与毒性試験を行った結果，5000mg/kg投与群において死亡例はなく，一般状態，体重および摂餌量にも変化は認められなかった。したがって，単回投与による毒性の発現量は5000mg/kgを上回ることが確認された。

5 おわりに

健康に対する関心が高まる中，医薬による疾病の治療だけでなく，日常の食生活において疾病の予防ができれば素晴らしいことである。今回，様々な観点からキャベツ発酵エキスの機能性を追求してきた。今後，臨床を含めたさらなる機能性の追求を目指しており，キャベツ発酵エキスが健康の維持・増進に役立つことを期待する。

文　　献

1) 越智宏倫, 食品工業, 39 (2), 16 (1996)
2) 越智宏倫, New Food Industry, 39 (1), 17 (1997)
3) T. Inoue et al., Agric. Biol. Chem., 45 (2), 345 (1981)
4) 篠原和毅, 食品工業, 36 (2), 54 (1993)

5) 山崎正利ら，化学と生物，33 (3)，145 (1995)
6) W. Komatsu et al., Biosci . Biotech. Biochem., 61 (11), 1937 (1997)
7) 吉中康展ら，薬理と治療，8, 71 (1980)
8) 佐島敬清ら，基礎と臨床，11, 124 (1977)
9) 鈴江緑衣朗，総合臨床，17, 2578 (1968)
10) 鈴木良雄，日本薬学会第94年会要旨集 第3分冊，177 (1974)
11) 府川和永ら，応用薬理，1, 1329 (1973)
12) Wim M . F. Jongen, Proc. Nutri. Society, 55, 433 (1996)
13) Gary D. Stoner, Cancer Res., 15, 2063 (1991)
14) W. Komatsu et al., Lipids, 33 (5), 499 (1998)
15) 本田武司ら，臨床検査，36 (5), 473 (1992)
16) 光岡友足，食品工業，39 (6), 18 (1996)
17) 橘川俊明，食品工業，31 (15), 36 (1988)
18) 辨野義己，食品と開発，29 (8), 5 (1994)
19) 光岡知足，食品と開発，30, 2 (1995)
20) 細野明義，食品工業，31 (15), 44 (1988)
21) 和田光一ら，微生物，6 (1), 44 (1990)
22) 岡田早苗ら，食品と開発，24 (1), 60 (1989)
23) K. Takagi et al., Jap. J. Pharmac., 18, 9 (1968)
24) 三好秋馬，"実験潰瘍"，医学図書出版，P.10 (1987)
25) 後藤義明，臨床科学，26 (1), 87 (1990)
26) 村井俊介，聖マリアンナ医科大学雑誌，20, 403 (1992)
27) 内藤裕二，"胃粘膜障害とフリーラジカル"，先端医学社，P.66 (1994)
28) 工藤猛，日消誌，81 (4, 987 (1984)
29) 佐島敬清，基礎と臨床，11 (11), 3182 (1977)
30) 長岡正人，糖質シンポジウム講演要旨集，16, 24 (1994)
31) T. Shimizu, Chem. Pharm. Bull., 29 (12), 3731 (1981)
32) Nanne Bloksma et al., Clin. Exp. Immunol., 37, 367 (1979)
33) 橋本修治，肝胆膵，19 (2), 251 (1989)
34) Recknagel Ro et al., Lab. Invest., 15, 132 (1966)
35) 伊藤正，近畿大医誌，17 (1), 175 (1992)

第2章　魚類発酵物質

石川行弘*

1　はじめに

　豊かな水産資源は，昔からわれわれの食生活と健康を支えてきた。単に，新鮮な魚類を食するのみでなく，鮮度が急速に低下するため，生食の場合とは異なった風味を楽しみ，主にタンパク源として供するために種々の保存方法を見いだしてきた。調理においても，魚臭を和らげるために，茶液に浸けたり，ショウガと煮たりするのも，それらに含まれるフェノール化合物のリポキシゲナーゼ阻害作用によって，新たに脂質の酸化生成物が発生するのをできるだけ抑制しているためである。

　魚類発酵食品としては，糸状菌（カビ）を用いる鰹節，魚の中にある自己消化酵素によってできる魚醤油や塩辛，乳酸菌が自然発酵してつくられるナレズシ（熟鮨）などが代表的なものである。原料は，魚類のみならずイカや貝なども含めた魚介類で，種類も多く，他の獣肉類の成分とは多価不飽和脂肪酸とタウリンなどでかなりの違いがある。

　魚介類やその発酵生産物中には種々の生理活性物質があり，生活習慣病やそれと関連する老化制御に役立つと思われる成分が存在している。

2　発酵微生物

2.1　鰹節菌

　鰹節は神社の屋根にある堅魚木に見られるように，日本でははるか昔から製造されていた食品である。カビ付けによって初めて堅い鰹節ができるが，鰹節菌は水分活性の低い環境でも生育できる。現在では，純粋培養した *Eurotium herbariorum* を用いるのが一般的になっているが，この菌の生成する抗酸化性物質である flavoglaucin およびその関連物質の構造や機能についてはすでに述べた[1]。

　最近，鰹節製造菌である *Aspergillus repens* から抗酸化性を示す neoechinulin A が報告され，α-トコフェロールよりすぐれ，BHAに匹敵する活性を示すという[2]。この物質には類縁物質があり，

＊　Ishikawa Yukihiro　鳥取大学　教育地域科学部　教授

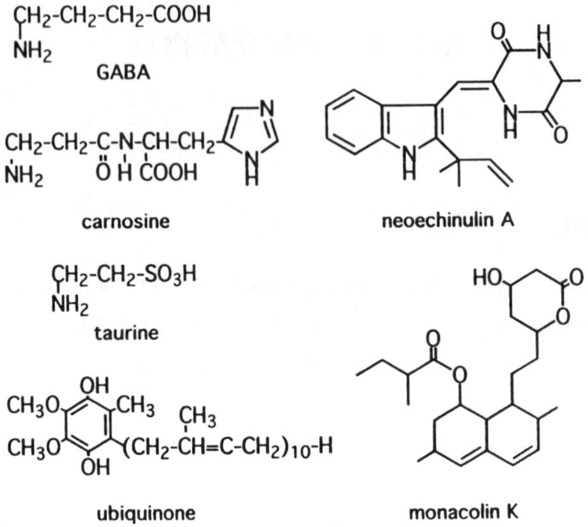

図1 魚類中の生理活性物質および微生物の代謝産物

Aspergillus ruber[3] や *Aspergillus amstelodami* から単離されている[4]。

鰹節にはその表面に多くの菌が生きたまま付いており，アルデヒドを相当する酸やアルコールに分解する活性が高いため，魚などの臭いを弱めたり，有害なアルデヒドを低減するような利用の方法も考えられる。

2.2 乳酸菌

乳酸菌による魚類の伝統的な発酵食品は，ナレズシ（ふなずし，さばずし）で，日本の食文化の中における乳酸菌の補給は，漬け物や魚介類の発酵食品など多くあり，乳酸菌の生理的重要性と相まって，広く研究が期待される。

乳酸菌が腸内細菌として多く存在する人は生活習慣病の発生が少ないという。これは，乳酸菌補給とEPA，DHA補給で腸の炎症を抑制したり，乳酸生成によるpHの低下が有害微生物の増殖を抑制したり，免疫機能の刺激などが影響している[5]。

乳酸菌はインターロイキンの生成を誘導して免疫応答改善機能があるのみならず，抗腫瘍性を示すこともある[6]。整腸作用は肌にも影響するし，発がん抑制にも役立つため，加齢とともに減少する乳酸菌を補給する方法を心がける必要がある。乳酸菌が示す利益効果は，そのほかに，多くの種類のペプチド性の抗菌物質（nisin Z[7]，pediocin[8]，salivaricin[9]，mutacin[10]，lacticin[11]， epilancin[12]) の生成能によるかも知れない。

乳酸菌は魚醤油にも認められ,風味生成に関与していると考えられるが,関与は弱いという[13]。しかし,魚醤油中の生理活性物質として,ACE阻害ペプチド,GABA（別項）などが存在し,GABAはグルタミン酸（Glu）含量のおよそ15〜40分の1程度である[14]。

2.3 紅麹菌

紅麹菌 Monascus ruber は将来的に利用してもよい菌で,抗生物質生産,高血圧予防,コレステロール生合成阻害に役立つといわれており,GABA生成と関連しているとも考えられ,水産加工品に利用できるものと期待できる。

紅麹抽出物が血中脂質低下成分を含むとして,製品が市販されている。また,婦人病(冷え性,月経障害)にも効果があるとして漢方で用いられている。紅麹菌の代謝産物にはコレステロール生合成阻害物質として,monacolin関連物質が見いだされている。monacolin Kは医薬として市販された[15, 16]。

発酵に関与する食用微生物はどのような役割を果たすのか,その一例を表1に示す。

表1 微生物の関与する発酵と抗酸化における役割

1. 抗酸化剤,活性酸素消去剤,抗酸化酵素の生産と利用 　　発酵生産物（フェノール系化合物,アミノ酸,ペプチド,SOD,GSH－Pxなど） 2. 酵素作用によって食品成分から2次的に生成した抗酸化剤,相乗剤の利用 　　タンパク質分解物（褐変反応物含む）,調味料,配糖体分解物,水解物（フラボノイドなど） 3. 微生物（誘導酵素生産含む）による油脂酸化物の分解,酸化と酸化抑制 　　(1)ペルオキシド,ヒドロペルオキシドの分解,生成抑制 　　　　POVやCoVの減少,資化性菌の利用 　　(2)アルデヒド類などの分解,生成抑制 　　　　ALDHやADHの利用,LOXの阻害 4. 風味成分の生成 　　香気成分生成,旨味成分生産 5. 有害微生物の増殖抑制 　　抗菌成分生産,酸産生,生理活性物質生産

3 魚介類由来の生理活性物質

3.1 γ-アミノ酪酸（γ-aminobutyric acid：GABA）

γ-アミノ酪酸は,哺乳動物の中枢神経系において抑制性の伝達物質として関与し,生命活動

に重要な役割を持つアミノ酸の一種で，嫌気条件下，Glu からグルタミン酸脱炭酸酵素（GAD）によって生成する。動物では，高血圧自然発症ラットに長期間投与すると，血圧上昇抑制作用が認められ[17]，利尿作用などもある[18, 19]。

Escherichia coli, Neurospora crassa にも GAD があるが，食用微生物の Lactobacillus brevis に強い活性が認められた[20]。多くの発酵食品中に存在する乳酸菌が，遊離のGluからGABAを生成することの意義は大きい。

3.2 ACE阻害ペプチド

高血圧予防のために，ACE阻害活性を示す物質に関する多くの研究がなされ，captoprilのようなペプチド性化合物が臨床応用されている。

イワシの酵素分解物などに含まれるペプチドを機能性食品として利用するには，阻害活性の強さのみならず，水溶性で，苦味のないものが望ましいという[21]。鰹節の thermolysin 水解物は阻害活性を示したが，消化器系プロテアーゼ（pepsin, trypsin, chymotrypsin）水解物は効果を示さなかった[22]。また，大きいペプチドは前駆体で，摂取した後に消化管内で水解されて真の阻害剤に転換するが[23]，効力が発揮されるまでに時間的に違いが生じるのは，吸収されるまでの時間やpeptidase 酵素作用の時間が異なると考えられる[22]。

魚介類由来のACE阻害剤についてはすでに述べたが[1]，その他の例を表2に示す。また，種々

表2 魚介類由来のACE阻害ペプチド

ペプチド組成	起源	ペプチド組成	起源
Val-Lys-Ala-Gly-Phe [24]	イワシ	Phe-Gln-Pro [23]	鰹節
Lys-Val-Leu-Ala-Gly-Met		Leu-Lys-Pro-Asn-Met	
Leu-Lys-Leu		Ile-Tyr	
Leu-Lys-Leu [25]	イワシ	Asp-Tyr-Gly-Leu-Tyr-Pro	
Val-Lys-Ala-Gly-Phe		Ile-Lys-Pro	
Lys-Val-Leu-Ala-Gly-Met		Ile-Trp	
Lys-Trp [26]	イワシ	Leu-Lys-Pro	
Ala-Lys-Lys		Leu-Tyr-Pro	
Gly-Trp-Ala-Pro		Leu-Lys-Pro-Asn-Met [22]	鰹節
Ile-Tyr		Leu-Lys-Pro	
Gly-Arg-Pro		Ile-Trp-His-His-Thr	
Leu-Tyr		Ile-Trp-His（true inhibitor）	
Val-Phe		Ile-Val-Gly-Arg-Pro-Arg-His-Gln-Gly	
Met-Phe		Ile-Val-Gly-Arg-Pro-Arg	
Ala-Leu-Pro-His-Ala [23]	鰹節	Pro-Thr-His-Ile-Lys-Trp-Gly-Asp [27, 28]	マグロ
Ile-Lys-Pro-Leu-Asn-Tyr		Tyr-Ala-Leu-Pro-His-Ala [29]	イカ塩辛
Ile-Val-Gly-Arg-Pro-Arg-His-Gln-Gly		Gly-Tyr-Ala-Leu-Pro-His-Ala	
Ile-Trp-His-His-Thr			

第6編　微生物由来素材の老化予防機能と開発動向

の発酵食品のACE阻害活性を比較した研究があるので，参考にしてほしい[30]。

乳酸菌で発酵させたサワーミルク中に，ACE阻害ペプチド（Val-Pro-Pro, Ile-Pro-Pro）が確認されており[31]，高血圧発症ラットに長期間投与すると高血圧が抑制されるという[32]。このことは，乳酸菌を多く含む魚介類の発酵食品の中に，ACE阻害ペプチドが生成する可能性を示唆している。

3.3 タウリン（taurine：Tau; 2-aminoethanesulfonic acid）

Tauは一種の含硫アミノ酸であり，海産の魚介類に多く含まれる。人にとって必要量の基準はないが，1日約500mg程度と考えられている。生体内の臓器中に広く分布して，それぞれの機能に寄与しており，体重の0.1％程度存在している。

栄養飲料などに多く添加されているように，貧血防止，動脈硬化予防，心臓機能や肝臓機能強化，視力の減衰予防などに有効という。

水生の無脊椎動物や魚類では，環境の塩分濃度の変化に適応していくために細胞容量の調節が必要であり，魚類では心臓，血合肉中に多く含まれている[33]。人でも心臓や骨格筋に多く含まれることは，細胞の内外における浸透圧調整に関与していることを伺わせる[34]。Tauには活性酸素に対する細胞膜の防御作用があるが，脂質酸化防止によるのではなく，浸透圧調整や生体膜との結合による作用であるという[35]。

イカはコレステロール含量が高いといわれるが，Tau含量も高く，血中コレステロール値を低下させる作用を持つ食品である。そのためには，Tau／コレステロールの比率は2以上あればよいとされるが，この比率の比較的高い食品は，イカ，タコ類，貝類，魚類で，畜肉や家禽肉では低い[36]。

コレステロール低下作用は，胆汁酸からタウロコール酸の生成を促進して，腸に分泌されることにあり[37]，このとき，胆汁酸合成の律速酵素である肝臓中のcholestrol 7 α -hydroxylaseを活性化し，コレステロール胆石の形成を阻害することにもなる[38]。魚介類のコレステロールはあまり気にする必要はなく，イカや魚とその加工品には比較的トコフェロール含量が高いものもあり，食物繊維を含む他の食品と一緒に食べればなお望ましい。

Tauは視力の減衰予防などにも有効といわれるが，網膜の脂質の光酸化に関与する鉄イオンなどの浸潤を防止したり[39]，光酸化に対して，Tau自身には抗酸化性はほとんどないが，retinolと相乗的に働くためと考えられている[40]。

Tauは乳酸の蓄積を抑制して疲労回復にも役立つなどのため，例えば，イカの内臓は能登の漁師が船上で煮物の具に使い，体力の保持をしている。このような経験則は，一般にあまり知られていないが，魚介製品の中に特異的に多く存在するTauを含む食物と健康の関連について注目されてしかるべきと思われる。また，スルメなどの噛みごたえのある食品は，咀嚼という行為によ

る生体の諸機能を活性化する作用があり，健康にとって望ましい[41]。

3.4 カルノシン（carnosine：β-alanyl-L-histidine）

カルノシンは，魚類ではウナギに特異的に多く含まれる抗酸化剤で，抗老化ペプチドともいわれるように老化に対する防御機能があり，抗酸化剤やラジカルスカベンジャーと共同して役割を果たす。

カルノシンはアルデヒドスカベンジャーであり，マロンジアルデヒドなどによる非酵素的glycosylationやタンパク質の架橋などを抑制する作用があるため，糖尿病疾患，アルコール性肝臓病，動脈硬化，アルツハイマー病にも有効と考えられている[42,43]。

その他の作用については，前書を参考にしてほしい[1]。

3.5 ユビキノン（ubiquinone）

ユビキノンはコエンザイムQ10（補酵素Q10）あるいはubidecarenoneともいわれ，ビタミンKに類似の構造を持つ脂溶性の生理活性物質で，細胞膜やリポタンパク質中での強力な抗酸化作用が注目されている。虚血-再灌流による臓器組織などの酸化的障害に対する保護効果が認められている[44-46]。

魚の心臓や血合肉中に多く含まれる（24〜116mg/kg）。魚介類の筋肉（白身）や肝臓にも存在し，サバの肝臓には40mg/kg程度含まれ[47]，回遊魚に多い[48]。

加齢に伴い肝臓での合成能が低下すると，心疾患をはじめとする多くの症状と関連すると考えられている[49]。

ユビキノンには，抗腫瘍（免疫力増進効果），低血圧防止，血糖安定化などの効果もある。また，アルツハイマー病患者に鉄剤と併用して効果があったが，ミトコンドリアにおけるエネルギー産生の活性化による脳血流の増加によるという[50]。

抗血液凝固剤warfarin(3-(α-acetonylbenzyl)-4-hydroxycoumarin)による脱毛の治療に用いられているが[51]，魚エキスが添加してある遺伝性脱毛症治療用の補助食品との関連は不明である[52]。

3.6 ムコ多糖類

3.6.1 イカ墨（squid ink）

イカ墨の色はメラニン色素で，発酵食品としてイカ塩辛の黒作りなどもあり，その独特の風味が珍重されている。薬効としては，解熱作用，鎮痛作用，胃酸分泌調整作用のほかに，防腐効果があるという。

また，免疫力増進，抗がん，抗腫瘍作用が注目されている。マウスによる抗がん試験で有効性

が認められ[53]，有効成分は白色のムコ多糖とペプチドの複合体（peptideglycan）である[54,55]。直接がん細胞を死滅させるのではなく，マクロファージの活性化によるという[56]。

3.6.2 ナマコ（sea cucumber）

ナマコはタンパク質のほかにビタミンやミネラル（Ca，Fe，Mg，Zn）を含む。乾燥して中華料理に用いたり，生食したり，内臓（コノワタ）は塩漬けしたりして食している。

ナマコは，ムコ多糖類とコンドロイチンに富んでおり，その抽出物（粉末のカプセルが市販）中に，関節炎に有効な生理活性物質としてholothurin（oligoglycosideの一種）が同定されている。コリンエステラーゼ阻害作用を示すが，抗コリンエステラーゼ作用ではなく，医薬品のレセプターとの相互作用に変化をもたらして効くことが確認されている[57,58]。リューマチ性関節炎治療において，神経ブロック作用による痛み軽減，握力の改善など著しい効果を認めている。ステロイド系の物質ではなく副作用や毒性もないという。holothurinは病原性微生物に対する抗菌作用も示す[59-61]。

多糖類以外に，神経伝達作用を示して腸筋肉を弛緩させるペプチド性生理活性物質（Gly-Phe-Ser-Lys-Leu-Tyr-Phe-NH_2）が見い出されている[62]。

3.6.3 軟骨

軟骨の主な構成成分グルコサミン硫酸（aminoglycanの一種）は，人体内で生産され，加齢に伴い生成量が少なくなると軟骨が破壊されて痛み，変形し，動作が限定される。摂取することで関節の持つ自己治癒力を高めて，関節の痛みや炎症をやわらげる作用がある。thrombinを阻害したりして抗血栓作用，抗血液凝固作用も示す[63]。

3.7 アルツハイマー病と魚食

高齢化社会になって深刻な問題を投げかける問題が痴呆で，脳の老化を背景に発症するアルツハイマー病（AD）は，約25％を占めるという。ADの発現にはアミロイド・カスケードが想定され，ApoE4（血清中のタンパク質の一種）を遺伝要因とするものの，食生活も含めた環境要因も大きく関与している。Rotterdam研究において，特にADは飽和脂肪酸とコレステロール摂取がリスクを高め，魚の消費が下げると示唆している[64]。

ADは非ステロイド性抗炎症剤（NSAIDs）による治癒が期待されているため[65,66]，抗炎症作用を示す魚中のn-3系脂肪酸は，脳神経細胞のネットワーク化を促して老化を防止すると考えられ，イワシ，サバなどの青魚を食べることが惚け防止に期待される。しかし，Rotterdam研究でも関連性はないとの報告もあり，今後明らかにされるであろう[67]。

4 おわりに

最新の日本人の栄養所要量の中でも，妊婦，授乳婦はDHAを積極的に摂取するように勧めているが，DHAの摂取が少ないと胎児や幼児の脳の発育に影響する可能性があるからである。

日本人が老人になると，食嗜好が肉から魚に移行する。淡泊さが受けるのか，生理的要求があるのか定かではないが，概して魚食の多い地域で長寿者が多い。

魚介類には生体にとって有効な種々の成分が含まれており，それらの生理・生化学的作用が明らかにされるにつれて，改めてそれらを摂取することの重要性が分かる。日本における食環境の変化が，欧米型の生活習慣病と関わるとき，高齢化社会を迎える食生活の内容を，今一度見直す必要がある。

文献

1) 石川行弘, "成人病予防食品の開発", p.316, シーエムシー (1998)
2) R. Yagi and M. Doi, *Biosci. Biotech. Biochem.*, 63, 932 (1999)
3) H. Nagasawa et al., *Agric. Biol. Chem.*, 39, 1901 (1975)
4) R. Marchelli et al., *J. C. S. Perkin I*, 713 (1977)
5) E. J. Schiffrin et al., *Am. J. Clin. Nutr.*, 66, 515S (1997)
6) I. Kato et al., *Int. J. Immunopharmacol.*, 21, 121 (1999)
7) H. Matsusaki et al., *Appl. Microbiol. Biotechnol.*, 45, 36 (1996)
8) L. M. Cintas et al., *Appl. Environ. Microbiol.*, 61, 2643 (1995)
9) K. F. Ross et al., *Appl. Environ. Microbiol.*, 59, 2014 (1993)
10) M. Mota-Meira et al., *FEBS Lett.*, 410, 275 (1997)
11) H. W. van den Hooven et al., *FEBS Lett.*, 391, 317 (1996)
12) M. van de Kamp et al., *Eur. J. Biochem.*, 227, 757 (1995)
13) 石毛直道, Health Digest, Food, 健康生活研究所, Vol.10, No.2 (1995)
14) 石毛直道, ケネス・ラドル, "魚醤とナレズシの研究", 岩波書店 (1990)
15) K. Kimura et al., *J. Antibiot.*, 43, 1621 (1980)
16) A. Endo et al., *J. Antibiot.*, 38, 321 (1985)
17) 大森正司ほか, 農化, 61, 1449 (1987)
18) H. Takahashi, et al., *Jap. J. Physiol.*, 6, 334 (1955)
19) H. C. Stanton, *Arch. Int. Pharmacodyn.*, 143, 195 (1963)
20) 早川 潔ほか, 京都府中小企業総合センター情報, No. 933 (1999)
21) T. Matsui, et al., *Biosci. Biotech. Biochem.*, 57, 922 (1993)
22) H. Fujita et al., *Clin. Exp. Pharmacol. Physiol.*, Suppl 1, S305 (1995)
23) K. Yokoyama et al., *Biosci. Biotech. Biochem.*, 56, 1541 (1992)
24) 受田浩之ほか, 農化, 66, 25 (1992)

25) 松田秀喜ほか, 農化, 66, 1645 (1992)
26) T. Matsufuji et al., Biosci. Biotech. Biochem., 58, 2244 (1994)
27) Y. Kohama et al., Biochem. Biophys. Res. Commun., 155, 332 (1988)
28) Y. Kohama et al., Biochem. Biophys. Res. Commun., 161, 456 (1989)
29) Y. Wako et al., Biosci. Biotech. Biochem., 60, 1353 (1996)
30) A. Okamoto et al., Biosci. Biotech. Biochem., 59, 1147 (1995)
31) Y. Nakamura et al., J. Dairy Sci., 78, 777 (1995)
32) Y. Nakamura et al., Biosci. Biotech. Biochem., 60, 488 (1996)
33) 坂口守彦, "魚介類のエキス成分", 水産学シリーズ72, 恒星社厚生閣(1988)
34) H. Ozasa and K. G. Gould, Arch. Androl., 9, 121 (1982)
35) T. Nakamura et al., Biol. Pharm. Bull., 16, 970 (1993)
36) 新居裕久, News Letter Health Digest, No. 137, 健康生活研究所(1999)
37) K. Sugiyama et al., Agric. Biol. Chem., 53, 1647 (1989)
38) Y. Nakamura-Yamanaka et al., J. Nutr. Sci. Vitaminol. (Tokyo), 33, 239 (1987)
39) H. Pasantes-Morales and C. Cruz, J. Neurosci. Res., 11, 303 (1984)
40) S. A. Keys and W. F. Zimmerman, Exp. Eye Res., 68, 693 (1999)
41) 川端晶子, 斎藤滋, "サイコレオロジーと咀嚼", 建帛社 (1995)
42) A. R. Hipkiss, Int. J. Biochem. Cell Biol., 30, 863 (1998)
43) A. R. Hipkiss et al., Ann. NY Acd. Sci., 854, 37 (1998)
44) 川崎 尚, 活性酸素・フリーラジカル, 2, 164 (1991)
45) A. Kontush et al., Biochim. Biophys. Acta, 1258, 177 (1995)
46) E. Niki et al., 1st Conf. of the Int. Coenzyme Q10 Assn., 19 (1998)
47) T. Farbu and G. Lambertsen, Comp. Biochem. Physiol. (B), 63, 395 (1979)
48) M. Kamei et al., Int. J. Vitam. Nutr. Res., 56, 57 (1986)
49) S. Greenberg and W. H. Frishman, J. Clin. Pharmacol., 30, 596 (1990)
50) M. Imagawa et al., Lancet, 340 (8820), 671 (1992)
51) T. Nagao et al., Lancet, 346 (8982), 1104 (1995)
52) A. Lassus and E. Eskelinen, J. Int. Med. Res., 20, 445 (1992)
53) Y. Takaya et al., Biol. Pharm. Bull., 17, 846 (1994)
54) Y. Takaya et al., Biochem. Biophys. Res. Commun., 198, 560 (1994)
55) Y. Takaya et al., Biochem. Biophys. Res. Commun., 226, 335 (1994)
56) J. Sasaki et al., J. Nutr. Sci. Vitaminol., 43, 455 (1997)
57) S. L. Friess et al., Biochem. Pharmacol., 14, 1237 (1965)
58) S. L. Friess et al., Biochem. Pharmacol., 16, 1617 (1967)
59) B. J. Lasley and R. F. Nigrelli, Toxicon, 8, 301 (1970)
60) B. H. Ridzwan, et al., Gen. Pharmacol., 26, 1539 (1995)
61) I. Kitagawa, et al., Chem. Pharm. Bull., 33, 5214 (1985)
62) L. Diaz-Miranda and J. E. Garcia-Arraras, Comp. Biochem. Physiol. C Pharmacol. Toxicol. Endocrinol., 110, 171 (1995)
63) H. Nagase et al., Thromb. Haemost., 78, 864 (1997)
64) S. Kalmijn et al., Ann. Neurol., 42, 776 (1997)

65) I. R. Mackenzie and D. G. Munoz, *Neurology*, 50, 986 (1998)
66) W. F. Stewart, *Neurology*, 48, 626 (1997)
67) B. A. in't Veld *et al.*, *Neurobiol. Aging*, 19, 607 (1998)

第3章 紅麹エキス

安仁屋洋子*

1 はじめに

　Monascus属糸状菌を繁殖させた紅麹は赤色ないし黄赤色を呈し,古くから食品に添加する天然色素の原料に用いられてきた。また,中国や台湾では紅酒や豆腐の発酵食品の製造にも使用されており,紅麹の種類によっては生薬として血行改善に用いられている[1,2]。沖縄では,紅麹を泡盛酒とともに豆腐に作用させ,独特の豆腐発酵食品の豆腐ようを製造している。この豆腐ようは琉球王朝時代は特定の階層で秘伝として継承されていたものが,近年,科学的研究も加えられ,伝統食品として生産販売されるようになっている[3,4]。

　紅麹はこのような食品製造に利用される他に,近年,紅麹菌の産生する種々の生理活性物質が明らかにされ,生理活性・薬理活性を有する食材として注目されている。紅麹の生理活性およびそれらの応用についてまとめた。

表1　紅麹菌の生理活性物質

菌種	成分	作用	文献
M. ruber	Monacolin J,L	コレステロール低下作用	6)
	Monacolin M	(HMG Co A 還元酵素阻害)	7)
	Monacolin K		5)
M. pilosus	γ-Aminobutylic acid	血圧降下作用	11)
M. anka	Monankarins	モノアミンオキシダーゼ阻害	31)
M. anka	Monascorubrin	抗炎症作用	28, 29)
		腫瘍プロモーション抑制	
M. anka	Dimerumic acid	抗酸化作用	26)
M. purpureus	Rubropunctatin	抗菌作用	30)
	Monascorubrin	抗菌作用	
	Monascin	免疫抑制作用	
	Ankaflavin	免疫抑制作用	

＊　Yoko Aniya　琉球大学　医学部　保健学科　生体機能学　教授

2 コレステロール低下作用

肝で合成されたコレステロールは超低比重リポタンパクを経て低比重リポタンパク（LDL）に組み込まれて運ばれ，LDLレセプターを介して各組織に供給される。LDLが酸化されると，LDLレセプターで認識できなくなり，代わりに，マクロファージに発現したスカベンジャーレセプターから取り込まれ，泡沫細胞を形成し動脈硬化へと移行する。したがって，血中のコレステロールなどの脂質成分の増加やLDLの酸化は動脈硬化発生の要因となる。

血中コレステロールを減少させるには，腸管からの吸収を抑制するか肝臓での生合成を抑制する方法があるが，*Monascus ruber* より単離された monacolin K はコレステロール合成の律速酵素である 3-hydroxy-3-methylglutaryl（HMG）CoA 還元酵素を阻害することが見出されている[5]。さらに，HMG Co A 還元酵素阻害作用を有する類似の化合物 monacolin J と L が *M. ruber* から，また，dihydromonacolin L および monacolin X が *M. ruber* の変異株より単離されている[6,7]。

Li らは，HMG Co A 還元酵素阻害成分を有する紅麹の *M. purpureus* のアルコール抽出液の標品を用いた動物実験で血中脂質低下作用を確認している[8]。さらに同標品を用いて高指血症に対する臨床試験も行われ，有効性が確認されている[9]。

3 血圧降下作用

辻らは *M. pilosus* の紅麹を餌に混ぜて高血圧自然発症ラット（SHR）に投与し，有意な血圧降下作用を確認し[10]，この血圧降下作用に紅麹中の γ-aminobutylic acid（GABA）が一部関与していることを示している[11]。すでに軽症本態性高血圧に対し紅麹ドリンク剤が有意な降圧作用を示す臨床治験が得られている[12]。

紅麹の降圧効果の機序は十分明らかではないが，SHRラットで検討したものではナトリウム，カリウム，カルシウムやマグネシウム代謝には影響しないで降圧作用を示すと言う[10]。また，ヒトに紅麹を1日9gを6カ月間投与した場合，末梢血管抵抗性の減少が認められている[13]。紅麹の降圧成分の1つと考えられているGABAは交感神経抑制機能を有することから，この作用が降圧に関係しているものと考えられる[14]。しかし，詳細な降圧機序は未だ解明されてない。

紅麹は食品として利用されてきたものであり，長期摂取した場合の安全性は高いと考えられ，今後，高血圧の非薬物療法の食品素材として，また，一次予防食品として期待される。

4 抗酸化作用

最近,当研究室で紅麹の抗酸化作用を確認したので,活性酸素・フリーラジカル消去物質としての紅麹についてまとめた。

表2 抗酸化作用を有する紅麹[13]

No.	Mold	Antioxidant [注]	No.	Mold	Antioxidant [注]
1	Monascus anka *	+++	21	Monascus ruber *	−
2	Monascus major *	−	22	Monascus anka *	−
3	Monascus ruber *	+++	23	Monascus ruber *	−
4	Monascus araneosus *	−	24	Monascus anka *	+
5	Monascus pubigerus *	−	25	Monascus fuliginosus *	−
6	Monascus paxii *	−	26	Monascus ruber *	−
7	Monascus fuoiginosus *	−	27	Monascus anka *	−
8	Monascus vitreus *	±	28	Monascus sp	+
9	Monascus pilosus *	−	29	Monascus pilosus	+
10	Monascus anka var. rubellus *	+++	30	Monascus ruber	+++
11	Monascus rubiginosus *	+	31	Monascus anka	+++
12	Monascus albidus *	−	32	Aspergillus kawachi ①	++
13	Monascus serorubescens *	−	33	Aspergillus kawachi ②	++
14	Monascus albidus *	+++	34	Aspergillus kawachi ③	−
15	Monascus purpureus *	+++	35	Aspergillus awamori ①	+
16	Monascus pilosus *	+	36	Aspergillus awamori ②	−
17	Monascus serorubescens *	−	37	Aspergillus luchuensis	−
18	Monascus anka *	+++	38	Aspergillus niger	−
19	Monascus anka *	−	39	Rhizopus delemar	−
20	Monascus vitreus *	−	40	Aspergillus sojae	−

注)DPPH scavenging.　+++;>60%,　++;40-59%,　+;20-39%,　±;10-19%,　−;<9%
* Molds obtained from Institute for Fermentation, Osaka.

4.1 紅麹菌の抗酸化作用のスクリーニング

紅麹菌の抗酸化作用はDPPH (1,1-diphenyl-2-picrylhydrazyl) ラジカル消去作用によりスクリーニングした[15]。DPPHラジカルは紫色をしており,これが抗酸化剤により消去されると無色になることを利用したもので,517 nmによる吸光度変化を分光光度計により測定する。この方法で測定した麹の Monascus 種,Aspergillus 種のDPPH消去活性は表2のとおりで,8種の Monascus と2種の Aspergillus に強い抗酸化活性が観察された。

DPPHは,抗酸化物質から水素原子を引き抜く[16]が,この反応は脂質過酸化反応における脂質ラジカルの消去に類似し,DPPHラジカルを消去する抗酸化剤は脂質ラジカルも消去するといわれている[17]。ラット肝ミクロソームの脂質過酸化反応に対する紅麹の影響を検討したところ,

図1に示すようにDPPHラジカル消去作用に対応して脂質過酸化反応の抑制がみられた。

著者らは，麹類や薬草抽出液の抗酸化作用のスクリーニング，およびそれらの抗酸化物質の分離を行う過程で抗酸化活性画分の同定にDPPH法を用いている。この方法で抗酸化活性のあったものについて脂質過酸化反応やESRによるラジカル消去活性を測定しているが，いずれもDPPH活性と良好な相関性が得られている。したがって，DPPH法は天然物の抗酸化活性の一次スクリーニング法として簡便かつ有用な方法であると考えている。

なお，紅麹類の脂質過酸化反応抑制の有無を検討する際，過酸化物をTBA (thiobarbituric acid)で発色させて測定するが，抽出液によってはTBA反応生成物と同付近に吸収スペクトルを有するものがあるので注意が必要である。その場合は，ラット肝ミクロソームと麹抽出液および酸化剤 (H_2O_2)を予めインキュベートし，次いで105,000×gで遠心し，麹抽出液を除いた沈殿を再度懸濁し，これにTBA試薬を加えて発色させるようにする。また，麹抽出液がTBA発色を阻害する可能性もあるので，紅麹なしにミクロソームとH_2O_2のみをインキュベート後，TBA試薬を加えて発色させ，それから麹抽出液を加えて，発色度が影響されないことも確認しておく必要がある。

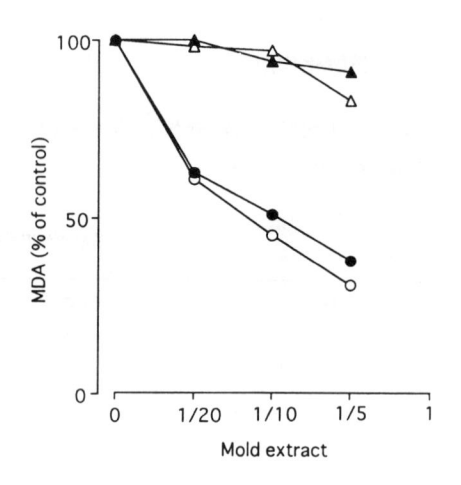

図1 H_2O_2による肝ミクロソーム脂質過酸化反応に及ぼす紅麹の影響[15]

肝ミクロソーム（0.54 mg/ml）を0.05 M Tris-HCl緩衝液（pH 7.4）中で紅麹抽出液（50μl）と室温で30分反応させ，次いで0.5 mM H_2O_2（50μl）と10分間反応させた。この反応液にTBA試薬を加え，過酸化脂質量（MDA）を測定した。
No. 1（●），No. 4（▲），No. 6（△），No. 18（○）

4.2 紅麹の肝保護作用

紅麹中，強い抗酸化作用を示したNo.18の *Monascus anka* を用いて肝保護作用を検討した[15]。

ガラクトサミン（GalN）は，細胞内UDPと結合してUDP-GalNとなり，細胞のRNAおよびタンパク合成を変えることにより肝障害を起こすといわれ，肝炎のモデルとして用いられている[18]。最近になって，GalNによる肝障害には，活性酸素が関与していることが明らかになった[19]。また，GalNとLPS（リポポリサッカライド）を併用すると，より多くの活性酸素が生じることも報告されている[20]。紅麹抽出液が抗酸化作用を有することから，活性酸素を生じるGalN, LPSによ

第6編 微生物由来素材の老化予防機能と開発動向

る肝障害を抑制することが期待された。

図2は，GalNとLPSを投与したラット肝障害パラメーターを示したものである[15]。予め（1および15時間前）紅麹抽出液を投与してからGalN, LPSを投与すると，肝障害のマーカーである血清酵素ASTおよびGSTの増加は有意に抑制され，紅麹はこれら肝障害をきれいに抑制していることがわかる。この場合，肝ミクロソームGSH S-transferase（GSTm）活性がGalNとLPS投与で増加しており，紅麹はこれを抑えている。このGSTmは活性酸素によって酸化されてジスルフィド結合を生成し，活性化されることから，生体内酸化ストレス時のマーカーとなることが知られている[21, 22]。したがって，GalN, LPSによるGSTmの増加を紅麹が抑制したことは，生体内での酸化ストレスを紅麹が抑制したことを示している。

このように紅麹抽出液は，酸化ストレスを生じる肝障害を防御することが示されたが，また，紅麹はアセトアミノフェン（AAP）の肝障害を抑制することも確認された[23]。AAPは，解熱鎮痛薬として用いられているが，副作用として肝障害を起こすことが知られている。AAPの肝障害は，肝薬物代謝酵素のチトクロムP450系により，代謝的活性化を受け，その中間代謝物が生体高分子に結合することによって引き起こされる[24]。しかし，AAP肝障害は活性酸素も関与しているとの報告がある[25]。紅麹投与によりAAP肝障害が軽減されたのは，紅麹によりAAP中間代謝物および活性酸素種が消去されたためと考えられる。

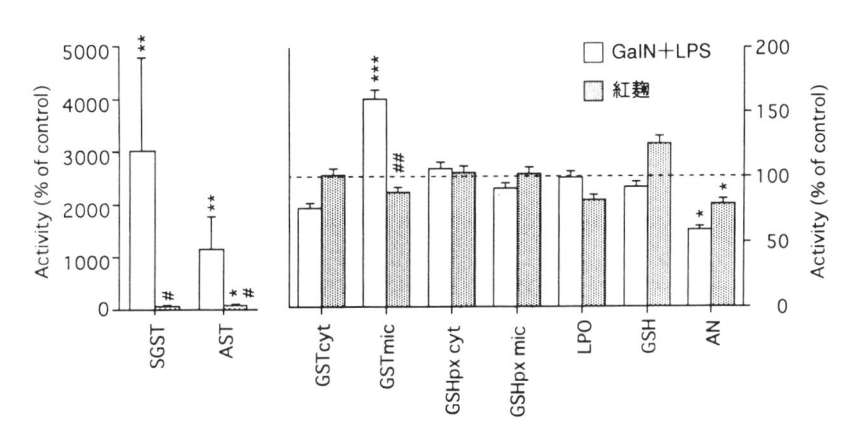

図2 ガラクトサミン（GalN）とLPS（リポポリサッカライド）による肝障害に対する紅麹の影響[15]

50％のDPPH消去作用を有する紅麹抽出液（M. anka）の4 ml/kgをGalN（400 mg/kg, i.p.）とLPS（0.5 μg/kg, i.p.）投与1時間および15時間前に腹腔内投与した。GalN投与24時間後にラットを殺し，肝，血清パラメーターを測定した。SGST; 血清GSH S-transferase（GST），AST; aspartate aminotrasferase, GSTcyt; サイトゾールGST, GSTmic; ミクロソームGST, GSHpx; GSH peroxidase, LPO; lipid peroxide, AN; aniline hydroxylase

薬物の中には，生体内で活性酸素・フリーラジカルを生成し，有害作用を起こすものが多いが，紅麹はこれら薬物の有害作用の軽減にも使用される可能性を示唆している。

4.3 紅麹のラジカル消去作用

紅麹抽出液は強いDPPH消去作用と中程度のスーパーオキシド（O_2^-）消去作用を示した。最近，我々は，紅麹抽出液中の抗酸化物質の1つがdimerumic acidであることを確認した[26]。

図3および図4に示すように，紅麹から単離したdimerumic acidは強いDPPHスカベンジャー作用と中程度のO_2^-スカベンジャー作用を示した。また，このものは非常に強い脂質過酸化反応抑制作用を有することも確認している。Dimerumic acidそのものは，土壌菌や酵母菌が成長に必須な鉄を取り入れるための鉄キレート成分のcoprogen Bの代謝物として同定されているが[27]，今回の検討で強いラジカル消去作用が確認された。

この紅麹には，他に複数の抗酸化物質の存在を確認しているが，構造の決定には至っていない。これらの抗酸化成分の中にはキレート作用を有するものの存在が示唆されている。生体内での遊離の鉄イオンは酸化ストレス時に·OH生成を触媒することが知られており，この鉄イオンの消去とラジカル消去作用を合わせ持つ紅麹は特異な抗酸化材として多くの開発が期待される。

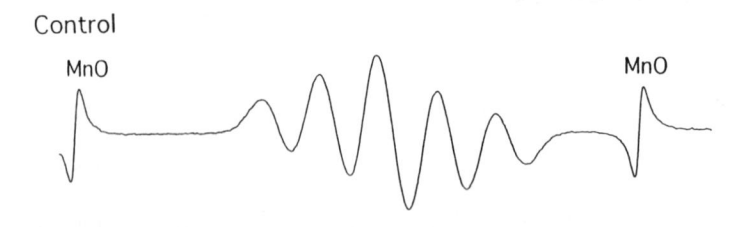

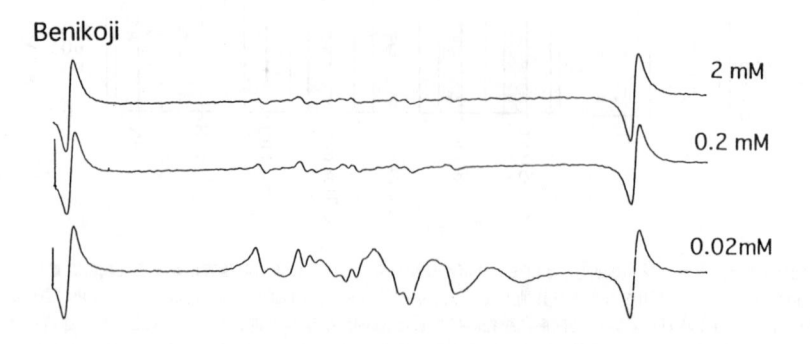

図3 紅麹中のdimerumic acidのDPPH消去作用
各濃度のdimerumic acid（Benikoji）を100 μM DPPHと反応させ，ESRスペクトルを記録したもの。

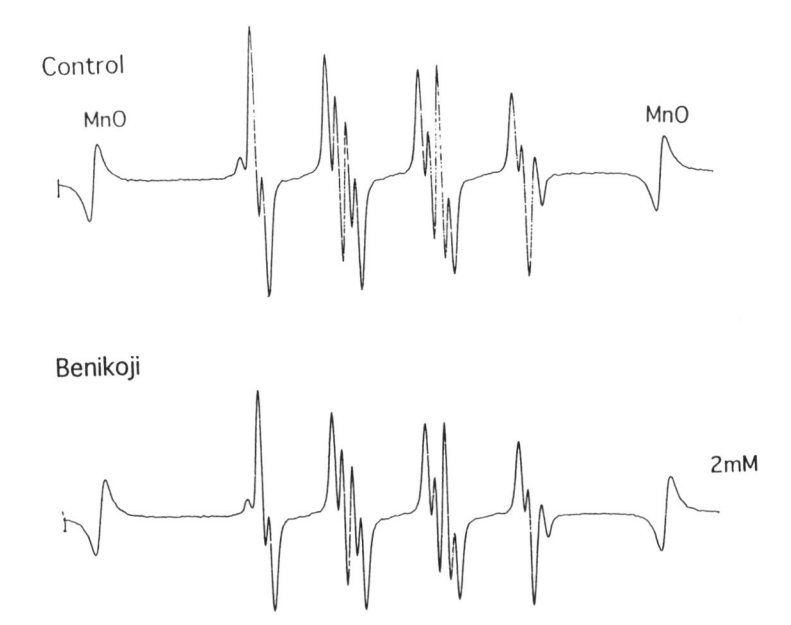

図4 紅麹中のdimerumic acidのO_2^-消去作用
Xanthine, Xanthine oxidaseで生成したO_2^-に対するdimerumic acid (Benikoji) の消去作用をDMPOを用いてESRスペクトルを記録したもの。

5 その他の作用

*Monascus*属の産生する色素類は抗腫瘍プロモーション作用や抗炎症作用を有するとの報告もあり[28,29]、がん予防食品としての可能性が示唆されている。また、免疫抑制作用、抗菌作用[30]やモノアミンオキシダーゼ (MAO) 阻害作用[31]も確認されている。

MAOは神経伝達物質のモノアミン (ドーパミン、ノルアドレナリン等) を代謝する酵素で、これの抑制は脳内アミン量を増加させ、ある種のうつ病の治療薬として使用されている。紅麹成分が血液脳関門を通って脳内に入るかは不明であるが、紅麹の中枢神経への作用も今後検討する必要があろう。

6 紅麹の毒性

紅麹は古くから食品として用いられてきており，長期摂取によっても安全性は高いと考えられるが，菌によっては毒性成分のcitrininを産生する[32]。Citrininは強い腎障害を起こすことから，紅麹を用いての種々の製品開発には，このcitrinin生産株でないことを確認する必要がある。

7 おわりに

以上のように，紅麹は抗酸化作用，降圧作用，抗脂血作用，抗腫瘍プロモーション作用，抗菌作用，免疫抑制作用など多岐にわたる生理活性を有している。これらの生理活性を示す成分も各々単離されているが，それら以外にも多くの成分が紅麹には含まれており，紅麹の生理作用は種々の成分の総合作用として発現していると思われる。

動脈硬化，高血圧，がんは，生活習慣病として加齢とともに増加しており，高齢社会で人々が直面する重要な疾病である。紅麹の抗酸化作用をはじめとする生理活性作用は実に紅麹がこれら疾患の予防，治療の食材，薬源としてきわめて有望であることを示唆している。

文　献

1) 夕田光治，月刊フードケミカル，11, 42 (1992)
2) 李時珍，"本草綱目"，第3分冊，人民衛生出版社，p. 1547 (1979)
3) 安田正昭，"種子のバイオサイエンス"，(種子生理生化学研究会編)，学会出版センター，p. 439 (1995)
4) 安田正昭ほか，日食工誌，42 (1), 38 (1995)
5) A. Endo, *J. Med. Chem.*, 28 (4), 401 (1985)
6) A. Endo et al., *J. Antibiot.*, 38 (3), 420 (1985)
7) A. Endo et al., *J. Antibiot.*, 38 (3), 321 (1985)
8) C. Li et al., *Nut. Res.*, 18, 71 (1998)
9) W. Junxian et al., *Curr Ther. Res.*, 58 (12), 964 (1997)
10) 辻啓介ほか，農化，66 (8), 1241 (1992)
11) 辻啓介ほか，栄養誌，50 (5), 285 (1992)
12) 久代登志男ほか，日腎会誌，38 (12), 625 (1996)
13) 井上清ほか，栄養誌，53, 263 (1995)
14) S. Manzini et al., *Arch. Int. Pharmacodyn. Ther.*, 273, 100 (1985)

15) Y. Aniya et al., Gen. Pharmacol., 32, 225 (1999)
16) A.K. Ratty et al., Biochem. Pharmacol., 37, 989 (1988)
17) N. Matsubara et al., Res. Commun. Chem. Pathol. Pharmacol., 71, 239 (1991)
18) Y. Shirotani et al., Hepatology, 8, 815 (1988)
19) H.L. Hu et al., Biol. Trace Elem. Res., 34, 19 (1992)
20) M. Neihorster et al., Biochem. Pharmacol., 43, 1151 (1992)
21) Y. Aniya et al., J. Biol. Chem., 264, 1998 (1989)
22) Y. Aniya et al., Biochem. Pharmacol., 45, 37 (1993)
23) Y. Aniya et al., Jpn. J. Pharmacol., 78, 79 (1998)
24) S.D. Nelson, Drug Metab. Rev., 27, 147 (1995)
25) D.L. Laskin et al., Toxicol. Appl. Pharmacol., 86, 204 (1986)
26) Y. Aniya, Unpublished data
27) W.R. Burt, Infect. Immun., 35, 990 (1982)
28) K. Yasukawa et al., Oncology, 51 (1), 108 (1994)
29) K. Yasukawa et al., Oncology, 53 (3), 247 (1996)
30) L. Martinkova et al., Food Addit. Contam., 16 (1), 15 (1999)
31) C.F. Hossain et al., Chem. Pharmacol. Bull., 44 (8), 1535 (1996)
32) P.J. Blanc et al., Int. J. Food. Microbiol., 27, No.2-3, 201 (1995)

《CMCテクニカルライブラリー》発行にあたって

弊社は、1961年創立以来、多くの技術レポートを発行してまいりました。これらの多くは、その時代の最先端情報を企業や研究機関などの法人に提供することを目的としたもので、価格も一般の理工書に比べて遙かに高価なものでした。

一方、ある時代に最先端であった技術も、実用化され、応用展開されるにあたって普及期、成熟期を迎えていきます。ところが、最先端の時代に一流の研究者によって書かれたレポートの内容は、時代を経ても当該技術を学ぶ技術書、理工書としていささかも遜色のないことを、多くの方々が指摘されています。

弊社では過去に発行した技術レポートを個人向けの廉価な普及版《CMCテクニカルライブラリー》として発行することとしました。このシリーズが、21世紀の科学技術の発展にいささかでも貢献できれば幸いです。

2000年12月

株式会社　シーエムシー出版

フリーラジカルと老化予防食品　(B0788)

1999年10月30日　初　版　第1刷発行
2006年 9月21日　普及版　第1刷発行

監　修　吉川　敏一
発行者　島　健太郎
発行所　株式会社　シーエムシー出版
　　　　東京都千代田区内神田1-13-1　豊島屋ビル
　　　　電話03(3293)2061
　　　　http://www.cmcbooks.co.jp

Printed in Japan

〔印刷　倉敷印刷株式会社〕　　　© T. Yoshikawa, 2006

定価はカバーに表示してあります。
落丁・乱丁本はお取替えいたします。

ISBN4-88231-895-4 C3047 ¥5400E

本書の内容の一部あるいは全部を無断で複写（コピー）することは，法律で認められた場合を除き，著作者および出版社の権利の侵害になります。

CMCテクニカルライブラリーのご案内

自動車と高分子材料
監修／草川紀久
ISBN4-88231-878-4　B771
A5判・292頁　本体4,800円＋税（〒380円）
初版1998年10月　普及版2006年6月

構成および内容：樹脂・エラストマー材料（自動車とプラスチック 他）／材料別開発動向（汎用樹脂／エンプラ 他）／部材別開発動向（外装・外板材料 他）／次世代自動車と機能性材料（電気自動車用電池 他）／自動車用塗料（補修用塗料　塗装工程の省エネルギー 他）／環境問題とリサイクル（日本の廃車リサイクル事情 他）
執筆者：草川紀久／相村義昭／河西純一　他19名

無機・有機ハイブリッド材料
監修／梶原鳴雪
ISBN4-88231-882-2　B775
A5判・226頁　本体3,800円＋税（〒380円）
初版2000年6月　普及版2006年4月

構成および内容：【材料開発編】コロイダルシリカとイソシアネートの反応と応用／珪酸カルシウム水和物／ポリマー複合体の合成と評価／MPCおよびアパタイトとのシルクハイブリッド材料 他【応用編】無機・有機ハイブリッド前駆体のセラミックス化とその応用／UV硬化型無機・有機ハイブリッドハードコート材ゾル-ゲル法によるガラスへの撥水コーティング 他
執筆者：梶原鳴雪／原口和敏／出村 智　他29名

高分子の長寿命化と物性維持
監修／西原 一
ISBN4-88231-881-4　B774
A5判・302頁　本体5,400円＋税（〒380円）
初版2001年1月　普及版2006年4月

構成および内容：化学的安定化の理論と実際（化学的劣化と安定化機構／安定剤の相乗作用と拮抗作用 他）／高分子材料の長寿命化事例（スチレン系樹脂／PVC／ポリカーボネート 他）／高分子材料の長寿命化評価技術（耐熱性評価法／安定剤分析法 他）／安定剤の環境への影響（添加剤の種類と機能／添加剤の環境への影響 他）
執筆者：西原 一／大澤善次郎／白井正亮　他31名

界面活性剤の機能と利用技術
監修／角田光雄
ISBN4-88231-880-6　B773
A5判・302頁　本体4,200円＋税（〒380円）
初版2000年8月　普及版2006年4月

構成および内容：これからの界面活性剤（高純度界面活性剤／高機能性多機能性界面活性剤 他）／フッ素系界面活性剤とその応用（特性と機能／産業分野への応用 他）／バイオサーファクタントとその応用（生産／機能開発 他）／各分野における界面活性剤の効果的利用技術（化粧品／医薬品／農薬／繊維／ゴム・プラスチック／食品 他）
執筆者：角田光雄／西尾 宏／田端勇仁　他21名

DDSの基礎と開発
監修／永井恒司
ISBN4-88231-879-2　B772
A5判・227頁　本体3,200円＋税（〒380円）
初版2000年1月　普及版2006年3月

構成および内容：総論／方法論（放出制御／吸収改善／標的指向化 他）／開発（コントロールリリースド製剤／プロドラッグ／ターゲッティング製剤 他）／新展開（on-off放出制御システム／タンパク質医薬品のDDS／遺伝子薬品のDDS／トランスポーターとDDS 他）／＜資料＞日本DDS学会『DDS製剤審査ガイドライン案』 他
執筆者：永井恒司／髙山幸三／山本 昌　他23名

構造接着の基礎と応用
監修／宮入裕夫
ISBN4-88231-877-6　B770
A5判・473頁　本体5,000円＋税（〒380円）
初版1997年6月　普及版2006年3月

構成および内容：【構造接着】構造用接着剤／接着接合の構造設計 他【接着の表面処理技術と新素材】金属系／プラスチック系／セラミックス系 他【機能性接着】短時間接着／電子デバイスにおける接着接合／医用接着 他【構造接着の実際】自動車／建築／電子機器 他【環境問題と再資源化技術】高機能化と環境対策／機能性水性接着 他
執筆者：宮入裕夫／越智光一／遠山三夫　他26名

環境に調和するエネルギー技術と材料
監修／田中忠良
ISBN4-88231-875-X　B768
A5判・355頁　本体4,600円＋税（〒380円）
初版2000年1月　普及版2006年2月

構成および内容：【化石燃料コージェネレーション】固体高分子型燃料電池 他【自然エネルギーコージェネレーション】太陽光・熱ハイブリッドパネル／バイオマス利用 他【エネルギー貯蔵技術】二次電池／圧縮空気エネルギー貯蔵 他【エネルギー材料開発】色素増感型太陽電池材料／熱電変換材料／水素吸蔵合金材料 他
執筆者：田中忠良／伊東弘一／中安 稔　他38名

粉体塗料の開発
監修／武田 進
ISBN4-88231-874-1　B767
A5判・280頁　本体4,000円＋税（〒380円）
初版1999年10月　普及版2006年2月

構成および内容：製造方法／粉体塗料用原料（粉体塗料用樹脂と硬化剤／粉体塗料用有機顔料／パール顔料の応用 他）／粉体塗料（熱可塑性／ポリエステル系／アクリル系／小粒系 他）／粉体塗装装置（静電粉体塗装システム 他）／応用（自動車車体の粉体塗装／粉体PCM／モーター部分への粉体塗装／電気絶縁用粉体塗装 他）
執筆者：武田 進／伊藤春樹／阿河哲朗　他22名

※書籍をご購入の際は、最寄りの書店にご注文いただくか、㈱シーエムシー出版のホームページ（http://www.cmcbooks.co.jp/）にてお申し込み下さい。